新 视 界

始于未知　去往浩瀚

再无孤岛

跨学科的逻辑、路径与实践

赵传栋 著

上海远东出版社

图书在版编目（CIP）数据

再无孤岛：跨学科的逻辑、路径与实践 / 赵传栋著.
上海：上海远东出版社，2024. —— ISBN 978-7-5476
-2079-3

Ⅰ. G301

中国国家版本馆 CIP 数据核字第 20240Y2H71 号

责任编辑 李敏　吴蔓菁
封面设计 徐羽心

再无孤岛：跨学科的逻辑、路径与实践

赵传栋　著

出　　版　上海远东出版社
　　　　　　（201101　上海市闵行区号景路 159 弄 C 座）
发　　行　上海人民出版社发行中心
印　　刷　上海中华印刷有限公司
开　　本　710×1000　　1/16
印　　张　30.75
插　　页　1
字　　数　488,000
版　　次　2025 年 3 月第 1 版
印　　次　2025 年 3 月第 1 次印刷
ISBN　978 - 7 - 5476 - 2079 - 3/G · 1222
定　　价　118.00 元

前　言

当今社会，已经进入大科学时代；跨学科，是现代科学发展不可抗拒的潮流。

跨学科，指研究者运用两门或两门以上学科的理论和方法，对有关共同问题进行综合研究，探讨解决问题的途径，或创立新的交叉学科，促进科学技术全面、协调发展的一种活动形式。跨学科学，指以跨学科活动为研究对象，探讨跨学科活动的整体特点及其基本规律的一门新兴科学。

随着社会的高速发展，当代任何重大的科学技术问题、经济建设问题、生态环境问题和社会发展问题，都呈现出高度的复杂性和综合性。譬如，人类蛋白质组计划的推进，癌症、艾滋病的防治，地震预测及核聚变反应堆的实现等，均无法由单一学科或技术独立解决。只有在多种学科的高度综合和多种方法的联合运用中，才有可能得到全面且有效的解决方案。这就必然导致跨学科研究成为普遍的模式。

另一方面，当代无数重大科研成就的取得，都离不开跨学科行动。从中国神州空间站，到嫦娥探月工程；从北斗导航系统，到500米口径的中国天眼；从国产大飞机C919的交付，到"奋斗者"号全海深载人潜水器探海……跨学科行动，正在创造出层出不穷的人间奇迹，成为当代科技蓬勃发展的强大推动力量。

当今世界正面临百年未有之大变局，全球科技和经济竞争愈发激烈，我们要加强自主创新，就必须高度重视跨学科研究。

国务院学位委员会、教育部于2020年12月30日联合发布文件，规定在我国高校增设"交叉学科"门类。交叉学科门类的设立，是我国交叉科学发展和人才培养的深层变革，打破了不同学科割据的传统，促进了不同学科门类的大交叉、大融合。学科交叉融合是当前科学技术发展的重大特征，是新学科产生的重要源泉，是培养创新型人才的有效路径，是经济社会发展的内在需求。我们要实现中华民族的伟大复兴，实现辉煌的强国之梦，就离不开跨学科行动。

教育部于 2020 年 5 月 11 日颁发的《普通高中课程方案》(2017 年版 2020年修订)中，也要求开展以跨学科研究为主的研究性学习(占 6 学分)。教育部于 2022 年 3 月 25 日颁发的《义务教育课程方案和课程标准(2022 年版)》中，一再强调，要统筹各门课程跨学科主题学习，原则上各门课程设计跨学科主题学习不少于 10% 的课时，以加强学科间相互关联，强化跨学科实践。

为了满足当前跨学科活动蓬勃发展的需要，本书作者在长期致力于跨学科研究的基础上，撰写了《再无孤岛：跨学科的逻辑、路径与实践》一书。该书系统介绍了跨学科的概念、特征、类型、意义、基本原则与若干方法，这是一部全面系统研究跨学科学的专著，创立了跨学科学的完整学科知识体系，对推动我国跨学科活动的发展，进一步提升对科技创新重大突破的支撑能力，都具有重要的意义。

本书既有对跨学科理论的全面探讨，又有对丰富生动的跨学科案例的深入剖析，既有科学性，又有可读性。本书可作为高校交叉学科公共课程的教材，可供中小学"跨学科研究学习""跨学科主题学习"的课程教学使用，可作为中小学教师跨学科教育培训用书，也可供广大跨学科研究爱好者阅读。

目　录

下编　"跨学科"学分论

上编 『跨学科』学总论

· 再无孤岛：跨学科的逻辑、路径与实践 ·

第一章

跨学科本体论

本体即世界的存在,跨学科本体论即对跨学科这一客观存在的论述。

现代科学发展的突出特点是,既高度分化又高度综合。一方面,学科划分越来越细,分支越来越多;另一方面,解决日益复杂的许多重大问题又需要多学科的配合与综合。跨学科就是研究者运用两门或两门以上学科的理论和方法,对问题进行综合研究,探讨解决问题的途径,或创立新的交叉学科,促进科学技术全面、协调发展的一种活动形式。跨学科学就是研究这类跨学科活动的基础、特征、形式、方法、规律以及跨学科教育的一门科学。

当今社会,已经进入跨学科行动的大科学时代。当代任何重大的科学技术问题、经济问题、社会发展问题和环境问题等都具有高度的综合性质。譬如,对癌症的防治、地震的预测、核聚变反应堆的实现等,都不是任何一门学科或技术所能胜任的,只有在多种学科的高度综合和多种方法的联合运用中,才有可能实现,这就导致跨学科成为必然的、普遍的模式。

第一节　跨学科的概念

学科间的严格分界曾被视为现代科学发展到较高水平的重要标志,然而,社会的发展却使得学科间严格的分界逐渐被打破,呈现出更多的流动性和渗透性。学科之间相互渗透、相互交叉、相互结合,在传统学科版图之外的交叉学科不断出现,这就是跨学科现象。

要明确跨学科的含义,首先必须明确以下概念。

一、科学

科学是正确反映客观世界本质联系及其运动规律的知识体系。科学以概念、范畴、原理、定律等理论形态，来揭示自然、社会、思维等事物对象的发展规律，并以这种规律性的认识去指导人们的实践，进而改造世界。科学是推动技术进步和社会发展的重要力量。

1. 科学的特征

科学具有客观性、真理性、可验证性、系统性特征。

（1）客观性。科学的研究对象是客观世界，因而具有客观性。

（2）真理性。科学是对客观现象本质联系及其运动规律的正确反映，因而具有真理性。

（3）可验证性。科学研究的结论必须是可验证的。

（4）系统性。科学是已系统化了的知识体系，因而具有系统性。

2. 科学的分类

科学，既指自然科学，也指人文科学和社会科学。不过在英语的语境中，科学（Science）主要指自然科学，是一种反映自然界各种物质运动客观规律、经过实践检验和逻辑论证的理论知识体系。

根据不同的标准，科学可分为不同的种类。

第一，根据研究对象，可分为自然科学、社会科学和思维科学。

自然科学，是以自然界为研究对象的科学。

社会科学，是以人类社会为研究对象的科学。

思维科学，是以人类思维为研究对象的科学。

第二，根据与实践的不同联系，可分为理论科学、应用科学等。

理论科学，指偏重理论总结和理性概括，强调较高普遍性的理论认识而非直接实用意义的科学。

应用科学，指研究的方向性强，目的性明确，与实践活动的关系密切，能直接应用于物质生产中的技术、工艺性质的科学。

第三，根据成熟的程度，可分为显科学与潜科学。

显科学，指已经成熟并被社会承认的科学。

潜科学，指尚未成熟，还处于幼芽阶段的科学。

第四，借用计算机硬件与软件的分类，可分为软科学和硬科学。

软科学，指对科技、经济、社会发展战略和宏观控制进行研究，为决策提供科学依据的综合性科学，如管理学、科学学、未来学等。软科学在我国国民经济与社会发展的重大决策中发挥了战略性、前瞻性的关键作用,比如三峡工程的综合评估、京九铁路沿线开发论证、南水北调的论证等。软科学服务的对象是关系国家经济,社会问题的重大决策,是跨学科,跨领域的决策科学。

硬科学,是自然科学与技术科学两大系统所属学科与其交叉学科的统称。其研究内容包括数学、物理学、化学、天文学、地理学、生物科学以及技术工程等。

第五,依据科学的组织形式和规模,可分为大科学与小科学。

大科学以确定的目标为导向,涉及众多学科,耗费资金巨大,成果的获得时间较长,通常由大规模集体的方式,甚至以国家形式乃至国际合作的方式进行,比如核聚变反应堆的研究。大科学项目是由政府官员或科学界领导自上而下提出,并有组织、有计划地给予落实。

小科学,科学发展的早期,科学研究是以增长人类知识为主要目的,以个人的自由研究或规模较小的团队研究的方式进行。以追求科学真理为导向,科学家们通常聚焦在某个学科,设定问题并努力探索,经常会产生出人意料的结果,这种形式即小科学。小科学项目是研究者个人自下而上提出来,经过同行评议和相互竞争不断推陈出新。

二、学科

人类对客观世界的研究,形成各种认识,认识通过理解、思考、归纳、抽象等思维活动而上升为知识,知识在经过运用并得到验证后进一步发展形成知识体系,这就是科学。人们为研究与传承科学知识的需要,根据某些共性特征对科学知识体系进行分类研究,便形成学科。

1. 什么是学科?

学科是为研究与传承科学知识的需要,对科学知识体系进行分类研究而形成的一种专门化与规范化、相对独立的知识体系。一门学科即是一个知识领域。如自然科学中的化学、生物学、物理学,社会科学中的法学、社会学等。

"学科",是在科学研究和人才培养活动中对知识领域的一种人为的划分。每一门学科由于有自己特定的学科界限,有自建的学术用语、研究方法和理论,所以具有相对独立性。把科学知识划分为不同的学科和领域,有利于学者在各自的领域传承学科脉络，培养下一代专业人才，形成、完善本门学科的研究规范。据统计，当今自然科学学科种类总计有近万种。

"学科"也指学校教学的科目。如语文、数学、地理、生物等。学科是学校教学、科研等活动的功能单位，是对学校人才培养、教师教学、科研业务隶属范围的相对界定。世界上不存在没有学科的学校，学校的各种功能活动都是在学科中展开的，离开了学科，就不可能有人才培养，不可能有科学研究。

三、"学科"与"科学"的联系与区别

"学科"与"科学"是既有联系又有区别的两个概念。

1. 学科与科学的区别

第一，两者的研究对象不同。

科学的研究对象是客观世界。科学是为了解决认识世界、改造世界过程中遇到的问题。为了更精细地研究，因而将科学分成数学、物理、化学等不同门类。

学科的研究对象是科学。研究者的研究出发点、研究目的是为了学习、传承科学知识。

第二，两者的研究层次与顺序不同。

人类的认识，先有科学，即先有对客观世界的认识；然后才有对科学这一对象的认识，才产生学科。科学是人类认识的第一层次，学科是人类认识的第二层次。

第三，两者的研究目的不同。

科学的研究目的是为了解决认识世界、改造世界过程中遇到的问题；学科研究的出发点是为了学习、传承科学知识。

2. 学科与科学的联系

"学科"与"科学"有区别，同时又有密切的联系。

学科与科学可以有共同的门类名称。科学分成了数学、物理、化学等不同门类，自然而然，学科也就随之分成数学、物理、化学等不同门类。这些门类既是科学的门类，又是学科的种类。物理学对自然界的光现象进行研究，因而有了"光学"；物理学科为了学习、传承物理科学的光学知识，因而也有"光学"这一学科名称。

学科与科学可以有共同的研究内容。比如,物理科学中的"光学"知识内容,与物理学科中的"光学"知识内容,基本相同。

正因如此,人们在日常生活的语言应用中,并不会对"学科"与"科学"严格区分。有时人们将学科说成是科学,人们说的科学很可能是指学科。就如同,在语言学中,语言与言语有区别,语言是以语音为物质外壳、以语汇为建筑材料、以语法为结构规则而构成的复杂的符号系统,是人类最重要的交际工具;言语是个体在交际活动中说出来的话,写出来的东西。"好!"是一句话,是言语,并不是复杂的符号系统。但在日常生活语言应用中,人们往往将言语说成语言,比如,"这篇散文语言很优美";人们说的语言,很可能是指言语。在精细的科学研究中,必须注意言语与语言、学科与科学之间的细微差别,否则会产生矛盾、造成混乱,而在人们的日常应用中,则无须对这之间的细微区别吹毛求疵。

四、跨学科

跨学科就是对原有学科界限的超越,通过融合来自两个及两个以上学科或专门知识领域的信息、数据、技能、工具、观点、概念或理论,来解决那些单一学科或研究实践无法解决的问题,或形成新的知识系统的方法。

"跨学科"的特殊意味表现在其鲜明的动词形态上,"跨"意味着一种交流、对话和融通,意味着对某种既定的隔阂、差异和误解的消除;它没有设置特定的对象和内容,而是面对着人类以往创造的所有文化遗产和观念形态。

其实,天下的学问本是相互交叉、彼此渗透的。人们将学问机械地分为数学、物理学、化学、生物学、天文学、海洋学、地质学、经济学、哲学、法学、美学等,这只是人类漫长的文明发展史上某一特定时期的一种文化现象。随着人类社会的进步与文明的进一步发展,各学科间相互渗透、影响更趋广泛和深入,当今知识的日趋融合和学科朝各自专业化纵深进展,已成为人类文明发展的大趋势。

现代科学技术的重大发现与发明,大多是学科交叉的成果。科学和技术上的重大突破,新的生长点和新学科的产生,往往是在不同学科彼此交叉和相互渗透的过程中形成的,这彰显了交叉学科研究对于人们取得科学技术的原创性成果和突破性进展的重大意义。

五、跨学科研究

跨学科研究是指团队或个体,综合多个学科的知识和思维模式,用以提高人们对世界的基本认识或者解决某一学科或研究领域内所不能解决的问题。

这一定义包含以下几层含义：

第一，研究者可以是个体，或者是团队；

第二，涉及的学科必须是多个，而不是一个；

第三，问题的解决必须综合多个学科或领域的知识和思维模式。

科学问题产生于客观世界，而客观世界本身是不分学科的。学科作为一种研究的手段，是人为的假设，只是为获取科学知识服务的工具，具有方法论意义，而非客观世界的本来面目。比如：

"清晨草叶上一粒晶莹的露珠。"

"一粒露珠"就是一粒水，它微不足道，渺小得不能再渺小，很快就会消失在阳光里。然而，它却能和万千事物联系在一起，成为无数科学家的研究对象。化学家说，水是由氢、氧两种元素组成的无机物，化学式是 H_2O；物理学家会说，它在常温、常压下为无色无味的透明液体，沸点 100℃，凝固点是 0℃，密度为 1 g/cm^3；环境科学家说，地球上海洋、陆地、大气中固态水、液态水、气态水构成的一个大体连续、相互作用又相互不断交换的圈层——水圈，水圈和大气圈、岩石圈、生物圈等共同构成了我们生存的完整世界；生物学家说，水是生命之源，孕育了世界万物，地球上的生命起源于水，地球早期的海洋中，孕育了最原始生命，在漫长的历史岁月中，演化出了缤纷的动植物世界；医学家说，人体的每一个器官都含有极其丰富的水，老年人细胞水分减少，因此产生皱纹，皮下组织渐渐萎缩，人老的过程就是失去水分的过程，人体如果失去体重的 15%～20% 的水量，生理机能就会停止，继而死亡；能源学家说，江河、海洋中蕴含着巨大的能量，可以用来发电；历史学家说，自古以来，我们的祖先逐水草而居，水流的延伸决定着绿洲的走向，凡是有河流的地方，有城市，有商贾云集，有高度文明；文学家的眼中，我们生存的世界中有无穷变幻的水，云是随风移动的水，雨是长空挥洒的水，雪是漫天飞舞的水，雾是朦胧羞涩的水，露是玲珑剔透的水，霞是五彩缤纷的水，彩虹是浪漫多情的水，泉是晶莹纯洁的水，小溪是跳跃歌唱的水，江河是奔流不息的水，海洋是波澜壮阔的水，空气中弥漫的是纯净空明的水……有水，才有渔舟唱晚，有落霞与孤鹜齐飞，有秋水共长天一色；思想家从大自然中的水，更能感悟到人类的崇高

美德,孔子无限感慨地说:

"水奔流不息,是哺育一切生灵的乳汁,像德行。所到之处给大地带来勃勃生机,像仁;水没有一定的形状,或方或长,流必向下,和顺温柔,像情义。装入量器,一定保持水平,有如君子的正直;遇满则止,并不贪多务得,有如君子的处事有度;奔赴万丈深渊,毫不迟疑,像勇;无论怎样的道路曲折险阻,一定要东流入海,有如君子那坚定不移的信念和意志。万物入水,必能荡涤污垢,它好像教化……"

在孔子的眼中,水具备君子所有的品性,能给人以伟大的启示。

科学研究的对象是客观世界,客观世界本身是不分科的,"清晨草叶上一粒晶莹的露珠"这一自然景象本身也是不分科的;为了精确地对客观世界加以研究,因而分成了不同的学科;因为不同的学科都可以对同一个客观对象加以研究,这就为我们跨学科研究提供了可能;为了获得对于客观事物全面的、丰富的、生动的认知,我们就需要掌握跨学科研究的理论与方法。

事实上,关于"清晨草叶上一粒晶莹的露珠"这一事物对象,只要有需要,我们可以将它和千千万万的学科联系起来,实现若干学科之间的交叉与跨越。水和植物相联系,有松树、柏树、梅花、荷花、桃花……水和动物相联系,有牛、羊、大雁、天鹅、燕子……水和人相联系,有汗水、泪水、血液、胆汁……水和地理相联系,有泉水、瀑布、小溪、河流、湖泊、海洋……水和气象相联系,有朝霞、晚霞、彩虹、云彩、雨、雪、冰雹……水和美学相联系,太湖有浩淼之美,西湖有旖旎之美,黄河有雄浑之美,雪山有圣洁之美……水和文化相联系,有黄河文化、长江文化、鄱阳湖文化、洞庭湖文化……

辩证唯物论认为,万事万物都是互相联系的,世界存在着无穷无尽的普遍联系之网。"清晨草叶上一粒晶莹的露珠"这一事物对象,同样也可以和世界不同领域、不同学科、不同事物联系起来,做出跨学科思考。正如佛家所说,"一粒沙里藏世界,半瓣莲花说因缘",一粒沙里蕴涵着世界万千事物,半瓣莲花中可看见一个人前世今生的因缘。因而,跨学科研究者的视界是无限宽广的。只要你的跨学科成果具有新颖性、价值性,就能为社会做出贡献。

跨学科研究不同于分科研究。跨学科研究可以打破分科研究的藩篱,从多角度、多方面、多层次深刻地感知、认识、揭示丰富多彩的客观世界,跨学科的视界是无限宽广的,这就能极大地体现一个人的智慧与才能。

当今时代，由于交往的普遍化所带来的全球化运动，以及一些重大社会工程的出现，社会治理难度大大增加，人类理智面临前所未有的挑战。要应对这类挑战，就必须开展跨学科研究。

六、跨学科与分科的辩证统一

我们提倡跨学科，提倡跨学科教育。然而有人说：既然要跨学科，当初为什么要分科研究？分科研究不就是错误的吗？既然倡导跨学科教育，学校岂不是只上一门无所不包的课就行了，为什么还要分出语文、数学、物理、化学等学科课程？这不是多此一举吗？

这种认识是机械的、片面的、错误的。我们提倡跨学科，但并不否定分科，更不是要取缔分科。跨学科与分科之间是辩证统一的。

客观世界是不分科的，我们要深刻地认识客观世界，就必须进行分科研究。比如人类医学，该学科是通过科学或技术的手段，处理人类的各种疾病或病变、促进病患恢复健康的科学。人类的疾病千奇百怪，为了精细地研究"人类疾病"这一客观对象，就必须对人类疾病进行分科研究。以临床医学为例，分为内科、外科、妇产科、神经科、眼科、耳鼻喉科、皮肤科等二级学科。内科又可以分为心血管内科、神经内科、肾脏内科、肿瘤科、呼吸内科等三级学科。外科又可以分为普通外科、骨伤外科、泌尿外科、颅脑神经外科等三级学科……如果不分科研究，就难于达到精细地研究、治疗人类疾病的目的。

但是，人体又是一个整体。人体某种病变，又有可能对人体的其他部位、系统乃至整个人体产生影响。这就必然需要医学的跨学科研究。又比如有些疑难杂症、罕见病，该归哪个科？要解决这些问题，就必须在不同科目之间实现跨学科研究，比如多学科专家联合会诊。多学科专家联合会诊就是通过两位及以上相关学科领域精英跨界合作，携手共治，更全面地看待并解决病情问题的一种有效治疗方式。如此一来，原本可能由于医生专注专业领域而错判或忽略重要指征的风险将大大降低。

科学研究的对象是客观世界，要深刻认识客观事物，需要分科研究，如果不对客观事物加以分科研究，那么对客观事物的认知就是朦胧的、模糊的、混沌的；然而，人类如果仅仅停留在分科研究的阶段，不实现学科之间的跨越，那么对客观事物的认识就是片面的、支离破碎的，处于瞎子摸象的境地。分科研究,是跨学科研究的前提与条件;跨学科研究,又是为了更准确、更全面地认识客观事物。分科与跨学科,是矛盾对立的,又是辩证统一的。

七、交叉学科

交叉学科是指不同学科之间相互交叉、融合、渗透而出现的新兴学科。交叉学科可以是自然科学与人文社会科学之间的交叉而形成的新兴学科,也可以是自然科学和人文社会科学内部不同分支学科的交叉而形成的新兴学科,还可以是技术科学和人文社会科学内部不同分支学科的交叉而形成的新兴学科。

近代科学发展,特别是科学上的重大发现、国计民生中的重大社会问题的解决等,常常涉及到不同学科之间的相互交叉和相互渗透。

2020 年 12 月 30 日,国务院学位委员会、教育部发布《关于设置"交叉学科"门类、"集成电路科学与工程"和"国家安全学"一级学科的通知》,经专家论证,国务院学位委员会批准,决定设置"交叉学科"门类(门类代码为"14")。交叉学科成为继哲学、经济学、法学、教育学、文学、历史学、理学、工学、农学、医学、军事学、管理学和艺术学之后的第 14 个学科门类。

八、跨学科、学科交叉与交叉学科

跨学科、学科交叉与交叉学科之间,意义并不完全等同,但又有密切联系。跨学科与学科交叉,意义基本相同,都是指不同学科之间的理论、知识、方法的交叉与融合,表示的是一种动态的过程。跨学科、学科交叉作为一种活动过程,可产生不同的结果,比如,解决了某个难题,或者形成了某种新的理论,或者产生了某种新的学科,这种新的学科就叫交叉学科。因此,交叉学科是跨学科、学科交叉活动的成果之一;而要产生某种交叉学科,首先就必须有跨学科与学科交叉的过程。

我们不妨运用语言学的义素分析法对跨学科、学科交叉、交叉学科进行语义分析。

义素是构成词义的最小意义单位,是词义的区别特征,所以又叫语义成分。义素分析法是指把同一语义场的一群词集合在一起,从义素的角度进行分析、对比与描写的方法。

交叉学科：［＋多种学科交叉＋学科＋名词性］

学科交叉：［＋多种学科交叉－学科－名词性］

跨学科：［＋多种学科交叉－学科－名词性］

其中，"＋"表示具有某种义素，"－"表示不具有某种义素。由此可见，跨学科、学科交叉、交叉学科都具有"多种学科交叉"的共同义素，但交叉学科是门学科，具有名词性特征；跨学科、学科交叉则不具有名词性特征，也不是门学科，而是多种学科交叉的活动过程，具有动词性特征。因而，三则之间有密切联系，又不完全等同。

第二节　跨学科的特征

跨学科有其鲜明的特征，主要有以下四点。

一、跨越性

跨学科的特征首先体现在其跨越性，必须大胆突破原有学科的界限与壁垒，实现多学科的理论、知识、技术、方法的交叉与汇流。

比如说，信息科学是信息时代的必然产物，是以信息为主要研究对象，以信息的运动规律为主要研究内容，以计算机等技术为主要研究工具，以扩展人类的信息功能为主要目标的一门新兴的综合性学科。信息科学是以信息论、控制论、系统论为理论基础，综合自动化技术、通信技术、多媒体技术、视频技术、遥感技术，以及生物学、物理学、认知科学、符号学、语义学、图书情报学、新闻传播学、数学、心理学、管理学、经济学等学科交叉渗透而产生的一门新兴的跨多学科的科学。这就需要全面突破这些学科的界限，实现若干学科的理论、知识、方法的交叉与汇流，才有可能达到研究的目的，这就必然要求信息科学实现不同学科的之间跨越。

二、模糊性

跨学科、交叉学科还具有模糊性特征。

模糊性是指由于事物类属划分的不分明而引起的判断上的不确定性。不少客观事物具有模糊性。例如，健康人与不健康的人之间没有明确的划分,当判断某人是否属于"健康人"的时候,便可能没有确定的答案,这就是模糊性的一种表现。模糊性即概念外延的不分明性、概念归属的亦此亦彼性。

客观世界中大部分事物现象是界限分明的,但总会有一些事物对象介于两者之间。人有男性、女性,界限分明;但有的人像男性,又像是女性,这在体育竞赛中就难免引起争议。比如,2009年,当18岁的南非女运动员塞门亚在柏林田径世锦赛上赢得800米的金牌之后,声线浑厚、肌肉粗壮的塞门亚被田径官员要求进行性别测试,从此,她便处于争议之中。不少跟她一起参赛的选手都曾表示,"如果和这样看起来像男性的选手一起比赛,那么这个项目就没有意义了"。又比如,文章体裁中诗歌与散文是界限分明的,但有一类作品叫"散文诗",其归属的类别便是含混的。新闻与文学是界限分明的,但有一类作品叫"报告文学",它既有新闻文体的特点,又有文学作品的特点。

很多学科也具有模糊性,比如心理学、地理学,是自然科学还是社会科学? 有人说是自然科学,有人说是社会科学,莫衷一是。

跨学科、交叉学科更是模糊了以往的学科界限,处于不同学科的边缘地带,因而,跨学科、交叉学科的学科边界必然具有模糊性。

三、综合性

跨学科具有综合性特征。

第一,当代社会与传统研究所面临的问题在类型、规模和难度上都有很大不同,在面临这种新的复杂性面前,必然导致跨学科研究学科跨度加大、数目增加、方式日趋复杂,必须综合各学科的知识、工具和方法,因而跨学科研究必然具有综合性特征。

比如国家安全学。

当代国家安全的基本内容包括政治安全、国土安全、军事安全、经济安全、文化安全、社会安全、科技安全、网络安全、生态安全、资源安全、核安全、海外利益安全、生物安全、太空安全、极地安全、深海安全等若干方面。涉及政治学、经济学、军事学、公安学、警察学、情报学、法学、外交学、海关学、社会学、文化学、管理学等众多学科门类,此外还与生物学、物理学、化学、核科学与技术等密切相关。国家安全学这一新兴交叉学科正是基于若干不同学科相互交叉、融合这一现实情况而产生。

国家安全是安邦定国的重要基石，是国家生存与发展的重要保障，是实现中华民族伟大复兴的中国梦、保证人民安居乐业的头等大事。国家安全具有战略性、全局性、系统性和综合性等特点。要维护国家的安全，就必须坚持总体国家安全观，就需要学科的交叉，需要跨学科行动。国家安全学是学科之间深度交叉融合的产物，具有高度的综合性特征。

第二，从人类的认识进程来看，人们为了深入地认识客观世界，需要对客观世界的各个部分进行分门别类的研究，这种科学研究方法的主要特征是分析，因而诞生了不同学科，这在当时是必要的，而且具有重要的价值。但是，客观事物本身是相互联系的整体，任何事物都不能离开其他事物而孤立地存在于一个封闭的体系中，科学的发展要求人们揭示不同物质运动形式内在的共同属性与规律，这就要求人们必须跨越不同学科的界限，进行跨学科研究，由认识的分析阶段上升到认识的综合阶段。因而，处于认识综合阶段的跨学科研究具有综合性特征。

四、系统性

跨学科研究的系统性特征，是指跨学科研究需要运用系统论的方法，开拓出的成果能构成一种系统。

系统论的核心思想是系统的整体观念。系统论认为，任何系统都是一个有机的整体，它不是各个部分的机械组合或简单相加，系统的整体功能是各要素在孤立状态下所没有的性质。系统中各要素不是孤立地存在着，每个要素在系统中都处于一定的位置上，起着特定的作用。要素之间相互关联，构成了一个不可分割的整体。

系统论的出现，使人类的思维方式发生了深刻地变化。以往研究问题，一般是把事物分解成若干部分，抽象出最简单的因素来，然后再以部分的性质去说明复杂事物。但是它不能如实地说明事物的整体性，不能反映事物之间的联系和相互作用，它只适应认识较为简单的事物，而不胜任于对复杂问题的研究。在现代科学的整体化和高度综合化发展的趋势下，在人类面临许多规模巨大、关系复杂、参数众多的复杂问题面前，这种单一的思维方式就显得无能为力了。因而，我们有必要进行跨学科研究，系统论方法别开生面地为跨学科研究提供了有效的思维方式。

自然界的各种现象之间本来就是相互联系的,联系构成了系统。科学也是一个由自然科学和社会科学构成的大系统,包含众多学科。跨学科研究就是要探求各学科之间的联系,建立起彼此相互联系的、科学的、完整的、统一的知识体系。同时,跨学科研究所开拓的新的学科,也是一种知识系统,因而跨学科研究具有系统性特征。

第三节 跨学科的基本原则

为了保证跨学科工作的顺利进行,使研究获得较为准确、客观的结果,跨学科研究必须遵循一定的原则。

一、科学性原则

跨学科研究必须遵循科学性原则,必须以辩证唯物主义基本原理为指南,以科学实践反复证实的客观规律为基础,所依据的材料、数据必须真实可靠。如果违背科学性原则,就会陷入非科学或伪科学的歧途。

艾萨克·牛顿是伟大的物理学家、天文学家、数学家、哲学家。牛顿为科学的发展做出了巨大的贡献。在光学上,他发明了反射望远镜,他制成放大40倍的反射望远镜,可以清楚看到木星的四个卫星;牛顿借助三棱镜研究日光,将日光发散成可见光谱,提出了光的色散理论,牛顿的这一重要发现揭示了光色的秘密,成为光谱分析的基础。

牛顿和莱布尼兹几乎同时创立了微积分学。牛顿为解决运动问题,将物理概念和数学理论直接联系,创立牛顿称之为"流数术"的微积分学。微积分的创立是牛顿最卓越的数学成就,为数学和物理的发展提供了强有力的工具。

在1687年发表的论文《自然哲学的数学原理》中,牛顿对万有引力和牛顿运动定律进行了描述,奠定了经典力学的基础,建立了经典力学的基本体系,奠定了此后三个世纪里物理世界的科学观点。

牛顿对人类的贡献是巨大的,正如恩格斯在《英国状况十八世纪》中所说:"牛顿由于发明了万有引力定律而创立了科学的天文学,由于进行了光的分解而创立了科学的光学，由于创立了二项式定理和无限理论而创立了科学的数学，由于认识了力的本性而创立了科学的力学。"

可以说，牛顿是现代天文学、现代光学、高等数学和现代物理学的奠基人，堪称世界上最伟大的科学家。

牛顿是伟大的科学家，但他的后半生却致力于对神学的研究，竟用了二十五年时间去研究虚无缥缈的"上帝"，企图论证上帝的存在。他认为，存在一个至高无上的智慧，一种神圣的存在，用无形的手编织了自然法则。在行星为什么绕太阳旋转的问题上，牛顿提出了神是宇宙的"第一推动力"的主张，认为是上帝将宇宙推了一把，从此宇宙便一直旋转至今。他还研究了炼金术，希望从黄铜和煤渣中提炼出黄金，但以失败告终。由于牛顿后半生背离了科学性原则，因而真理的大门向他关闭了。

人无完人，我们不能以他的后半生致力于对神学的研究而否定牛顿对于科学的伟大贡献，但是，我们也不能不对于他的后半生因偏离科学性原则而错失了更多研究科学的机会而感到十分惋惜。

跨学科研究必须遵循科学性原则，贯彻这一原则有以下两点要求。

第一，必须全面、真实、系统地占有材料。跨学科研究过程就是一个占有材料、揭示本质、发现规律的过程。研究过程中所搜集的材料越全面、越真实、越系统，就越有代表性，越能反映问题的本质。零碎的、片面的材料是不足以进行科学推断的。

第二，要坚持科学的态度。在科学研究的过程中，要运用科学的方法和程序去研究客观现实，不应采取主观主义的态度去臆断、猜测。对于研究成果，更要强调实事求是，无论自己的研究成果是成功还是失败，也不论研究结果对自己原先的假设是肯定的还是否定的，都应如实反映，绝不能以个人的利害得失而违反科学性原则。只有严格地坚持科学态度，忠实地反映客观事实，才能正确地反映客观事物中的内在的必然联系，才有可能获得科学的结论。同时，研究的结论必须经过证实或实践检验，以保证其具有客观性、科学性。

二、创新性原则

创新性原则指的是跨学科研究要有新意，能发现别人没有发现的问题，探索出别人没有实践过的内容、方法、手段等，也就是说要在原有认识的基础上有所发展、创造。

请看这么一则故事。

有家大公司招聘营销主管，报名者云集。招聘工作负责人说："为了选拔出高素质人才，我们的试题是：想办法把木梳尽量多地卖给和尚。"绝大多数应聘者感到困惑不解，甚至愤怒：出家人剃度为僧，要木梳何用？人们拂袖而去，只有甲、乙和丙三人留了下来。负责人说："这批木梳，任由自取，数量不限，各人分头去推销，销得越多越好。一周为期，回来汇报销售成果及销售方法，公司将择优录取。"一周过后，三人都回来了。

甲："我卖出1把。我到庙里向和尚推销木梳，遭到和尚们一番责骂，有的追赶着要打我。下山路上遇上一位小和尚，一边晒太阳一边挠着头皮。我递上木梳，小和尚用后满心欢喜，买了一把。"

乙："我卖出10把。我去了一座名山古寺，由于山高风大，进香者的头发都被吹乱了，我对寺院的住持说：'蓬头垢面是对佛的不敬。应在每座香案前放把木梳，供善男信女梳理鬓发。'住持采纳了我的建议，买了10把木梳。"

丙："我卖出1 000把。我到一个香火极旺的深山宝刹，进香朝佛者众。我对住持说：'香客虔诚，慷慨施舍，寺庙若向他们回赠佛家吉祥物，一可作纪念，二可暖其心，三可扩大影响，一举多得。木梳作用于头部，乃理想吉祥之物，如果再印上大师飘逸的书法作品，必定大受欢迎。'那住持闻言大喜，当场买了1 000把木梳，并将亲笔写的'积善梳''佛光梳'印于其上。四方八里的施主和香客闻知其事，都希望得到一把积善梳、佛光梳，于是该寺庙香火更旺了。大师还约请下周再送一批木梳来。"

把木梳卖给和尚，确实匪夷所思。甲和乙采用常规的方法，业绩不佳。丙却打破常规，大胆创新，将木梳与书法艺术、道德弘扬、寺庙的广告宣传等进行跨学科式地结合，创造了惊人的业绩。

要创新，往往需要跨学科思考；而跨学科思考，尤其需要创新。

当然，跨学科的创新是在原有学科基础上的创新，离不开原有的相关学科提供一些现成理论、方法、内容，这些材料多来自于前人或他人的实践经验和认识成果。必须善于利用这些经验和成果，开辟新的认识领域，获得新发现，提出新的观点，这是跨学科研究的必由之路。

跨学科研究是在"巨人的肩膀"上，如果没有原有的相关学科的知识与理论,跨学科研究就没有根基;如果没有创新,跨学科研究就没有价值。

三、价值性原则

跨学科研究必须具有价值性。跨学科研究的价值性集中体现为跨学科的研究成果必须能满足人类的某种需要,能解决社会生活中的问题。

比如,"集成电路科学与工程"这一交叉学科(学科代码为"1401"),便具有极其重要的价值性。

集成电路(Integrated Circuit,缩写为 IC),通常简称为芯片,是一种将大量晶体管、电阻、电容、电感等电子元件,以及这些元件之间的连线,通过一定的工艺以微米甚至纳米级别的精度,集成在单一半导体晶片上,具有特定功能的微型电子系统。目前,一颗超大规模集成电路芯片上的电子元件数量达到数十亿级别。集成电路具有体积小、重量轻、引出线和焊接点少、寿命长、可靠性高、性能好等优点,同时成本低,便于大规模生产。

芯片是现代电子设备的核心组件,在计算机、智能手机、平板电脑、游戏机、汽车电子、航空航天、军事装备等众多领域都有广泛应用。芯片的性能直接决定了电子设备的运行速度和效率。现代的全光网、物联网、云计算、大数据、区块链、新媒体、广播电视、人工智能、新一代移动通信网络等高科技领域,都离不开芯片。

如今,人工智能技术高速发展,人工智能是一门极富挑战性的科学,作为新一轮科技革命和产业变革的核心力量,更离不开集成电路的支撑。当今汽车进入了智能化,芯片在汽车上的运用也就越来越广泛和深入,不仅要实现自动驾驶,还可以远程操控汽车,以至出现无人驾驶汽车。这些都是芯片在发挥着引领性作用。随着人工智能技术的发展,智能手机、智能城市、智慧建筑、智慧社区、智慧家居、智慧交通、智慧汽车,智慧电网、智慧医疗、智慧制造、智慧农业等一系列代表着科技进步的名字应运而生,而背后支撑着的就是芯片。没有芯片的进步,这些技术不会发展得如此迅猛。

集成电路是 20 世纪的人类最重要科技发明之一,它的发明标志着人类进入信息时代。在当今全球化的时代中,拥有强大的国产芯片产业已成为国家竞争力的重要体现。集成电路产业是未来我国经济发展最为重要的支撑,也是建设创新型国家的重要基础,对国家的科技实力和综合国力提升有着重要的意义。

集成电路科学与工程属于电子科学与技术、信息与通信工程、计算机科学与技术等一级学科的交叉的产物,涉及芯片材料、芯片制造、芯片设计、芯片设备和芯片封装测试等技术,集成电路科学与工程学科又是以数学、物理、化学、材料科学等学科为基础,与电子信息、材料工程、通信工程、仪器科学和机械工程等相关工程学科的深度交叉融合的交叉学科。国家设立"集成电路科学与工程"一级学科就是从根本上解决制约我国集成电路产业发展的"卡脖子"问题,构建支撑集成电路产业高速发展的创新人才培养体系。因而"集成电路科学与工程"学科具有极其重要的价值性。

跨学科研究总是与一定的需要相联系的,任何一项跨学科研究都必须能够适应人们的一定的需要,必须能适应科技、经济和社会综合发展需要,能卓有成效地解决现实发展中所提出的、已经或可能面临的综合性问题,它的活力在于解决复杂的实际问题的能力。

相反,如果跨学科研究不是为人们所需要的,不能为解决实际问题提供方案选择和决策性建议,不能提供解决问题的手段与方法,那么这种跨学科研究就不会有生命力,就是没有价值的。

比如说,原先的船只没有内燃机等动力,只能靠人力划桨或纤夫拉纤前进。人们为了节省体力,便在船上装上帆,靠风力推动。那么,能不能这样跨学科思考:像帆船那样,用风力来推动车辆前进?一种类似帆船那样由风驱动的运输车辆并不是制造不出来,但是如果真要使用这样一种风动车辆,就会产生许多麻烦,例如由于风的不稳定性,这样的车辆在狭窄的公路上行驶时就陷入时快时慢、时走时停的状态,会大大妨碍交通通畅,也很不安全。因而,这种将帆船的动力移用到车辆上的跨学科研究,就是毫无价值的。

第四节　跨学科与创新

跨学科与创新紧密相关。

所谓创新,就是创造新的事物。创新是人类伟大的实践活动,一部人类文明史,就是一部人类创新活动的历史。

跨学科就是跨越原有学科的界限,通过融合来自两个及两个以上学科或专门知识领域的信息、技能、工具或理论,来解决那些单一学科或研究实践无法解决的问题,或形成新的知识系统的方法。

跨学科与创新是不同的概念,但它们之间却又有着密切的联系。

一、跨学科的目的是为了实现创新

跨学科的目的是为了解决那些单一学科无法解决的问题,或为了形成新的知识、理论、交叉学科,而这本身就是一种创新。因而跨学科与创新紧密相关。

二、创新需要学科的跨越

当代重大的科技创新都离不开学科的跨越。

科学上的新理论、新发明的产生,新的工程技术的出现,经常发生在学科的边缘或交叉点上。现代科学技术的重大突破,新的生长点和新学科的产生,往往是在不同学科彼此交叉和相互渗透的过程中形成的。跨学科研究对于人们取得科学技术的原创性成果和突破性进展的意义重大。

三、诺贝尔奖与跨学科研究

诺贝尔奖,是人类原始性创新的重要标志,是衡量一个国家科技创新能力的重要指标,而很大部分诺贝尔奖的成果是跨学科的。在胡珉琦的《120 岁的诺奖越来越青睐"跨界"》一文中提到:诺贝尔奖一百多年的历史凸显了一个事实,自然科学越来越显示出跨学科的发展趋势。

2021 年诺贝尔物理学奖,三位科学家因复杂系统研究的贡献而获奖,这一年轻又充满争议的"复杂科学"领域进入了更多人的视野。跨学科是复杂科学研究最重要的特征,它正是为了适应自然与社会的内在复杂性而诞生。而在这一领域驰骋的科学家,无一不是既在一个学科纵向深耕,又在多个学科间横向迁移。

2020 年,数学物理学家罗杰·彭罗斯因在黑洞领域的研究工作获得诺贝尔物理学奖。他的贡献跨越了数学和物理学的许多领域,把各种复杂的数学技巧引入物理学研究的多个分支,提供了完全不同的研究思维方式。

2017 年的诺贝尔化学奖授予了冷冻电镜技术的三位开创者,其中约阿希姆·弗兰克作为生物物理学家获得化学奖尤为引人瞩目。

像弗兰克这样,从物理学进入生命科学研究领域获奖的不胜枚举。比如,因建立 DNA 双螺旋结构模型而获 1962 年生理学或医学奖的弗朗西斯·克里克和莫里斯·威尔金斯;因提出测定 DNA 中核苷酸顺序的方法而获得 1980 年化学奖的沃尔特·吉尔伯特;因建立晶体电子显微技术、测定核酸-蛋白质复合体结构而获得 1982 年化学奖的阿龙·克卢格;因确定细菌光合作用反应中心的三维结构而获得 1988 年化学奖的约翰·戴森霍弗。

据统计,从 1901 年到 2008 年授予的 356 项诺贝尔自然科学奖的奖项中,交叉研究成果共有 185 项,占 52.0%。诺贝尔自然科学奖获奖成果在 20 世纪 50 年代以前,大部分成果是属于单一学科的,而在 50 年代以后,大部分成果则是交叉性的。

更多研究发现,诺奖科学家的代表性论文常常具有显著的跨界特质,它们能很好地将互不相干和主题各异的科研论文相关联。不仅如此,通过考察那些获奖科学家的知识背景,可以发现,他们大多拥有广泛的兴趣爱好,具有多学科融通交叉的知识和理论背景。百年诺贝尔奖历史告诉我们,跨学科对科学创新具有重要意义。

在当代,要实现重大的科技创新,就需要学科的跨越;而学科的跨越,目的往往是是为了实现某种创新,而这本身就是一种创新。

第五节　跨学科的意义

倡导跨学科具有重要的意义。

1959 年,英国物理学家、小说家查尔斯·斯诺在剑桥大学做了《两种文化与科学革命》的著名演讲,他在演讲中提出存在两种不同的文化——人文文化和科学文化。由于科学家和人文学家在教育背景、研究对象、基本素养等诸多方面的差异,使得他们相互鄙视,相互看不起,经常处于相互对立的局面,导致出现"人文学者对科学的傲慢、科学家对人文的无知"的文化危机。这种现象被称为"斯诺命题"。

斯诺的批评现在仍然没有过时。如今在很多人的观念中,在不少学校教学中,各学科知识条块分割、互不相干的现象仍普遍存在。在这种形势下,我们就有必要加强跨学科研究。

一、科学发展的强大推动力

当代科学的发展迫切需要跨学科研究。

当今时代,由于交往的普遍化所带来的全球化运动,以及一些重大社会工程的出现,导致社会问题巨型化,使治理难度大大增加,向人类理智提出了前所未有的挑战。科技领域中的一些新发明、新发现,也往往是跨学科研究的成果。可以说,当代一切重大课题的解决,都不是任何一门学科或技术所能胜任的,只有在多种学科的高度综合和多种方法的联合运用中,才有可能得到圆满的解决,这就使得跨学科研究成为历史发展的必然。

跨学科研究正在成为科学发展的主流,不仅活跃研究者的思维,开阔了科学研究的视野,同时也大大推动着科学技术的发展,是科学发展的重要推动力量。

二、有利于教育的发展

跨学科有利于教育的发展。

在传统分学科教育中,各门学科知识条块分割,互不相干。在教学过程中,政治课程讲述的是政治术语;语文注重的是词语解释、划分段落、主题思想;数学讲授的是抽象的定义、规则、定理和证明……传统分学科教育将反映丰富多彩的现实世界的知识系统人为地进行条块分割,使学生的学习变得枯燥乏味,严重影响学生学习的兴趣和学习效果。

跨学科教育就是要打破这种各学科知识不相往来的陈规,使教学活动呈现出鲜明生动的特色,使学生获得更全面的知识结构,能融会贯通、举一反三地解决遇到的实际问题,这就能极大地调动学生学习的积极性,推动教育事业的蓬勃发展。

三、有利于人的全面发展

跨学科教育是培养全面发展人才的需要,有利于人的全面发展。人的全面发展是指在天赋潜能、活动能力和道德品质等方面都获得充分统一的发展。当今社会,无论在哪一个领域工作,"单打独斗"式的单一思维与技能都无法支撑未来人才的发展;要培养全面发展的人才,就必须实施跨学科教育,使学生获得更全面的知识结构,增强其创新能力和适应能力,提高解决实际问题的能力,以适应当代社会发展的需要,开启未来美好的人生。

四、有利于社会的发展

社会的发展离不开科学技术的发展和创新。一百年来,跨学科研究为科学与技术的进步做出了突出贡献,比如 DNA 结构的发现、人类基因图谱的破译、核磁共振成像技术、激光技术、电子计算机科学技术等都提供了有力的证明。这些重大发现和发明,都需要团队合作解决问题,需要跨越各自学科的边界,才能产生学术上的突破。而科学技术的发展和创新,必然能强有力地推动社会的发展。

第二章

跨学科的哲学基础

　　哲学是理论化、系统化的世界观,是自然知识、社会知识、思维知识的抽象概括和总结,是一门研究最普遍、最深刻、最基本的问题的学科。马克思主义哲学是哲学发展的现代形态,唯物辩证法是马克思主义哲学的重要组成部分,是世界观和方法论的统一。

　　马克思主义唯物辩证法的范畴、观点、规律,不仅能为跨学科活动提供科学的思维方法,还为跨学科活动奠定了坚实的理论基础。本章对跨学科活动理论基础的研究,同时也是对跨学科与哲学之间学科交叉的探讨。

第一节　普遍联系

普遍联系的观点,是唯物辩证法的基本观点。

一、认识世界的普遍联系

　　唯物辩证法认为,世界上的一切事物都是相互联系的,整个世界存在着无穷无尽的普遍联系之网。我们的思维要科学地认识世界,就必须坚持普遍联系的观点。美国气象学者爱德华·洛伦兹说过:

　　"一只生活在亚马逊河流域热带雨林中的蝴蝶,偶尔扇动几下翅膀,两周以后可能会在美国的德州引起一场威力巨大的龙卷风。"

　　这就是著名的科学理论——蝴蝶效应(Butterfly Effect)。蝴蝶与龙卷风,看似风马牛不相及,然而,大自然的奇妙就在于两者存在着内在的必然联系:蝴蝶翅膀的反复运动,导致其周边空气系统发生微妙的变化,从而产生一股微弱的气流,进而引起四周空气相应的变化,继续诱发一系列连锁反应,最终产生出一场威力无比的龙卷风。这个例子使我们相信,自然界确实存在着无穷无尽的普遍联系之网。

自然界的万物都处于普遍的密切联系之中，人类社会也是如此。

也许你曾有过这样的经历：偶尔碰到一个陌生人，同他聊了一会后，你发现认识的某个人竟然他也认识，不禁发出"这个世界真小"的感慨。这就是"小世界现象"。小世界现象便是世界普遍联系理论的生动印证。

美国哈佛大学的社会心理学家斯坦利·米尔格兰姆在 1967 年就设计了一个连锁信件实验。他将一套连锁信件随机发送给居住在美国各城市的 160 个人，信中放了一个波士顿股票经纪人的名字，信中要求每个收信人将这套信寄给自己认为是比较接近那个股票经纪人的朋友。朋友收信后照此办理。最终，大部分信在经过五、六个步骤后都抵达了该股票经纪人手中。于是，米尔格兰姆提出"六度分割"理论，认为世界上任意两个人之间建立联系，最多只需要 6 个人。也就是说，最多通过六个人你就能够认识任何一个陌生人。这个结论定量地说明了人与人关系的紧密程度。多年以来，"六度分割"一直被作为社会心理学经典范例之一。

由此可见，世界上的一切事物都是相互联系的。

二、普遍联系与学科跨越

唯物辩证法关于物质世界普遍联系的理论，是具有普遍指导意义的世界观和方法论，是跨学科活动坚实的理论基础。

科学的任务在于揭示事物、现象间所固有的联系。把人们通常看来似乎没有联系的事物联系起来考察，发现其中的真实联系，往往会引起科学的突破，诞生一门崭新的科学。这种情况在科学史上是屡见不鲜的。例如，在物理学上，把非连续性的粒子性与连续性的波动性联系起来考察，建立起了量子力学；把生物有机体与环境联系起来考察，建立了生态学。现代科学发展的一个重要特点是，在两门不同学科"接头"处建立起中间学科，或在多门不同学科之间建立起把它们联系起来的综合性学科。这体现了科学整体化的趋势。系统论、控制论、信息论就是这样一些从某些方面研究事物的共同属性或普遍联系的学科。

唯物辩证法关于事物普遍联系的理论，为跨学科活动提供了坚实的理论基础；跨学科研究，就是促进贯彻与实施唯物辩证法关于普遍联系观点的重要实践。跨学科就是要融汇不同学科的理论、知识、方法，如果离开唯物辩证法，就不能把握不同学科的联系，跨学科活动也就无从谈起。

第二节　对立统一

对立统一规律，是唯物辩证的根本规律。

一、认识对立统一规律

唯物辩证法认为，客观世界是非常丰富和具体的，每一具体的对象都包含着差别和矛盾，是矛盾对立的统一体。

比如台风，对人类有弊，也有利。

肆虐的台风，是一个巨大的能量库，还携带雷霆万钧的暴雨，能给途经地区带来巨大的灾难。台风所到之处吹倒树木、损坏房屋、破坏车辆、卷起屋顶，甚至危及人畜生命安全。台风引发特大暴雨造成洪涝灾害，可能导致河流泛滥、山洪爆发、泥石流形成、淹没农田和城镇，冲毁桥梁、道路、铁路，威胁人民的生命财产安全。台风强劲而持续不断地吹拂海面，使海水在沿海形成高于正常潮位数米甚至十几米高度差异的风暴潮，风暴潮造成海水倒灌、冲毁堤防、淹没沿海低洼地带……台风的毁灭性力量对个人生命财产、社会经济造成的严重影响使其成为一种严重的自然灾害。

然而，世界又不能没有台风。台风年复一年，馈赠给陆地雨水，地球大气也得以吞吐呼吸，形成了大规模的大气运动。假如世界上没有台风，地球上到处风平浪静，热带地区因热量不能驱散，而将变得更热，同时，两极地区会变得更加寒冷。台风降水是我国江南、华南等地区夏季雨量的主要来源，也正是因为台风带来的大量降水，许多干涸的水库才又重新蓄满了水，使得珠江三角洲、两湖盆地和东北平原的旱情得到解除，确保农业丰收；台风经常光顾的地区，土壤肥沃，植物尤为枝繁叶茂。台风在缓解伏旱的同时，也能缓解当地的高温酷暑之苦，节约因防暑降温的生活用电量。进入江河和水库的台风降雨还可能直接用于水力发电。台风还能增加捕鱼产量，台风使海浪剧烈运动，大量海洋深层的浮游生物上翻，为鱼群提供了大量的饵料，有利于鱼群的生长和增加当地渔产。

客观世界本身是充满矛盾的。正如台风有弊也有利，是灾难又是福音，是利与弊、灾难与福音的矛盾统一体。我们要准确认识客观事物，就必然要把握事物的矛盾性，要用一分为二的观点去分析问题，既要看到它的正面，也要注意它的反面，才能全面地认识问题，避免认识上的片面性。

二、对立统一规律与跨学科研究

正确把握唯物辩证法的对立统一规律，能为我们跨学科研究开拓崭新的研究领域。以苍蝇为例。

苍蝇是声名狼藉的逐臭之夫。过去，人们总认为苍蝇给人类带来疾病，对人类有害；然而苍蝇却又有许多令人叹为观止的本领。

苍蝇常在污物上爬行，身上带有大量的病菌，可是它自己却从来不会生病。因为它的分泌物中含有一种灭菌性极强的"抗菌活性蛋白"，若把这种物质提取出来，人类便可进入一个"抗菌世界"。

苍蝇具有惊人的嗅觉，能分辨出几千米以外极其微弱的气味。它的嗅觉器官主要是头上的触角上、口器上、腿上。这些嗅觉器对外界气味反应很灵敏。科学家根据苍蝇嗅觉器官的结构和功能，仿制出一种十分奇特的小型气体分析仪，并将其安装在宇宙飞船的座舱里，可以分析里面的气体，还可以把它安装在矿井里，准确测定矿井中有毒气体的含量，并及时向人们发出警告。

苍蝇不但能在墙壁上自由自在地爬行，而且还可以在天花板上倒挂着身子随心所欲地行动。原来，苍蝇有六只脚，脚上长有两只爪，爪底有细毛遮闭的爪垫盘，毛尖上会分泌出一种有很强的附着力的液体。另外，苍蝇的爪垫是边沿高中间凹的形状，可以吸在天花板上不会掉下来。科学家根据苍蝇的这种本领，正在研制"苍蝇机器人"，若将这种机器人用到建筑上，它可在光滑垂直的墙面上进行工作；若将它用到地质勘探上，它可到人们无法攀援的陡壁悬崖上采集矿物标本。

科学家研究苍蝇的两对翅膀，它的前翅主要用于飞行，后翅早已退化成为平衡棒，起到稳定和平衡的作用。在飞行时，这对平衡棒每秒钟能振动330次，帮助苍蝇精确地确立飞行方向的变化，保持飞行平衡。人们根据苍蝇身上这种平衡棒原理，研制出一种导航仪器并安装在飞机上，可防止飞机在空气中翻滚,还能及时调整飞机在转弯时的航向。

　　苍蝇的眼睛是一种复眼,由3 000多只小眼组成,人们模仿它制成了"蝇眼透镜"。蝇眼透镜是一种新型光学元件,用几百或者几千块小透镜整齐排列组合而成,用它做镜头可以制成蝇眼照相机,一次就能照出千百张相同的相片。这种照相机已经用于印刷制版和大量复制电子计算机的微小电路,大大提高了工作效率和质量。

　　科学家研究发现,苍蝇具有很高的营养价值。苍蝇身上的蛋白质含量超过40%,而其幼虫干粉的蛋白质含量更是与鱼粉不相上下,高达60%左右,它们含有钙、镁、磷、铁、铜、锌、锰等多种矿物质及生命活动所必需的微量元素,因而可以成为人类餐桌上的佳肴。如今,利用蝇蛆提纯后的高纯蛋白粉,已荣登世界人类"绿色食品"之列,欧美一些国家在面包、饼干等食品中特地加上一定比例的昆虫蛋白,这种蛋白制品不仅营养价值高,而且易于消化,因而特别适合于肠胃病患者食用。值得一提的是,巴黎"昆虫餐馆"的"油炸苍蝇"及瑞典的"家蝇龙虾"等更是已成为知名食品。

　　在关于"苍蝇"的跨学科思考中,运用唯物辩证法对立统一规律,突破原有的"苍蝇"仅仅是害虫这一机械的、僵化的、片面的思维习惯,便能为我们开辟许许多多崭新的跨学科研究领域。

　　在跨学科研究中,我们要在不同的学科之间实现跨越,将不同的学科融合在一起,组成新的学科知识系统,就必须把握学科之间、事物现象之间的差别与矛盾,深刻认识到它们之间的对立与统一性。

　　比如说,两门非常古老的学科,天文学和地质学,它们研究的对象一个是天上,一个是地下,可谓天壤之别;然而,它们又具有统一性,两者相互渗透、交叉,从而形成了一门崭新的学科——天文地质学。天文地质学是应用天文学的研究方法、观测资料和研究成果,来探讨和解释地球上各种地质现象的成因和演化规律的科学。

　　要进行跨学科研究,就必须正确把握事物现象的矛盾、对立与统一。如果只注意天文学和地质学的矛盾与对立,而看不到它们的统一性,那么天文地质学就不可能产生。

　　唯物辩证法的对立统一规律,是跨学科活动的方法论,又是跨学科研究坚实的理论基础。

第三节　亦此亦彼

客观世界的事物、现象是丰富多彩的,唯物辩证法认为,不同的事物、现象之间有区别,同时又有联系。不同事物对象是非此即彼的,同时又是亦此亦彼的。但是,形而上学机械唯物论则用孤立的、静止的、片面的观点看问题,把一切事物都看作是彼此孤立的、在本质上是不发展变化的,这显然不利于跨学科思考。

一、认识事物对象的亦此亦彼

我们要全面、准确、深刻地认识世界,实现学科之间的跨越,就必须坚持唯物辩证法,承认事物对象的非此即彼,同时又承认事物对象的亦此亦彼。

比如,机械唯物论认为,动物和植物,动物就是动物,植物就是植物,界限分明;物理学与化学,物理学就是物理学,化学就是化学,不容混淆。然而,事物现象之间并不都是如此界限分明、绝对划一的,总是存在亦此亦彼的情况。用唯物辩证法来考察,从跨学科的角度来理解,不同事物现象之间,不同学科之间,是非此即彼的,同时又是亦此亦彼的。

动物与植物,大多数都很容易区分。一棵松树,我们一看就知道它是植物,因为它无法自由移动,可以进行光合作用;一头牛,一看就知道它是动物,因为它可以自由行动、有神经系统,对外界刺激有明显反馈。但有些动物和植物却存在难以区分的模糊情况。

根据能否自由行动,植物不能自由行动,动物能自主行动。珊瑚固定在某处,像灌木丛、树林,又像花海,不能自主移动。但它们是动物,属腔肠动物门珊瑚虫纲。一般来说,植物不能自主活动,但植物中也有能自主活动的,比如含羞草。含羞草的叶片对周围环境非常敏感,谁用手指轻轻触碰它,刹那间,叶子就会羞涩地合拢。跳舞草更是一种充满灵性的植物,它最奇特的就是喜欢听音乐,当音乐或唱歌音量达到一定程度时,它的叶片便会随着音乐不停的摆动或转动。跳舞草为什么会跳舞呢?科学家解释,跳舞草叶柄基部生有叶枕,叶枕内的细胞对光线和声波反应敏感,当受到光线和声波刺激时,细胞含水量和压力会发生变化,小叶便舞动起来。

从营养方式来看,动物是异养的,它们无法通过光合作用合成自己的有机物,而是通过摄取和消化其他生物或有机物来获取能量和营养;植物是自养的,能够利用阳光、水和二氧化碳进行光合作用,合成自己的有机物质。然而,有些动物也是自养的,比如绿叶海蛞蝓,又称海麒麟、海兔。绿叶海蛞蝓是软体动物家族中的一个特殊的成员,是无壳蜗牛,也是海螺的亲戚,它可以在食用海藻后,把这种藻类的叶绿素同化为自身所用,然后终身依靠光合作用生存,安心地晒日光浴,而不需要任何"进食"。有些植物也有异养的营养方式,把活体动物作为食物,比如猪笼草、捕蝇草等。生长在亚马逊河流的神秘"食人花",又叫大王花,直径可达1.5米,甚至能够捕食和消化一只小老鼠,经许多鲜活生命的供养才能结出一个绿色的小小果实。

根据能否自由行动、营养方式,并不能截然划分动物与植物,于是生物学家又提出一项标准:植物细胞有细胞壁,而动物细胞没有细胞壁。细胞壁可以支撑植物保持一定的形态,在固定的位置生长。动物没有细胞壁,从而可以更加灵活的四处活动。然而,植物细胞都有细胞壁吗? 也不一定,比如植物的精子和卵细胞没有细胞壁;藻类通常认为是植物,然而有些藻类没有细胞壁,比如隐藻、裸藻、绝大多数的金藻。其中,裸藻也叫做眼虫,是一种单细胞生物,具有叶绿素,可以自养,但没有细胞壁,具有鞭毛,能够四处运动。同样具有鞭毛构造的甲藻,过去算作藻类植物的一门,目前被分类为囊泡藻界的一个门,该门的种类有一半为自养,另一半为异养,也有很多是混合营养。所以长期以来植物学家与动物学家把该门划入自己的研究领域,分别称为"甲藻"与"双鞭毛虫"。其鞭毛构造能够游泳,能够自由行动,则被科学家分类为动物,但大部分甲藻具有铠甲一样的细胞壁,含有叶绿素能够自养,也有科学家将其归类为植物。因此,动物没有细胞壁,是因为分类学家把带有细胞壁的生物排除在动物范畴之外。

世界上像这样亦此亦彼的情况很多。

二、认识不同学科之间的亦此亦彼

各门学科之间,一般区别明显,但也总有模糊的情况。

比如,物理学与化学,它们有不同的研究对象和学科特点;但它们又有联系,请看《辞海》关于物理学与化学的权威定义。

"物理学,自然科学的一个基础部门。研究物质运动的最一般规律和物质的基本构造。"

"化学,自然科学的一个部门,研究物质的组成、结构、性质及其变化规律的科学。"

从《辞海》关于物理学与化学的定义中,我们很难发现这两者的本质区别。在中学,为了帮助学生理解和学习,增加了一条标准:能否产生新物质。物理变化是没有新物质生成的变化,它只是形态或状态的变化,比如:水凝结成冰,石蜡的熔化,把木头做成椅子、粉碎矿石、铁块做成炒锅等。化学变化是有新物质生成的变化,比如铁的生锈、节日的焰火、酸碱中和、镁条的燃烧等。

然而,化学变化与物理变化却又总是相伴相随,化学变化过程总伴随着物理变化。比如,炸弹的爆炸。炸弹里面的物质参与剧烈的反应,有新物质生成,这是化学变化。炸弹火药的燃烧在很短的时间内聚积大量的热,气体体积迅速膨胀而引起爆炸,炸弹解体,发出火光,这个过程却又属于物理变化。

如果按照有新物质生成的变化便是化学变化为标准,那么核聚变、核裂变反应,会生成新物质。核裂变是一个原子核分裂成几个原子核的变化,比如铀发生核裂变,会生成氪和钡;核聚变是指由质量小的原子,在一定条件下(如超高温和高压),发生原子核聚合作用,生成新的质量更重的原子核,比如氘或氚核聚变后,生成氦。它们都生成了新的物质,它们是化学变化吗? 不是,它们不是化学的研究范围,而是物理学的研究对象。

为了消除这种尴尬,于是人们又将化学限定为"是在原子、分子水平上研究物质的组成、结构、性质、转化及其应用的基础自然科学"。然而,这样岂不又将化学变成物理学的一个构成部分了?

所以会有如此种种纠缠不清的情况,就是因为,物理学与化学的研究对象都是客观的物质世界,而客观世界的事物都是互相联系的,这就必然使得物理学与化学总是存在种种亦此亦彼的情况。正如恩格斯所指出:

"辩证法不知道什么绝对分明的和固定不变的界限,不知道什么无条件的普遍有效的'非此即彼!',它使固定的形而上学的差异互相过渡,除了'非此即彼',又在适当的地方承认'亦此亦彼!',并且使对立互为中介。"[①]

---

① 马克思,恩格斯.马克思恩格斯选集:第三卷[M].北京:人民出版社,1972:535.

跨学科需要认识事物现象的非此即彼,也需要接受亦此亦彼。只有承认事物现象之间的亦此亦彼,跨学科活动才有可能开展。因为科学家认识到物理学与化学之间的亦此亦彼,所以将物理学与化学相交叉,诞生了"物理化学"与"化学物理学"等交叉学科。如果只承认物理学与化学之间的非此即彼,那么,"物理化学"与"化学物理学"等交叉学科就不可能产生。

第四节 永 恒 发 展

唯物辩证法认为,世界是物质的,物质是永恒运动发展的。

一、认识世界的永恒发展

唯物辩证法是关于普遍联系、永恒发展的科学。运动发展是一切物质的根本属性和存在方式。

遥望浩渺星空,月球绕地球运动,地球绕太阳运动,太阳绕银河系的中心运动,银河系绕约 40 个星系构成的本星系团运动,本星系团又围绕由其附近的约 50 个星系团构成的本超星系团运动。超星系团在宇宙中的数量应该在一千万个,由此构成天文观测范围的广阔空间,称为总星系。所有这一切都处于永恒的运动变化之中。

放眼我们居住的地球,万事万物也处于永远的运动变化之中。地下岩浆的涌动、大陆的漂移、火山的爆发、江河的奔流、云彩的浮动、四季的更替、花草树木的荣枯……一切都在永恒变化之中。哪怕是静静躺在路边一块石头也是如此,因为石头是由原子构成,原子里的电子在永不止息地绕原子核运动。

从宇宙天体到微观粒子,从无机界到有机界,从自然界到人类社会,一切领域中的一切形态的物质客体,无一例外地处在永恒的、永不停息的运动之中。

事物是永恒发展的,事物发展变化又有其规律性。

唯物辩证法认为,任何事物都包含着矛盾,包含着肯定因素和否定因素。决定着事物性质的是肯定因素,促使现存事物走向灭亡是否定因素。在这两种因素的斗争中,当否定因素上升为主要方面时,则将导致旧事物的灭亡和新事物的产生,这就是否定。事物总是通过否定而向前发展的,这种发展不会有止境。肯定的因素被否定了,而否定了旧事物之后产生的新事物同样要为它内部所包含的否定因素所否定,被更新的事物所代替。事物就是由肯定阶段走向否定阶段,由否定阶段走向否定之否定阶段发展的。一般来说,在事物发展过程中经过两次否定,事物的运动状态就表现为一个周期,这就是唯物辩证法的否定之否定规律。世界万物都是这样周期发展的。比如,白天过后是黑夜,黑夜过后又是白天;春天过后是夏、秋、冬,冬天过后又是春天……整个宇宙发展的历史也是如此。

关于宇宙的起源,现在广为流行的是宇宙大爆炸理论。大爆炸理论认为,当今宇宙是 137 亿年前由一个致密炽热的奇点的一次大爆炸后而形成,如今宇宙仍在膨胀中。研究认为,宇宙中存在着一个临界密度,如果宇宙中物质的密度超过这个临界密度的话,那么宇宙中物质的引力就比较大,宇宙膨胀的速度将减小,最终停止膨胀并转而收缩,也就是说膨胀的宇宙将要转变为坍缩宇宙。物质的密度又将越来越大,宇宙的温度将越来越高,宇宙背景辐射将由微波辐射逐渐趋向红外和可见光,宇宙空间将由黑色变成红色,并逐渐变成黄色、蓝色,以后是充满耀眼的辐射。温度继续升高时,电子将从原子核附近被剥离,原子核被拉碎成质子和中子。这种趋势继续下去,也许有一天宇宙中所有物质又被挤压至一个奇点,这或许是我们的宇宙的一个可能结局。等到再来一次大爆炸,就开始了下一代宇宙,一切又重新开始。

这就是有的科学家提出的震荡宇宙模型或脉动宇宙模型。在这种模型中,宇宙是真正永恒的、周期性的,宇宙实际上并无所谓起点,我们现在所说的所谓宇宙寿命,不过是从最近一次大爆炸算起。

否定之否定规律揭示了事物发展的前进性与曲折性的统一,表明事物的发展不是直线式前进而是螺旋式上升的。否定之否定规律对人们正确认识事物发展的曲折性和前进性,具有重要的指导意义。

二、永恒发展与跨学科活动

唯物辩证法的永恒发展原理,能为我们在跨学科研究中提供科学的方法论。我们要准确地认识世界,进行跨学科研究,就必须坚持唯物辩证法永恒发展的观点。那种机械的、僵化的、固定不变的思想观点,必然是错误的,是跨学科活动的大敌。

比如,20世纪前夕,美国专利局专员查尔斯·迪尤尔要求麦金莱总统撤销专利局,他的理由不是专利局不恪尽职守,不认真工作,也不是应由其他部门来代替,他的唯一理由是:

"能发明的东西都发明了,留着专利局没有用,纯粹是浪费国家资源。"

然而事实是,20世纪人类创造出了无线电、电视机、飞机、核武器、计算机、互联网、激光、DNA等无数惊天动地的科学发明,直接改写了人类文明的历史。

又如,在1900年英国皇家学会的新年庆祝会上,著名物理学家威廉·汤姆孙充满自信地宣称:

"科学的大厦已经基本完成,未来的物理学家只要做一些修修补补的工作就可以了。"

然而,"明朗的天空中还有两朵小小的,令人不安的乌云"。这两朵乌云是黑体辐射和光的速度,对它们的研究分别催生了量子理论和相对论。

世界是永恒运动的,人类对世界的认识是不断发展的,科学也是不断进步的,那种僵化的、固步自封的观点,是科学的大敌,也是跨学科行动的大敌。如果用僵化的、固步自封的观点来看待学科,那么世界上的学科都是固定的、僵化的、一成不变的,就不可能破除学科之间的界限,跨学科研究也就无从实现,当今种类繁多的交叉学科也就不可能产生。

一切事物虽然每时每刻都在运动,但是并非在任何时候都发生质变。当事物还没有发生质变时,这个事物还是它自己,在这个意义上它是相对静止的。我们要正确地认识客观事物,进行跨学科研究,就必须把握事物的运动与发展,同时又必须承认事物的相对静止状态。如果否定事物的运动,把相对的静止夸大为绝对的东西,把它看成与运动不相容的独立状态,这就是形而上学。形而上学总是僵化地、机械地、一成不变地看待事物,这样不同的学科之间就不可能产生交叉。另一方面,如果否定事物有相对静止的一面,因而也就必然否认宇宙间有任何确定的事物,这就是相对主义。相对主义否定事物的相对静止,一切事物都不能被人们认识和利用,世界上的学科也就不存在,也谈不上学科的交叉与联系。

第五节　个性与共性

客观世界是一个包含着多种多样的事物、现象、过程和事件的统一体。每一事物既有不同于其他事物的特点，即个性；也有和其他事物共同的东西，即共性。在跨学科研究中，我们要全面、准确地把握客观事物，既要认识事物的个性，也要认识它们的共性。

一、把握事物之间的共性

共性是指不同事物之间共同的属性。比如，世界上的植物万千变化，但它们都有叶绿素，能进行光合作用；动物与植物之间截然不同，但它们都是由细胞组成，是有生命的；冰川、河流、湖泊、江海、雪花、雨露、霞光、云彩……各不相同，但它们的构成都是水；迢迢银河、无穷星系、浩瀚宇宙，千姿百态，但它们的运行都遵循着万有引力定律；天地万物，无奇不有，但它们都遵循着哲学的对立统一、否定之否定的基本规律……

在跨学科研究中，运用不同事物、学科或专门知识领域的信息、技能、工具、观点、理论，来解决其他学科或领域的问题，实现学科之间的跨越，这就需要探求不同学科、事物之间的共性与联系，发现它们的共同点。跨学科研究者的聪明才智就在于，善于发现在一般人看来是天差地别的事物之间的共同点，实现学科之间的跨越。

比如，瑞士科学家阿·皮卡尔关于深潜器的研究。他是位研究大气平流层的专家，不仅在平流层理论方面很有建树，而且还是一位非凡的工程师。他设计的平流层气球，飞到过 1.5 万米的高空。后来，他又把兴趣转到了海洋，研究起深潜器来了。

尽管海和天是两个完全不同的世界，然而阿·皮卡尔知道，海水和空气都是流体，具有流体的共同特征，遵循着流体的运动规律。在研究深潜器时，可以利用平流层气球的原理来改进深潜器。在此以前，深潜器都是靠钢缆吊入水中的，它既不能自行浮出水面，又不能在海底自由行动，潜水深度也受钢缆强度的限制，由于钢缆越长，自身重量越大，从而也容易断裂，所以它一直无法突破 2 000 米的大关。而平流层气球由两部分组成：充满比空气轻的气体的气球和吊在气球下面的载人舱。利用气球的浮力,使载人舱升上高空。如果在深潜器上加一只浮筒,不也就像一只气球一样可以在海水中自行上浮了吗?皮卡尔和他的儿子设计了一只由钢制潜水球和外形像船一样的浮筒组成的深潜器,在浮筒中灌满比海水轻的汽油,为深潜器提供浮力,同时又在潜水球中放入铁砂作为压舱物,使深潜器沉入海底。如果深潜器要浮上来,只要将压舱的铁砂抛入海中,就可借助浮筒的浮力升至海面,再给深潜器配上动力,它就可以在任何深度的海水中自由行动,再也不需要拖上一根钢缆了。

皮卡尔父子的设计获得了很大成功。他们设计的"理雅斯特号"深潜器,下潜深度达到 10 916.8 米,成为世界上下潜最深的深潜器,皮卡尔父子也因此获得了"上天入海的科学家"的美名。

皮卡尔在平流层气球与深潜器之间的跨学科思考中,通过对平流层气球与深潜器两个事物之间的比较,找出两个事物的类似之处,本来是两个完全不同的物体,一个升空,一个入海,但是海水和空气都是流体,它们都可以利用浮力原理,因此,气球的飞行原理同样可以应用到深潜器中,从而产生独特的发明创造。

在跨学科研究中,善于发现事物现象之间的共性,能扩大我们的视野,在那些表面上看起来千差万别、毫无联系的事物中,发现两者之间的相似点,实现学科的跨越。

二、善于认识事物的个性

每一个客观事物既有和其他事物共同的东两,即存在着共性;但又有着其独特的个性。跨学科研究同样需把握事物的个性。

比如,皮卡尔在平流层气球与深潜器之间的跨学科思考中,发现了海水和空气之间的共性,它们都是流体,都遵循浮力原理,这是一方面。另一方面,两者之间又具有差异性,一个是气体,一个是液体;平流层气球与深潜器也有很大的区别,不可能用平流层气球去代替海洋深潜器。要发明深潜器必然面临各种各样的技术难题,要解决这些难题,就需要把握事物的个性,这样才能为解决跨学科研究中所面临的各种具体问题提供技术手段。

三、共性和个性的辩证统一

世界万事万物是共性和个性的矛盾统一体。个性使世界上各种事物千差万别,共性使多样化的世界形成统一整体。因此,人们研究、认识事物,不但要注意各个事物所包含的共性,尤其要注意每个事物所特有的个性。《词学集成》中说:

"风弄林叶,态无一同;月当流波,影有万变。"

风吹林间树叶,树叶形态各不相同;月照江流波浪,波浪千变万化。但千姿百态的林叶与流波又有着共性,它们都是林叶与流波。这与德国著名哲学家莱布尼茨的名言"世界上没有完全相同的两片树叶,世界上也没有完全不同的两片树叶",有异曲同工之妙。

跨学科研究既要善于把握事物的共性,也要善于把握事物的个性。发现事物的共性能使人思维活跃、浮想联翩,实现不同学科之间的跨越;发现事物的个性能使人发现事物之间的细微差别,洞烛幽微、思维缜密,使跨学科研究中的复杂难题迎刃而解。

第六节　分析与综合

唯物辩证法的分析与综合,是深刻地揭示事物本质的基本方法。

一、分析方法

马克思主义认识论认为,每一个事物都是由若干部分、方面、因素组成的。这些部分、方面、因素错综复杂地联系着,形成一个统一的整体。当认识活动开始时,摆在我们面前的是一个具体的整体,难以全面、深刻地把握它的本质。为了认识事物的本质,必须采用分析的方法。所谓分析,就是把研究对象分解为各个组成部分、方面、因素,然后分别加以研究,以达到认识其本质的一种方法。如果不使用分析的方法,那么我们对事物对象的认识就只能是朦胧的、含混的。列宁指出:

"如果不把不间断的东西割断,不使活生生的东西简单化、粗糙化,不加以割碎,不使之僵化,那么我们就不能想象、表达、测量、描述运动。"[①]

比如,对人体的认识,首先认识的是一个具体的、整体的人。这种认识只

---

① 列宁.列宁全集:第38卷[M].北京:人民出版社,1959:285.

能是朦胧的、含混的，不能深刻地把握人体的本质。为了认识人体的本质，必须采用分析的方法，把研究对象分解为各个组成部分、方面、因素，然后分别加以研究。科学家把人体的结构分成 5 大层次：细胞、组织、器官、系统、人体。细胞是生物体基本的结构和功能单位；由细胞与细胞间质组成组织；由组织构成器官；由功能相似的器官组成系统。人体共有八大系统，即运动系统、神经系统、内分泌系统、循环系统、呼吸系统、消化系统、泌尿系统、生殖系统。经过分析后对各部分进行单独而深入的研究，这样才能获得关于人体的深刻认识。这就是分析方法。

分析方法也表现为对事物在时间发展上整个过程和各个阶段的认识。例如：把恒星演化的全过程分解为引力收缩阶段、主序星阶段、红巨星阶段和高密恒星阶段，分别研究它们在各个发展阶段上的密度、温度、引力和能源等方面的情况，从而为认识恒星演化的规律提供依据。

正因为自然学家采用分析的方法，把自然界的各种事物和过程分解成一定的门类分别加以研究，才有当今门类众多的科学，使得自然科学获得了蓬勃的发展。据统计，当今自然科学的学科种类总计约近万种。学科的精细分化，是物质世界无限多样性的反映，有利于学者在各自的领域传承前代文明，培养下一代专业人才，形成本门学科的研究规范。

二、综合方法

但是，由于分析的方法使人们着眼于局部的研究，获得的是研究对象局部的、片面的、支离破碎的认识，如果人类的认识仅仅停留在分析的阶段而没有综合，就会只见树木、不见森林，导致形而上学的片面性，陷入瞎子摸象的窘境。为了获得关于客观对象整体的、全面的认识，人们的认识就必须由分析上升到综合。

所谓综合，就是在分析的基础上将认识对象分解开来的不同部分、方面和要素再组合成为一个统一整体并加以研究，以形成对客观对象的整体认识的思维方法。综合不是把认识对象的各个部分、方面和要素，主观地、任意地凑合在一起，也不是机械地相加，而是按照它们的内在联系有机地统一为一个整体。

综合方法在科学发展史上起着重要的作用，它可以全面地、正确地、更加深刻地认识研究对象。在近代科学分化和发展的基础上，现代科学已呈现出综合化、整体化的发展趋势，大批的边缘学科、横断学科、综合学科的涌现，都是辩证综合研究下的辉煌成就。

三、分析与综合的辩证统一

分析与综合是两种相反运行的认识方法，两者的活动方向和在认识中的作用是不同的。但二者又相互联系、相互依赖，在认识过程中是辩证统一的。首先，分析和综合相互依赖。一方面，分析是综合的基础，没有分析就没有综合，只有对客观事物进行周密的分析，对事物的各个部分、各个方面、各个要素进行深入的研究，才能在此基础上进行正确的综合。另一方面，分析也离不开综合。分析总要以某种综合的成果为指导来进行，并且以综合为最终目的。人们在分析之前，对客观对象要有一个整体概念，没有这样一个整体观念的指导，分析就无法进行。

自然科学的发展是在高度分化的基础上又日趋高度综合化。高度分化使学科专业越分越细，越分越多，这是科学认识深入发展的必然结果。高度综合又使学科专业之间相互交叉，彼此渗透，呈现了综合化、整体化的趋势。马克思主义关于分析与综合的辩证法，便是跨学科的认识论基础。当然，跨学科不是否定分科治学，而是提倡在分科治学基础上的进一步发展并实现超越性创造。

第三章

跨学科类型论

类型,是具有共同特征的事物或现象所形成的类别。

跨学科的类型纷繁复杂,要对跨学科进行研究,就必须研究跨学科的分类。分类是根据一定的标准,将事物对象分成各个类别,从而捕捉、把握事物的相似性和差异性的一种科学方法。

分类是对客观事物获得科学认识的起点,也是科学研究顺利进展的保障,没有分类就没有科学。

根据不同标准,跨学科可分为不同的种类,下面分别加以探讨。

第一节　交叉学科的类型

交叉学科的类型,是指通过跨学科研究而诞生的新学科的种类。

跨学科研究逐渐形成一批交叉学科,如化学与物理学的交叉形成了物理化学和化学物理学,化学与生物学的交叉形成了生物化学和化学生物学,物理学与生物学交叉形成了生物物理学等。这些交叉学科的不断发展极大地推动了科学进步。科学上的新理论、新发明的产生,新的工程技术的出现,经常是在学科的边缘或交叉点上衍生而出,重视跨学科研究将使科学本身向着更深层次和更高水平发展,这是符合自然界存在的客观规律的。

交叉学科纷繁多样,已达数千门之多。我们要把握各种交叉学科的性质特征,它们的区别与联系,就必须对交叉学科进行分类研究。根据不同的标准,可将交叉学科分为不同的种类。

一、基于成熟程度分类

根据交叉学科的成熟程度,交叉学科可以分为探索性交叉学科、成长性交叉学科、成熟性交叉学科。

1. 探索性交叉学科

这是交叉学科最活跃的部分，是根据社会生活和科学研究的需要，由研究者初步提出的新的交叉学科，这种交叉学科尚在探索过程中。

2. 成长性交叉学科

"探索性交叉学科"通过试验和评价以后，筛选、提炼而成的新兴交叉学科，该领域在一定范围内被认可，但尚不够成熟和完善，需要更多学者进一步进行研究，探索走向成熟和完善的途径、机制和方法。

3. 成熟性交叉学科

由"成长性交叉学科"通过试验和评价以后，凝炼形成的相对成熟的领域，是发展相对完善、具有推广普及价值的新兴交叉学科。

二、基于特征与形态分类

根据交叉学科的特征、形态来分类，可分为比较学科、边缘学科、综合学科、横断学科、元学科。

1. 比较学科

比较学科是以比较作为主要研究方法，对具有可比性的两个或两个以上的不同的系统进行研究，探求各系统运动发展的特殊规律及其共同一般规律而建立的学科。

比较学科的交叉性是通过跨时代、跨地域、跨民族、跨学科、跨领域的比较研究体现的。如古今比较、东西方比较、不同民族比较、不同学科不同领域比较等。例如：比较文学、比较语言学、比较教育学、比较史学、比较心理学、比较政治学、比较经济学、比较法学、比较宗教学、比较神话学、比较美学、比较地质学、比较解剖学等。

比较语言学是把各种语言放在一起加以共时比较或把同一种语言的历史发展的各个不同阶段进行历时比较，以找出它们之间在语音、词汇、语法上的对应关系和异同的一门学科。利用这门学科可以研究相关语言之间结构上的亲缘关系，找出它们的共同母语，或者明白各种语言自身的特点。

2. 边缘学科

边缘学科主要是指两门或两门以上学科相互交叉、渗透而在学科间的边缘地带形成的学科。如物理学与化学结合产生了物理化学,与生物学结合产生了生物物理学。又如教育经济学、历史地理学、技术美学、地球化学等。

边缘学科的生成,有时是某些重大的科研课题涉及到两个或两个以上学科领域,在这些相关领域的结合中产生了新兴学科,如物理化学、生物力学等。有时是运用某一学科的理论和方法研究另一学科领域的问题,进而形成一些边缘学科,比如射电天文学和天体物理学等。

3. 综合学科

综合学科以特定问题或目标为研究对象,由于对象的复杂性,任何单一学科都不能独立完成任务,必须综合运用多种学科的理论、方法和技术,由此便产生了综合学科。比如环境科学。

环境科学研究的环境,是以人类为主体的外部世界,即人类赖以生存和发展的各种自然条件与社会因素的总和。人类赖以生存的环境包括自然环境和社会环境两大部分。自然环境包括气圈、土圈、水圈和生物圈,是环绕人们周围的各种自然因素的总和,是人类赖以生存的物质基础。社会环境由政治、经济和文化等要素构成。环境科学是研究人类赖以生存的环境各要素及其相互关系,包括人和环境之间的相互关系的科学。环境科学运用的知识和方法涉及数学、物理学、化学、生物学、地学、医学、工程科学以及社会科学等多种学科。环境科学包括环境化学、环境地学、环境物理学、环境生物学、环境医学、环境经济学、环境管理学与环境工程学等大的分支学科;而这些大的分支学科又包括下一层次的分支学科,形成了一个错综复杂的交叉学科体系,具有鲜明的综合科学的特色。

其他如信息科学、安全科学、空间科学、海洋科学、材料科学等都是综合科学。综合科学的特点是,将多学科的理论与方法综合起来,对某一特定对象进行综合性研究。在综合学科中,有些新兴综合学科不仅涉及到自然科学的诸多学科,还涉及到社会科学的某些领域,甚至还必须采用人文学科的理论和方法进行综合研究。

4. 横断学科

横断学科是在广泛跨学科研究基础上,以各种物质结构、层次、物质运动形式等的某些共同点为研究对象而形成的工具性、方法性较强的学科。如控制论、信息论、系统论、耗散结构论、协同论等。

5. 元学科

元学科是超越一般学科层次，而在更高或更深的层次上总结事物（包括学科）一般规律的学科。如科学学，它是概括自然科学整体发展规律的学科。

"元"如果是与某一学科名相连所构成的名词，则是以该学科自身为研究对象的科学，意味着一种更高级的逻辑形式，以一种批判的态度来审视原来学科的性质、结构以及其他种种表现，比如元教育学、元伦理学、元数学等。元教育学是以教育学为研究对象的学科，即以元教育学理论来审视教育学理论。元伦理学是以伦理学为研究对象的学科，指以逻辑和语言学的方法来分析道德概念、判断的性质和意义，研究伦理词、句子的功能和用法的理论。元数学是一种将数学作为研究对象的学科，或者说，元数学是一种用来研究数学和数学哲学的学科。

第二节　交叉层次的类型

按跨学科研究领域层次和性质的不同，可把跨学科研究分为学科内的交叉、学科间的交叉、领域间交叉和超领域交叉四种类型。

一、学科内的交叉

学科内交叉指的是自然科学和社会科学的一线学科，如数学、物理学、化学、天文学、法学、美学、经济学、政治学等，其下属学科的相互作用、相互结合。

比如，解析几何的创立便是几何学与代数学交叉的产物，是典型的数学学科内交叉。长期以来，几何学与代数学是分道扬镳的，两者互不相干。笛卡儿精心分析了几何学和代数学各自的优缺点，认为几何学虽然直观形象、推理严谨，但证明过于繁杂，往往需要高度的技巧；代数学虽然有较大的灵活性和普遍性，但演算过程缺乏条理性，影响思想的发挥。在1637年出版的《几何学》中，他提出了把代数学和几何学结合起来的方法。其基本思想是：在平面上建立直角坐标系，将平面上的点与实数一一对应起来；通过这种对应，直线和曲线就可以用方程来表示。这样一来，就可以用代数方法来研究和解决几何问题。

解析几何便是数学学科中的代数学与几何学交叉、融合的结果，它一改千百年来这两门学科彼此分离的局面，而且也为微积分的发明创造了条件。

学科内交叉是学科内分化综合。例如,数学中的代数几何学、几何数论、微分几何学等;物理学中的电磁学、电流体力学等;化学中的有机分析化学、无机分析化学等;生物学中的细胞生理学、植物生理学、微生物遗传学等,都是学科内交叉而形成的学科。

二、学科间的交叉

学科间的交叉,指的是在自然科学或社会科学中,不同的部门学科的相互作用、相互结合。学科间交叉是科学进一步分化和综合的产物,无论是自然科学还是社会科学,其内部的各一级学科之间几乎都发生了交叉渗透,并由此产生出连结各个一级学科的形式多样的交叉学科。比如自然科学中的数学、物理学、化学、天文学、地学和生物学这几个基础学科,互相交叉生成的科学就有许许多多。比如,物理学与化学交叉融合,生成物理化学;物理学与天文学交叉融合,生成天体物理学;物理学与地质学交叉融合,生成地球物理学;数学与天文学交叉融合,生成天体测量学;化学与生物学交叉融合,生成生物化学……

三、领域间的交叉

领域间学科交叉是指自然科学和社会科学两大领域的不同学科的相互作用、相互结合。如生命科学、环境科学等,便是自然科学和社会科学两大领域交叉的产物。

当代人类面临的许多重大课题,比如环境问题、能源问题、地震预测等,几乎都是传统的单一学科不能独立解决的,因而要求自然科学与社会科学的密切结合,需要进行有效的跨学科研究。随着自然科学和社会科学相互作用、相互渗透趋势的加强,领域间交叉学科的发展极为迅速,几乎自然科学的每一学科都与社会科学的各个学科发生过交叉渗透,使自然科学和社会科学的传统界限日趋模糊,自然科学和社会科学之间长期以来存在的鸿沟正在填平。

四、超领域的交叉

超领域交叉,不只是某一领域或某种物质的交叉,而是横向贯穿于众多领域甚至一切领域之中,比如,横断学科就是超领域的交叉的产物,如系统论、控制论、信息论、耗散结构理论、协同论等。

第三节　交叉要素的类型

根据理论、技术、方法、知识等要素的不同层次，学科交叉的类型可分为以下五类。

一、理论的交叉

科学理论是关于客观事物的本质及其规律性的系统化的认识，是经过逻辑论证和实践检验并由一系列概念、判断和推理表达出来的知识体系，比如生物进化论、相对论、概率论、大陆漂移学说、马斯洛需求层次理论等。理论的交叉就是发生在不同学科、领域之间理论的借用、融合。比如说，生物进化论与社会学理论的交叉，便产生了"社会进化论"。

二、技术的交叉

什么是技术？技术是指人们为解决生产和生活中实际问题、达到预期目的而根据客观规律所采用的各种物质手段和经验、技能、知识、方法、规则等要素所构成的有机系统。技术的要素，一般可分成主体要素和客体要素两部分。主体要素是指劳动者的经验、技能、知识等。客体要素是指工具、机器、设备等。因此，技术既包括物质形态，又包括知识形态。

技术的交叉是指不同学科、领域中技术的借用、融合。

一百多年前，早期的内燃机由于汽油燃烧得不充分，使得机器的效率很低。"如何来提高内燃机的效率呢？"美国工程师杜里埃提出了一种新的设想，"把燃料和空气均匀地混合，促使燃料充分燃烧，以提高效率。但怎么均匀混合呢？"他苦苦思索着。

一天早上，杜里埃看到妻子在化妆的时候，拿起香水瓶，一按按钮，"吱"的一声，香水变成了雾状喷洒出来，并弥漫在空气中。"哈哈，如果把像香水一样的汽油变成雾状，不就可以把空气和燃料混合均匀了吗？"杜里埃及时抓住了这一闪即逝的想法，并进行了实验，他以妻子的香水喷洒器为原型，仔细研究它的结构原理，按照内燃机的特殊要求，终于发明了汽油汽化器，果然，机器的效率大大增强。杜里埃发明的汽化器一直沿用到现在。

汽化器便是香水喷雾器技术与内燃机交叉的创新。

三、方法的交叉

方法是指为获得某种东西或达到某种目的而采取的手段与行为方式。方法的交叉是指不同学科、领域中方法的借用、融合。

比如说，实验方法是自然科学领域常用的方法。实验是指人们根据研究的目的，利用科学仪器、设备，人为地控制或模拟自然现象，排除干扰，突出主要因素，以便在有利的条件下去研究自然规律的一种方法。通过科学试验，可以使需要认识的对象以比较纯粹的形态呈现出来，能比较容易和精确地发现、支配自然现象的规律。科学实验是近代自然科学的精髓。

现在，科学实验不仅运用于自然科学领域，在社会科学领域也广泛使用。比如教育领域使用科学实验，便是教育实验法，即研究者为了解决某一教育问题，根据一定的教育理论，在严格控制或特别创设的条件下，有目的、有计划地观察、记录、测定教育现象的变化，研究教育条件与教育现象之间的因果关系。科学实验由自然科学领域移用到社会科学领域，这便是方法的交叉。

方法的交叉往往可以取得神奇的效果。比如石墨烯材料的发现。

石墨烯是由碳原子组成的二维蜂窝状晶体，这是一种神奇的材料，它比钢铁还坚硬，比铜还导电，比金刚石还导热，而且非常薄，被誉为 21 世纪的奇迹材料。它有着无数的潜在应用，从透明触摸屏到太阳能电池，从防弹衣到超级电容器，从生物传感器到抗癌治疗，几乎无所不能。那么，这种神奇的材料是怎么被发现的呢？

你可能不会相信，它是用胶带撕出来的！

安德烈·海姆和康斯坦丁·诺沃肖洛夫都是俄罗斯出生的物理学家，他们在 2001 年加入了英国曼彻斯特大学的物理系。他们对碳材料非常感兴趣。他们想，能不能制备出单层的石墨烯？也就是说，能不能把石墨这种三维结构的材料分离出来，变成只有一个原子厚度的单层结构？这个问题看似简单，却困扰了科学界很多年。因为根据热力学理论，这种二维单层结构在常规环境下是非常不稳定的，所以，很多人认为单层石墨烯是不存在的。但海姆和诺沃肖洛夫并没有放弃。他们尝试了各种各样的方法，比如用化学剥离法、气相沉积法、机械剥离法等，但是，这些方法都没有成功。

就在他们快要失望的时候，他们发现了一个意想不到的线索。当他们用胶带粘贴石墨片的时候，胶带上会留下一些石墨的残渣。这些残渣很薄，也许其中就有一些单层的石墨烯。于是，他们将石墨分离成小的碎片，从碎片中剥离出较薄的石墨薄片，然后用胶带粘住薄片的两侧，撕开胶带，薄片也随之一分为二，他们不断重复这一过程，最终得到了截面约 100 微米的、只有单层碳原子的石墨烯。海姆和诺沃肖洛夫用这种方法制备出了很多单层的石墨烯，并且用显微镜和光谱仪来鉴定它们。他们发现，单层的石墨烯在显微镜下呈现出淡棕色的颜色，而多层的石墨烯则呈现出深棕色或黑色。他们还发现，单层的石墨烯在光谱仪上会显示出特殊的波形，而多层的石墨烯则没有。最终，他们成功地从实验中分离出了单层的石墨烯，并且证实了它可以单独稳定存在。他们把他们的结果发表在了 2004 年 10 月 22 日的《科学》杂志上，立刻引起了全世界科学家的关注和兴趣，从此开启了一个新的科学领域。

物理学家安德烈·海姆和康斯坦丁·诺沃肖洛夫就是使用日常普通的透明胶带，揭示了一种奇异的材料，展示了一个全新的二维世界，一个充满奇迹和可能性的世界。他们也因此获得了 2010 年的诺贝尔物理学奖。

四、知识的交叉

知识的交叉是指不同学科、领域中知识的借用、融合。

举个例子，数学中有俯角、仰角的概念，数学的解释是："仰角，视线在水平线以上时，在视线所在的垂直平面内，视线与水平线所成的夹角。俯角，视线在水平线以下时，在视线所在的垂直平面内，视线与水平线所成的夹角。"这种解释精确，但是空洞抽象，学生难以理解。然而，株洲市芦淞区淞欣学校吴腊英老师打破学科的界限，上课时先让学生背诵李白的《静夜思》中的两句"举头望明月，低头思故乡"，然后启发学生思考："同学们，这两句隐含了我们数学中的两个概念，你能根据图形猜一猜是什么吗？"

顿时，学生纷纷议论："李白的诗中怎么会有数学呢？他是诗人，不是数学家？"

教师顺势提问："是呀，李白在写这首诗时，并不知道有几何知识，但是我们仔细分析一下'举头'和'低头'这四个字，你知道这是什么意思吗？"

马上有学生说："举头就是抬起头往上看，低头就是向下看。"

"对,我们把这种现象构成的图形分别称之为仰角和俯角。"

这样大家学习数学的兴趣大大提高,学习任务也能愉快地完成。

五、文化的交融

文化的交融是不同学科所依托的文化背景之间的相互渗透与融合。比如,科学文化与人文文化融合,中、西医文化的融合等,就属于文化的交融。

中、西医都经历了长期发展,中、西医各有不同的文化背景,中医文化立足于人体的整体辨证论治,而西医文化着重于病变部位的微观研究,两者相互渗透与结合,创新出中西医结合的体系。临床证明,不少疾病采用中西医结合的治疗效果比单一治疗更好。

第四节　实践主体的类型

从实践主体的数量特征来考察,跨学科研究可以有以下四个种类。

一、单个学者的研究

单个学者的研究,是指单独一个学者研究的问题涉及到不同的学科领域,利用不同的学科领域的理论、知识、方法、技术来解决研究问题。比如电报技术的发明。

影视谍战片中,经常看到用电报传送信息的镜头。电报技术就是由美国画家萨缪尔·摩尔斯跨学科研究发明的。

1825 年 2 月,美国画家萨缪尔·摩尔斯正在为华盛顿市政府作画。有一天,他收到了家人寄来的信,说他的妻子即将分娩,而她的身体状况并不是很好。于是,摩尔斯准备暂时放下工作,返回康涅狄格州的家。临行前,他又收到了自己父亲的信件,告诉他家里一切安好,妻子正在康复。但是,6 天后,当摩尔斯赶回家中的时候,发现妻子已经去世了。这给萨缪尔·摩尔斯带来很大的打击。悲痛之余,他意识到,纸质信件作为当时传递消息的唯一方式,时效性实在是太滞后了。

时间到了 1832 年,摩尔斯乘坐"萨丽号"邮轮,从法国返回纽约途中,他结识了一位名叫杰克逊的医生。杰克逊不仅是一位医生,而且是一位电学博士,双方闲聊过程中,杰克逊介绍了很多关于电磁感应的知识,给他打开了一扇通往新世界的窗户。从此,摩尔斯走上了电报技术科学发明的艰辛之路。

功夫不负有心人,经过5年的研究,到了1837年,摩尔斯终于发明了一种新型的电报机,还有与之对应的编码系统。在摩尔斯的系统中,用不同的点、横线和空白组成符号来代表26个英文字母和10个阿拉伯数字。按下电报机的电键,便有电流通过。按的时间短促表示"·"(嘀),按的时间长表示"−"(嗒)。这套编码系统,就是鼎鼎大名的莫尔斯电码,也称为"摩斯电码"。电报的发明,正式开启了人类用电进行通讯的历史。

二、多个学者的研究

多个学者的研究,是指两门以上学科的研究者合作进行研究的一种形式。针对研究的问题,由涉及多个不同学科的学者相互交流和协调,形成整体性、融合性的跨学科合作研究。

跨学科研究由于其跨学科性,研究者若独立地进行研究,就不得不花大量的时间补充所需要的知识,这无疑延长了科学创造前的知识准备时间,从而也就延迟了科学研究的进程。尤其到了现代科学飞速发展的今天,重大的科学问题和发现单靠独立的研究主体是无法想象的,实际上也是无法完成的,这就需要由涉多个不同学科的学者通过知识互补进行合作研究。比如,某机构研发电子产品,往往需要软件工程师、硬件工程师的通力协作,才可能达到目的。

三、机构协同的研究

现代科学技术的发展使科学研究的形式和规模发生了巨大变化。许多科学研究涉及到多种学科的知识,仅仅依靠个人的研究已经难以实现。比如北斗卫星导航系统的建设。

2020年7月31日,北斗三号全球卫星导航系统建成暨开通仪式在北京人民大会堂隆重举行。中国向全世界郑重宣告,中国自主建设、独立运行的全球卫星导航系统已全面建成,中国北斗自此开启了高质量服务全球、造福人类的崭新篇章。这份成功是来之不易的。据统计,北斗卫星导航系统工程启动以来,全国范围内共有400多家单位、30余万名科技人员参与研制建设。

北斗全球卫星导航系统的背后还有着一批高校主力军的支持,其中有国防科技大学团队从 1995 年完整地经历了从北斗一号、北斗二号到北斗三号系统建设的全过程,北京理工大学完成了北斗系统的短报文通信服务系统,武汉大学遥感测控团队成为北斗系统布局指挥者,并且为北斗研发了高精度的定位导航授时芯片,可以把实时时间精度确定为 1 个纳秒,实时位置精准到 1 个厘米,在特定领域的精度可以做到 1 个毫米。高校主力军还有北京航空航天大学、哈尔滨工业大学、南京航空航天大学、西北工业大学、山东大学、中国科学院大学。

北斗卫星导航系统建设的成功,是因为有各门类学科知识的跨越、融合,有各类学科千千万万科学家的共同协作才能完成。

当代许多重大项目,比如人造卫星、航天飞机、嫦娥登月等,不是简单的一两种技术就可以解决问题的,只有通过群体的协作才有可能达到目的。

四、国际协作的研究

当代社会,一些重大的科技项目,仅凭一国之力难以完成,还必须集中若干个国家的科研人才的智力,开展国际间协作的跨学科研究。

比如国际热核聚变实验堆计划。

国际热核聚变实验堆(ITER)计划是当今世界规模最大、影响最深远的国际大科学工程。早在 1988 年,前苏联、美国、欧盟、日本开始设计概念,投入约 15 亿美元,于 2001 年完成最终设计报告。2006 年,中国、欧盟、印度、日本、韩国、俄罗斯、美国等正式签署 ITER 协定,并于 2007 年成立 ITER 国际组织实施计划。ITER 计划将历时 35 年,其中建造阶段 10 年、运行和开发利用阶段 20 年、去活化阶段 5 年,总投资超过 100 亿欧元。

核聚变研究是当今世界科技界为解决人类未来能源问题而开展的重大国际合作计划。与不可再生能源和常规清洁能源不同,聚变能具有资源无限,不污染环境,不产生高放射性核废料等优点,是人类未来能源的主导形式之一,也是目前认识到的可以最终解决人类社会能源问题和环境问题、推动人类社会可持续发展的重要途径。

其他问题,如气候变化、全球贫困、恐怖主义等许多严峻的挑战,这些挑战对整个世界都产生了重大影响。因此,加强国际合作是解决这些全球挑战的关键。

第五节　研究目的的类型

目的通常是指行为主体根据自身的需要，借助意识、观念的中介作用，预先设想的行为目标和结果。人的实践活动以目的为依据，目的贯穿实践过程的始终。每一个人的有意识活动都离不开一定的目的，确立明确的目的是跨学科研究的基本要求，也是跨学科研究活动的驱动力。

按跨学科研究主体追求目的的不同，可把跨学科研究分为解决实际问题、研发新的产品、创立交叉学科三种类型。

一、为了解决实际问题

为了解决实际问题的学科交叉，又称为问题拉动型学科交叉。

传说古印度，有位老人在弥留之际，把三个儿子叫到床前说：

"我就要离开你们了，辛苦了一辈子，没有其他珍贵遗产留给你们，只有 19 头牛，你们自己去分吧：老大分总数的 1/2；老二分总数的 1/4；老三分总数的 1/5。"

话音才落，老人就咽了气。按照印度的教规，牛被视为神灵，是不准宰杀的，必须整头地分，而先人的遗嘱更是必须遵从。那么，这 19 头牛怎样分法呢？这道难题着实难倒了兄弟三人。他们请教了许多有才学的人，人们总是摇摇头，急得兄弟三人整日唉声叹气。一天，一位老农牵着一头牛路过，看到兄弟三人愁眉苦脸，就询问原因。老农听后思索了片刻说：

"这件事好办，我借一头牛给你们，凑成 20 头，老大分 1/2 得 10 头，老二分 1/4 得 5 头，老三分 1/5 得 4 头，余下一头再还给我。"

在数学看来，这是个难题，但老农转而采用社会学借贷关系的方法，却获得了完美的解答。在社会生活中，遇到某一学科无法解决的问题，不妨转而采用不同学科的方法，也许能获得奇效。

二、为了研发新的产品

为了开发新的产品的学科交叉，是指人们为了研发某种新产品，必须通过不同学科的协同攻关才能实现，因此而展开的跨学科研究。

比如，我国的北斗卫星导航系统，从 1994 年北斗一号系统工程立项，到 2020 年北斗三号全球卫星导航系统正式开通，用 26 年的时间，在全国范围内动员了 400 多个单位和 30 多万名不同学科、不同专业的科研人员，协作攻关，目的就是建成我们自己的北斗卫星导航系统，这就是为了开发新的产品的跨学科研究活动。

三、为了创立交叉学科

为了创立交叉学科的学科交叉，是指人们在创立新的交叉学科的过程中，必须通过综合不同的相关学科知识理论才能实现，因此展开的跨学科研究。

比如说，体育生物科学便是生物科学与体育运动相结合而发展起来的新兴交叉学科。体育生物科学，又称运动人体科学，其任务在于揭示体育运动增进健康，增强体质，以及开发人的生物潜能的内在生物机制和一般规律。体育生物科学既要涉及生物科学，又要涉及体育科学，由此而展开跨学科研究，这就是为了创立交叉学科而开展的跨学科研究。

以上我们从不同的角度研究了跨学科的类型，根据分析的角度和标准的差异，所得到的结果便会不同。必须注意的是，"学科交叉的类型"与"交叉学科的类型"两者有显著的区别。前者的主体是"交叉"，指哪些不同学科参与了交叉；后者的主体是"学科"，指的是不同学科参与交叉后，产生了什么新的学科。

第四章

跨学科主体论

主体,是指对客体有认识和实践能力的人。跨学科研究活动的主体,是指从事跨学科研究活动的人。为了能顺利而成功地完成研究活动,研究者就必须具备一定的能力素质。出类拔萃的能力素质,是完成跨学科研究的重要条件。

那么,跨学科研究的能力素质包括哪些方面呢?

首先,必须具有浓厚的研究兴趣,才能调动起自己高度的热情,并获得成功;具有强烈的好奇心,这是进行科学研究的驱动力;具备合理的知识结构,既有精深的专门知识,又有广博的知识面,这是跨学科研究的基础;具有深刻的洞察力,才能发现别人未曾发现的新课题,能够从纷繁复杂的事物现象中,捕捉到稍纵即逝的机遇;具备活跃的思维能力,能够在各种不同思路的碰撞结合中,产生出全新的构思……

跨学科的能力素质是多方面的,下面分别加以探讨。

第一节　浓厚的科学兴趣

兴趣是指个人对研究某种事物或从事某项活动积极的心理倾向性。这种倾向性表现为行为主体总是带有满意的情绪色彩和向往的心情,主动而积极地去认识事物,从事活动。

兴趣是人们认识和从事活动的强大动力,凡是符合人的需要和兴趣的活动,就容易提高人活动的积极性,使人轻松愉快地从事某种活动。一个跨学科研究人员要想有所成就,就必须对探索的问题有浓厚的兴趣,有高度的热情,才能调动起创造性思维,获得成功。

一、跨学科研究兴趣的特性

一个跨学科研究人员的兴趣必须具有以下四个特性。

1. 兴趣的广泛性

兴趣的广泛性是指兴趣的范围的大小。兴趣的广泛对跨学科研究有很重要的意义，它可以使研究者获得多方面的知识与广泛的信息，为研究中的联想、想象、类比等思维活动提供有利的条件。兴趣广泛还可以使研究者在不同的领域作出贡献。

历史上许多有突出成就的科学家都有着广泛的兴趣。比如，牛顿是个伟大的物理学家、数学家，同时还是一个不错的小提琴手；苏步青是个杰出的数学家，且对诗歌颇有造诣，被誉为数学诗人；钱学森是著名的航空工程与空气动力学家，但他对系统工程、人体科学、思维科学等有广泛的兴趣，此外还爱好文学、艺术、音乐等。广泛的兴趣可以使人开阔视野，多方涉猎，获得广博的知识，为成才创造条件，推动他们在科学上取得成功。因为科学需要联想，多方面的学问可以提供开阔的思路和活跃的思想。

现代科技发展高度综合性的特点，更要求跨学科研究者要有较广泛的兴趣，不应把自己封闭在狭窄的空间里，而应该敞开胸怀，在不同的领域里呼吸新鲜空气。

2. 兴趣的中心性

在广泛兴趣的基础上要有一个中心兴趣。中心兴趣使人专心致志、深入钻研，获得更专业的知识，发展某个方面的特殊才能，才能在专业上取得更大的成就。因此，跨学科研究必须培养自己的中心兴趣。

我国汉代的杰出科学家张衡，兴趣极为广泛，包括天文、地理、数学、机械、文学及绘画等，他的文学作品在文学史上占有重要地位。他擅长绘画，是东汉六大画家之一。但他在年轻时的中心兴趣是天文和地震学；祖冲之对数学、天文、历法、哲学、文学和音乐都有广泛的兴趣，然而青年时代的祖冲之的中心兴趣是数学，这使他在数学上做出了卓越的贡献；李时珍对医学、文学、生物学都感兴趣，其中，医药学是他的中心兴趣，他的著作《本草纲目》在中国乃至世界科学史上占有重要地位；我国著名气象学家、地理学家竺可桢兴趣广泛，在气象学、地学、天文学、生物学、自然资源考察、科学史等方面都有所成就，但他中心兴趣就是气象学，他对气象学的浓厚兴趣使他在气象学方面做出了卓越的贡献。

跨学科研究者必须有广泛的兴趣，但这并不是说，每个方面都应该样样精通;而应该在广泛的兴趣上有一个中心的兴趣,即对某一方面的兴趣的钻研具有相当的深度。多方面的兴趣与某个中心兴趣相结合,才是兴趣的可贵品质。

3. 兴趣的稳定性

跨学科研究者的兴趣还必须具有稳定性的特点。

有的人兴趣多种多样,但不能持久,一种兴趣迅速地被另一种兴趣所代替,这种见异思迁的人是难以取得更大成就的。相反,凡是在某些领域有所成就的科学家,都是对某个研究课题具有稳定、专一而持久的兴趣。古今中外有成就的科技工作者的共同特点之一,是他们科学研究兴趣的稳定性,科学研究往往成为他们的终生兴趣。

法国昆虫学家法布尔的终生兴趣就是对昆虫的研究。

法布尔于 1823 年出生在法国南部的一个小村庄里。他从小就喜爱虫子,开始是好玩,后来就入了迷,再后来终于把研究昆虫作为自己的毕生事业。法布尔对昆虫的观察研究,常常达到了忘我的地步。一次,小法布尔在屋檐下仰着头一站就是三四个小时,弄得爷爷以为他走火入魔得了怪症。其实他是在看屋檐下的蜘蛛在如何捕食蚊子。一天夜里,法布尔提着灯笼,蹲在田野里,观察蜈蚣怎样产卵。看着,看着,他好像觉得周围怎么越来越亮了,一抬头,才知道太阳已经从东方升起来了。有一天,他正扑在地上专心致志地用放大镜仔细地观察蚂蚁怎么样搬走死苍蝇,观察得如痴如醉,可是全然没有注意到,周围却挤满了一大群把自己当做奇物而围观的人。他还曾被人当贼捉拿过。那是当法布尔在醉心于观察蜣螂,即屎壳郎的活动时,不知不觉进入了人家的田地。直到有人大喊"抓住这个小偷"时,他才大吃一惊。法布尔对收集到的各种各样的昆虫,都进行过长期的细致观察。从它们的出生、蜕变、成长到死亡,包括它们的猎食、恋爱、打架、造房、生儿育女等。据统计,他研究土蜂,用了两年;研究一种叫地胆的甲虫,花了 25 年;研究隧蜂,前后经过 30 年;研究蜣螂,用了 40 年才下结论。

法布尔当过小学、中学和大学的教师,从 1871 年起,他不再教书,而是专心研究昆虫。他在一座山村里买了一块荒地,为自己建立了"实验室",也就是在这个园子里,法布尔用平均 3 年 1 卷的速度,花了 30 年时间,写成了一部 10 卷的巨著《昆虫记》,为人类留下了一笔宝贵的学术财富。

法布尔对昆虫的研究有着浓厚而持久的兴趣，直到临终时，他仍然念念不忘他的昆虫研究。

古今中外有成就的科学家对科学研究的兴趣都具有稳定性，科学研究往往成为他们的终生兴趣。

4. 兴趣的效能

跨学科研究还必须重视兴趣效能的发挥。所谓兴趣效能是指兴趣对实践活动能够产生效果的大小。有的人的兴趣只停留在期盼和等待的状态中，不去积极主动地努力满足这种兴趣，这种兴趣对研究活动是缺乏推动力的，不能产生实际的效果。研究者只有有意识地重视兴趣效能的发挥，锲而不舍地为实现目标而奋斗，这样才能产生积极的研究成果。

历史上研究兴趣效能发挥得最为充分的，还要数美国的发明大王爱迪生。汤姆斯·爱迪生出生于美国俄亥俄州米兰镇的一个农民家里。童年时代的爱迪生对未知世界充满了好奇心。到 1876 年，他已经发明了商情自动报价机、双重电报机、四重电报机、自动电报机等。这些发明促进了电报通讯技术的进一步完善。1877 年发明的留声机，被称为 19 世纪的奇迹，爱迪生的名字也因此传遍美国。1879 年他发明的电灯，为人类驱散了黑暗，带来了光明，结束了人类日出而作、日落而息的古老传统生活方式。继电灯发明之后，爱迪生又先后发明了电动机车、铁镍碱电池等，特别是 1914 年发明了有声电影，又一次改变了社会生活的面貌。直到晚年，他仍坚持工作，他的生活信念就是不断地发明。有人做过统计，爱迪生一生中的发明，在专利局正式登记的有 1 300 种左右，实际发明有近 2 000 项。1882 年是他发明的最高纪录年，这一年他申请立案的发明就有 141 种，平均每 3 天就有一种发明！这种惊人的成绩，直到现在，世界上还没有一个人能和他相比。

爱迪生从小就对发明创造有着极其浓厚的兴趣，但他并不是仅仅将这种兴趣停留在想象、期盼与等待之中，而是将它化成推动自己克服艰难险阻进行发明创造的强大动力，最终取得了无数的创造成果，为人类带来了福音。

二、跨学科研究兴趣的培养

无数事实证明，兴趣既是激发人们从事科研活动的诱发剂，又是人们从事科研活动的推动力之一。一个人如果对科学研究不感兴趣，要想取得什么研究成果是不可能的。那么,应该怎样培养自己的科学研究的兴趣呢?

1. 树立崇高理想和奋斗目标

科学研究只有与理想、目标一致,才能促进研究兴趣的不断深入发展;强烈的爱国主义、崇高的民族责任感、强烈的事业心是人们事业兴趣的强大动力。一个没有崇高理想和奋斗目标的人,只会凭一时的兴趣,或者从个人的得失、名誉、地位、金钱的兴趣出发去进行研究活动,这种兴趣是靠不住的。

2. 发现科学中特定的细微的美

科学与大自然本身和科学研究本身都有其客观的内在美。大自然像一个永恒的谜,吸引着我们去研究,人们被它产生强烈的美感所吸引,进而产生深深的激动、陶醉感和神秘感,从而对大自然中的各种现象产生了浓厚的兴趣。比如,研究数学,可以使人折服于数学的严密性和条理性;涉足化学,可以使人赞叹化学的千变万化而又有规律可循;从事医学,可以使人为自己工作的神圣伟大而陶醉;学习生物学,可以使人为生命的神秘而感慨万千……只要善于挖掘和欣赏科学特有的美,兴趣便会油然而生。

3. 熟悉的事物陌生化

对熟悉的东西进行陌生化处理是激发兴趣的好办法。教堂里的吊灯摆动,人们习以为常,哪里会想到这里面还存在"等时性"原理? 苹果落地,人们也熟视无睹,有谁会想到其中包含了万有引力定律? 科学研究者有必要转熟为生,带着陌生、好奇的眼光去审视世界,即使是非常熟悉的事物也不例外,这样就有可能极大限度地激发自己对科学研究对象的兴趣。

第二节　强烈的好奇心

好奇心是指人遇到新奇的事物时产生的心态,常常表现为注视与探究的心理。

一、好奇心是从事科研活动的强劲动力

好奇心是人的探索精神的体现,是人类一切发现、发明和创造活动的精神动力。

1834 年，有一天，英国科学家、造船工程师约翰·罗素骑马郊游，在一条运河边观赏景色。只见河岸边，有两匹马拉着缆绳，牵引着运河里的一条船快速地前行。船头犁开水面，水面留下一道道波纹。突然船停下来，河道中被推动的波纹并未停止，它聚积在船舶周围，剧烈翻腾。突然，波纹中呈现出一个滚圆光滑、轮廓分明、巨大的、孤立耸起的波峰，以很快的速度离开船舶，滚滚向前。这个波峰沿着河道继续向前行进，形态不变，速度不减。他感到十分好奇，策马追踪，赶上了它。它仍以大约每小时 14 千米的速度向前滚动，同时仍保持着长约 9 米、高约 300～400 毫米的原始形状。他追逐了两三千米后，才发现它的高度渐渐下降。最后，在河道的拐弯处，波峰高度才逐渐减小，慢慢消失……

这一奇特的、美丽的、孤立的波峰令年轻的罗素着迷，他将这种奇特的波称为孤立波，并在其后半生专门从事孤立波的研究。50 年以后，即 1895 年，两位数学家科特维格与得佛里斯从数学上导出了有名的浅水波 KdV 方程，并给出了孤立波解，由于它具有粒子的特征：碰撞前后波形、速度不变，故又称"孤立子"。其后，物理界对孤立子现象的本质有了更清楚的认识，除了水波中的孤立子之外，先后发现了声孤立子、电孤立子和光孤立子等现象。小小的孤立子不再孤独，被人们誉为"数学物理之花"。孤立子具有的特殊性质，也使它在物理学的许多分支领域，如等离子物理学、高能电磁学、流体力学和非线性光学等领域中得到广泛的应用。特别是在由光纤传输的通信技术中，光孤立子理论大展宏图，因为光孤立子在光纤中传播时，能够长时间地保持形态、幅度和速度不变，这个特性便于实现超长距离、超大容量的、稳定可靠的光通信。

"孤立子"的发现与研究，离不开司格特·罗素的强烈好奇心。

好奇心是创造性人才的重要特征。鲁班因为被草的锯形齿割破手指无比好奇，进而发明了锯子；牛顿对一个苹果的坠落产生好奇，于是发现了万有引力定律；瓦特对烧水壶上冒出的蒸汽十分好奇，最后改良了蒸汽机；伽利略对教堂吊灯的摇晃而好奇，于是发现了单摆等时定律；爱因斯坦童年时对隐藏在罗盘背后神奇力量的强烈好奇心，因而从此踏上了科学探索之路……著名科学家都是具有强烈好奇心的人。

二、好奇心能助人把握机遇

所谓机遇，是指好的境遇。在人类的发明史上，有不少的创新是由于某个偶然的事件或机会，出乎意料地获得了成功。

吉米曾是个穷画匠。一天，他在庭院里架起画架，聚精会神地写生，他太太正在旁边洗刷衣服。吉米下意识地挥了一下画笔，突然发现，蓝色颜料竟沾到洗好的白衬衫上。他太太一面嘀咕一面重洗，但雪白的衬衫因沾染蓝色颜料，任她怎样洗涤，仍带有点淡蓝色。谁知晒干后的白衬衣，反倒更加洁白艳丽了。吉米对此无比好奇，心想，这一定是由于视觉错觉使然：在白色里掺入少许蓝色，在人们眼里反而感到更白。那么，为什么不据此发明一种可使衣服增白的药呢？吉米眼前一亮，迎接不期而至的机遇。于是，他利用自己的美学知识，配制"增白药"，这种增白药性能不凡，能使衣服变得白而发亮。当增白药以"衣服增白剂"的名义进入市场后，普遍受到家庭主妇的欢迎，穷画匠吉米也从此项发明专利的转让和生产营销中富裕了起来。

瑞士化学家舍恩拜因发明烈性炸药硝化纤维，也是由于对一次完全意外现象的好奇。

1845 年，舍恩拜因正在研究硝酸与硫酸混合物，但他妻子不准他在厨房里做这种实验。有一次他趁妻子离家外出之际，赶忙到厨房里继续他的实验，不料在慌乱中不慎把一瓶硫酸和硝酸的混合液打翻了。他随手抓过妻子的棉布围裙把流出的液体擦拭干净，并把围裙放在炉火旁烤干。这时，意外的情况出现了：围裙在强烈的爆炸声中立刻化为乌有，而且没有产生浓烟。他拿其他的棉布来重复这样的实验，发现浸过硫酸与硝酸混合液的棉布非常容易着火，而且没有烟雾产生，也不会留下灰烬。他意外地发现了这种化合物的强大威力，从而发明了被称为"火药棉"的烈性炸药。

如果对神奇的现象漠然处之，往往会错过科学发现的机遇。

德国著名化学家李比希把氯气通入海水中提取碘之后，发现剩余的母液中沉积着一层红棕色的液体。他虽然感到奇怪，但并未放在心上，武断地认为这不过是碘的化合物，只在瓶上贴张标签了事。直到以后一位法国科学家证实是新元素溴，李比希才恍然大悟。他因此称这个瓶子为"失误瓶"，以告诫自己。

三、怎样培养好奇心

1. 走进大自然

大自然蕴含着无穷的智慧和奥秘，亲近自然，在与自然的相处中去观察、发现和思考，更能激发人们的好奇心和创造力。

2. 多问为什么

好奇心来源于对未知事物的探索欲望。因此，在日常生活中多问问题是培养好奇心的重要方法之一。没有问题，就没有探索、就不会有新思想和发现。当你遇到新的事物时，问自己各种问题，这是锻炼好奇心的关键。

3. 熟悉的事物陌生化

如果对自然现象熟视无睹，就很难有创新。带着陌生、好奇的眼光去审视世界，即使是非常熟悉的事物也不例外，这样就有可能极大限度地开发自己的想象力和创造力。

4. 保持童心

对客观世界的陌生和好奇，乃是儿童的天性，保持童心就是保持对世界的惊奇和探究的欲望，增强自己的好奇心。

牛顿曾经说过："真理世界就像一片汪洋的大海，而我只是一个好奇的孩子，偶尔拾起一两块美丽的贝壳。"

居里夫人说："好奇心是学者的第一美德。"

爱因斯坦说："谁要是不再有好奇心也不再有惊讶的感觉，谁就无异于行尸走肉，其眼睛是迷糊不清的。"

第三节　合理的知识结构

知识是人们在认识世界、改造世界的实践过程中所取得的认识和经验的总结，它反映了客观世界各个领域里物质运动的规律性和内在联系，是人类文明得以发展和延续的基础，也是人类认识自然和改造社会的强有力工具。知识是一切人才应具备的基本素质，也是跨学科研究人才的重要的素质。

知识结构是指一个人所拥有的知识体系的构成情况与结合方式，是外在的知识体系经过求知者的输入、储存和加工，在头脑中形成的由智力因素联系起来的多要素、多系列、多层次的知识组合而形成的具有一定功能的统一整体。

跨学科研究活动需要有精深的专业知识,又需要有广博的知识面,即跨学科研究活动需要具有最合理、最优化的知识体系。

一、知识结构的常见模式

当今世界,各种知识浩如烟海,各门学科交叉渗透,科学技术的发展突飞猛进,一个人要想百事皆通,不可能各方面的知识都掌握,关键在于是否具有合理的知识结构。因此,建构合理的知识结构,对跨学科研究而言非常重要。

合理的知识结构,较有代表性的是以下三种模式。

1. 宝塔型知识结构

宝塔型知识结构又称金字塔型知识结构。这种知识结构形如宝塔,由基本理论、基础知识、专业基础知识、专业知识、学科知识、学科前沿知识构成。基本理论、基本知识为宝塔型底部,要求宽厚扎实;学科前沿知识为高峰塔尖。这种知识结构的特点是强调基本理论、基础知识的宽厚扎实、专业知识的精深,把所具备的知识集中于主攻目标上,有利于迅速接通学科前沿和从事纯理论以及应用科学的研究工作。现今中国学校大多是培养这样知识结构的人才。

2. 蜘蛛网型知识结构

蜘蛛网型知识结构以所学的专业知识为中心,与其他专业相近的、有较大相互作用的知识作为网状连接,形如蜘蛛网。该结构能使专业知识处于网络中心,并重视与专业相关联的系统知识的辅助作用,是知识广度与深度的统一,既强调专业知识的中心作用,又强调与专业相关联的系统知识的辅助作用,更注重在运用知识的过程中充分发挥整体知识的协调作用。这种人才知识结构呈复合型状态。

3. 帐幕型知识结构

帐幕型知识结构指一个具体的社会组织对其组织成员在知识结构上有一个总的要求,而作为该组织的个体成员,将依其在组织中所处的层次,在知识结构上又存在一些差异。这种知识结构强调个体知识结构与组织整体知识结构的有机结合。

二、知识结构的特征

上述三种知识结构虽各有不同，但都表现出博而不杂，专而不偏，基础雄厚，适应性强的共同特征。具体讲，这些共同特征表现在以下三方面。

1. 核心层次特征

作为合理的知识结构，应该有从低到高、从核心到外围几个不同的层次。核心决定知识结构的基本功能，然而仅有核心知识的知识结构不是完善的知识结构，还必须配合核心以外的其他层次知识，比如辅助性知识。核心知识相对价值较高，应学精学透；辅助知识主要用于开阔视野，拓宽思路，也应努力掌握。

2. 整体相关特征

整体相关性体现的是知识内在的逻辑联系和必然性，是一个有机的整体。知识之间协调得好，则可能会在已有的知识之间，爆发出新的思想火花，使人产生独创性见解。如果知识的掌握不能从一种知识与另一种知识之间发现并灵活运用它们的相互关系，那么这种知识结构就是低效的。

跨学科研究不仅要求拥有知识的量和深度，而且要求其拥有的知识还必须是一个有机的整体，在应用的过程中能够进行重组，并发挥出最优化的功能。

3. 动态调整特征

动态调整特征追求的知识结构决不应当处于僵化状态，知识结构是在求知的过程中，经过量的储存、积累而逐步形成的，不能期望建立一个一劳永逸的知识结构。所谓"活到老，学到老"，就是对知识动态调整特征最通俗的注释。调整知识结构一靠反馈，二靠预测。反馈指主体在学习、科研的过程中，经过实践，明确自己缺少什么知识，及时弥补。预测指通过分析现有资料和信息，把握社会发展大趋势，预测未来的各种可能性，做出如何调整自己知识结构的决定，以适应将来社会发展的需要。

第四节　顽强的意志

意志是人自觉地确定目标，并根据目标调节、支配自身的行动，克服困难,去实现预定目标的心理倾向。跨学科活动往往不是一帆风顺,常常会有许多意想不到的艰难险阻需要克服,这就需要具备顽强的意志力。

一、意志的目的性

目的性是意志的重要特征。跨学科活动首先要有明确的目的,并能自觉地支配自己的行动,实现预定的目标。

比如,"杂交水稻之父"袁隆平,终生为之奋斗的崇高目标就是培育杂交水稻,因而能克服重重困难,表现出顽强的意志力。

袁隆平是享誉海内外的著名农业科学家。袁隆平高中毕业以后,报考重庆一所学院的农学系。1960 年罕见的天灾人祸,带来了严重的粮食饥荒,一个个蜡黄脸色的水肿病患者倒下了……袁隆平也经历了此次饥荒带来的饥饿的痛苦。目睹如此严酷的现实,他决心努力发挥自己的才智,用学过的专业知识,尽快培育出亩产过 400 公斤、500 公斤、1 000 公斤的水稻新品种,让粮食产量大幅度增加,用农业科学技术战胜饥饿。这就是袁隆平毕生为之奋斗的崇高使命。

在近 60 年的岁月里,袁隆平将"发展杂交水稻,造福世界人民"作为终其一生的追求。他长期致力于促进杂交水稻技术创新,并将其推广到全世界。心中有梦,才有了追梦的动力。在研究杂交水稻的科研生涯中,袁隆平遇到的质疑、困难和失败数不胜数。试验田被自然和人为因素毁坏过,科研成果被质疑过,但这些从未将袁隆平的热情击垮,他说,"爬起来再干就是了"。

袁隆平的杂交水稻被西方专家称之为"东方魔稻",比常规水稻增产 20%以上。他希望杂交水稻的研究成果不但能提高我们国家自己解决吃饭问题的能力,同时也能为解决人类仍然面临的饥饿问题做出更大的贡献。联合国粮食及农业组织把在全球范围内推广杂交稻技术作为一项战略计划。世界杰出的农业经济学家唐·帕尔伯格写了一部名著,叫《走向丰衣足食的世界》,书中写道:

"袁隆平给中国争取到宝贵的时间,这样也就降低了人口增长率。随着农业科学的发展,饥饿的威胁在退却。袁(隆平)正引导我们走向一个营养充足的世界。"

袁隆平终生奋斗不息,正因为胸怀培育杂交水稻这一崇高目标。

一个人要想有所成就，就必须树立远大的目标。诸葛亮说："志当存高远。"王勃说："穷且益坚，不坠青云之志。"人应该有远大的志向，并为之做出锲而不舍的努力，这样的人生才是有意义、充实的人生。

在这个诱惑众多、价值观多样化、人际关系复杂的时代，保持内心与行动上的坚定尤为重要。那群能为坚持崇高目标，全力以赴、废寝忘食的科学家是多么令人敬佩！

二、意志的顽强性

意志还必须具有顽强的品质。意志的顽强性是指人们在执行意志决定的过程中，能精力充沛、坚持不懈地克服一切困难与障碍，完成既定目标。

德国年轻的气象学家魏格纳提出了大陆漂移说，轰动一时。他为了从气象学、冰川学、古气候学等方面进一步证明自己的假说，曾四次探险格陵兰。1930 年，他第四次到达冰封雪盖的极地世界时，正值他 50 岁生日。他在严酷的条件下，从事气象观察和冰盖厚度测量。不幸在返回基地的途中，被暴风雪吞没。魏格纳逝世后，他的弟弟库特又接替了哥哥的探险事业。

从事科学研究要有顽强的毅力，要有为科学而献身的精神。

居里夫人明知放射性元素镭的危害，宁愿牺牲自己，经年累月地从沥青铀矿中用人工的办法提炼镭的结晶，以致她长期受放射性射线的影响，最后死于恶性贫血。

两弹元勋邓稼先，在一次原子弹爆炸失败后，为了找到真正的原因，必须有人到那颗原子弹被摔碎的地方去，找回一些重要的部件。邓稼先深知危险，却说："谁也别去，我进去吧。你们去了也找不到，白受污染。我做的，我知道。"他一个人走进那片地区，那片死亡之地。他很快找到了核弹头，用手"抱"着摔裂的原子弹关键部件，走了出来。最后证明原子弹爆炸失败是因为降落伞出了问题。就是这一次，邓稼先受到了致命的辐射伤害。邓稼先在去世前，已是全身大出血，擦也擦不干，止也止不住了。高强射线导致的不治之症，这是在他手捧核弹头走出放射区时，就心里明白的。1986 年 7 月 29 日，邓稼先去世。他临终前留下的话仍是如何在尖端武器方面努力，并叮咛："不要让人家把我们落得太远……"

马克思说："在科学的入口处，正像在地狱的入口处一样，必须提出这样的要求：'这里必须根绝一切犹豫；这里任何怯懦都无济于事。'"①

有志于向科学进军的人们，在科学入口处，必须下定决心，以无畏的勇气，艰苦的劳动，随时准备为科学而献身。

三、意志的自制性

科学研究者在执行意志的行动中，还必须善于控制自己的情绪，约束自己的言行，努力克服妨碍执行决定的各种不利因素，这就是意志自制性的品质。尤其是在遭到各种攻击、嘲笑与谩骂时，要坚持科研活动就必须具有极大的自制力。

在蒸汽机发明之后，英国工人乔治·斯蒂芬森将蒸汽机使用在车辆上，发明了蒸汽机车并获得了成功。英国政府决定在曼彻斯特与利物浦这两个大城市之间建造铁路，由斯蒂芬逊担任总工程师。不料，竟有许多人在报纸上发文反对这一计划。一位著名的医生说：

"乘火车过隧道，最有害于健康。对体质较强的人，起码也会引起感冒和神经衰弱等病症；如果身体衰弱的人，则更危险。"

还有人竭力呼吁停止建造铁道的计划，理由是：

"要知道，火车的声音很响，这会使牛受惊，不敢吃草，从而牛奶就没有了；鸡鸭受惊，从而蛋就没有了。而且烟筒里毒气上升，将杀绝飞鸟；火星四溅，将酿成火灾；倘若锅炉爆炸，后果更不堪设想，至少乘客将遭断手折骨之惨！"

然而，这些指责攻击并没有使火车停止行驶，如今它已成了一种极为重要的运输工具。

意志的自制力还可以使人取得成功时，不被胜利冲昏头脑，防止骄傲、自满情绪的产生，使人更加谨慎、勤勉，继续扩大成果。意志自制力越强，成功时带来的情绪纷扰对研究的影响就越小。

第五节　深刻的洞察力

洞察力是人类在观察事物时，能透过表面现象精确把握事物本质的能

---

① 马克思，恩格斯. 马克思恩格斯全集：第二卷［M］.北京：人民出版社，1972：85.

力。运用洞察力可在习以为常的观念和表述中找出问题，从而走近事实真相、深化思考。

一、洞察力与跨学科研究

深刻的洞察力对于跨学科研究的问题发现、观念形成、问题解决等环节都具有重要独特的意义。

比如，英国的乡村医生琴纳关于牛痘接种的发明。

天花是一种古老的传染病，得了这种病往往会导致死亡，侥幸活下来的，也在脸上身上留下麻坑，有时还会导致瞎眼、聋耳或其他残疾。天花的流行速度很快，后果极其严重。18 世纪中叶，俄国曾流行过一次天花，死了 200 万人！据有关资料记载，仅在 18 世纪欧洲，死于天花的就有 6 000 万人！然而直到 200 年前，英国的乡村医生琴纳发明了牛痘接种后，人类最终征服天花才有了可能。

爱德华·琴纳，英国医学家、科学家。琴纳出生在英国的牧区，从小就目睹天花残害人类的悲惨情景，产生了要为人类寻找防治天花方法的强烈愿望。后来他成为一名医生，在家乡办起了小诊所。有一次，乡村检察官要琴纳统计几年来村里死于天花及变成麻子的人数。琴纳发现几乎家家都有被天花夺去生命的人，可是在村里众多的挤牛奶姑娘中，竟没有一个人死于天花或变成麻子。挤奶的姑娘为什么能幸免于难呢？挤奶姑娘们告诉琴纳：奶牛也会生痘疮的，可是牛却很少死去，也不会变成麻子，挤奶姑娘给患痘疮的牛挤奶，也会被感染上痘疮，就是天花，不过病情很轻，只是稍微有点不舒服，没多久就好了，并且以后就再也不会得天花了。琴纳由此敏锐地想到，如果把轻微的牛痘接种到人身上，让大家都感染一次从牛身上传来的天花，这样人们就不会再得天花了。

但是琴纳的发现并没有得到相应的支持，相反，他遭到了一些人的强烈反对，他们认为琴纳的说法是把人当做下贱的牲口，并认为牧场女工得的病与牛痘毫不相干，有人甚至提出要将琴纳开除出医学会。面对人们的反对，琴纳坚定不移，深信用牛痘接种能使人免疫天花，并继续进行试验。1796 年 5 月，琴纳用从一个奶场女工手上的牛痘脓胞中取出来的物质给一个八岁的男孩詹姆斯·菲普斯注射。如他所料，这孩子患了牛痘，但很快就得以恢复。

琴纳又给他种天花痘，果然不出所料，孩子没有出现天花病症。

琴纳无私地把他的接种方法奉献给世界。由于普遍种牛痘的缘故，天花逐渐被征服，并最终被消灭。世界上最后一例天花病人的发现是在 1977 年，直到 1979 年 10 月 26 日，世界卫生组织终于在肯尼亚首都内罗毕正式宣布：天花已经在人间灭绝了！

琴纳被称为免疫学之父。今天，应该感谢琴纳，是琴纳在"牛"与"人类"的跨学科思考中，发明了种牛痘的方法，将天花在地球上真正消除殆尽。而琴纳种牛痘的方法的发明，离不开对隐藏在一份天花统计表格中的事物规律的敏锐洞察力。

二、怎样培养敏锐的洞察能力

要培养科学研究敏锐的洞察能力，可从以下四个方面入手。

第一，丰富自己的经验，经验越丰富的人，往往洞察力越强。

第二，养成细致观察的习惯，发现对象的细微末节及其变化。

第三，要多种感官综合运用，观察中综合运用视觉、听觉、嗅觉、味觉和触觉，能提高大脑的兴奋性，提高观察的全面性与准确性。

第四，善于思考，只有善于思考，才能认识事物的本质。

第六节　科学预见能力

所谓科学预见，是对客观事物发展趋势所进行的有科学根据的论断，是在综合事物的本质和规律的基础上，对事物的发展趋势或尚未出现的事物所进行的探测性的主观印象。科学预见能提供认识事物发展进程、预见未来发展前景的可能性，是人类改造世界的思想基础。

人类认识的历史，是从不知到知、从知之不多到知之较多的历史。科学预见以客观事物发展的规律性为基础，是人类正确行动的先导，是人的认识能动性的表现。

一、科学预见的哲学基础

科学预见不同于算命先生的无端猜测，有其深厚的哲学基础。

辩证唯物主义认为，世界是物质的，物质是运动的，而运动是有规律的。列宁曾明确地指出："世界是物质的有规律的运动。"①规律具有必然性，是事物的必然联系，世界上任何物质运动都具有其自身的客观规律，并受其客观规律支配，从整个宇宙，到宇宙的各个领域、各种物质运动形式，以至各种具体事物或现象，它们在任何时候、任何情况下，都无一例外。可以说，从无限的宏观到无穷的微观，在不断运动、变化和发展着的丰富多彩的物质世界里，各种事物或现象都具有其自身的规律性。

因此，要认识和改造任何事物或现象都必须研究和掌握其固有的规律性。如果我们能掌握有关事物发展的规律性，我们自然可以对它们的未来做出科学的预测。

二、科学预见与跨学科研究

科学预见能力是跨学科研究不可缺少的能力，跨学科研究课题的选择、研究成果的未来价值等，都离不开科学预见。

跨学科研究活动是追求一定目标的行动，而科学预见则可以帮助跨学科研究活动确立相应的目标。

1983 年，董吉明"下海"，办起了养鸡场，靠着他的勤劳和智慧，养鸡场办得有声有色，三年后，他成为养鸡大户，向市场提供商品蛋累计十万公斤，获纯利十五万元。然而，到 1992 年初，董吉明决定要跨学科、跨行业搞光纤通信项目。认识董吉明的人听到这个消息后简直不敢相信自己的耳朵。要说从养鸡变为养鸭、养猪、养牛都是顺理成章，变成饲料加工、食品等轻工业也还可以理解，可董吉明要搞高科技产业，他有这个能力吗？

可是董吉明也有自己的考虑。首先，他在大学里学的就是通信专业，通信是他的本行。其次，他可以搞食品、纺织等轻工业，但是他认为这种产业没有太大的发展前景。最重要的是我国的光纤通信在 80 年代初刚刚进入实用化阶段，以后肯定会大有发展，并且这个项目因为科技含量高，同类型竞争企业较少，同时，因为光纤的市场大，供应商少，决定了制造光纤是一个高利润的行业。

---

① 列宁.列宁全集：第 14 卷[M].北京：人民出版社，1957：172.

1992年初,董吉明开始着手光纤实验,后来取得光纤通信的生产证。接着,他把鸡场的鸡全部卖掉,把养鸡设备全部处理。鸡场变成了光缆厂。这就是中国第一家民营光纤通信企业。凭着董吉明的魄力和经营管理才能,1996年吉明光纤通信公司光缆厂的生产能力达到1万千米以上,产值超过亿元。

有远见卓识的人总是能站在高处,别人看到的,他们早就看到了;别人没有想到的,他们早就思考过了。像下棋一样,常人只能事先看出一两步棋,而棋坛高手却早就看出了十几、二十几步棋,这里靠的就是卓越的科学预见能力。

高远的科学眼光是科学家成就事业的基本特征,它可以深刻地洞察现状,准确地预见未来。

三、科学预见与自然灾害的预防

自然灾害的预防需要跨学科研究,而预防自然灾害尤其需要科学预见能力。

人类在大自然面前是十分渺小的。自古以来,存在着地震、海啸、水灾、旱灾、风灾、泥石流等各种自然灾害,此外还有厄尔尼诺、海底风暴、区域性森林大火、温室效应、长期大面积干旱、太阳耀斑、小行星撞击地球……这些自然灾害如果不能被及时预见,将对人类的生命和财产造成巨大的威胁与灾难。

自然灾害的预防需要科学预见,而科学预见又需要多学科、多部门、多系统的跨学科的研究。

科学预见是辩证唯物主义的超前认识论,是认识主体在实践中,对事物的发展状况和趋势做出的符合客观规律的一种具有前瞻性的认识。科学预见的超前认识具有重要的实践指导功能,能够指导未来实践的运动过程,是实践主体制定趋利避害的对策依据。

第七节　优异的操作能力

操作能力是人们操纵自己的肢体以完成各种活动的能力,是人类改造自然、变革社会的一种重要因素。

一、操作能力的基本品质

优异的操作能力必须有以下四种品质。

1. 准确性

操作能力的准确性对科研成果的水平与质量有一定影响，是保证科学研究成果的科学性与先进性的重要条件。

2. 迅速性

迅速性品质是保证按时完成工作任务，提高效率的一个重要条件。迅速性必须以准确性为基础，只有建立在准确性基础上的迅速性，才能真正发挥速度的作用。

3. 协调性

操作活动的协调性可使动作保持动态平衡，是保证活动有条不紊、井然有序的条件。

4. 灵活性

操作能力的灵活性要求操作者能在准确性的基础上，根据不同的情况灵活地做出应变。

二、操作能力与跨学科研究

跨学科研究不仅需要优秀的认知能力，还需要出色的操作能力。

1. 观念形态转化为物质成果需要出色的操作能力

操作能力是跨学科研究者的智力转化为物质成果的凭借。研究者针对研究对象所进行的构思、设想等活动，都是观念形态的东西。要把观念形态的东西转化为实实在在的物质成果，必须通过操作能力来实现。

比如，飞机的发明便离不开莱特兄弟优异的动手操作能力。

自古以来，人类看见鸟儿在空中自由飞翔，也梦想着自己能像鸟儿那样自由飞行，为此，人类进行过一次又一次的飞行尝试。直到1903年，美国莱特兄弟发明了飞机之后，人类飞行的梦想才真正变为现实。莱特兄弟飞机发明成功的原因是多方面的，然而很重要的一个原因是他们具有极强的操作能力。莱特兄弟在飞鸟与飞机的跨学科思考中，借助卓越的动手操作能力，研制出"飞行者号"飞机，这是人类航空史上的一个重要里程碑。从此，险峻的高山,一望无际的大洋再也不会让人望而生畏,飞机可以把不同种族、不同肤色的人们紧密地联系起来。

事实上,早在欧洲文艺复兴时期,著名画家达·芬奇就曾设计过飞机,但他没有通过操作能力将他的设计转化为物质产品。莱特兄弟不仅设计了飞机,还通过动手操作将他们的设计变成了现实。所以人们将飞机发明的桂冠献给了莱特兄弟,而没有献给达·芬奇。

2. 科学理论的检验需要优异的操作能力

在科研活动中,科学家往往要运用思维能力作出种种设想与预测;要检验这些设想、预测的正确性,研究者的操作能力有着重要的作用。德国物理学家赫兹对电磁波理论的验证过程,正是一个极为生动的例证。

19世纪是电磁学取得长足进步的时代。詹姆斯·麦克斯韦,英国人,世界著名的物理学家、数学家,他确定了电荷、电流(运动的电荷)、电场、磁场之间的普遍联系。他发现,不仅传导电流能产生磁场,空间电场的变化也会产生磁场。同样,变化的磁场不仅能在导体中感生出电流,也能在空间中产生电场。而电流,实际上只不过是电场在导体内作用的结果。所以,电磁过程的实质就是电场与磁场的相互转化,在电场和磁场的相互转化中,就产生了电磁波。麦克斯韦证明,光是一种电磁波,进而把电、磁、光统一起来,实现了物理学的一个重大综合。

然而电磁波(可见光除外)看不见摸不着,因而人们对麦克斯韦的电磁理论极不信任,甚至视之为奇谈怪论。要使人们相信电磁理论的科学性,就必须进行实验证明。用实验证实电磁波存在的使命,是由赫兹完成的。

海因里希·赫兹是德国物理学家。在少年时代,赫兹就表现出他善于动手的技能和对技术实验的爱好。赫兹在大学学习时,对电磁学理论产生了兴趣,他确信电磁学理论是科学的。于是,赫兹下定决心,要用实验来验证麦克斯韦二十多年以前的电磁理论。

1885年,27岁的赫兹在卡尔鲁斯工业学院担任物理学教授。赫兹设计了实验装置,这个装置包括放电装置和探测装置两大部分。他用莱顿瓶作为放电装置,当莱顿瓶振荡放电的时候,就可以产生电磁波。他发明的探测装置叫做电波环,把一根粗铜线弯成环状,然后再把两个金属小球分别连结到铜线的两端,并设计这个带有金属小球的环状粗铜线两端之间的距离可以进行调节。

1887年，在准备好仪器之后，赫兹做了一个重要的实验。在一间伸手不见五指的屋子里，一个角落里放着莱顿瓶，在屋子的另一张桌子上，安放着电波环，它与桌面是绝缘的。一切准备就绪，赫兹合上电源开关，于是莱顿瓶就"噼噼啪啪"地放起电来。赫兹走到电波环附近，他终于见到了他所渴望的现象：电波环两球间一道微弱的辉光清晰可见。赫兹轻轻地转动电波环的螺旋，使金属小球间的间隙越来越窄。随着两个小球的靠近，辉光也越来越亮。他的实验成功了！赫兹凭着他卓越的动手操作能力和科学精密的实验，成为人类第一个探测到电磁波的人！

赫兹捕捉到电磁波的实验公布以后，轰动了整个科学界。在他进行实验的6年后，人类实现了无线电传播，其他无线电技术，比如无线电报、无线电话、无线电广播、传真、电视、雷达、遥控、遥测、卫星通讯、射电天文望远镜等，如雨后春笋，不断涌现，整个世界的面貌因此发生了巨大的变化。

3. 操作能力与机遇的把握

科研活动中，往往会出现一些意外的现象或偶然的事件，有些偶然出现的意外情况可被称为机遇。认真把握这些机遇，有时可以产生重大的发明创造。当然，一个人如果缺乏动手操作能力，不进行具体的活动，把握机遇便无从谈起。

以光谱仪的发明为例。

罗伯特·本生，著名化学家，于1855年发明"本生灯"，火焰温度最高可达1 500℃，这种火焰几乎没有颜色，十分有助于观察化学物质燃烧时的颜色。正因为这一点，他发现了各种化学物质的焰色反应。不同成分的化学物质，在本生灯上的燃烧时，会出现不同的焰色。他发现，钾盐的燃烧时为紫色，钠盐为黄色，锶盐为洋红色，钡盐为黄绿色，铜盐为蓝绿色。起初他认为，他的发现会使化学分析极为简单，只要辨别一下它们燃烧时的焰色，就可以定性地知道其化学成分。但后来研究发现，在复杂物质中，各种颜色互相掩盖，使人无法辨别。

1860年，本生和物理学家基尔霍夫发明了观察光谱的仪器——光谱仪。当本生用一根白金丝沾了一小粒食盐送进灯焰里时，灯焰立刻变成了明亮的黄色，基尔霍夫见了就把眼睛凑到窥管口上，只见两条黄线并排在一起，背景是黑色的。本生又沾了几粒钾盐送进灯焰里，灯焰变成了淡紫色，基尔霍夫从窥管看到那黑暗的背景上有一条紫线和一条红线。不同的元素，发出的谱线各不相同，其中包括线条数目、颜色和排列。例如，所有锂盐都会产生一条明亮的蓝线和几条暗红线。后来他们利用光谱仪发现了铯和铷这两种新元素。

本生和基尔霍夫发明光谱仪，是化学与物理学跨学科研究的成果，也与他们的优秀的动手操作能力是分不开的。这种光谱仪不但可以用来研究地球的物质，还可以用来研究天体的物质，这为人类分析研究自然界中的物质提供了良好的手段。

第八节　群体协作的能力

群体协作的能力是指建立在团队的基础之上，发挥团队精神、互补互助以达到团队最大工作效率的能力。一个团队的力量远大于一个人的力量。团队协作能激发出团队成员不可思议的潜力，让每个人都能发挥出最强的力量。

一、跨科学研究需要群体协作的能力

现代科学技术的发展使科学研究的形式和规模发生了巨大变化，尤其是现代高科技领域中的重大课题研究，仅仅依靠个人的能力已经难以实现，如人造卫星、航天飞机等已不再是简单的一、两种技术就可以解决的问题。面对这种综合性的科研课题和高技术的要求，只有通过群体的协作才有可能达到目的。为了适应现代高科技研究的群体性需要，除了具备科学研究的能力之外，还必须具备群体协作的能力。

比如，美国曼哈顿计划——原子弹研究团队。

原子弹的威力是巨大的，要研制这种威力巨大的武器，决不是仅凭某个人的能力所能完成。"曼哈顿工程"耗资 20 亿美元，调集了 15 万科技人员，动用了全国三分之一的电力，用了 3 年的时间，终于制成了原子弹。原子弹研究团队是一个庞大而复杂的群体，研制原子弹是一项前无古人的艰巨任务，要实现这一宏伟目标，就需要卓越的群体协作的能力。

因此要完成现代重大的研究课题，必须凭借研究群体的协作能力。

二、群体协作能力的要求

具体地说，群体协作能力要注意培养以下三个方面的能力。

1. 组织管理的能力

一个跨学科研究者，不管当不当领导，都应具备一定的组织管理能力，善于把多学科科技人才组织、协调起来共同工作，以产生更大的科技成果。

2. 语言表达的能力

科学研究是对未知领域的探索，想要得到别人的理解和支持，就必须善于表达自己的思想。当然，我们要强调语言表达能力，也要防止夸夸其谈、弄虚作假的弊病。

3. 社交活动的能力

社交活动是一种艺术，跨科学研究也需要这方面的能力，以便处理好同事之间和上下级之间的关系，建立一个和谐协调的环境，提高工作效率。

当然，我们强调当代重大科技研究课题具有群体协作的特点，要求研究者增强群体协作的能力，并不意味着否定研究者的个人作用，也不是断定个人的研究已无存在的价值。在那些涉及的知识范围不是太广泛并且不需要巨额费用的科研项目中，个人的研究对于人类的文明仍然起着不可磨灭的作用。

第五章

跨学科思维论

思维是人脑对客观事物间接的、概括的反映过程。跨学科研究离不开思维，如果离开思维，人类的跨学科研究活动便寸步难行。

跨学科思维具有以下三种特征。

第一，思维的广阔性。跨学科研究者必须获得广泛的知识，善于多方面地思考问题，在不同的知识与活动领域进行科学研究。若要想在跨学科研究活动中获得成功，跨学科研究者就必须具有高度发展的思维广阔性的特点。

第二，思维的新颖性。由于跨学科研究是要解决单一学科所不能解决的问题，它必然是没有现成的答案可以遵循的探索性的活动过程，因而在思维上必然具有开创性和新颖性。它或者在思路的选择上、或者在思考的技巧上、又或者在思维的结论上，应具有着前无古人的独到之处。

第三，思维的灵活性。跨学科思维的灵活性指的是思维能依据客观情况的变化而变化。思维的灵活性可以使研究者思路活跃，研究人员可以迅速地从一个思路跳到另一个思路，并能随着情况的变化而改变或修正课题和目标。

第一节　联　想　思　维

联想思维就是由于现实生活中的某些人或事物的触发而想起与之相关的人或事物的一种思维活动。

联想思维是科学研究活动中常见的一种思维方法，可以由所研究的课题而想到与之相关的学科，实现多种学科的知识、方法、研究手段的交叉与汇流，从而达到解决问题的目的。

一、联想思维的客观基础

心理学认为，联想是指人脑记忆表象系统中，由于某种诱因导致不同表象之间发生联系的一种自由思维活动。联想实际上是人脑记忆的一种再现。一般说来，人们在长期的科学研究和生活实践中获得的知识和经验都储存在大脑的记忆库里，随着时间的消磨，有的记忆逐渐淡化，甚至消失，但人的脑部神经具有应激再现的功能，如果通过其他相似或者关联的事物或途径予以刺激，那么就会唤醒深层脑部细胞所储存的记忆，在这个过程中，起到主要作用的就是联想。

从哲学方面来讲，世界上一切事物现象都不能孤立地存在，都同其他事物发生着联系，相互联系的事物反映到人脑中便形成了各种联想，从而为人们在跨学科思考中产生新的设想奠定了客观基础。

二、联想思维与跨学科研究

联想在跨学科研究中具有重要的意义，因为通过联想可以将不同学科的事物联系起来，发现它们之间的相似性，探求可供我们研究使用的原理、结构、知识和方法。

比如，由老鼠洞穴产生联想而诞生的地铁。

19世纪中叶，英国伦敦的交通十分拥挤。马路窄小，人流如潮，遇到马车通过，整条道路便被堵得水泄不通，这极大地影响了居民的工作和生活。有一位名叫查理斯的法官，对伦敦的交通拥挤有深刻体会，因为每年他不知要处理多少起因车辆拥挤引起的纠纷。他强烈要求政府改善交通状况，可一时自己也提不出什么好的设想。

一天，他忽然想到：要改善城市交通状态，必须提高人的流动速度。马车载人少，而且速度慢，自然容易引起交通堵塞。但不用马车，又有什么理想的交通工具呢？对了，用火车最理想。它载人多，速度又快。然而，火车在城市里怎么跑呢？查理斯陷入了深思。

有一次，他在家里做卫生时，发现墙角边有个老鼠洞口。这个老鼠洞一直通到墙外。查理斯自言自语地说："老鼠真厉害，白天不敢在地上活动，就转入地下活动。"此时，查理斯的脑海中忽然迸发出一串智慧的火花："老鼠无法在地上活动，就转入地下活动；火车无法在地上行驶，可不可以也转入地下行驶呢？"查理斯对这一设想进行了论证。经过缜密的分析，他认为"让火车入地"这一方案是完全可行的。

1863年1月10日,世界上第一条浅层次地下铁道建成并投入使用。但这条地道是由蒸汽机车牵引的,蒸汽机排出的水蒸气、燃料燃烧产生的烟雾、煤气灯泄漏的煤气全部聚集在隧道内,地铁隧道内终日浓烟滚滚,气味呛人,人们便不愿乘坐了。

此时,电动机正在一些行业崭露头角,1896年,匈牙利首都布达佩斯诞生了世界第一辆电动地铁列车。它没有污染,行驶速度快,深受人们的欢迎。此后,电动地铁列车相继出现在世界各大城市。

由地下的鼠洞,想到在地下开挖隧道通行火车,从而诞生了地铁,这一创新性发明使用的便是联想思维。鼠洞与地铁本来是不同领域的事物,查理斯法官却凭借某种相似性将它们联系起来,做出了跨学科的思考。

在跨学科研究中运用联想法,要求研究者沿着研究课题的指向,破类属、破领域、破行业甚至破时代地扫描各种事物,苦思相似点,并且对获得的不同来路的相似点一一分析,从中筛出那些能为自己利用的、最佳相似的原理、结构、知识等,为跨科学研究课题服务。

三、联想思维的类型

联想思维常见的类型有以下五种。

1. 相似联想

由某一事物想到在方法、性质、功能、外形等与之相似的其他事物的联想方法。根据事物的不同构成和不同属性,相似联想可以分成以下四类。

（1）原理相似。不同类属、领域、功能的事物,因具有十分相似的原理而展开的联想。比如,由太阳的能量是通过中心部分的氢核聚变为氦核的热核反应,联想到地球上的人造太阳,这就是利用它们相似的核聚变反应原理而展开的联想。

（2）结构相似。在具有相似结构的事物之间展开的联想。2 000多年前的古埃及,一个夏天的早晨,一个名叫美而古里的人在尼罗河边散步,偶然间他的脚踢到一个东西,脚边传来一声悦耳的声响,他感到好奇,拾起来一看,原来是一个乌龟壳。于是他模仿乌龟壳的外形制造了世界上第一把小提琴,命名为"列里"。

（3）功能相似。在具有相似功能的事物之间展开的联想。比如由点火把联想到手电筒,两者均有照明的功能。

(4) 色彩相似。在具有相似色彩的事物之间展开的联想。比如,根据蝴蝶的色彩,前苏联昆虫学家施万维奇研制出迷彩伪装技术。

2. 接近联想

由在空间或时间上相近的事物而引起的联想。比如,由鼠洞研发出地铁,因两者都在地下而展开的联想。

3. 对比联想

由某事物想到在方法、性质、功能上与之相对的另一事物。例如,看到白颜色便想到黑颜色。

4. 因果联想

由某一事物想到与之有因果联系的另一事物。因果联想可由因联想到果,也可由果联想到因。在第一次世界大战中,有一次,交战的德、法两军陷入僵持阶段,在这期间,一名德军参谋每天用望远镜观察法军阵地上的情况。连续几天,他发现法军阵地后方的一个坟堆上,每到上午八、九点钟总会有一只金丝猫在那儿晒太阳,这名参谋便向上级指挥官报告了此事。德军指挥官是个头脑敏锐的人,听了下级的报告后,略加思索,便很快调集六个炮兵营对整个坟场进行地毯式轰击。事后查明,法军的一个高级指挥所的全体官兵都在这次轰击中命丧黄泉。这位德军指挥官经过分析后认为,金丝猫是一种名贵的宠物,战场周围并没有村庄,而普通士兵和中下级军官在战争中是不允许在军营中饲养宠物的,故此金丝猫的主人一定是个法军高级军官。于是他命令炮兵轰击坟场,果真重创对手的军事力量。

5. 强制联想

即强制地在风马牛不相及的事物间展开联想。比如,机关枪与播种机毫不相关,农机师却由机枪连射研制出机枪式播种机,这就是强制联想。

四、联想思维能力的培养

1. 联想以丰富的记忆或观察为基础

联想决非空穴来风,联想能力的大小首先决定于一个人知识积累和经验丰富的程度,一般说来,知识越多、见识越广,产生联想的可能性也越大。例如,一个生长在海边的人就经常会产生与大海相关的联想,而一个出生在大平原上从未见过高山的人,关于"山"的联想能力就会很少甚至没有。研究者只有具备有关的生活知识和体验,联想才有可能产生。因而,见多识广、知识深厚,是启发联想的必备条件。

2. 联想能力的大小还与一个人是否肯"开动脑筋"有关

有的人虽然见多识广,却整天无所事事,不愿多动脑筋,因而也不善于联想。因此,养成良好的"想"问题的习惯,是培养联想能力、提高创造能力的一个重要措施。

第二节　魔球思维

魔球思维是跨学科研究的一种神奇高效的思维方法。

一、什么是魔球思维?

魔球思维即信息交合法,又称为"信息反应场法",由华夏研究院思维技能研究所所长许国泰先生于 1983 年首创。魔球思维是把研究课题总体信息分解成若干个信息要素,然后把人类各种实践活动相关的事物进行信息要素分解,构成"信息反应场",紧接着将研究课题的信息要素,分别与其他事物信息息要素进行信息交合,从而产生新信息的方法。

二、魔球思维的操作方法

魔球法的操作一般分四步实施。

第一步,确定信息基点。

第二步,画出若干信息标线。

第三步,在各信息标上注出信息。

第四步,进行信息交合。

三、魔球思维与跨学科研究

魔球法在跨学科研究实践中有着重要的运用。因为,跨学科或者学科交叉,就是在不同学科的原理、知识之间,在不同的科学领域之间,在不同的技术部门之间进行交叉融合。借助魔球思维方法,将我们的研究对象放入千千万万的事物现象的信息之间进行交叉融合，从而产生无穷无尽的新颖的思维成果，为我们的跨学科研究活动开拓最为宽广的纵横驰骋的天地。

我们以"美学"为例，美学是研究人与现实的审美关系的科学，对美学进行信息交合，请看以下具体操作步骤。

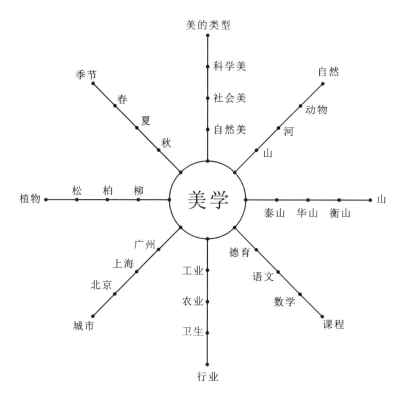

美学信息交合示意图

第一步，以"美学"为信息基点，画在坐标系原点圈内。

第二步，根据信息基点的需要画出信息标。

比如，可以列出美的不同类型：自然、社会、科学、人……

美的范畴：优美、崇高、悲剧、喜剧……

自然又包括：山、河、湖、海、洋、动物、植物……

社会又包括：城市、乡村、学校、街道、博物馆……

学校课程：德育、语文、地理、哲学、心理学、劳动……

行业：教育、卫生、工业、农业、交通、运输、建筑……

人群：年龄、性别、职业、国别、民族、宗教、地区……

时间：年代、季节……

环境：城市、乡村、草原、森林、沙漠、海洋……

社会生活纷繁复杂，可以列出的信息标是难以计数的。

第三步，在各个信息标上标注相关的信息点。

比如，山信息标上可标出：泰山、华山、嵩山、衡山……

河流：黄河、长江、珠江、松花江……

草原：呼伦贝尔大草原、伊犁草原、那曲高寒草原……

湖：青海湖、鄱阳湖、洞庭湖、太湖……

海：渤海、黄海、东海、南海……

洋：太平洋、大西洋、北冰洋、印度洋……

雪山：珠穆朗玛峰、西岭雪山、玉龙雪山、贡嘎雪山……

森林：西双版纳原始森林、神农架原始森林、武夷山森林……

城市：北京、上海、深圳、广州、南昌……

园林：颐和园、拙政园、留园、网师园、狮子林……

植物：松、柳、白杨、红花、绿叶……

动物：牛、羊、天鹅、白鹤、大象……

科学：数学、物理学、化学、生物学、天文学、地质学……

天文：太阳、月亮、行星、土星、银河……

人：身体、语言、心灵、意志、记忆、思维、爱情、嫉妒……

年龄：幼儿、少年、青年、中年、老年……

语文：语言、诗歌、散文、小说、戏剧……

教育：幼儿园、小学、中学、大学、学生、教师、校园……

时间：古代、先秦、隋代、唐代、当代、早上、中午、晚上……

季节：春季、夏季、秋季、冬季……

职业：教师、农民、工人、司机、推销员、农民工、环卫工……

宗教：道教、佛教、基督教、伊斯兰教……

信息标是难以计数的，信息标上能够标注的信息点更是无穷无尽的。这样，无穷的信息标与无穷的信息点，便组成一个璀璨夺目、魅力四射的魔球。

第四步，进行信息交合。

将信息标上的某个信息点，与其他信息标上的信息点进行交叉组合，便可产生新的信息。

比如，美学与自然信息标上的信息点交叉组合，可得到高山之美、平原之美、湖泊之美、海洋之美……

与科学信息标上的信息点交叉组合，可得到：数学之美、物理之美、化学之美、生物之美、天文之美……

植物：松之美、柳之美、白杨之美、红花之美、绿叶之美……

动物：牛之美、羊之美、天鹅之美、白鹤之美、大象之美……

天文：太阳的壮丽之美、月亮阴柔之美、土星光环之美、银河璀灿之美……

与语文信息标上的信息点交叉组合，可得到诗歌美学、小说美学、散文美学、戏剧美学、语言美学、书法美学……

与季节信息标上的信息点交叉组合，可得到：春之美、夏之美、秋之美、冬之美……

在无穷信息点之间互相交合，所得到的新的信息点，是任何人也无法穷尽的。

我们生活的周围处处都有美。以自然美为例，我们生活在美丽的大自然中，自然美无处不在，无时不有。早晨漫步河边有清风微拂，朝霞满天；傍晚徜徉于校园，有花香扑面，杨柳轻扬；夜晚静卧，窗下有明媚的月光洒落你的枕旁。自然审美能力强的人，有一双敏锐的眼睛，善于发现周围的美。只要你善于运用审美感官去捕捉大自然的美，可以听到瀑布声、松涛声、鸟鸣声，深谷中溪流清泉的叮咚之声，深山岩洞里的回响以及自然界的各种音响，都能给人自然的美感。完美是美，残缺也是美，苹果商标的苹果，故意设计被咬了一口，这就显示出独特的残缺之美。法国艺术大师罗丹说得好："美是到处都有的。对于我们的眼睛，不是缺少美，而是缺少发现。"

我们周围处处都有美，都可成为我们研究、描绘、讴歌的对象，因而，运用魔球思维，可为我们开拓无限宽广的美学研究天地。

神奇魔球有着无穷的魅力，魔球法可以改变人的思维习惯，更新思维方式，培养多系统、多方位、多功能、高效的思维，最大限度发挥人的智力，有助于我们在不同的学科、领域之间探索最为广阔的交叉与融合的契机，实现学科的跨越。你想获得学科交叉的灵感，成就伟大的创造吗？那么，请转动思维的魔球吧！只要你转动思维的魔球,无数奇思妙想的金点子,就会在你的脑海中涌现。

当然,我们通过转动思维的魔球,进行信息交合,可以获得无穷的新的信息点,但是,一个人或一个团体的精力毕竟是有限的,我们不可能每一个都去加以研究,必须从中做出选择。而且,这无穷的新的信息点并不是每一个都有研究价值,有的可能毫无意义。因而,我们必须遵循跨学科研究的价值性原则,从这无穷的信息点中,选择一个或几个能够解决社会迫切需要解决问题的信息点进行研究。当你选择一个或几个最新颖、最独特、最有价值的信息点研究成功时,一门崭新的学科可能就在你的手中诞生,你的劳动,可能填补一项科研的空白!

第三节　发散思维

发散思维也叫扩散思维、辐射思维、多元思维、多维思维等。发散思维是指沿着各种不同方向、不同途径和不同角度去思考,重组眼前的信息和记忆中的信息,产生新的信息的一种思维过程。打个比方来说,发散思维就像一个灯泡从一点向四面八方发光一样。

一般人在思维过程中,往往表现出一种定势,习惯于使用单一性思维。单一性思维是一个思维起点、一个思维指向、一个思维角度、一个评价标准、一个思维结论的单维思维模式,这种思维一旦中途受阻便只能是此路不通,令人束手无策。发散思维采用的是多个思维指向、多个思维起点、多个评价标准、多个思维结论的多维思维的方式,这样能让我们思路开阔,在思维过程中一旦碰到阻碍,能及时转换思路,保有广阔的可供选择的余地。

跨学科研究尤其需要发散思维。

一、发散思维与跨学科研究

发散思维是跨学科研究中常用的思维方式。人们在跨学科研究时,运用发散思维可以跨越不同学科,提出许多设想,研究者的知识面越广,想象力越强,设想就越多,成功的机率也就越高。

比如,怎样防蚊虫叮咬?

蚊子是四害之首，自从人类诞生以来，蚊子就一直在我们周围嗡嗡作响，吸食人的血液，令人瘙痒难忍，严重影响人类正常休息和工作，还传播疟疾、登革热、流行性乙型脑炎、丝虫病等疾病，甚至导致人的死亡。怎样防止被蚊虫叮咬？我们可以提出许多设想。

改进蚊帐，使其具有更好的防蚊性能。

穿浅色衣服，伊蚊又称花斑蚊，最喜欢停在黑色衣服上，白色衣服反光能力强，有驱赶伊蚊的效果。

风扇，蚊子不喜欢有风的地方，让空气活动起来，能有效驱蚊。

驱蚊草，一种很受欢迎的驱蚊植物，含有一种叫做香茅醛的成分，是驱赶蚊子的有效物质之一。可以将驱蚊草搁在室内或室外。

橙香水，含有橙皮油成分，是一种很好的天然驱蚊剂，可以将橙香水喷洒在自己身上或者室内环境中，达到驱蚊的效果。

柠檬桉树油，这种天然植物油具有驱蚊的效果。

驱蚊贴，驱蚊贴可以贴在衣服上，有效避免被蚊子叮咬。

纱门纱窗，发明涂在纱门纱窗上的药品，把蚊虫消灭。

开发高效灭蚊药剂、电热蚊香等，让蚊子"死光光"。

发明蚊不叮药液，涂了蚊不叮，蚊子就不叮。

设计驱虫电风扇。

电蚊拍，可以将蚊子电死，避免被蚊叮。

灭蚊灯，人类呼出的二氧化碳被科学证明是人体吸引蚊子的一种物质。灭蚊灯模拟人的呼吸，产生蚊子喜欢的光线、热量、二氧化碳、水蒸气、流动的空气，模拟人体呼吸引诱蚊子，将蚊虫从身边吸引开，落入捕蚊灯中。

橘红色灯泡，由于蚊子害怕橘红色的光线，室内安装橘红色灯泡，能产生很好的驱蚊效果。

钢笔灭蚊，凡叮人吸血的蚊子皆属雌性，而且只限于产卵期，这一时期的雌性蚊子会本能地避开雄性，日本一家公司发明了一种能模拟雄性蚊子声波的钢笔，借此达到驱蚊的目的。

耳环驱蚊，澳大利亚研制出一种能发出阵阵香味的耳环，这种香味能驱走蚊子。

炸弹灭蚊：德国生产供露营者使用的鸭蛋大小的灭蚊炸弹，由除虫菊素等组成,无风时一颗炸弹可使一亩地上的蚊子和害虫死亡。

消除蚊虫滋生地,清理院子里的杂物、积水,以防止蚊卵孵化……

人们通过跨学科思考,运用发散思维方法,从不同学科、不同专业的角度,提出了各种千奇百怪的解决蚊虫叮咬方法,我们可以通过权衡、比较,选择某种最恰当的方法作为自己的研究课题。

客观世界是纷繁复杂的,我们所研究的问题往往受多种因素、条件制约,不同因素、条件下需要选择不同的解决问题的方法,因此有可能产生不同的结果,这就需要我们善于运用发散思维。

二、发散思维的特征

评价发散思维能力的强弱可以从以下三个方面来进行。

1. 流畅性

流畅性是对思维速度的评价,在单位时间内发散的项目数量越多,反应越迅速,流畅性就越好。

2. 变通性

变通性又称为灵活性。这是对思维广度的评价。能灵活应变,不受定势的桎梏,从不同角度寻求答案。

3. 独特性

独特性是对思维深度的评价,是指发散的项目超出常人所见,具有新颖、独特的特点。

在运用发散思维的过程中,应该尽量从多种维度上去发散,独创性地去发散,这样才能获得质量高、数量多的设想,获得更满意的跨学科的研究成果。

三、发散思维与聚合思维

在跨学科研究中,常常需要运用发散思维,同时也需要使用聚合思维。聚合思维是与发散思维相对应的一种思维方法,又称为集中思维、辐合思维,是指从已知信息中产生逻辑结论,从现成资料中寻求正确答案的一种有方向、有条理的思维,是把广阔的思路聚集成一个焦点的思维方法。

运用发散思维,可为我们的研究提供无数的选择机会,但是,当我们要具体着手研究时,我们不可能将以上门类全部同时加以研究。而是应根据自己的知识积累、研究课题的社会价值、是否会重复别人的研究、当别人有过类似研究时我们的研究是否有独特之处等，对各方面情况进行全面、系统、综合的研究分析，选择出适合自己的、最有价值的种类加以研究，这就离不开聚合思维。

在跨学科研究中，我们需要发散性思维，也需要聚合思维。发散思维可以全面的激发人的想象力，从一点扩散到四面八方来思考问题，为我们寻找答案提供了更多的可能；聚合思维可以在众多的可能之中选择出适合自己的或最有价值的课题加以研究。如果没有发散，会使人无法跳出本身思想的局限去接触更广阔的天空，导致思想的僵化；如果没有聚合，必然会导致思想混乱。跨学科研究就是不断地遵循从发散思维到聚合思维，然后又从聚合思维到发散思维的多次循环过程。

第四节　类　比　思　维

类比思维是根据两个对象之间在某些方面的相似或相同而推断出它们在其他方面也可能相似或相同的一种思维方式。

一、类比思维的客观基础

类比思维的客观基础是存在于客观事物之间的共性。

在客观世界中，每个事物不仅有着与其他事物不同的独特个性，同时又有着与其他事物相同或相似的属性，即存在着共性。自然界的客观事物之间往往存在相似关系，从微观、宏观到宇观，从无机界到生物界，莫不如此。而且，在不同研究领域中起作用的或在同一学科领域的不同部分中起作用的自然规律之间也存在相似关系。例如，微观的原子系统与宇观的太阳系存在相似性，电子绕核运转犹如行星绕日运转；气体分子的碰撞和运动与宏观的弹性小球的碰撞和运动存在相似性；地面实验室产生的电火花与天空的闪电存在相似性；在植物界中，从高大的松柏到原始的小球藻，都存在相似的叶绿素；在动物界中，从低等的软体动物到有理性思维能力的人类，都存在同类的血红素等。类比思维就是在考察两类事物某些相同或相似属性的基础上，推断出它们另外的属性也相同或相似的方法。

在客观世界中,存在于事物现象之间的共性,为类比思维提供了坚实的客观基础。

二、类比思维与跨学科研究

在跨学科研究中,我们要用不同学科和领域的理论、方法来解决某一问题,就要在它们之间进行比较,把陌生的对象和熟悉的对象相比较,把未知的东西和已知的东西相比较,触类旁通,从而达到解决问题的目的,这就需要类比思维。

请看牧羊童约瑟夫在铁丝网发明中所运用的类比思考这一事例。

约瑟夫本来是美国加里福尼亚州某牧场的牧羊童。小学毕业后,由于家庭困难,无法继续升学,只好替人家放羊。眼看同学们都升学了,小约瑟夫也下决心想办法继续读书,将来做一个大牧场的老板。于是,约瑟夫一边放羊,一边看书。当时他的工作是把羊看好,不要让它们越过牧栅去损害农作物。放牧栅是用若干支柱拉着四条铁丝围成的。但当约瑟夫埋头读书时,牲口却常常撞倒放牧栅,成群地跑到附近的田里去偷吃庄稼。每次发生这种事时,老板都生气地冲着约瑟夫咆哮:"混蛋!放羊要什么学问,把书丢掉,好好看着羊!"

约瑟夫既要放羊,又不愿放弃读书。于是他开始分析周边的情况,他发现利用蔷薇做围墙的地方,尽管脆弱,但是从来没有被破坏过,而冲破的倒是那拉着粗铁丝的地方。他仔细观察,原来蔷薇上长着刺。他忽然想到:"能不能用细铁丝做成带刺的网呢?"于是他弄来铁丝,把细铁丝剪成 5 厘米长的小段,然后缠在铁丝栅上,并将细铁丝的两端剪成尖刺。这个工作用一天时间就很快完成了。翌日,约瑟夫故意隐匿起来观察羊的动静。羊一看约瑟夫不在,就像往常一样,把身体贴靠到放牧栅想把它推倒,但好像被刺痛了身体,不久就纷纷退却了。"成功了!"约瑟夫高兴得手舞足蹈。

小约瑟夫因发明出"不用看守的铁丝网"受到牧场主的赞赏。富有商业头脑的牧场主建议与约瑟夫合伙,开设工厂生产这种新的围栅,以满足牧场的需要。同时,他们又对铁丝网做了改进,设法将两根铁丝绞合起来,把剪短的铁丝夹在中间,改进后的铁丝网效果异常好,他们的产品上市后,订单纷至沓来,不久这种改良后的铁丝网引起了陆军总部的重视,他们将其作为战场防御网。也正是因为军方的垂青，约瑟夫发明的铁丝网给他带来巨额财富。

约瑟夫在铁丝网与蔷薇的跨学科思考中想到：蔷薇有刺，羊群不敢去碰撞；铁丝上如果有刺，羊群就不敢去碰撞。于是铁丝网发明出来了。约瑟夫铁丝网的发明使用的正是类比思维。类比思维给约瑟夫带来巨额的财富，据说，当约瑟夫的发明专利权有效期届满时，他的财产曾动用 11 个会计师，花费近一年的时间才统计出来！

在跨学科研究中，掌握类比思维的方法，常常会使人们茅塞顿开，不仅有助于人们提出深刻的科学猜想，还可以促成科学上的重要发现和技术上的重大发明。

三、怎样提高类比推理结论的正确性

需要注意，运用类比法推出的结论，有时是正确的，有时是错误的。这是因为客观事物都是个性与共性的统一，正因为事物之间存在着共性，类比才可以根据两类事物某些属性相同而得出它们其他属性也相同的结论。但是，事物除了具有共性之外，还具有与其他事物不同的独特的个性，如果类比的根据是它们相同的属性而推断恰好是它们的差异性的话，这就势必导致结论的虚假。

例如，火星和地球是太阳系中两颗最相似的行星，质量相近，距太阳的距离相仿，都有适合于生命存在的温度，大气层都有氧气和二氧化氮等元素，但是根据以上一系列的类似性以及地球上存在生命现象推断出火星上也存在生命现象的结论，却与现有的探测事实不相符合。这表明，生命现象正是地球不同于火星的差异性。因此，我们对于类比推理的结论，不能指望它必然是可靠的。

为减少类比推理的结论的虚假性，增强其正确性，在进行类比时，就要全面地、深入地分析研究进行类比的两个或两类研究对象的各种属性、规律性，力求充分地掌握它们的相似性，同时注意研究它们的差异性。经验告诉人们：掌握的相似性越多，则类推出来的结论偶然性程度越小，可靠性程度越大；而掌握的相似属性越是本质的属性，则类推出来的结论的可靠性就越大。

第五节 想象思维

想象思维就是在人们已有知识经验的基础上,对表象进行加工、改造,把它们在头脑中重新组合,创造出新的事物形象的思维过程。

谁也没有见过兽头人身的人,没有见过猴脑袋和猪脑袋长在人的身体上,而吴承恩却活脱脱地使它们跃然纸上。孙悟空和猪八戒就是想象的产物,是凭借想象力创造出来的艺术形象。因为人们见过兽和人,并了解各种动物的特征。猪八戒和孙悟空独特的外形和与其原形动物相一致的性格,就是想象创建的新形象,不论它们多么新颖和离奇古怪,都是已有的记忆材料经过人脑的加工改造所形成的。

一、想象思维的客观基础

1. 想象的内容来源于客观现实

从表面上看,想象似乎是虚构的,其实它的内容源于客观现实,是人们根据已经了解的事实和掌握的经验材料,在头脑中重新组合、构思而形成的,因此,它仍是对客观现实的反映。一个生来双目失明的人,在他的头脑中就不会有颜色的表象,想象中就不会产生关于颜色的新形象。同样的,对于一个先天耳聋的人,在他的头脑中就不会有声音的表象,想象中就不会产生关于声音的新形象。

2. 想象形成的生理基础

想象是人脑中的一种机能。想象是人脑中已经建立起来的旧的、暂时的联系,与在当前研究工作中由于某种原型或其他因素的启发而在脑中新建立起来的暂时的联系,经过思维加工而重新组合形成特殊的、暂时的联系的过程。

3. 想象的结果正确与否要靠实践检验

跨学科研究中的想象是人们反映客观现实的一种形式,它来源客观实际。因此,想象的结果正确与否,也必须经过实践验证,必须在实践中具体化,使想象的内容变成现实,从而证明原来的想象是正确的。否则,还要借助于想象对已有的想象进行修改,形成新的想象,再通过实践验证。

二、跨学科研究需要想象

想象有时能启迪人们的思路，激励人们奋发努力、不断地去探索未知领域、不断地积极创造美好的未来。

以纳米材料这一科学问题的提出为例。

1980 年，一位叫格莱特的德国物理学家到澳大利亚旅游。当他独自驾车横穿澳大利亚的大沙漠时，空旷、寂寞和孤独的环境反而使他的思维特别活跃和敏锐。他长期从事晶体材料的研究，知道晶体中晶粒大小对材料性能有极大影响，晶粒越小材料的强度就越大。格莱特想，如果组成材料的晶粒细到只有几个纳米那么大小，材料会是个什么样子呢？或许会发生翻天覆地的变化吧？在异国他乡旅行中冒出的这个新想法使他兴奋不已。回国后他立即开始试验，经过 4 年的努力，他终于在 1984 年得到了只有几个纳米大的超细粉末。而且他发现，任何金属及无机或有机材料都可以制成纳米大小的超细粉末。更有趣的是，一旦变成纳米大小的粉末，无论是金属还是陶瓷，从颜色上看都是黑色的。其性能还真的发生了翻天覆地的变化。

从此，德国、美国等一大批科学家都着了迷似地研究起纳米材料来。比如，美国著名的阿贡国家实验室用纳米大小的超细粉末制成的金属材料，其硬度比普通粗细的金属的硬度要高 2～4 倍。在低温下，纳米金属竟然由导电体变成了绝缘体。一般的陶瓷很脆，但如果用只有纳米大小的陶瓷粉末烧成陶瓷品，却有很好的韧性。更有趣的是，纳米材料的熔点会随超细粉末直径的减小而大大降低。比如，普通金的熔点是 1 064 摄氏度，但制成 10 纳米左右的金粉末后，熔点降到 940 摄氏度，如果是 2 纳米的金粉末，熔点则只有 33 摄氏度。这一特点对人们大有用处。比如，许多高熔点的陶瓷材料很难用一般的方法加工，但只要先制成纳米大小的陶瓷粉末，就可以在较低的温度下烧制成高温发动机的耐热零件。

纳米材料的用途很多。纳米的催化剂分散在汽油中可提高内燃机的效率。把纳米大的铅粉末加入到固体燃料中，就可以使固体火箭的速度增加。纳米磁性材料、纳米陶瓷材料、纳米传感器、纳米半导体材料、纳米催化材料、纳米计算机、纳米碳管等纳米材料有着特殊的功能，展现了异常的力学、电学、磁学、光学特性、敏感特性和催化以及光活性，为新材料的发展开辟了一个崭新的研究和应用领域。纳米技术在精细陶瓷、微电子学、生物工程、化工、医学等领域的成功应用及其广阔的应用前景使得纳米材料及其技术成为目前科学研究的热点之一,被认为是又一次的产业革命。纳米材料向国民经济和高新科技等各个领域的渗透以及对人类社会的进步的影响是不可估量的。

纳米材料有着神奇的性能,被称为"21世纪的新材料",有着广阔的应用领域,是一门新兴的交叉学科。而这一切,则是起源于格莱特横穿澳大利亚大沙漠时的一个奇特想象!

三、想象思维能力的培养

想象是一种十分可贵的能力,该怎样培育想象思维能力呢?

1. 渊博的知识、丰富的经验是发挥想象力的基础

研究者的知识经验愈丰富,想象力驰骋也就愈宽阔,就愈能发挥想象力的作用。因此,培养想象力要注意积累知识与经验。

2. 勤于动脑是培育想象力的诀窍

想象力丰富的人,都是勤于动脑和善于思考者。平时应对自己进行有意识的想象训练,让自己的思想突破习惯性思维的框架,超越时空的限制,纵横驰骋。

3. 既要解放思想,又要实事求是

在跨学科研究的萌芽阶段,总是先让自己的思想自由驰骋。但是,跨学科研究运用想象,又不能是毫无根据的胡思乱想,跨学科研究提出的理论必须能解释事实,它的结论必须拿到实践中去检验。也就是说,运用想象思维时,既要解放思想,又要实事求是。

第六节 因 果 思 维

因果联系是客观事物最普遍的必然联系。原因是使某种现象产生的现象,结果是被某种现象所引起的现象。任何现象的产生都有一定的原因,任何原因都会产生一定的结果,客观世界的一切事物和现象都受因果联系支配。因果思维就是探求事物现象中因果联系的思维方法。

一、因果思维与跨学科研究

在跨学科研究中，我们往往会碰到一些未知的问题，我们首先要思考的是，引发这些现象的原因是什么？比如，广西巴马为什么是长寿之乡？为什么有的地方却是癌症村？为什么会有瘟疫流行？为什么会有极端天气？为什么会有山洪海啸？为什么会有地震灾害……要探求各种事物现象的原因，就需要因果思维。

比如，浴缸水流漩涡为什么总是向左旋？

洗澡，这是普通之至的事情；洗完澡，把浴缸的塞子一拔，水汨汨地流去，人们也都不会关注它。但是，美国麻省理工学院机械工程系主任谢皮罗教授却敏锐地注意到：每次放洗澡水时，水的漩涡总是向左旋，即是逆时针方向旋转。这是他所用的浴缸里的特殊现象吗？谢皮罗决心追究到底。他设计了一个碟形容器，将水灌满，每当拔掉碟底的塞子时，碟里的水也总是形成逆时针的小漩涡。于是，他推想，放水时的漩涡朝左，其中必然包含着某种规律。

1962年，谢皮罗发表论文，认为这种现象与地球自转有关。如果地球停止自转的话，拔掉浴缸或其他容器的塞子，水不会产生漩涡。由于地球是自西向东不停地旋转，而美国又处于北半球，所以漩涡总是朝逆时针方向旋转。谢皮罗还认为，北半球的台风，同样是朝逆时针方向旋转的，其道理和洗澡水的漩涡一样。他还断言，如果在南半球，则恰好相反，洗澡水是按顺时针方向形成漩涡的；而在赤道，则不会形成漩涡，也没有台风。

谢皮罗教授的论文引起了世界各国科学家的莫大兴趣，他们纷纷进行观察或实验，结果完全与谢皮罗的论断相符。

谢皮罗教授所以能将浴缸水流漩涡跨学科地运用到气象学的风云变幻上，是因为他深刻地揭示了浴缸漩涡形成的真正原因。

有时探得某种事物现象的原因，甚至可以作出重大发明创造。

牛顿探索苹果坠地的原因，发现了万有引力定律；伽利略探索教堂吊灯摆动的原因，发现了单摆等时规律；人们探索太阳发光发热的原因，发现了核聚变反应……

原因和结果的联系具有复杂性和多样性。有时，一个原因往往不仅引起一个结果，而是引起多种结果，甚至引起相反的结果，即一因多果或同因异果。有时,同一个结果有可能是由多种原因引起的,即一果多因或同果异因。因此探求事物现象的真正原因需要综合运用科学观察、科学实验、调查研究等若干方法。

二、探求因果联系的常见方法

探求事物的因果联系通常采用以下三种方法。

1. 求同探因

它是根据被考察现象出现的几个场合中,其他情况都不相同,而只有一个情况相同,于是得出结论:这个相同的情况就是被考察现象的原因。我们搓擦冻僵了的双手,手便慢慢暖和起来;我们使劲敲击冰冷的石块,石块能发出火光;我们用锤子不断地锤击铁块,铁块也可以热到发烫……搓擦双手、敲击石块、锤击铁块等发热情况出现的不同场合,这些场合其他的情况都不相同,而只有一种情况相同,就是运动,因而得出结论:运动是发热的原因,运动可以产生热,这便是求同探因法。

2. 求异探因

在被考察现象出现和不出现的几个场合中,其他的情况都相同,只有一个情况不同,于是得出结论:这个不同的情况就是被考察现象的原因。比如,把蝙蝠双眼遮住,或让它失明,它仍能完全正常地飞行;若去掉蝙蝠双眼的蒙罩,将它的双耳遮住,它飞行时就会到处碰壁。考察了蒙住蝙蝠耳朵与不蒙住耳朵的不同情况:蒙住则不能正常飞行,不蒙住则可以正常飞行,这几个场合其他情况都相同,只有蒙住与不蒙住耳朵不同,因而得出结论:蝙蝠是以耳朵探测方向的。这就是求异探因法。

3. 共变探因

当某个现象发生变化时,被研究现象也随之而发生变化,因而断定该现象就是被研究现象的原因。比如,有人考察某城市地面下沉的原因时,发现抽取地下水少的地区,地面下沉得便少;抽取地下水多的,地面下沉得就多。因而得出结论:抽取地下水是地面下沉的原因。

三、因果思维的运用

因果思维是一种重要的思维方法,对于某一事物,不仅可以使人知其然,而且也可以使人知其所以然。我们要探求事物的本质，发现事物的规律，要把感性认识提高到理性认识，就需要用到因果思维的方法。因为事物现象因果联系的复杂性，所以当我们考察原因和结果的联系时，就不能简单化，必须具体分析。在一因多果的联系中，要注意区分主要结果和次要结果、直接结果和间接结果、有益的结果和有害的结果等。在一果多因的联系中，要注意区分内部原因和外部原因、主要原因和次要原因、直接原因和间接原因、客观原因和主观原因等。只有这样，才能全面地、具体地把握事物的因果联系，对事物作出正确的认识。

第七节　批　判　思　维

批判思维，指的是不人云亦云地跟着别人的思路转，不受传统观念的束缚，也不迷信书本和权威，而是敢于提出问题和大胆质疑，并在质疑的基础上，推倒旧理论，创立新学说的一种思维方式。

一、批判思维必须拒绝盲从心理

要运用批判思维，就必须拒绝盲从心理。生活中不少人存在盲从心理，对于书上的信息不经过思考全盘接受，对权威深信不疑，认为不必再去证明它的正确性，这种心理是跨学科研究的大敌。如果对以往的理论、权威言听计从，认为一切现状都无可挑剔、完美无缺，便会不思进取、一事无成。

比如史蒂文森对传统观念"火车车轮必须套上齿圈"的批判。

自从瓦特发明蒸汽机后，蒸汽机车便应运而生。但最早的火车车轮上套有齿圈，通过与钢轨上的齿条啮合后向前运动。当时许多专家也认为车轮必须有齿，没有齿，火车就会打滑或者脱轨。

机车司炉工史蒂文森望着复杂的车轮，心想：将齿圈和齿条去掉将会怎样呢？史蒂文森按照自己的设想进行试验：他将车轮上的齿圈去掉后，发现火车不仅不打滑、不脱轨，反而在铁道上风驰电掣般地飞奔疾驶，速度一下子提高5倍以上。从此，火车摆脱了齿圈车轮的束缚，史蒂文森的名字也随人类交通的发展而载于史册。

当初如果局限于权威专家的"车轮没有齿，火车就会打滑脱轨"的观点，那么火车就不可能高速飞驰，当然更不会有今天风驰电掣的高铁。

跨学科研究需要批判思维。跨学科研究是要运用不同学科的知识、理论、技术、方法去解决单一学科无法解决的问题，开发新的产品，或创立新的学说，这就需要打破盲从心理，不迷信权威，不被传统观念所束缚。"光纤之父"高锟实现光纤通信的历程能够很形象地说明这一点。

1966 年，高锟发表了一篇题为《光频率介质纤维表面波导》的论文，开创性地提出光导纤维在通信应用上的基本原理，描述了长程及高信息量光通信所需绝缘性纤维的结构和材料特性。简单地说，只要解决好玻璃纯度和成分等问题，就能够利用玻璃制作光学纤维，从而高效传输信息。然而，高锟的这一理论遭到了许多人的怀疑，有媒体嘲笑他"痴人说梦"，甚至有不少人认为高锟的神经有问题，他们的理由很充分："光如何能导电？"

在社会舆论的种种不解和嘲讽中，高锟始终坚持自己的信念，走自己的路，研究光导纤维的可行性。他坚信：只要能够找到一种"没有杂质的纯净玻璃"，他的设想就能成真！在高锟锲而不舍的努力下，终于找到一种在制造过程中利用高温让杂质离子气化的极低杂质石英玻璃。1977 年，在芝加哥两个相距 7 000 米的电话局之间，首次成功地进行了光纤通信试验。实验现场两根和头发丝粗细的玻璃丝（直径 0.1 毫米左右），竟然能同时开通 8 000 路电话。

光纤通信，彻底改变了人类通讯的模式。如今，遍布世界的光缆，成为互联网大容量、高速度进行远距离信息传递的基础，世界因此拉近距离。华人科学家高锟被誉为"光纤之父"，他在光纤领域的特殊贡献，使他获得巴伦坦奖章、利布曼奖、光电子学奖等奖项。2009 年 10 月 6 日，瑞典皇家科学院向高锟颁授了诺贝尔物理学奖。

如果高锟面对社会舆论盲目顺从，那么他就不可能获得成功，也就不会有今天万物互联的时代。

在跨学科研究中，一个人要有所发现、发明和创新，就必须善于运用批判思维。对流行的观念、权威的论断，我们大可不必盲目崇拜。只有善于运用批判思维，才能推动科学不断地向前发展。

二、批判思维不是否定一切

我们说的批判思维，敢于怀疑与批判，不是说不要学习别人的知识和经验;而恰恰相反,不仅要以前人的知识、经验为基础,而且必须掌握更丰富、更深刻的知识。我们说的敢于提出问题和大胆质疑,也不是指毫无根据地胡乱指责,更不是神经过敏地疑神疑鬼、否定一切,而是以科学和事实为根据的具有批判性的质疑精神,并在此基础上实现学科的跨越与创新。

第八节　转换思维

一般情况下,人们习惯于从固定的角度来观察事物、思考问题。但是当面对新的特殊情况时,从固定的角度进行观察和思考往往碰壁,这时就必须应用转换思维。转换思维是指从不同的角度去思考事物及事物的不同要素或关系的思维方法。

人们解决问题时,按照常规的思维路径思考受阻时,不妨运用转换思维,常常会取得意想不到的效果。请看以下这则故事。

孙膑到了齐国,齐威王想考考他,便与大臣们来到一小山脚下。齐威王坐在大石头上,对众人说道:"你们中谁有办法让我自己走到这座小山顶上去?"大家尝试了各种方法,齐威王就是不为所动,在大家无计可施之时,孙膑说道:

"陛下,我没办法让您自己从山脚走到山顶上去,可我有办法让您从山顶走到山下来。"

齐威王不信,便与大臣们走上山顶。这时,孙膑才说:

"陛下,请恕我冒昧,我已经让您自己走到山顶上来了!"

孙膑使用的就是转换思维。因此,当我们遇到暂时无法解决的困难时,除了迎难而上,进行艰苦的探索外,还应开动脑筋,另辟蹊径,变换思维角度,绕过困难,达到目的。

一、转换思维的特征

转换思维有以下三种突出特征。

1. 思维的宽广性

思维的宽广性指一个人思考问题的路数多,这主要取决于一个人的知识、经验、阅历的丰富程度,从历史上看,大凡做出过突出业绩的人,大多数都是有着广博的知识及广泛的兴趣爱好。

2. 思维的灵敏性

即在思考问题时,能及时地抓住那些不引人注意或人们意想不到的要素。

3. 思维的自由性

即考虑问题时,能注意问题的各个方面,善于根据具体的时间、地点、条件,选择不同的思考角度,能根据问题的需要及时地从这一思路变换到另一思路上去。

二、转换思维与跨学科研究

跨学科研究也需要转换思维。当我们遇到仅凭本专业、本领域知识方法难以解决的问题时,不妨变换思维角度,转而利用其他专业、领域里的知识和资讯,迂回地解决问题。

英国地质学家伍德沃德就利用转换思维法找到了铜矿。

1949 年,伍德沃德到赞比亚西部高原上寻找铜矿,可是一直未能找到。后来,伍德沃德发现了一种奇怪的小草,这种小草在有些地方开着紫红的花朵,而在有些地方则开着红花。伍德沃德想,小草开出不同颜色的花,会不会是土壤中含有不同的矿物质引起的?于是,伍德沃德就把开着不同颜色的两种花的土壤带到实验室进行分析,最后果然发现开紫花的小草生长的土壤中含有大量的铜元素。于是,伍德沃德变找铜矿为找这种奇怪的小草,最后果然发现了一个罕见的大铜矿。

伍德沃德以跨学科的方法找铜矿,使用的是转换思维。铜矿隐藏在地下,人的肉眼看不到它,但伍德沃德巧妙地变换思维角度,由直接找铜矿变为找开紫花的小草,从而轻松地解决了问题。

第九节　逆　向　思　维

人类的思维具有方向性,存在着正向、逆向的差异。正向思维是指沿着人们的习惯性思考路线去思考,逆向思维是沿着习惯性思考路线相反的方向去思考的一种思维方法。

应用逆向思维可从以下四个方面着手。

一、原理逆向

原理逆向就是将事物的基本原理颠倒过来，看看会发生哪些不同的变化，能带来什么结果。比如，法拉第电磁感应定律的提出就是运用了逆向思维。

有一次，法拉第知道了丹麦物理学家奥斯特于 1819 年发现了一个有趣的现象：通电的金属线能使附近的磁针转动，电能产生磁场。奥斯特的发现揭示了长期以来被人们认为性质不同的电现象与磁现象之间的联系，对科学界产生了深刻的影响。

法拉第想，既然电能产生磁场，从反向思考，那么磁场也能产生电。为了证实这种设想，他从 1821 年开始做磁产生电的实验，一直做了十年。1831 年10 月 17 日，他发现了电磁感应定律。法拉第在电磁感应现象的基础上，又于 1831 年 10 月 28 日发明了世界上第一台发电机。法拉第的第一部感应发电机虽然极其简单，但却成为后来各种复杂发电机的始祖。法拉第发电机的发明，实现了机械能向电能的大规模转化，深刻地改变了人类的生活，使人类从此跨入了电气时代。法拉第发电机的发明正是因为他善于运用逆向思维。

在跨学科研究中，要想取得巨大的成就，不妨使用逆向思维。

今天卫星导航系统的出现也是源于科学家的一次逆向思维。卫星导航系统的产生，可以追溯到 1957 年苏联发射的"斯普特尼克"人造卫星。美国霍普金斯大学应用物理实验室的吉尔博士和魏分巴哈博士对这颗人造地球卫星发射出来的无线电讯号存在着的多普勒频移产生了浓厚的兴趣。当人造卫星向观测者方向移动时，遥测信号波被压缩，波长变得较短，频率变得较高；当人造卫星与观测者离去时，会产生相反的效应，波长变得较长，频率变得较低，这就是多普勒效应。经研究他们认为：利用卫星遥测信号的多普勒效应，可对卫星精确定轨，并提出了确定整个卫星轨道的计算方法。

然而，该实验室的克什纳博士和麦克卢尔博士则运用逆向思维，进一步设想，如果把编出的程序倒过来使用，那么就可以从卫星已知的准确轨道，根据多普勒频率的测定，计算出地面接收台站的位置，从而形成了卫星导航的概念,即利用卫星的多普勒效应和格林尼治时间来定位,实现导航。这就是当今四大卫星导航系统,即美国的 GPS(全球定位系统)、俄罗斯的 GLONASS(格洛纳斯)、中国的 BDS(北斗卫星导航系统)、欧洲的 Galileo(伽利略卫星导航系统)的基本原理。

如今,卫星导航已经融入我们生活的方方面面,在交通运输、农林渔业、水文监测、气象测报、通信系统、电力调度、救灾减灾、公共安全等领域得到广泛应用,深度参与国家核心基础设施建设之中。在当今世界,导航已经成为人类从事政治、经济和军事活动不可或缺的技术。

卫星导航定位技术是在人造卫星技术与人类导航定位技术之间跨学科思考的智慧结晶,而这一切,都源于科学家关于人造卫星无线电讯号多普勒频移现象的一次逆向思考。

二、方向逆向

方向逆向就是将某事物的构成顺序、排列位置、安装方向、输送方向、操纵方向、旋转方向,以及处理问题的流程等反转过来思索,设想新的解决问题的办法。比如,把电风扇的安装方向翻过来,正面朝外就成了排风扇,这就是方向逆向。

另一个例子是电影刚出现不久之时,法国有位放映员放映影片《跳水女郎》,由于疏忽,放过的影片没有倒回去就直接放。结果银幕上出现了这样的情景:一池碧水——冒泡——水花由上往下掉——露出一双脚——一个脚朝上、头朝下的女人——女人在空中划一条弧线——最后跳水女郎站到了跳台上。

当放映员发现了自己的过错、倒好片子重新放映时,却引起了观众的不满和呐喊:"倒着放!倒着放!"放映员无奈,只好顺从。看一遍不过瘾,又重放几遍。影片顺序一颠倒,竟然取得如此吸引人的效果。这件事使影视从业者们大受启发,促使他们在之后的拍摄和剪辑过程中融入了倒放等创作手法,推动了创作上的创新与突破。

三、属性逆向

属性逆向就是用事物相反的属性代替事物原来的属性。

属性是事物所具有的性质和特点。逆向属性就是与这些表现出来的属性相互对立的属性,软与硬、滑与涩、干燥与湿润、空心与实心、固体与液体、直与曲、有声与无声、对称与非对称、运动与静止、刚性与柔性……都是事物的互逆属性。试想,用事物相反的属性代替事物原来的属性,变换后能否引起事物的功能、或性能、或状态、或成本等方面的变化? 可否利用这种变化达到某种目的?

二战时期,由于中国等众多被侵略国家的人民不屈地反抗,日军此时已无力再举进攻,从战略上转入了防守状态。在美军和日本发生争夺的一个岛屿上,日军修筑了大片的地堡群。那些地堡大多构筑在坚固的熔岩之下,每个地堡依岩石走向精心设计,堡与堡之间有狭小的通道联络沟通。美军进攻这片阵地时,动用了空军和坦克部队。然而,坦克的炮击和飞机的轰炸都没能使进攻奏效。日军依然固守着他们的防线。在指挥官普鲁思斯和他的同僚们毫无良策之时,部队工程师从另外一种思路提出了与之前迥然不同的方案。他敏锐地指出了敌人地堡群的弱点——入口和通道都非常狭小,容易被堵塞。因此,他的方案是:用快速凝结水泥将地堡入口堵死。以普鲁思斯为首的军官们都觉得这个建议很有道理,于是决定付诸行动。

他们在坦克车前安装一个宽大的、可以活动的铲斗,事先装满快速凝结水泥。战斗打响时,飞机盘旋轰炸,地面上带铲斗的坦克冲锋在前。在日军还没有弄清美军真正意图的时候,铲斗已接近了地堡入口,迅速用水泥把它堵住了。待战斗拖延一段时间之后,水泥很快变硬。就这样,在战斗中日军的 180 个地堡全部被堵住。日军在狭窄的地堡里难以逃脱,不久全部窒息而死。美军用部队工程师的方法获得了胜利。

可见,很多事物顺着一个固定的方向发展到一定的阶段,就会不可回避的出现阻止事物继续发展下去的各种障碍。此时,不妨试用逆向思考法,反面突破。

事物一般都有很多种属性,我们应思考每个属性逆向发展的可能性,尤其要抓住能引起事物变革的属性进行重点逆向思考。当然有时候逆向思考一个不起眼的属性,也会产生了不起的作用。

四、尺寸逆向

对现有的事物,单纯对尺寸进行伸长或缩短的改变,结果可能导致现有事物的性能、用途发生变化或转移，比如，人们将舰船伸长、扩大，于是出现了航空母舰；人们将飞机缩短、缩小，于是出现了袖珍遥控侦查飞机。

跨学科研究需要正向思维，也需要逆向思维。逆向思维作为一种创造性极强的、大胆的思维形式，能摆脱常规正向思维的羁绊，其设想往往带有突破性，使人独辟蹊径，在别人没有注意到的地方有所发现，有所建树，从而获得巨大成功，创造惊天动地的奇迹，甚至改写人类的历史。

第十节 打破思维定式

思维定式就是反复思考同类或类似问题所形成的定型化的思维模式，它会使人以比较固定的方式去进行认知或做出行为反应。在长期的思维实践中，每个人都形成了自己所惯用的、格式化的思考模型，当面临外界事物或现实问题的时候，我们能够不假思索地把它们纳入特定的思维框架，并沿着特定的思维路径对它们进行思考和处理，这就是思维的定式。思维定式是人类心理活动的普遍现象。

一般来说，思维定式有利于常规思考。它使思考者在思考同类或相似问题的时候，能省去许多摸索和试探的步骤，能不走或少走弯路，这样就既可以缩短思考的时间，又可以提高思考的质量。各个领域里的专家们常常能很快就找到解决本专业问题的有效办法，其重要原因之一就在于他们的头脑中已形成了关于本专业问题的大量的定式。

然而，思维定式并不利于跨学科思考。跨学科需要打破学科界限，灵活运用不同学科的知识、技术、方法来解决问题，而思维定式则难免成为跨学科研究的阻碍因素。

在跨学科研究中，打破思维定式要注意以下四个方面。

一、破除权威定式

不少人存在盲从心理，他们对权威深信不疑。其实，对权威的论断我们大可不必盲目崇拜。由于受种种条件的限制，某个权威的认识也有可能出现谬误。比如，如果他是以前的权威，并不必然是今天的权威；他是某一领域内的权威，并不必然是其他领域的权威；他是某一地域的权威，并不必然是其他地域的权威。我们尊重权威，但是决不应该迷信权威。比如，中世纪时期对太阳黑子的认知谬说。

太阳有个光球层，光球层厚约 5 000 千米，我们所见到太阳可见光，几乎全是由光球发出的。太阳光球上有黑色斑点，叫太阳黑子。中世纪时，一位叫席奈尔的天主教士是个业余天文爱好者，他用望远镜观测太阳时，观测到了太阳黑子。中世纪《圣经》在西方地位至高无上，认为"太阳是圣洁无瑕的天体"，绝对不会有斑点。这位教士反复观测，反复确认太阳黑子的存在，他跑去看他的神父，一位坚定拥护亚里士多德学派的人。他绝对不相信太阳有黑色斑点，他说：

"我读过几遍《亚里士多德全书》，我敢告诉你，那里面并没有读到这类的事。去吧！孩子，放心吧，这一定是你的玻璃或者你眼睛上的缺点，你错误地把它当做了黑斑。"

传教士也说："幸亏《圣经》上也已有定论，不然的话，我几乎要相信自己的眼睛了！"

这就是权威定式，在中世纪时代，人们对经典的崇拜远远超过对自然科学的研究。

二、破除唯书本定式

书本所呈现的内容是一种系统化、理论化的知识，是经过头脑的思维加工之后所形成的一般性的东西。因而，书本知识与客观现实之间存在着一段距离，它往往表示一种理想的状况而不是实际存在的状况。由于客观世界的发展变化，如果一味迷信书本，就会出现各种缺陷或错误。

战国时期，赵国有位名将叫赵奢，赵奢的儿子叫赵括。赵括从小熟读兵书，谈起用兵之道，能够滔滔不绝，甚至连他的父亲也对答不上来。后来，秦国进攻赵国，两军在长平对阵数年。赵王因听信流言，撤回廉颇，任用赵括为大将。然而，赵括只知道根据兵书用兵布局打仗，不知道灵活变通。结果，秦军偷袭赵营，截断粮道。赵军四十万人马被围歼，赵括也遭乱箭射死。

赵括所以大败，与他不知变通的唯书本定式密切相关。

很多人以为，一个人的书本知识增多了，上了大学，成了硕士、博士，那么他的能力自然就会相应地同步提高。但在跨学科研究中，情况并不见得一定是这样，因为跨学科研究是在继承的基础上要突破原有学科的界限，实现不同学科的交叉与融合,如果只是局限于原有某一学科知识的范围之内推演知识,是难以实现学科的跨越的。

三、破除从众定式

从众定式,就是服从众人,随大流。从众定式较强的人,别人怎样做,他也怎样做;别人怎样想,他也怎样想。一个从众定式较弱的人,常常被大家认为是不合群、好斗、古怪、鹤立鸡群等。只要有机会,有些人就会对这种人群起而攻之。

思维的从众定式有利于群体一致的行动,这是它的优越性所在。但是,从众定式不利于个人打破原有学科的界限,作出跨学科的创新思考。要实现学科的跨越,就必须大胆打破从众定式。

四、破除唯经验定式

经验是人们在实践基础上获得的对客观现实的感性认识。

我们生活在一个经验的世界里。从幼儿到成年,我们看到的、听到的、感受到的、亲身经历的各种各样的现象和事件,它们都进入我们的头脑而构成了丰富的经验。在一般情况下,经验是我们处理日常问题的好帮手。但是,如果过于迷信经验,形成唯经验定式,在事物发生变化的情况下就往往会行不通。

美国发明家爱迪生,年轻时曾和普林顿大学数学系毕业生阿普顿一起工作,住在一个房间里。阿普顿总觉得自己有学问,不把卖报出身的爱迪生看在眼里。爱迪生从不炫耀自己,对阿普顿的自负和处处卖弄学问感到厌烦。为了让阿普顿把态度放谦虚一些,有一次,爱迪生把一只梨形玻璃灯泡交给阿普顿,请他算算容积是多少。

阿普顿拿着那个玻璃灯泡,轻蔑地一笑,心想:"想用这个难住我,未免太天真了!"他拿出尺子上下量了又量,还依照灯泡的式样列出一道道算式,数字、符号写了一大堆。他算得非常认真,画了一张张草图,脸上渗出了细细的汗珠。过了一个多钟头,爱迪生见阿普顿还在那儿算个不停,便忍不住笑了笑说:"不用那么费事,还是换个别的方法算吧!"

阿普顿仍固执地说:"不用换,等一会儿我就能得到答案。"

又过了半个钟头，阿普顿对自己的计算似乎还不放心，还在那里低头核算。爱迪生有些不耐烦了，拿过玻璃灯泡，倒满了水交给阿普顿说："去把这些水倒进量杯……"不等爱迪生说完，阿普顿冒着汗的脸唰地红了。明白了什么是既简单又准确的方法。

阿普顿是大学数学系的毕业生，计算是他的内行。当碰到"计算玻璃灯泡的容积"的问题时，由于受其思维定势的影响，自然而然地拿出尺子对灯泡量了又量，算了又算，他根本不会想到采用其他的简便方法；爱迪生则不同，采用水与量杯这一方法，便快捷又精确地求得了灯泡容积的答案。

另外，有些问题是不可能亲身经历的，照搬旧经验往往会出错。

智者韦伯与富翁杰米订了一个合同：在1个月内，韦伯每天给杰米10万元，杰米第一天只回报韦伯1分钱，但此后每天的回报数额应是前一天的两倍。杰米高兴极了，暗笑韦伯是个大傻瓜，又一再坚持要持续3个月。韦伯笑笑说："我钱不多，先来一个月吧。到时你如果还有兴趣，我会奉陪的。"

究竟谁是傻瓜？我们千万不要小看倍数。由一变二是小事，但经得起30次翻番吗？那是一个可怕的数字。如果您的选择出了错，肯定又是经验性思维定式在作怪。如若不信，请动笔算算看。

在30天的时间里，杰米每天得到10万元，30天后，共得到300万。而韦伯呢？第一天得到1分，第二天得到2分，第三天得到4分，第四天得到8分……这样在一个月内，韦伯共得到：

$$2^0 + 2^1 + 2^2 + 2^3 + \cdots + 2^{27} + 2^{28} + 2^{29} = 1\,073\,741\,828 \text{ 分} \approx 1\,073.74 \text{ 万元}。$$

在这份合同中，韦伯约纯获利 $1\,073.74 - 300 = 773.74$ 万元。韦伯仅最后一天就得到500多万元，把所有付出去的钱都赚回来了，一个月累计赚得盆满钵满。而杰米却破产了。

跨学科研究要求我们必须拓展思路，海阔天空，束缚越少越好。而从某种意义上来看，经验在大多数人那里都是一种框框。因而，要实现学科跨越就必须敢于打破唯经验定式。

第十一节　直　觉　思　维

直觉思维是指不受某种固定的逻辑规则约束而直接领悟事物本质的一

种思维形式。直觉是在早已获得的经验知识的基础上,对于突然出现在面前的新事物、新现象、新问题及其关系进行一种迅速识别、敏锐而深入的洞察,直接的本质理解和综合的整体判断的心理过程。简而言之,直觉就是直接的觉察。

直觉是人们在生活中经常应用的一种思维方式。小孩亲近或疏远一个人凭的是直觉;男女"一见钟情"凭的是各自的直觉;军事将领在紧急情况下,下达命令首先凭直觉;有经验的工人可以凭他的直觉,很快发现机器的故障;一个有经验的医生可以凭他的直觉,一下子识别病人所患的疾病;老农抓起一把土,就知道该地种什么庄稼好……如果要问做出这种选择的根据是什么,可能要用几个小时,甚至几十个小时才能说清楚。这种思维,人们称之为直觉。直觉思维能使人具有"明察秋毫"的洞察力,使人在错综复杂的情况下,迅速排除假象,抓住问题的本质。

一、直觉思维的特点

直觉具有如下五个特点。

1. 直觉以经验为基础

直觉产生以在记忆中获得信息储存作为心理基础。老气象学家对天气变化的推测较准确,老医务工作者对病人病情变化的预感较正确,这都与他们记忆保存的丰富信息有关系。

2. 直觉的非逻辑性

直觉思维不是按照通常的逻辑规则按部就班地进行的,主要依靠猜测和洞察力等非逻辑因素直接把握事物的本质或规律。达尔文在看到向日葵幼苗顶端总是朝着太阳弯曲时,便猜测到在它背向太阳的一面一定有一种怕见阳光的东西。在一百多年后,科学家才发现向日葵茎部的一种特殊生长素,它能使植物长得又高又大,但就是胆小畏光。

3. 直觉的简约性

直觉思维省去了一步步分析推理的中间环节,是一瞬间的思维火花,但是它却能够触及到事物的本质。

4. 直觉形成的瞬间性

直觉思维中,所有的思维过程都被简化了,因而构成了一种瞬间性。

5. 结论的或然性

非逻辑的直觉有可能正确，也可能错误。虽然直觉思维能力较强的科学家正确的概率较大，但也可能出错。

二、直觉思维的作用

直觉最初是艺术家的思维方式。然而，在现代自然科学的发展过程中，在科学家的研究活动中，直觉同样有着重要的作用与意义。

1. 选择的功能

自然界和社会生活中值得探讨的问题很多，我们不可能所有的问题都去研究。同样，每一个问题的解决，往往有许多种可能性，我们不可能每一种方法都去试一试，只可能选择其中的一种或几种方法。而在选择的过程中，我们还必须借助于直觉。

2. 预见与预测功能

科技工作者运用直觉可以对科学研究进行初步预测。直觉高度发展的科学家具有远大而敏锐的眼光，能正确地预测科学发展的趋向，对未来发展趋势有着独到的见解。

3. 直觉的突破性作用

直觉是一种模糊估量，在创建新的理论时显得特别重要。因为新的科学理论总是为了试图解决原有理论不能解决的问题而提出来的，因此，直觉总是出现在理论被证实之前。

三、直觉思维与跨学科研究

在跨学科研究中，直觉思维能为我们快捷地揭示事物现象的本质，寻找到问题的解决方案。

比如，魏格纳关于大陆漂移说的提出。

1910 年的一天，年轻的德国气象学家魏格纳正躺在病床上，对着墙上的一张世界地图出神。无意中他发现一个有趣的现象：非洲西海岸线同南美东海岸线十分吻合，像一张撕碎了的纸，可以把它们重新拼合起来。你看，南美洲巴西东部突出的直角部分，同非洲西海岸几内亚湾凹进去的直角部分多么吻合呀！再往南看，巴西海岸的每一个突出部分，都恰好同非洲西海岸的海湾相对应;而非洲西海岸每一个突出的部分又同巴西的海湾相对应。这难道是巧合? 忽然,他的脑海里闪现出这样一个念头:在很久以前,非洲大陆同美洲大陆也许是连在一起的,它们之间并没有烟波浩渺的大西洋,后来由于某种原因这块大陆分离了,并慢慢漂移,才形成了今天的大西洋。这就是魏格纳的大陆漂移设想。

非常明显,气象学家魏格纳在关于地质科学的跨学科思考中提出的大陆漂移学说,便是直觉思维活动的体现。他并没有对非洲西海岸与南美东海岸之间的地质、生物等各方面的情况进行充分的考察和细致的逻辑论证,而仅仅凭地图上海岸线之间的某种联系就快速得出它们曾经连接在一起的推断,这个推断过程使用的就是直觉思维。并且,随着后来人类认识的深入和地球科学的进展,也论证了这一直觉判断的科学性。当人们谈论地质学的发展时,谁也不会忘记魏格纳的杰出贡献,人们把他尊称为地质学现代革命的奠基者。

直觉思维在跨学科研究中的作用是不言而喻的。凭借卓越的直觉思维能力,我们可以在纷繁复杂的事实材料面前,敏锐地洞察某一类现象或思想所具有的重大意义,预知将来在这方面会产生的重大的科学发现和创造。

四、如何提高直觉思维能力

直觉思维在跨学科研究中有着重要的意义。但是,直觉思维也有它的局限性,因为直觉是对事物现象的直观,当观察局限在有限的范围里时,得出的结论就不是绝对可靠的。另外,直觉往往是凭个人以往的经验和知识得出的,因为个人的主观色彩较浓厚,所得到的结论有时就难免缺乏科学性。这种情况,即使古希腊最伟大的学者亚里士多德也在所难免。

比如说,当时人们每天看见太阳、月亮、星辰等从东边升起,又从西边落下,因而凭直观得出结论"地球是宇宙的中心",亚里士多德同样也是如此认为;人们从高处抛下石块和羽毛,发现石块落地快,羽毛落地慢,因而凭直观得出结论"重的物体比轻的物体下落得快",亚里士多德得出的结论也不例外。后来的科学发展,证明了这些凭直觉得出的论断是错误的。

怎样使直觉思维的判断比较可靠,提高直觉思维能力呢?

1. 要有渊博的知识

只有知识广博,得出来的直觉判断才更可能是正确的。

2. 要有丰富的生活经验

直觉思维的特点在于迅速、灵活、机智，这就需要研究者应有丰富的生活经验作为基础。

3. 要有敏锐的观察能力

能在对事物现象的观察过程中，迅速把握事物的全貌和本质，使直觉产生的结果更可靠、更科学。

第十二节　灵　感　思　维

在科研活动中，往往有这么一种奇妙的现象，人们对某一问题在长时间苦苦思索而不得其解的时候，会因某种启发而突然产生出某种新形象、新思想，思维表现出极为活跃的状态，突然找到了过去长期思索却未能获得的新办法，从纷繁复杂的现象中顿悟到事情的本质和关键，这种突然降临的顿悟现象就是灵感。

灵感是人类思维活动中的一种客观现象。诗人、文学家的"神来之笔"、军事指挥家的"出奇制胜"、思想战略家的"豁然贯通"、科学家的"茅塞顿开"等，都是灵感思维的体现。灵感是在经过长时间的思索，突然受到某一事物的启发，问题瞬间迎刃而解的思维方法。灵感来自于信息的诱导、经验的积累、联想的升华、进取心和好奇心的催化。现代科学研究表明，灵感是大脑的一种特殊技能，是思维发展到高级阶段的产物，是人脑的一种高级感知能力。

一、灵感思维的特点

灵感思维具有以下四个特点。

1. 引发的随机性

灵感是由研究者意料之外的原因诱发而产生的一种思维，所以，它具有来无影去无踪、踏破铁鞋无觅处、得来全不费功夫的特点。因此灵感就显得难以预料、难以捉摸，这就是灵感的随机性。灵感出现的随机性往往给它自己披上了一层神秘色彩。

2. 出现的瞬时性

灵感往往是以"一闪念"的形式出现的，它常常瞬息即逝。在散步中、在闲谈时、在触景生情中,灵感出现了,冥思苦想的问题突然得到解决。

3. 灵感模糊性

灵感的模糊性是指灵感所产生的新线索、新结论、新成果往往并不是很清晰的,还需要及时地加以整理。

4. 灵感出现时的迷狂状态

灵感的出现总是伴随着情绪的高涨,常常带有不可抑制的激情,情不自禁地欢欣快慰,甚至如醉如痴,进入忘我的精神境界,这就是灵感降临的迷狂状态。

二、灵感思维与跨学科研究

在跨学科研究中也常常有灵感思维的降临。

瑞士工程师梅斯特拉喜欢打猎,但每次打猎回家,他发现自己的衣服上和狗狗的身上总是粘满一种叫商陆草的种子,摘起来相当费劲。有一次他兴趣所致,拿起放大镜,想搞清楚这些讨厌的东西是如何粘在衣裤上的。他往放大镜里一看,发现这些草籽上长满了小勾勾,它们能紧紧地勾住织物上的纤维丝,把它们从卷曲的狗毛上拽下来,便会劈啪地一声响,将草籽再靠近狗狗,则立刻又会牢牢地勾住狗毛。这样反复地拽下来,勾上去,拽下来,勾上去,他突然灵感降临:如果布面上布满了这种勾子,不就能够互相粘接到一起了吗?于是,梅斯特拉认真地研究商陆草籽的结构形态及其在现实中的应用。经过几年的研究,他终于发明出被称为魔勾的尼龙搭扣,这种能代替拉链和扣子的新产品,一问世即受到服饰包带类制造商的极大兴趣。

梅斯特拉的尼龙搭扣,来源于研究商陆草籽时突然降临的灵感。

更为奇特的是,灵感有时也会出现于人们的梦境中。

比如,神经科学之父奥托·洛伊梦中设计的实验,还获得了 1936 年的诺贝尔生理学或医学奖。

1921 年的复活节前夜,奥地利生物学家洛伊做了一个奇怪的梦,他在梦境做了一个巧妙的生物实验,然后醒来"在一张薄纸片上做了笔记",又翻身睡去。可惜由于字迹太潦草无法辨认,这让洛伊很沮丧。第二天晚上他又努力使自己回想那个神奇的梦,就这样,他沉沉睡去。在凌晨 3 点,神奇的事情出现了:头一天晚上的梦竟然上演了完美的"续集",梦中他又回到了前一次梦里面的实验场景,清晰地看到了实验的设计方法,以及整个实验流程和所有的实验数据,这一实验可以用来验证洛伊17年前提出的某个假说是否正确。洛伊赶紧起床,跑到实验室,杀掉两只青蛙,取出蛙心泡在生理盐水里,其中一号带着迷走神经,二号不带。用电极刺激一号心脏的迷走神经使心脏跳动变慢,几分钟后把泡着它的盐水移到二号心脏所在的容器里,结果二号心脏的跳动也放慢了。这场实验中他在青蛙的迷走神经末梢发现了一种化学物质——乙酰胆碱,而在此之前,人们普遍认为,神经冲动就是电现象,从来没有人提出过神经竟然可以通过释放一种物质来传递信息。洛伊的这一实验,打破了以往的传统观念,极大地促进了神经科学的发展,开启了一个全新的研究领域,洛伊也因此于1936年赢得了诺贝尔生理学或医学奖。

为什么在梦中也会有灵感出现呢?

梦是睡眠时的心智活动,它是储存在大脑中的信息,在睡眠过程中以一定的变式表现出来的心理现象。梦境的内容是过去感知与思维过的经验的奇特结合,在睡梦中,由于无意识层面的活跃,保存在记忆中的信息经过奇特的结合,偶尔能启发研究者,实现他们梦寐以求的愿望,并推动研究成功。

三、怎样激发灵感

灵感是一种非理性现象,但是,这并不意味着灵感是无从把握、不可捉摸的,从一些科学家的研究实践中可以发现,灵感的产生是有轨迹可寻的。

1. 艰苦的探索是灵感产生的实践基础

灵感的产生必须是以对研究课题进行艰苦卓绝的探索为前提的。对欲解决的问题,要反复地、紧张地、艰苦地过量思考,这种过量思考是促使灵感到来的必经阶段。

2. 要有足够的知识储备

丰富的知识与经验,有利于人们在思考时获得借鉴,受到启示,得到新的设想和思路。一个不懂文学的人决不会出现写诗的灵感,一个毫无地质知识的人也不会出现什么解决地质问题的灵感。究其原因,关键在于他们不具备必要的知识及经验。

3. 学会暂时搁置

灵感常常是在长期紧张、艰苦的思索之后,产生于意识与潜意识交汇的时刻。当头脑处于松弛状态时，压抑在潜意识中的想法被某个事物或现象唤醒，从而在意识层面激发灵感。有时，人们在高度集中精神研究某一课题、久攻而不克，思路进入僵局，这时，不妨把要解决的问题暂时放一放，让大脑放松放松。可以去玩一玩，散散步，听听音乐……在这时，由于受到某种外界事物或现象的启迪，人们往往会产生灵感，突然找到解决问题的办法。

4. 及时捕捉灵感

灵感出现的时间短暂而且稍纵即逝，因而，灵感一旦出现，就要立即抓住。

四、灵感思维与直觉思维

灵感思维与直觉思维有着某些共同之处，直觉和灵感在解决问题过程中所表现出的直接性、快速性和奇特性往往给人以神秘感。灵感思维与直觉思维有联系，但是二者也有某些区别。

第一，灵感是研究者顽强而热烈地致力于对某个问题的长期思索之后的一次飞跃；而直觉往往是凭以往的经验、知识，不假思索就可直接猜到问题的精要，往往是一种敏捷的观察力、迅速的判断力。

第二，灵感的产生常常出现在思考对象不在眼前，或在思考别的对象的时候；直觉思维则是对出现于面前的事物或问题所给予的迅速理解和判断，没有直观的对象，难以产生直觉。

第三，灵感可能产生于主体意识清楚的时候，也可能出现在主体意识模糊的时候；直觉思维则是出现在主体神智清楚的状态。

再 无

孤 岛

第六章

跨学科方法论

在人们有目的的行动中,通过一连串有特定逻辑关系的动作来完成特定的任务,这些有特定逻辑关系的动作所形成的集合整体就称之为人们做事的一种方法。或者说,方法就是人们做事过程中一连串动作的关联方式。跨学科方法,就是跨学科活动中有特定逻辑关系的一连串动作的关联方式。

跨学科活动必须根据活动的内容、性质,选择适宜的方法。

第一节　交叉的方法

跨学科就是不同学科知识、理论、技术的交叉,下面讨论的就是不同学科之间知识、理论、技术交叉的具体方法。

一、模仿法

模仿法是参照别的学科、领域中事物的性质、特征,做出跨学科思考的方法。亚里士多德认为,艺术起源于人的模仿本能。同样,模仿法也是跨学科最基本、最简便的方法。

模仿法的具体种类又有许许多多。

1. 形状模仿

形状模仿法就是通过模仿事物形状而做出跨学科思考的方法。

形状是特定事物或物质的一种存在或表现形式。大自然物质总有一定的形状。宇宙星云、璀璨银河、山川河流、飞禽走兽、花草树木……都有其独特的形状,可作为我们跨学科思考的对象。

1895 年,作为推销员的吉利早晨刮胡子时,不小心把脸刮破了。他立刻想到:研发一种不会刮破脸的安全刮胡刀!于是他辞去工作,整天研究那把老式的直线型刮胡刀，年复一年却仍一筹莫展。有一天，他在树荫下乘凉，看到一位农夫正操着耙子在耙地，耙过的地面又平又细，简直就像用刀切出来那样整齐。吉利想，安全刮胡刀不正是这个样子吗！只要设计刀片的倾斜角度恰到好处，就会像这只耙子耙地一样，把胡子刮得干干净净，而当使用角度改变时，刀片两侧的保护结构使刀片离开皮肤，再也不会把脸刮破！就这样，T 型刀架诞生了，这种刀架被称为安全刮胡刀，流行世界一百多年，至今仍盛行于世。

吉利研发安全刀架，就是在农夫耙子与刮胡刀之间的跨学科思考中，模仿农夫整地耙子结构的产物。

又如交通工具的流线型设计，就是模仿滴落的水珠的形状，流线型形状可以大大提高运行速度，减少动力消耗。

2. 结构模仿

结构模仿法就是通过模仿事物结构而做出跨学科思考的方法。

如果你不知道怎样进行跨学科研究，就不妨从模仿法开始。如果需要建立一门新的交叉学科，又不知如何着手，其中一种方法就是，模仿相近的、成熟的学科结构。一般来说，一门学科必须具有研究对象、学科特征、研究意义、研究方法等。虽然各门学科都有特定的研究内容，具体研究内容各不相同，但各门学科的结构却又有相似点，模仿相近学科的结构，能给我们许多有益的启示。就如同，你想认真学好书法，就不妨找些名家楷书字帖，从临摹名家字帖开始，然后在模仿的前提下进行深入思考与再创造。

3. 声音模仿

声音模仿法就是通过模仿事物声音而做出跨学科思考的方法。

世界上有各种各样的声音。沙沙的春雨声，淙淙的溪流声，哗哗树叶声，悦耳的音乐声……不同的声音来自于不同的事物，传递着不同的信息，给人以不同的感觉。

人们都有这么一种感觉，漆黑的雨夜容易入睡，这是因为，雨声是一种白噪音，白噪音有催眠效果。

和光有不同颜色一样，噪音也有不同颜色。

光是一种电磁波，太阳光可以被三棱镜分解成多条色带，说明往常看到的白光其实是由各种频率（颜色）的单色光混合而成的。声是一种机械波，也有着不同的波长跟频率,低频通常被定义为 20～160 Hz,中频从 160～2 500 Hz,高频则定义为 2 500 Hz 以上。跟光波类比,对不同的噪音可用不同颜色来命名。对应白光,白噪音是指一段声音中的频率和功率在整个可听范围(20～20 000 Hz)内都是均匀的噪音。比如,轻柔的微风拂过树木的声音,人们听到这些声音都会感到非常放松。白噪音有助于掩盖其他噪音,减少环境中突发声音的影响,使人们更容易入睡并维持深度睡眠。

相对的,其他不具有这一性质的噪音被称为有色噪声。

粉红噪音是介于白噪音与红噪音之间,主要分布在中低频段,如瀑布声、中等降雨或海浪的声音,粉红噪音与睡眠中的脑膜律动一致,也有助于延长深度睡眠时间,提高睡眠质量;棕色噪音进一步强调了低音音符,几乎完全消除了频谱中的高频,比如汹涌的波浪、飞泻的瀑布、咆哮的急流、狂风暴雨和远处隆隆的雷声;红噪音,也称为褐色噪声,其能量分布偏向低频段,类似于火焰燃烧时的轰轰烈烈的声音,相当于可见光谱的红光端;绿噪声集中在 500赫兹左右的中频;蓝噪音与棕色噪音相反,是高频信号占主导的噪声,听起来像蛇发出的嘶嘶声,大多数人认为蓝噪音对入睡没有好处;黑噪音,又称静止噪声,是指没有噪音,周围完全寂静。

当然,绝对理想的白噪声在现实中是很难存在的,不过大自然的雨声、海浪声、风声、溪流声等都是最接近白噪音的声音,能够对人产生一定的助眠作用。雨声尤其是大自然中美妙的天籁之音。雨轻轻地打在瓦上,敲在窗上,落在梧桐树上,响在芭蕉叶上,飘在花草上,洒在地上……窸窸窣窣,噼里啪啦,此起彼伏却又有条不紊……这种雨声最能助人入眠。科学家模仿这些大自然的白噪音来助人入眠,这就是声音模仿法。当上床休息时,按下按钮,室内就会产生与下雨极为相似的声响,使人在和风细雨声中,悠然进入梦乡。

4. 模仿现实世界——虚拟现实

虚拟现实(Virtual Reality,VR),是模仿现实环境的产物,又称灵境技术,就是利用现实生活中的数据,通过计算机技术产生的电子信号,将其与各种输出设备结合使其转化为能够让人们感受到的现象,这些现象可以是现实中真真切切的物体,也可以是实际上难以实现的或根本无法实现,通过三维模型表现出来的。因为这些现象是通过计算机技术模拟出来的现实世界,故称为虚拟现实。

一般来说，一个完整的虚拟现实系统由高性能计算机为核心的虚拟环境处理器、以头盔显示器为核心的视觉系统，以语音识别、声音合成与声音定位为核心的听觉系统，以方位跟踪器、数据手套和数据衣为主体的身体方位姿态跟踪设备，以及味觉、嗅觉、触觉与力觉反馈系统等功能单元构成。虚拟现实技术集成了计算机图形技术、计算机仿真技术、人机交互技术、人工智能、传感技术、显示技术、网络并行处理等技术的最新发展成果，是一种由计算机技术辅助生成的高技术模拟系统。

虚拟现实技术具有以下三个特征。

第一，沉浸性。又称临场感，虚拟现实技术模拟环境的真实性与现实世界难辨真假，让人有种身临其境的感觉；该环境中的一切看上去是真的，听上去是真的，动起来是真的，甚至闻起来、尝起来等一切感觉都是真的，如同在现实世界中的感觉一样，使人沉浸其中，如同进入真实世界。

第二，交互性。虚拟现实具有超强的仿真系统，使用者进入虚拟空间，相应的技术让使用者跟环境产生相互作用，当使用者进行某种操作时，周围的环境也会做出某种反应。比如，人们用手去直接抓取模拟环境中虚拟的物体，这时手有握着东西的感觉，并可以感觉物体的重量，视野中被抓的物体也能立刻随着手的移动而移动。

第三，想象性。指虚拟现实技术具有广阔的可想象空间，可拓展人类的认知范围，不仅可再现真实存在的环境，也可以构想客观环境不存在的，甚至是不可能发生的环境。虚拟的环境是人想象出来的，因而可以用来实现一定的目标，可以使人类跨越时间和空间，去经历和体验世界上早已发生或尚未发生的事件；可以使人类突破生理上的限制，进入宏观或微观世界进行研究和探索；也可以模拟因条件限制等原因难以实现的事情。

同时，虚拟现实技术具有广阔的应用前景。

（1）在教育中的应用。虚拟现实技术可以打造生动、逼真的学习环境，通过真实感受来增强记忆，更容易激发学生的学习兴趣。

（2）在医学方面的应用。医学专家们利用计算机，在虚拟空间中模拟出人体组织和器官，使用者可以对虚拟的人体模型进行模拟操作，能感受到手术刀切入人体肌肉组织、触碰到骨头的感觉，有助于医生更快地掌握手术要领。医生们在手术前，也可以在虚拟空间中先进行一次手术预演，这样能够大大提高手术的成功率。

（3）在城市规划方面的应用。虚拟现实技术能够使政府规划部门、项目开发商、工程人员及公众从任意角度,实时互动,真实地看到规划效果,更好地掌握城市的形态和理解规划师的设计意图,也有利于设计与管理人员对各种设计方案进行辅助设计与方案评审。

（4）在建筑设计领域的应用。虚拟现实能以视觉形式反映设计者的思想,把室内结构、房屋外形通过虚拟技术表现出来,使之变成可以看见的物体和环境。设计者可以任意变换自己在房间中的位置,去观察、修改设计的效果,直到满意为止。

（5）在军事方面的应用。军事上采用虚拟现实技术使受训者在视觉和听觉上真实体验战场环境,通过必要的设备与虚拟环境中的对象进行交互作用、相互影响,从而产生"沉浸"于真实环境的感受和体验,具有针对性强、训练安全、经济有效、可控制性强等特点。

（6）在航空航天方面的应用。由于航空航天是耗资巨大,非常庞大且繁琐的工程,所以,利用虚拟现实技术和计算机的模拟,在虚拟空间中重现现实中的航天飞机与飞行环境,使飞行员在虚拟空间中进行飞行训练和实验操作,能极大地降低实验经费和实验的危险系数。

总而言之,模仿法是跨学科研究的一种常用方法,但是模仿并不等于简单地依样画葫芦,而是必须通过创造性的分析,找到模仿的对象,然后通过改变学科、改变领域、改变载体来实现学科的跨越,从而做出独特的创新。

二、仿生法

仿生就是模仿生物。仿生法,就是模仿生命体的形状、结构、功能等做出跨学科思考的方法。

模仿生物是一种非常古老的方法。人们看见鸟巢,便学会了建造房屋;人们从飞蓬旋转受到启发,就发明了车轮;人们模仿地上鸟兽的脚印,便发明了文字;人们模仿蜘蛛吐丝织网,便发明了渔网;人们模仿螳螂,发明了方便收割的镰刀;人们模仿动物的鳞甲结构,发明了屋顶的瓦楞;人们模仿鱼的鳍,发明了船桨……

早在地球上出现人类之前,各种生物已在大自然中生活了亿万年,它们在为生存而斗争的长期进化中,形成了极其精确和完善的机制,获得了与大自然相适应的能力。生物界具有许多卓有成效的本领,如体内的生物合成、能量转换、信息的接受和传递、对外界的识别等,显示出许多机器所不可比拟的优越之处。生物的小巧、灵敏、快速、高效、可靠和抗干扰性实在令人惊叹不已。

当今人类模仿生物的创造更是层出不穷。

人们模仿天上的飞鸟发明了飞机;模仿鱼在水下潜游发明了潜艇;模仿萤火虫发明了人工冷光;模仿蝙蝠发明了声纳和雷达;模仿蜻蜓发明了直升飞机;模仿水母、墨鱼的反冲原理发明了火箭升空;模仿野猪的鼻子制成了防毒面具;模仿蚊子的叮咬发明出了注射器;模仿蝴蝶的斑块花纹发明了迷彩服;模仿商陆草植物种子发明了尼龙搭扣;模仿鲨鱼皮发明了提速泳衣;模仿荷叶发明了防水、防污垢的衣服……生物的种类如此浩大繁多,存在数不清的神奇功能,永远吸引着人类去研究、去模仿,去创造。

模仿生物可以从以下六个方面进行。

1. 模仿生物的形状

模仿生物的形状能给我们的跨学科思考提供有益启示。

比如,人们模仿翠鸟特殊的长喙,设计出了子弹头列车。

1964 年日本的新干线开通运营后,高速列车在高速行驶中,前部"鼻子"形成的风墙不仅会产生巨大的噪音,而且还会减慢列车的速度。为了解决这个问题,日本工程师们开始寻找新的解决方案。

他们从翠鸟身上获得了灵感。翠鸟以其特殊的长喙和捕鱼技巧而闻名。它的喙长而尖,远看像啄木鸟,但更灵活轻巧。翠鸟在捕鱼时,能够轻松地扎入水中,而不会溅起水花。这种独特的捕鱼技巧启发了人类工程师,他们模仿翠鸟长喙的形状,设计出了子弹头列车。这种列车有效地降低了"隧道音爆"的噪音,而且和原来的列车相比,空气阻力降低了 30%,能量消耗减少了15%,列车行驶速度更快,创下了当时的世界纪录。

当初坦克刚刚发明出来时只有一层,如果敌人在右边,就需要把整个坦克掉过来攻击,这大大限制了坦克的机动性,使之无法在战场上发挥应有的威力。后来从大乌龟背小乌龟这一细节上,人们发现小乌龟在大乌龟光滑的壳上可以自由转动,这便启发了人们模仿大乌龟背小乌龟的形状,发明了旋转式炮塔,这使坦克的威力剧增,在战场上大放异彩。

2. 模仿生物的结构

模仿生物的结构,是跨学科思考的有效方法。比如,啄木鸟不停啄树却不会头痛的现实便能给我们许多有益的启示。

啄木鸟为了觅食,总是不停地用坚硬的喙在树干上啄击,产生强烈的震动,这震动如果发生在人身上,即如果你的一生都在持续不断地用头撞墙,恐怕早就脑震荡了。为什么啄木鸟脑部从来不会受损伤,也不会产生头痛症或者脑震荡呢? 动物学家对啄木鸟的头部进行解剖时找到了答案。原来,啄木鸟的头上至少有三层防震装置。与我们人类的大脑不同,它们的头部结构十分疏松,而且里面还充斥着许多空气,外脑膜与脑髓之间有着一条充满液体的狭缝,这起到了一定的减震作用。它的外部也有一定的防震装备,比如啄木鸟头的两侧有着发达的肌肉,这无疑为它的头部提供了保护措施。

科学家们从啄木鸟的头部结构中得到启示,在设计安全头盔时,在头盔内部除了填充坚固轻便的海绵状材料外,还装上一个保护领圈,所以这种头盔比一般防护帽安全得多。除此之外,在精密物品的包装运输时,也常使用一些海绵状的减震填充材料。

3. 模仿生物的功能

各类生物有许多神奇的功能,模仿生物的功能,也是跨学科思考的巧妙方法。

在漆黑的夜晚,无论田鼠怎样轻手轻脚地爬出洞口,远处的响尾蛇都能准确无误地一口吞掉它。响尾蛇眼睛的视力并不太好,能够准确判断田鼠位置的不是它的眼睛,而是它眼睛下面颊窝地方的那两只"热眼"。热眼其实并不是眼睛,而是一个灵敏的红外线接收器。远处的动物如果有一定温度,随之而产生的红外线就会在蛇的热眼中得到反应。热眼把信息传给大脑,蛇便根据热眼传来的信息准确无误地捕食目标猎物。

军事科学家们模仿响尾蛇热眼的功能,给导弹装上了人工制造的"热眼"——红外线自动跟踪制导系统。导弹一旦发射升空,它专门寻找喷气式飞机喷出热气流的红外线,顺着红外线射来的方向前进。飞机拐弯,热气流也拐弯,导弹就自动朝着热气流拐弯后的方向前进,直到撞上目标爆炸。这就是人们常说的"响尾蛇导弹"。响尾蛇导弹热眼要比实际的响尾蛇热眼灵敏得多。它不仅能接收飞机喷出的热气流红外辐射，还能接收到喷出的二氧化碳废气的红外辐射。热眼也可以应用于军事以外的其他领域。例如，把热眼装在人造卫星上，它可以灵敏地监视森林火灾，使人们对火灾的发现和扑救更为及时。

4. 模仿生物的声音

模仿生物美妙的声音，有时能使跨学科思考获得神奇效果。

1985 年，美国建筑师迈克尔·格雷夫斯，受意大利家居用品制造商阿莱西公司之邀，设计了具有开创性的 9093 号水壶。这把水壶的最大特色是壶嘴上停立着一只小鸟，水烧开时能发出欢快的鸟鸣声。动听的鸟鸣声赋予枯燥的劳作以轻松愉快的自然气息，升华了早餐的体验，并使人一整天的心情都愉悦起来。许多人购买水壶就是为了在早上体会到被鸟鸣声叫醒的感觉。因此，"快乐鸟嘴壶"在欧美市场创下了惊人的销售佳绩。

"快乐鸟嘴壶"就是模仿鸟鸣声进行跨学科思考的产物。

5. 模仿生物的原理

生物体的结构、运动中蕴涵着一定的原理。借助跨学科的思考，模仿生物的某种原理，也能做出神奇的创新。

我们可能都见过鸡，但也许你并不知道，鸡头有个神奇的特性：能够保持很强的稳定性，叫"鸡头稳定原理"。如果我们抓住鸡的腿部，一直左右晃动，或上下晃动，就可以看到，鸡的身体随着腿部的晃动而晃动，而到了脖子以上，就形成了脖子在动，头不动。鸡走路也是这样，鸡走路时，脖子往前一顶，头先行。然后，头部静止在先前位置，等待着身体和脚跟进。只是因为身子往前移，头对身体的相对位置挪后，造成了先往前点头、再向后缩脖子的假象。除了鸡头，鸟头稳定的例子还有很多。

为什么有鸡头稳定原理？科学家认为，鸟类头部的稳定性源自视觉控制。我们人类为了保持视野稳定，可以转动眼珠。当你盯住你眼前的字，然后不停晃动脑袋，不管脑袋怎么晃动，你的眼珠都可以保证稳定聚焦在字上。鸟类的眼球十分发达，以至于几乎挤占了眼眶内所有的空间，而与此同时，它们的眼球运动则会受到限制，不可能像人类那样转动眼珠。因此，当鸟类想要调整视线时，它们就要依靠灵活的脖子了，所以鸟类的头部会非常稳定。

模仿"鸡头稳定原理"做出跨学科思考，能引发许多神奇的发明创造。比如，模仿鸡头稳定原理，人们发明现代坦克炮的稳定器。

坦克具有高超的越野性能，车体在行驶中十分颠簸。坦克上的火炮如果想击中目标，仿佛跑马射箭，相当不容易。而坦克炮稳定器是坦克行驶中自动地将炮膛轴线保持在给定的空间角位置并能瞄准的一种控制系统。它是现代坦克火控系统的重要组成部分，用以提高坦克行进间火炮射击的命中率。

坦克炮稳定器的主要部件通常有：陀螺仪、信号放大器、功率放大器、伺服电机或液压马达、动力缸、操纵台及其他自动控制部件。当坦克颠簸时，陀螺仪迅速感应到压力变化，传递给变阻器，变阻器把这种压力变化变成电讯号传递给微机，微机计算出补偿量、补偿方向和补偿角度，再以电讯号的方式将指令传递给伺服系统，通过伺服系统来控制炮口的抖动，使炮口始终对准目标。

坦克炮稳定器的原理和鸡头稳定原理相同。当鸡往前迈一步时，眼睛里的神经末梢能感应到视野的变化，然后迅速传递给大脑，大脑计算出补偿量，再指挥控制脖子周围的肌肉群，让头部保持不动，等这一步走完了再让头部跟进复位，这样它就能在运动中始终保持视野稳定。现代坦克炮稳定器实际上是在武器与鸡头之间的跨学科思考中，模仿鸡头稳定原理做出的发明创造。

又比如，很多动物都有预知地震的能力，但科学家发现鸽子是预知地震最快的鸟类，如何像鸽子一样可以准确预知地震？目前的科技界还在为此而努力钻研。

6. 仿生学

仿生学就是模仿生物的科学。仿生学是生物学、数学和工程技术学互相渗透而结合成的一门新兴的边缘科学，是研究生物系统的结构、特质、功能、能量转换、信息控制等各种优异的特征，并把它们应用到技术系统，改善已有的技术工程设备，并创造出新的工艺过程、建筑构型、自动化装置等技术系统的综合性科学。

三、仿人法

模仿是一种有效的跨学科思考的方法。我们有时可以模仿别的事物，可以模仿生物，包括可以模仿我们人类自身。

人类是天地万物之灵，地球上的生命，经过多少亿年的发展变化，终于在数百万年前出现了人类。人类作为生物界中的一员，在同自然的搏斗中，经历数百万年的发展变化，形成了直立行走，能够使用工具，且具有情感、思想的高级动物。仿人法就是模仿我们人类自身，做出跨学科思考的方法。

仿人法可以有以下四种方式。

1. 模仿人类外形

有时我们可以模仿人类自身的外形做出跨学科思考。

举个例子，美国有个叫罗特的青年，曾在玻璃厂做工。有一天，女朋友穿着流行的紧身裙来找他，他情不自禁地赞叹起来：

"好漂亮的裙子哟!"

女朋友那窈窕的身段跟艺术家的雕塑品一样美丽，他忽然想到，把器具、装饰品做成像女朋友身段似的，肯定能受到人们的喜爱，后来他把装饮料的瓶子做成这种样式。这样的瓶子看起来很美观，还好像大了许多似的；另外一大好处是手握着时不容易滑落。于是，他就把这种紧身裙的花纹画在瓶子模样的纸上，拿去申请专利。紧接着，他把这个设计拿到可口可乐的总经理处。总经理一看爱不释手，随后，可口可乐公司用 800 万美元买走了他这个专利。

罗特在女友那窈窕的身段外形与饮料瓶子外形的跨学科思考中所设计的样式，就是现在我们所喝的可口可乐瓶子的形状，这是模仿人类外形的产物。他因这项专利，一夜之间成为富翁。

2. 模仿人类结构

有时我们也可以模仿人类自身的结构做出跨学科思考。

比如，人的双臂灵活自如，能够做出拉、提、伸、举、旋转、移动等各种各样的动作。机械手就是模仿人的手臂动作逐步完善的。当这些上下移动，左右来往，快慢旋转，伸缩自如的机械手呈现在你眼前时，你可以从它们身上找到你自己双手劳动时的影子。它们可以代替人的手臂进行各种各样的操作，制造出高精度的产品，是自动化流水线上不可缺少的机械。

3. 模仿人类功能

有时我们模仿人类自身的功能可做出许多发明创造。

现在众多产品都有语音提示功能，比如购物付款时，机器会发出语音提示。复印机会提醒使用者："复印纸已用完""原稿在复印机上""炭粉快用完了"等。机器会说话,使用就方便多了。以上举例的这类产品就是模仿人类的语音功能。

在美国,由于"性解放"思潮的冲击,许多青少年未婚同居。随之带来的是各种意想不到的社会问题。在这种情况下,圣地亚哥市的历克·约曼及其妻子玛丽模仿婴儿发明了一种日夜定时啼哭和随时排泄的电动娃娃,力图使那些想做未婚妈妈的少女们"三思而后行"。这种电动娃娃和初生婴儿一般大小,且造型十分可爱。当它投放市场后,受到许多少女的欢迎。她们乐意花大约 200 美元购买,并将娃娃放在婴儿车或摇篮里,视之如自己的"小宝宝",有的还怀抱足能以假乱真的娃娃,作"母亲"状走在公园里。

然而,要当妈妈并不容易,尤其对于处在成长和学习阶段的少女来说。"电动娃娃"最大特点是每隔一段时间就发出初生婴儿的啼哭声,当做"父母"的把它放在怀里哄拍 20 分钟后,它才会停止哭泣。在"电动娃娃"日夜啼哭和随时排泄的折磨下,少女们不得不"三思"自己的行为。据说,自电动娃娃进入市场后,的确使得不少人打消了做未婚妈妈的念头。

4. 模仿人类智能——人工智能

人类是天地万物之灵,而最值得人类自豪的,是我们人类有智能。人工智能(Artificial Intelligence,AI),是研究使用计算机来模拟人的思维过程和智能行为的当代前沿科学。

人工智能除了涉及到计算机科学以外,还涉及信息论、控制论、自动化、仿生学、生物学、神经生理学、心理学、数理逻辑、语言学、数学、医学和哲学等多门学科。人工智能研究的主要内容包括知识表示、自动推理和搜索方法、机器学习和知识获取、知识处理系统、自然语言理解、计算机视觉、人工生命、神经网络、智能机器人、自动程序设计等方面。

人工智能可广泛应用于自动驾驶、机器视觉、指纹识别、人脸识别、视网膜识别、虹膜识别、掌纹识别、专家系统、经济政治决策、自动规划、智能搜索、定理证明、自动程序设计、智能控制、语言和图像理解、仿真系统、机器人科学、遗传编程等。人工智能几乎涉及自然科学和社会科学的所有学科,是广泛交叉的边缘科学。

智能机器人是我们最常见的人工智能研究成果。智能机器人有相当发达的"大脑",无需人的干预,能够在各种环境下自动完成各项拟人任务。

人类思维的机理至今还是个谜，我们还远远没有认识清楚。要制造出真正具有人工智能的计算机，没有一二十年时间还难以实现。然而，模仿人的智慧创造出具有思维能力的电脑，始终是科学家不懈努力追求的目标。

四、移植法

移植法是指将原理、思路、技术、概念或知识，从一个学科领域转用到另一个学科领域的方法。

移植法大致可以分为以下五种。

1. 知识移植

知识移植法是指将某个学科、领域知识，转用到另一个学科、领域的方法。

中小学各科教学中，常常借用不同学科知识来解释说明本学科的问题，这就是知识移植。知识移植是中小学教学中使用得最多的一种跨学科思考的方法。比如在教学《食品中的有机化合物——乙酸》时，可用语文中"醋"字的由来与结构，帮助学生学习化学概念。

传说在今天山西省运城市，有个叫杜康的人发明了酒。他儿子黑塔也跟杜康学会了酿酒技术。后来，黑塔率族移居现江苏省镇江市。在那里，他们酿酒后觉得酒糟扔掉可惜，就存放起来，在缸里浸泡。到了二十一日的酉时，一开缸，一股从来没有闻过的香气扑鼻而来。在浓郁的香味诱惑下，黑塔尝了一口，酸甜兼备，味道很美，便称之为"调味浆"。这种调味浆叫什么名字呢？黑塔就把二十一日加"酉"字来命名这种酸水，称之为"醋"。

关于"醋"字由来的传说，一方面能极大地激发学生的学习兴趣，另一方面，生动地体现了汉字之美和华夏民族的深厚底蕴。

化学学科有很多枯燥的抽象概念，化学概念必须用词语来表达。我们可以通过对词语结构的分析，推敲其中每个成分的意义，达到了解化学概念的目的，这对指导学生学习化学概念也很有帮助。这就是知识移植。

2. 方法移植

方法移植是指将某学科、行业的方法移植到不同的学科领域中。

在食品加工行业中，有一种发酵方法。面团经过发酵后，在烘烤过程中内部会产生大量气体，使面团体积膨胀，最终变成松软可口的面包。人们将食品加工行业这种可使物体体积增大，重量减轻的发酵方法，移植到塑料生产中,生产出了价廉物美的泡沫塑料。这种塑料质地轻,防震性能好,可以作为易碎或贵重物品的包装材料,也可用来制作救生衣。人们将该发酵方法用在金属材料上,德国制造出了泡沫金属,可以充填工艺构件中的洞隙,还可以悬浮在水上,有很大的应用与开发价值。

3. 技术移植

技术移植,是指把某类学科的技术移植到不同的学科领域之中的方法。比如,有人将拉链技术移植到医学中也着实令人拍案称奇。

拉链是利用链牙的凹凸结构,在拉头的移动中,实现牢固的嵌合或脱离。这一技术问世之后,被人们广泛地应用在鞋、帽、衣、裤、袋、包等方面,这些是拉链的基本用处。此外,有人将拉链技术移植到医学领域。

人体胰脏手术后会大量出血,因而必须在腹腔上反复开刀、缝合,更换腹腔内的纱布,每次手术时间长达 60 分钟。这种传统的治疗方法使患者不堪忍受,并且容易导致患者死亡。怎样才能解决这一问题呢? 美国外科医生史栋想到了拉链的功能,决定将此技术移植到人体上来。他尝试着将一个长 7 寸的拉链粘缝到患者身上,然后进行开刀手术。尽管当时人们对此大加嘲笑,但史栋的移植是成功的。他可以随时打开拉链检查患者腹腔状况,且更换一次纱布只需几分钟,拉链在患者身上可使用 5～14 天。在他完成的数十例胰脏手术中,无一失误,并且使患者康复率由原先的 10% 上升到 90%。

将拉链由原先的服饰箱包的使用领域转移到医疗器械的领域中,这是一项多么令世人瞠目结舌的跨学科运用!

可见,技术移植法是一种神奇且高效的跨学科思考方法。

4. 原理移植

原理移植是指将某类学科的原理移用至不同的学科领域中的方法。

微波烹调是人类发明取火的方法以后出现的第一项全新的烹调技术。这种烹调方式完全不需要使用明火加热,而是用电磁波进行加热。微波炉内的食物受到电磁波的冲击,这种电磁波的波长仅 12 厘米,频率为 2.45 GHz。微波引起食物内的分子运动,产生热量。它可以把食品从里到外同时加热,数十秒钟就可把肉烤熟。

有人把微波炉的原理应用在筑路上,发明出微波修路机。

工人们在修补沥青路面时,原来是用火将沥青烤软,这种方法既费事又费时。能不能做得简单又干净呢？有人想到微波炉，发明了微波修路机。用微波修路机加热沥青路面，修补起来又快又干净，效果奇佳。

红外辐射是一种很普通的物理过程，将这一原理移植到其他领域，可产生新奇的成果：红外线探测、遥感、诊断、治疗、夜视、测距等；在军事领域则有红外线自动导引的"响尾蛇"导弹，装有红外瞄准具的枪械、火炮和坦克，红外扫描及红外伪装等。

5. 系类移植

系类移植法指将某一学科知识、方法、技术移植到多种学科、多个领域之中的跨学科研究方法。

比如，多普勒效应系类移植的跨学科研究。

1842年，奥地利一位名叫多普勒的数学家、物理学家正路过铁路交叉处，恰逢一列火车从他身旁驰过，他发现当火车由远而近行驶时汽笛声调变尖，而当火车由近而远行驶时汽笛声调变低。他对该现象进行了研究，发现当声源远离观测者时，声波的波长增加，音调变得低沉；当声源接近观测者时，声波的波长减小，声调变尖。多普勒效应所形成的频率变化叫做多普勒频移，它与相对速度成正比。

多普勒效应不仅适用于声波，也适用于所有类型的波，包括电磁波。因此多普勒效应被移用到许许多多的科学研究领域之中。

（1）天文学领域的应用。现代天文学家对天体的观察研究已不再局限于传统的光学天文望远镜，而是发展到凭借射电望远镜、星载望远镜等来观测遥远星体发射的光谱及其频率变化，依此计算星体与地球的相对运动速度，研究宇宙的起源与发展。科学家爱德文·哈勃使用多普勒效应得出宇宙正在膨胀的结论。他发现远离银河系的天体发射的光线频率变低，即移向光谱的红端，称为红移，这说明这些天体在远离银河系。

（2）卫星导航系统。卫星导航系统也是以多普勒效应为原理。

（3）在雷达中的应用。由于雷达探测是基于波的传播，对运动物体具有多普勒效应，雷达可根据自身和目标之间有相对运动产生的多普勒效应测量物体运动速度，现代雷达探测可以通过回波时间及多普勒频移获得目标的空间位置及运动速度等信息。

（4）在交通监测中的应用。交警向行进中的车辆发射频率已知的超声波,同时测量反射波的频率,根据反射波的频率变化的多少就能知道车辆的速度。装有多普勒测速仪的监视器就装在道路的上方,在测速的同时把车辆牌号拍摄下来,以便更有效、便捷地进行交通管理。

(5)自动驾驶汽车的应用。自动驾驶汽车依靠人工智能、视觉计算、雷达监控装置和全球定位系统协同合作,其中多普勒雷达系统通过持续地实时感应检测,提供周围道路交通状况及车辆间距离等信息,实现在无人操作条件下自动地操控车辆安全行驶。

(6)工程学领域的应用。在机械工程领域中,振动分析是利用多普勒效应进行机械故障诊断和性能评估的一种方法。通过测量轴承、齿轮等机械部件的运动速度和振动频率,可以判断机械设备的运行状态和故障原因。

(7)医学领域的应用。多普勒效应原理运用在医学领域,有D型超声诊断法,亦称超声频移诊断法,主要检查运动的器官和流动的体液,如心脏,血管及其中流动的血液,用以了解运动状态,测量血流速度及方向。其最大优点为无损伤、操作简便、迅速、便于重复应用。

(8)环境保护领域的应用。多普勒效应用于测量空气和水的流动速度,判断环境污染程度和扩散情况。

(9)多谱勒白蚁探测仪。白蚁破坏巨大,而且具有隐蔽性,查杀白蚁的最好方法是找到大量活动的工蚁喷洒灭杀药,让它们互相传染,达到消灭整巢白蚁的目的。白蚁生命探测仪利用多普勒效应为原理,通过将白蚁活动时发出的微波信号逐级放大并对比采样,分析出白蚁的活动情况,从而进行有针对性的查杀。该探测仪操作简单,可以较精准地判断出木质结构、浅层土壤瓷砖中白蚁的活动。

移植是一种有效的跨学科思考方法,它可以将成熟的技术向其他领域推广,使新思路或新技术脱颖而出。

五、渗透法

渗透是水分子经半透膜扩散过到另一面的现象。比如,水由海绵的一面透过到另一面就是渗透。跨学科研究的渗透法,是指某学科的原理、技术、方法、知识向其他学科结构层次广泛的横向拓展。

渗透法可分为以下四个类型。

1. 技术的渗透

技术的渗透是指某学科的知识向其他学科的渗透。现代科技前沿的许多成就，比如计算机技术、激光技术、纳米技术、超导技术等，广泛地向各学科领域的拓展，就属于技术的渗透。

2. 方法的渗透

方法的渗透是指某学科的方法向其他学科的渗透。比如数学方法在各门科学的广泛运用，就是方法的渗透。

数学方法即用数学语言表述事物的状态、关系和过程，并加以推导、演算和分析，以形成对问题的解释、判断和预言的方法。数学方法主要是从量的方面揭示研究对象规律性的一种科学方法。它只抽取出各种量、量的变化和各量之间的关系，而撇开研究对象的其他特性，以形成对研究对象的数学解释和预测。无论自然科学或社会科学，为了要对研究对象的本质获得比较深刻的认识，都需要对之做出量的方面的研究，这就需要借助于数学。在现代科学中，运用数学的程度，已成为衡量一门科学的发展程度，特别是衡量其理论成熟与否的重要标志。

在科学研究中成功地运用数学方法的关键，在于针对所要研究的问题提炼出一个合适的数学模型。数学模型就是为了某种目的，用字母、数学及其他数学符号建立起来的等式或不等式以及图表、图像、框图等描述客观事物的特征及其内在联系的数学结构表达式。随着人类使用数学范围的扩大，就不断地建立各种数学模型，以解决各种各样的实际问题。数学模型在各科学领域都有广泛的运用，人们建立了各种各样的数学模型，比如生物学数学模型，医学数学模型，地质学数学模型，气象学数学模型，经济学数学模型，社会学数学模型，物理学数学模型，化学数学模型，天文学数学模型，工程学数学模型，管理学数学模型等。

数学的伟大在于它的思想方法的通用性，它的广泛渗透性，如今，数学直接影响和推动各行业的发展，为当今社会的高速发展起到重要且无法替代的作用。

3. 知识的渗透

知识的渗透是指某学科的知识向其他学科的渗透。

中小学德育的跨学科教育通常使用的是渗透法，属于知识的渗透法，是各学科知识的互相渗透融合。

中小学有德育课程,在德育课上,教师告诉学生各种规范,什么思想行为是正确的、是被允许的,什么思想行为是错误的、是被禁止的。学校的德育课程是重要的,但是,学校仅仅只对学生进行德育教育是不够的,还需要各学科的任课老师在结合学科专业知识的教学中,力求集知识传授、能力培养、智力开发、思想教育于一体,使学生在学习知识的同时,也能获得道德教育,世界观教育等其他思想教育,这也就是德育的跨学科教育。

现行教材中具有丰富的德育因素,广阔的德育天地。在语文教学中,教师可以使学生认识到,我们的汉语是世界上最美的、使用人口最多的语言,我们中华民族有世界上历史最悠久的、光辉灿烂的传统文化,从而增强我们的民族自豪感和民族自信心。在历史教学中,教师可以向学生介绍屈原、苏武、岳飞、文天祥等爱国英雄,培养学生的爱国主义思想。在地理教学中,教师可以向学生展示祖国河山的壮丽,使学生产生爱国之情。数理教材中蕴含的正数与负数、正电与负电、化合与分解等对立统一观点,教师可以使学生掌握辩证唯物主义的观念,当讲到一个公式定理的概念时,可以简单介绍这些公式、定理的发明人的事迹,启迪学生热爱科学,为科学而献身的情操……这样就可以使学生在潜移默化中受到熏陶,达到进行思想品德教育的目的,这就是渗透法的精髓。

中小学德育的跨学科教育的渗透法,既有德育学科知识向其他学科教学渗透,也有其他学科知识向德育渗透,是互相的渗透与融合。

4. 理论的渗透

理论的渗透是指某学科的理论、规律向其他学科的渗透。

比如信息论。信息论将信息的传递作为一种统计现象来考虑,给出了估算通信信道容量的方法。信息传输和信息压缩是信息论研究中的两大领域。

实践证明,世界上一切事物都在运动变化之中,在这种运动和变化的过程中,就会发出各种各样的信息。人类在世界上生存,就必须认识信息、利用信息,否则就无法生存,例如预防和躲避自然灾害、发明创造工具、发展生产、科学试验等,都是受某些信息的启示。战争更离不开信息,例如我国周代已利用烽火台传递战争的信息。从有人类的那一天开始,人类就生活在信息的海洋里,一时一刻也离不开信息,而关键的问题就是如何认识信息,利用信息，以改变自己的生存条件、创造更好的生活环境。

信息论的概念和方法已广泛渗透到各个科学领域，成为人类各种活动中所碰到的信息问题的基础理论，并且推动其他许多新兴学科进一步发展。

5. 移植法与渗透法

移植法与渗透法有相似点，都是某学科的原理、方法进入另一学科，但二者又有区别。

（1）人的主观意识程度不同。移植法有较强的人的主观意识，如同人的器官移植。渗透法则人的主观意识程度较弱，是"随风潜入夜、润物细无声"的，是潜移默化的状态下进行的。

（2）量的多少有所不同。在渗透法的使用中，某学科的理论、知识、技术、方法在其他学科领域的运用是大量的。而移植法中，某学科的知识、技术、方法在其他学科领域的运用中可以是独例。

六、综合法

综合法是指在跨学科课题的研究中，借助若干领域的材料、知识、方法、技术、功能等要素进行全面的交叉与汇流，从而形成达到解决问题目的的研究方法。

我国古代关于龙的发明，无疑是综合法的成果。

龙是中华民族的象征，龙的传人已把它渗透到各个方面，形成了蕴含深厚的龙文化。但是，作为动物的龙实际上并不存在，它只不过是一种图腾文化的结晶。据著名学者闻一多先生考证，龙是华夏先民在洪荒远古与兽为邻的时代，集多种动物之精华部分，比如鹿角、马脸、牛眼、虎嘴、虾须、蛇身、鱼鳞、鹰爪等而形成的惊人创造，经过历代人民的不断美化和神化，终于演化成为中华民族独特的徽记。

综合法在文艺创作中也大有用武之地。例如神话小说《西游记》中的众多艺术形象都是综合法的产物。孙悟空是综合人与猴的产物，猪八戒综合人与猪的产物，盘丝洞的蜘蛛精是人与蜘蛛的综合，长得花容月貌的金鼻白毛老鼠精是人与老鼠的综合，黑风山里黑风洞的熊黑怪是人与黑熊的综合，琵琶精是人与蝎子的综合，狐狸精是人与狐狸的综合……所有这些都是作家吴承恩综合不同事物形象的艺术结晶。

在人们的社会生活中,通过巧妙综合而创造出别具一格,前所未有的物件的例子层出不穷。

进一步推演开来,世界上许多东西都是综合出来的。就日常所见而言,作家的功夫在于文字的综合;音乐家的艺术在于7个音符及有关符号的综合;建筑工程师的技术在于对砖、石、水泥、木材等材料的综合;服装是衣裙鞋帽的综合;一日三餐是饭与菜的综合,学校教学是各个学科的综合;医疗仪器CT扫描仪是X光机与电子计算机的综合……的确,生活中无处不是综合的结果,无处不是综合的天地。

1. 综合法的种类

综合法是跨学科研究的常用方法。主要有以下四种类型。

(1)材料的综合。材料的综合指综合不同领域、学科的材料,做出跨学科研究的方法。

玻璃镜子是意大利威尼斯的玻璃制造工匠达尔卡罗兄弟最先研制的。兄弟二人看到岛上姑娘们梳妆用的玻璃效果不理想时,他们就决心制作出光洁明亮的玻璃镜。达尔卡罗兄弟想,池塘里的水是以黑暗的大地作为衬垫,能照见人影,如果在玻璃的背面也加一层深色的衬垫,镜中会出现清晰的影像。为此,达尔卡罗兄弟试着将矿粉涂在玻璃上,但效果都不理想。后来,他们将亮闪闪的锡箔贴在玻璃板上,然后倒上水银,就变成了一种粘乎乎的银白色液体,紧紧地贴在玻璃上,成为一面镜子,人们称它为水银镜。

威尼斯的镜子轰动了欧洲,王公贵族与富商们纷纷购买,镜子顿时身价百倍。法国王后德美第西斯结婚时,意大利国王送给她一面玻璃镜子做礼品,虽然这面镜子小得只有书本这么大,可在那时却价值连城,据说可值15万金法郎,王后常用这面小镜子炫耀自己的富有和尊贵。威尼斯人由于镜子的发明,获得了无穷的财富。

水银镜就是玻璃、锡箔、水银等材料的综合而做出的创新,属于材料综合的跨学科思考。

(2)技术的综合。技术的综合是综合不同领域、学科的技术,做出跨学科研究的方法。著名科学史学家李约瑟谈到蒸汽机的发明时有个等式:

$$蒸汽机 = 水排 + 风箱$$

蒸汽机是瓦特发明的，瓦特发明蒸汽机得益于中国古代的"水排"与"风箱"技术，水排解决了往复运动和圆周运动转换问题，而风箱的阀门是蒸汽机必备的技术设备，由水排与风箱技术的综合而发明了蒸汽机。这里使用的就是技术的综合。

又比如，印度的"超音速导弹辅助鱼雷发射系统（SMART）"。

导弹与鱼雷，是两类不同的武器系统。鱼雷在水中运行，隐蔽性高，适合攻击水下舰艇，威力大，但速度慢，攻击距离较近；导弹在空气中前进，速度快，攻击距离较远，但威力较鱼雷小，隐蔽性较低，也不适合攻击水下目标。印度则将导弹和鱼雷技术综合在一起，发明了"超音速导弹辅助鱼雷发射系统"，这是一种配备有鱼雷的远程导弹，射程号称能达到643公里，达到了其他国家主力反潜鱼雷的10倍到20倍。当战机在远距离探测到敌方潜艇，并将信息回传给印度军舰，军舰便发射这款武器，可大幅提升军舰的作战范围。

印度的"超音速导弹辅助鱼雷发射系统"，就是鱼雷技术与导弹技术的交叉组合。

综合法是跨学科研究的一种简便易行、收效较快的方法。当代很多科技成果都是运用了综合法。

（3）功能的综合。这是指综合不同门类产品的功能，做出跨学科研究的方法。功能综合型产品与我们生活关系最为密切的，大概是手机了。当今的手机是电脑、电话、短信、电视、时钟、日历、地图、摄影、录音机、游戏机、指南针、水平仪、导航仪、手电筒、放大镜、计算器、计步器、图书馆、银行、超市等若干功能的综合，可以说各种功能应有尽有。

（4）学科的综合。当今社会，面对日益复杂的研究课题，并不是靠某一学科的知识、方法、研究手段就能解决，更必须综用使用不同学科的综合。

比如，对环境问题的系统研究，要综合运用地学、生物学、化学、物理学、医学、工程学、数学以及社会学、经济学、法学等多种学科的知识。所以，环境科学是一门综合性很强的学科。研究环境科学，必然要使用综合法。

另外，创立一门新的交叉学科，也必须使用综合法。比如，数学物理，就是数学和物理学的综合而诞生的交叉学科。数学物理是以研究物理问题为目标的数学理论和数学方法。

当然，综合法并不等于简单的堆砌和拼凑，而必须使成果在功能、性能有新的变化,能给人带来新的使用价值和实际意义。

综合法是一种简便易行、收效较快的方法。这是因为,作为综合的各个组成部分,都是已有的理论、技术、方法、设备,因此在技术上没有更大的障碍。同时,综合的范围相当广阔,可供综合的情况灵活多样,这又给综合以无限的机会。

2. 综合法的操作步骤

使用综合法可按以下步骤进行。

第一,确定研究课题要解决的问题,以及要达到的目的。

第二,确定达到目的需涉及的领域、学科、行业、知识、技术等。

第三,广泛联系需要涉及的领域、学科、行业、机构,共同协作,科研攻关,从而制定攻克研究课题的方法与策略。

七、用途拓展法

用途拓展法就是在某技术、产品或物品原先用途的基础上,开拓出在不同领域、不同行业、不同学科的多种不同用途的跨学科思考方法。

鲁迅先生在《准风月谈》中,讲过一个故事:柳下惠看见糖水,说可以用来滋补身体养老;而盗跖见了,却道能用来粘门闩。他俩是兄弟,所见的又是同一种东西,想到的用法却这么天差地远。糖水可以用来滋补身体养老,是它本来就有的用途,不能算是用途的拓展;糖水能用来粘门闩,便是在糖水这一物品本来就有的用途之外,再探求出不同领域、不同行业、不同学科的不同的新的用途,这就是用途的拓展。跨学科思考的用途拓展,就是有意地发掘、拓展现有事物的新功用的方法。

1. 用途拓展法与跨学科思考

用途拓展法广泛地存在于科技和生活中,是跨学科思考的活力源泉。比如小苏打的用途拓展。

小苏打,即碳酸氢钠,俗称小苏打、苏打粉,是食品工业中一种应用最广泛的疏松剂,用于生产饼干、糕点、馒头、面包等,是汽水饮料中二氧化碳的发生剂。市场对小苏打这种功能需求,是从社会上对碳水化合物的消费需求中衍生出来的。但是随着工业的发展,美国市场对以蛋白质为基础的热量消耗越来越多,而对碳水化合物的消费则越来越少,因而市场对小苏打发酵功能的需求也就不断萎缩。生产小苏打的阿尔姆-哈默公司为摆脱困境，便着力探求小苏打的新用途。他们对小苏打的性能进行跨学科的研究分析，发现昔日只用于饼干、糕点发酵的东西还具有多种性能：可以除臭，具有柔和的腐蚀作用，可以用作清洗剂。在发现小苏打这些功能的基础上，一系列新产品概念被创造出来，这些创意很快成为市场中畅销的新产品。

根据小苏打的除臭味功能，研究者首先推出"电冰箱除臭盒"，将这种除臭盒放入电冰箱内，便能除去鱼肉等食品散发出来的异味，有效地保留了食品的鲜味。由于使用电冰箱的人十分普遍，电冰箱除臭盒也就畅销起来。此外，研究者还开发出供地毯、盥洗室、下水道、水族缸、猫舍、踏脚垫等除臭的专用产品。

小苏打所具有的清洗功能也促进了一系列新产品的诞生，烤箱清洗剂、餐具清洗剂、保健香皂等产品都使用了小苏打。

由于通过跨学科思考开拓了小苏打的新用途，阿尔姆—哈默公司化被动为主动，开创出一片新天地。

2. 用途拓展，科学技术推动社会发展的强大力量

科学技术、科技创新是推动社会发展的强大力量。然而，每一项科学发明、科学创造当初都非常弱小，像个初生的婴儿，是一代代人的辛勤培育，才得以成长、壮大，才能够造福于人类，这其中离不开人们对新发明、新创造孜孜不倦的用途拓展。

（1）"东方红一号卫星有什么用？"

有人曾这样发问："当初东方红一号卫星除了在太空播放东方红乐曲外，还有什么用？"

东方红一号卫星于 1970 年 4 月 24 日在酒泉卫星发射中心成功发射。卫星进行了轨道测控和《东方红》乐曲的播送。东方红一号卫星工作 28 天（设计寿命 20 天），于 5 月 14 日停止发射信号。东方红一号卫星仍在空间轨道上运行。

确实，在一般人看来，东方红一号卫星除了在太空播放东方红乐曲外，在当时好像没有多大用处。然而，东方红一号卫星的主要任务是进行卫星技术试验、探测电离层和大气层密度。东方红一号卫星研制发射是一项系统工程，包括研制运载火箭、建设发射场、研制卫星本体和卫星所携带的科学仪器、建立地面观测网等。东方红一号卫星发射成功,在中国航天史上具有划时代的意义,拉开了中国人探索宇宙奥秘、和平利用太空、造福人类的序幕,开创了中国航天史的新纪元。

如今,我国发射了各种人造卫星。科学卫星,进行大气物理、天文物理、地球物理等实验或测试;通信卫星,使覆盖区内的任何地面、海上、空中的通信站能同时相互通信;导航卫星,为人们开车导航,如今如果没有导航卫星,很多人在城市、公路开车会成为路盲;军事卫星,有侦察卫星、军用气象卫星、军用导航卫星、军用测地卫星、军用通信卫星和拦击卫星;气象卫星,绘制成各种云层、风速风向,地表和海面图片,得出各种气象资料;资源卫星,能"看透"地层,发现人们肉眼看不到的地下宝藏、历史古迹、地层结构,能普查农作物、森林、海洋、空气等资源,预报各种严重的自然灾害;星际卫星,可航行至其他行星进行探测照相……这一切,都离不开卫星用途的不断拓展。

(2)"人类登月有什么用?"

也有人向航天科学家发问:"人类登月有什么用?"

当年美国实施"阿波罗登月计划"过程中,约有 2 万家企业、200 多所大学和 80 多个科研机构参与,总人数超过 30 万人。该计划促进了许多领域的技术进步,催生了液体燃料火箭、微波雷达、无线电制导、合成材料、计算机、无线通信等一大批高科技工业,极大地提升了美国的国防实力和综合国力。其后数十年,该计划取得的技术进步成果逐步转向民用,带动了美国科技与工业的发展,造就了社会与经济的繁荣。

(3)"新生的婴儿又有什么用呢?"

1831 年 10 月 28 日,法拉第为了证实"磁能产生电",在大厅里对着许多宾客表演,只见他转动摇柄,铜盘在两磁极间不停旋转,电流表指针渐渐偏离零位,客人们赞不绝口,只有一位贵妇人不以为然,取笑法拉第说:

"先生,这玩艺儿有什么用呢?"

"夫人,新生的婴儿又有什么用呢?"法拉第把手放在胸前,欠身回答。语毕,人群中爆发出一阵喝彩声。

科学的发现、发明、创造最初就像婴儿一样,看不出有什么用处,但它的未来却有着强大的生命力。人类的电气化时代就由法拉第发电机的发明开始。人们不断拓展电力的用途,将电用到通讯行业,人类发明了电报、电话;

将电用来照明，人们发明了白炽灯、卤钨灯、荧光灯、高压汞灯、LED 灯；将电用到交通运输行业，发明了电车、电力机车；人们还发明了电脑、电视、网络。尤其是城市的霓虹灯使我们夜间的世界变得繁华，夜幕降临，华灯初上，现代的高楼大厦在霓虹灯的点缀下熠熠生辉，城市的夜晚如梦一般神秘美丽。

如今，可以说各个行业、人类生活的各个方面都离不开电。

人们不敢想象，一旦没有了电，我们的生活将会变成什么模样。假如没有电，我们将在一片黑暗中度过每一个夜晚。没有电，空调、风扇不会运转，电脑、手机、电视、冰箱、电饭煲、洗衣机、热水器、吹风机这些统统都不能使用，生活电器就成了一堆废铁。现代通信中断，我们的手机变成了废物，除了邮件、飞鸽传书，没有通信的可能。假如没有电，工厂里的所有机器都将停止生产，设备不能运转，产品制造不出来，我们的经济倒退，金融全部瘫痪。如果没有电，我们的世界不再有灯红酒绿，没有霓虹灯，没有音响，繁华的街道变得冷清，我们就仿佛回到了原始时代……

如今，电已渗入人类生活的方方面面。当初看似毫无用处的新生婴儿，已成长为一位非凡的天才，以惊人的方式改变着人类的生活。

重大的科学发现、发明、创造，是社会进步的强大推动力量，而这离不开人们将其向不同领域、不同行业、不同学科的用途拓展。

所以，请不要问："新生的婴儿有什么用？"

第二节　集中智慧的方法

跨学科研究往往需要不同学科、不同专业的人共同参与，需要集中不同学科、不同专业的人智慧才能。下面我们要讨论的便是集中众人智慧的方法。

一、头脑风暴法

头脑风暴法又称为智力激励法、BS 法、自由思考法，是针对所要解决的问题，召集各学科、各专业、各方面的人才，有组织地集体思考，利用集体的智慧，让人们敞开思想，使各种设想在相互碰撞中激起脑海中的创造性"风暴"，从而获得解决问题的方法。

头脑风暴法是由美国学者奥斯本于 1939 年首先创立并使用的。

头脑风暴法,是人们围绕某一个待探索或待解决的具体问题,运用语言、文字、符号、图画这些表达和交流的工具,按照一定的方式和规则表述各自的思考结果。在反复进行的思考与表述的过程中,每个人每次提出的思考结果,既是在别人的思考结果的启发下形成的,同时又成为刺激别人再思考的因素。实践证明,群体性的互激思考,其效果远远胜过一个人的冥思苦想。

1. 头脑风暴法的要点

头脑风暴法的要点是:每次集中不同专业、不同学科的 10 人左右参加会议,时间在 20 分钟到 1 小时之间,由主持人提出具体而明确的课题,然后围绕着课题发表各自的想法和意见,从中产生新的解决问题的方法。为了使每个参加会议的人都能充分表达和发挥自己的设想,奥斯本制定出与会者必须遵守的十项规定。

(1)严禁批评,因为批评对创造性思维会产生抑制作用。

(2)畅所欲言,大胆地各抒己见,尽可能地标新立异,提出独创性想法。

(3)追求数量,提建议不必要求质量,提出来就好,多多益善。

(4)延迟评判,当场不对任何设想作出评价,评价要到会议结束以后。

(5)每次讨论的题目不宜太小、太窄或带有限制性,但讨论时,必须注意针对问题的方向,集中注意力。

(6)参加会议的人员不分上下级,平等对待。

(7)在会上,不允许私下交谈,以免干扰别人的思维活动。

(8)不允许用集体提出的意见来阻碍个人的创造性思维。

(9)可以用别人的想法来刺激自己的灵感。

(10)各人提出的创造性设想不分好坏,一律记录下来。

有了这些规则,在会议上每个人的好的见解和独创性的设想就不会受到压抑,同时还可以充分利用别人的设想来激发自己的灵感,或者结合几个人的设想产生新的设想,所以要比单独思考更容易得到数量众多的、有价值的设想。一般来说,讨论一个小时就可产生数十至数百个设想。

2. 头脑风暴法与跨学科研究

头脑风暴是跨学科研究行之有效的方法。当我们在生产、生活中遇到难题时,不妨召集不同领域、不同专业、不同学科的人员参加会议讨论,在众多思想碰撞、激励中，无数的奇思妙想就可能涌现。

让我们来看一个应用"头脑风暴法"的实例。

某蛋糕厂为了提高核桃裂开的完整率，对"如何使核桃裂开而不破碎"进行了一次小型的头脑风暴会议，会上大家提出了近 100 个奇思妙想，但似乎都没有实用价值。其中有一个人提出："培育一个新品种，这种新品种在成熟时，自动裂开"。当时认为这是天方夜谭，但有人利用这个设想的思路继续思考，想出了一个核桃被完好无损取出而简单有效的好方法：在外壳上钻一个小孔，灌入压缩空气，靠核桃内部压力使核桃裂开。

头脑风暴是一种极为有效的集思广益、发挥集体智慧的方法。我们常常有这样的体验，一个人在一个热烈的环境中，当看到别人发表新奇的意见时，思维受到刺激，情绪受到感染，潜意识被自然地唤醒，巨大的创造智慧自然地迸发了出来，大量的信息不断地充斥着人的大脑，奇思妙想就会喷涌而出。这时，在场的人就会压抑不住自己内心的激动，争着抢着想把自己心里的想法说出来。场面越是热烈，争着发言的人就会越多；发言的人越多，形成的点子就会越多，于是，一个个好的方案就这样形成了。

下面是另一个应用"头脑风暴法"的实例。

美国北方，冬季严寒，在大雪纷飞的日子里，电线上积满了冰雪，大跨度的电线常被积雪压断，造成事故。过去，许多人试图解决这一问题，但都未能如愿以偿。后来，电信公司经理应用奥斯本的头脑风暴法，尝试解决这一难题。他召开了一个能让头脑卷起风暴的座谈会，参加会议的是不同专业的技术人员，并宣布了必须遵守的有关会议原则。按照会议原则，大家七嘴八舌地议论开来。

"设计一种专用的电线清雪机清除积雪。"

"可以用电热来化解冰雪。"

"建议用振荡技术来清除积雪。"

"能不能带上大扫帚，乘坐直升飞机去清扫电线上的积雪？"

各种各样的方案被提了出来，对于"坐飞机扫雪"的设想，大家心里尽管觉得滑稽可笑，但在会上也无人提出批评。相反，有一工程师在百思不得其解时，听到用飞机扫雪的想法后，大脑突然受到触动，一种简单可行且高效率的清雪方法冒了出来。他想，每当大雪过后，出动直升飞机沿积雪严重的电线飞行,依靠高速旋转的螺旋桨即可将电线上的积雪扇落。他马上提出"用直升飞机扇雪"的新设想,顿时又引起其他与会者的联想,有关飞机除雪的主意一下子又多了七八条。不到一小时,与会的 10 名技术人员共提出 90 多条新设想。经过试验,用直升飞机扇雪真能奏效。

清除电线上的积雪,是电力输送方面的课题;直升飞机,是一种运输的工具。然而在头脑风暴会议中,却巧妙地实现了这不同学科之间的跨越。将一个电力输送方面久悬未决的难题,借用作为运输工具的直升飞机而得到了巧妙解决。

头脑风暴法一出现,就受到人们的重视。不久便在许多国家得到推广。实践证明,头脑风暴是跨学科研究中,一种倡导多人、多学科、多背景、多角度地充分自由交流的科研理念,是行之有效的实现集体思考的方法。随着社会问题的复杂化和课题涉及技术的多元化,单枪匹马式的冥思苦想将变得软弱无力,而汇聚集体智慧的头脑风暴法则显示出巨大的威力。

二、书写式 BS 法

BS 法,即头脑风暴法,是一种高效的集中智慧的方法。在此基础上,各国学者们根据自己的民族习惯、思维方式的不同,提出了头脑风暴许多新方法。"书写式 BS 法",就是以书写代替口头发言的头脑风暴法。

1. 635 法

奥斯本头脑风暴法传入德国后,鲁尔巳赫根据德意志民族习惯于沉思的性格,进行了改良,创造了默写式头脑风暴法。该法规定:每次会议 6 个人,每个人在 5 分钟内在设想卡片上写出 3 个设想,故又称为"635 法"。这种方法同样也是采用会议的形式,由会议主持人宣布议题,并对与会者提出的疑问进行解释。接着,每人发几张设想卡片,并在每张设想卡片上标上 1、2、3 的编号。第一个 5 分钟内,每人针对议题在卡片上填写 3 个设想,然后将设想卡片传给右邻的到会者。在第 2 个 5 分钟内,每人从别人的 3 个设想中得到新的启发,再在卡片上填写 3 个新的设想,然后将卡片再传给右邻的到会者。这样,半个小时可以传递 6 次,一共可以产生 108 个设想。默写法可以避免出现由于少数人争着发言而使设想遗漏的情况,不足的是相互激励的气氛没有公开发言方式强。

2. CBS 法

CBS 法是由日本创造开发研究所所长高桥诚根据奥斯本的方法改良而成。具体做法是：会前明确会议主题，每次会议由 3～8 人参加，每人持 50 张名片大小的卡片，桌上另放 200 张卡片备用。会议大约举行一小时。最初 10 分钟为"独奏"阶段，与会者各自在卡片上填写设想，每张卡片写一个设想。接下来的 30 分钟，与会者按座位次序轮流发表自己的设想，每次只能宣读一张卡片。宣读时将卡片放在桌子中间，让到会者都能看清楚。宣读后，其他人可以提出质询，也可以将启发出来的新设想填入备用的卡片中。余下的 20 分钟，让与会者相互交流和探讨各自提出的设想。

3. NBS 法

日本广播电台也开发了一种 NBS 法。这种方法的具体做法是：会前明确主题，每次会议也由 3～8 人参加，每人必须提出 5 个以上的设想，每个设想填在一张卡片上。会议开始后，各人出示自己的卡片，并依次作说明，在别人宣读设想时，如果自己形成思想共振，产生新的设想，应立即填在备用的卡片上。待到会者发言完毕后，将所有卡片集中起来，按内容进行分类，横排在桌子上，每类卡片加上一个标题，然后再进行讨论，挑选出可供实施的设想。

4. MBS 法

奥斯本法虽然能产生大量的设想，但由于它严禁批评，这样就难于对设想进行评价和集中，日本三菱树脂公司对此进行改革，创造出一种新的智力激励法——MBS 法，又称三菱式智力激励法。MBS 法活动进行时，首先要求出席者预先将与主题有关的设想分别写在纸上，然后轮流提出自己的设想，接受提问或批评，接着以图解方式进行归纳，再进入最后的讨论阶段。MBS 法实施步骤如下。

（1）主持人提示主题。

（2）各人将构想写在笔记本上（10 分钟左右）。

（3）各人提出自己的设想，每人以 1 至 5 个为限。主持人再把各人构想写在纸上。其他人在听了宣读者提出的设想后，受到启发而想到的也可记下。

（4）尽量提出全部构想。

（5）由提案人对构想进行详细说明。

（6）相互质询，进一步修订提案。

（7）主持人用图解方式进行归纳。

（8）全体出席者进行讨论。

MBS法注意事项：参与成员，以10至15人为宜。一次活动费时约三至四个小时，故负责归纳整理者相当重要。

三、逆向式 BS 法

逆向式BS法，即反向头脑风暴方法。有的时候，典型的头脑风暴遇到障碍，比如，已经表达了他们所有最好的想法，没有什么可补充，但还没设想出解决难题的有效方案；项目本身变得困难或棘手，参与者筋疲力尽。在这种情况下，不妨使用一种极具创造性的逆向式BS法，不仅能让创意源源不断，而且还很有趣，可以激发创新的想法。

逆向头脑风暴法是由热点公司发明的，是一种小组评价的方法，其主要用途是借以发现某种观念的缺陷，并预期如果实施这种观念会出现什么不良后果。

1. 逆向头脑风暴的基本步骤

（1）质疑阶段：参加者对设想提出质疑，研究有碍设想实现的所有限制性因素，对设想无法实现的原因进行论证。质疑过程一直进行到没有问题可以质疑为止。

（2）对每一个质疑编制一个一览表。

（3）对质疑过程中的评价意见进行估价，以便形成一个对解决所讨论问题实际可行的最终设想一览表。

比如，某电商销售业务收到异常数量的退回商品，商家想弄清楚为什么会发生这种情况，以及怎样改正，于是采用逆向头脑风暴法讨论。

首先，将问题翻转，并开始提问："怎样才能保证每件售出的产品都会被寄回给我们，并且里面有一张愤怒的纸条，方法是什么？"

于是与会者对翻转后的问题进行头脑风暴。

"以错误的尺寸和错误的颜色发送错误的商品。"

"只发送一半的订单——例如只发一只鞋。"

"对产品收取的费用高于目录中的说明。"

"在目录中歪曲产品，因此客户对每次购买都感到不愉快。"

"用第一次使用时就散架的蹩脚材料制作产品。"

"使产品无法使用或组合在一起。"

鼓励大家集思广益，并且在这一阶段不要评判任何想法。

一旦你有一个糟糕的想法列表，请尝试将它们翻转以找到解决实际问题的方法。例如：

制定政策以仔细检查每个订单在各个方面是否正确；建立一个配送系统，可以在 24 小时内将每个订单放入邮件中等。

2. 逆向头脑风暴的优缺点

逆向头脑风暴的过程很吸引人，通常很有趣，有时发现负面比正面更容易，可以揭示问题和挑战，可以带来创新和有趣的结果。

但是，逆向头脑风暴如果没有良好的引导，很容易偏离轨道，可能需要比典型头脑风暴更长的时间；参与者可能难以"翻转"负面评论以找到积极的解决方案。

逆向头脑风暴法是将典型头脑风暴颠倒过来的过程。头脑风暴法是用来刺激创造新观念、新思想，而逆向头脑风暴法则是以批判的眼光揭示某种观念的潜在问题。这是一种利用消极、敌意、沮丧和愤怒的情绪作为积极解决问题的工具的好方法。因此，逆向头脑风暴可以成为将消极抱怨的会议转变为积极头脑风暴会议的工具。

四、德尔菲法

德尔菲法，一种反馈匿名函询法，也称专家调查法，1946 年由美国兰德公司创立。

德尔菲这一名称起源于古希腊有关太阳神阿波罗的神话。

德尔菲是 Delphi 的中文译名，德尔菲是古希腊地名。德尔菲在距雅典 150 公里的帕那索斯深山里，是世界闻名的古迹。古希腊人认为，德尔菲是地球的中心，是"地球的肚脐"。宙斯为了确定地球的中心在哪里，从地球的两极放出两只神鹰相对而飞。两只鹰在德尔菲相会，宙斯断定这里是地球的中心，于是将一块圆形石头放在德尔菲，作为标志。如今这块石头就珍藏在德尔菲博物馆里。

相传太阳神阿波罗在德尔菲杀死了一条巨蟒,成了德尔菲主人。在德尔菲有座阿波罗神殿,是阿波罗神晓示神谕的地方,它的预言和指示,都深刻地影响了希腊世界的文化和历史。

德尔菲是一个预卜未来的神谕之地,人们为了给"专家调查法"取个醒目的名字,就将德尔菲富有预卜未来的传说,借用过来作为这种方法的名字。

德尔菲法的大致流程是:在对所要解决的问题征得专家的意见之后,进行整理、归纳、统计,再匿名反馈给各专家,再次征求意见,再集中,再反馈,直至得到一致的意见。

20世纪中期,当美国政府执意发动朝鲜战争的时候,兰德公司提交了一份预测报告,预告这场战争必败。政府完全没有采纳,结果一败涂地。从此以后,德尔菲法得到广泛认可。

1. 德尔菲法的特征

(1)权威性。专家组成员是不同学科领域的权威,具备丰富的经验和学识,因而具有权威性。

(2)匿名性。由于采用匿名的方式,每一位专家能够独立地做出自己的判断,不会受到其他因素的影响。

(3)统计性。它报告1个中位数和2个四分点,其中一半落在2个四分点之内,一半落在2个四分点之外。这样,每种观点都包括在这样的统计中,避免了专家会议法只反映多数人观点的缺点。

(4)趋同性。预测过程经过几轮反馈,使专家的意见逐渐趋同。

正是德尔菲法具有以上特点,使它在诸多判断预测或决策手段中脱颖而出。这种方法的优点主要是简便易行,具有一定科学性和实用性,可以避免会议讨论时因畏惧权威而随声附和,或固执己见,或因顾虑情面不愿与他人意见冲突等弊病;同时也可以使大家发表的意见较快收敛集中,参加者也易接受结论,具有一定程度综合意见的客观性。德尔菲法的主要缺点是过程比较复杂,花费时间较长。

2. 德尔菲法的实施步骤

德尔菲法的具体实施步骤如下。

(1)确定研究题目。按照课题拟定提纲,准备向专家提供的资料(包括预测目的、期限、调查表以及填写方法等)。

（2）组成专家小组。按照课题所需要的知识范围，确定专家，挑选的专家应有一定的代表性、权威性。专家人数一般不超过20人。

（3）向专家提问。向所有专家提出所要预测的问题及有关要求，并附上有关这个问题的所有背景材料，同时请专家提出还需要什么材料。然后，由专家做书面答复。

（4）专家提出预测意见。各个专家根据他们所收到的材料，提出自己的预测意见。并说明自己是怎样利用这些材料并提出预测值的。

（5）汇总专家意见。将各位专家的第一次判断意见汇总，列成图表，进行对比，再分发给各位专家，让专家比较自己同他人的不同意见，修改自己的意见和判断。也可以把各位专家的意见加以整理，或请身份更高的其他专家加以评论，然后把这些意见再分送给各位专家，以便他们参考后修改自己的意见。

（6）多次汇总、反馈专家意见。将所有专家的修改意见收集起来，汇总，再次分发给各位专家，以便做第二次修改。逐轮收集意见并为专家反馈信息是德尔菲法的主要环节。收集意见和信息反馈一般要经过三、四轮。在向专家进行反馈的时候，只给出各种意见，但并不说明发表各种意见的专家的具体姓名。这一过程重复进行，直到每一个专家不再改变自己的意见为止。

（7）对专家的意见进行综合处理。德尔菲法依据系统的程序，采用匿名发表意见的方式，即专家之间不得互相讨论，不发生横向联系，只能与调查人员联系，通过多轮次调查专家对问卷所提问题的看法，经过反复征询、归纳、修改，最后汇总成专家基本一致的看法，作为预测的结果。这种方法具有广泛的代表性，较为可靠。

3. 德尔菲法和头脑风暴法的异同点

德尔菲法和头脑风暴法有联系，又有区别。它们的联系在于，都是集中集体智慧的方法。它们又有区别，区别之处在于以下五点。

（1）专家选择的代表、人数不同。头脑风暴法所选专家人数一般为5～10人；德尔菲法专家选择相对广泛。

（2）讨论的氛围不同。头脑风暴法易受权威、会议气氛和潮流等因素影响；德尔菲法采用匿名征询的方式征求专家意见，消除了专家会议调查中专家易受权威、会议气氛和潮流等因素影响的缺陷。

（3）获取专家意见的工具不同。头脑风暴法一般采用即兴发言的形式进行；德尔菲法运用编制调查表的方法，把调查表分发给受邀参加预测的专家，并且专家之间互不见面和联系。

（4）专家对问题的回答不同。头脑风暴法因为是即兴发言，因而普遍存在逻辑不严密、意见不全面、论证不充分等问题；德尔菲法的专家对调查表的提问有足够的时间作出充分的论证和详细的说明。

（5）所用时间不同。头脑风暴法的会议讨论的时间一般为 20～60 分钟；德尔菲法一般要进行四轮的征询调查，所用时间较长。

德尔菲法是利用函询形式的集体匿名思想交流的方法，广泛应用于经济、社会、技术、工程等众多领域。在跨学科研究中，使用德尔菲法对课题的选择、方案的设计、成果的评价与推广等各方面都有重要的作用。

五、派生德尔菲法

德尔菲法是一种利用函询形式进行的集体匿名思想交流的方法，具有广泛的代表性。但德尔菲法本身也有许多缺点。例如，许多专家不熟悉德尔菲法，或不了解有关问题的背景材料，因而难以做出正确的预测，甚至不知从何下手去做预测；由于是背靠背地书面回答预测意见，有关专家无法知道别人预测的根据是什么；有的专家在获得前一次预测意见的汇总资料后，再次预测时往往会出现简单地向中位数靠拢的趋势等。为了克服这些缺点，派生德尔菲法就应运而生了。派生德尔菲法是为满足不同条件的需要，在经典德尔菲法的基础上进行某些修正，由此而形成的各种改良方法。

派生德尔菲法的种类可分为以下两个方向。

1. 保持德尔菲法基本特点的派生德尔菲法

这类派生德尔菲法在保持经典方法的匿名性、反馈性和统计性特点不变的前提下，做了新的改进，以克服经典方法中的某些缺陷。例如，第一，预测机构在发出预测问题的调查提纲时，改变原来只提供空白预测事件一览表的方法，组织者可根据已掌握的资料或征求专家的意见，预先拟定一份预测事件一览表，在第一轮调查时提供给专家，供专家应答时参考。

第二，减少反馈的次数，经典的方法一般规定为四轮，但这大多要耗费一年以上的时间。派生的德尔菲法规定,如果专家的意见一致或者趋向稳定,就可以在第三轮或第二轮时停止调查,不再反馈。

第三,专家对预测结果进行自我评价。专家对调查表中问题的专长或熟悉程度,自我评价越高,说明对问题的回答越有把握。组织者分析这些专家的自我评价,进行统计处理,有利于提高预测的精确度。

第四,允许做出三种不同的预测方案,可以要求专家就事件实现的时间提供多个概率不同的日期,组织者可将中位数作为预测日期,以其他日期的中位数为可供参考的波动范围。

2. 部分地改变德尔菲法基本特点的派生德尔菲法

(1)部分取消匿名性。经典方法匿名性有助于发挥专家个人的长处,不受他人的直接影响。但有时部分取消匿名性也能保持经典方法的这一优点,而且可以加快预测进程。具体做法是:有的是先匿名询问,公布汇总结果后进行面对面的口头辩论,然后再匿名做出新的预测;有的是专家们先公开阐明白己的观点和论据,再匿名做出预测,然后再公开辩论,再匿名预测。

(2)部分取消反馈。反馈是德尔菲法的核心,具有重要的作用。但有时为了提高预测效果,可以部分取消反馈。有的是只反馈意见的幅度,而不反馈中位数,以防止盲目向中位数靠拢的倾向;有的是只向预测意见差别最大的专家反馈,而不向其他专家反馈等。

派生德尔菲法由于实行了种种改进措施,因而在提高德尔菲法的工作效率和预测质量等方面,都起了一定的积极作用。

六、故事墙法

故事墙法,是有效集中团队成员智慧、提升团队协作效率的方法。故事墙法指的是在整个团队都能看到的地方,设置一个栏目,将团队的工作、所要完成的项目任务、各团队成员所承担的任务、任务执行中遇到的困难等,以卡片这种可视化的形式展现出来,各团队成员也可把自己解决难题的奇思妙想用卡片形式公示出来,起到一种集思广益的作用。

故事墙可设置以下栏目。

1. "待办事项"栏

负责人需要把将要做、还没有开始做的任务,添加到"待办事项"栏,方便团队成员清晰看到近期总共有哪些任务，以便提出创造性设想。

2. "进行中"栏

放置正在进行中的任务，方便团队成员清晰看到自己正在进行的工作有哪些。可展示当前工作的进展是否顺利，遇到什么瓶颈。每位成员还可以把自己工作中的一些想法和心得分享出来，提出自己的看法；或者说有什么困难，需要其他成员或者其他部门帮忙，也可以及时提出来；团队成员可将自己的解决问题的方法用卡片的形式展示出来。

3. "已完成"栏

负责人把已完成的任务移动到"已完成栏"，方便团队成员清晰看到自己已经完成的工作任务有哪些。

引入团队故事墙的目的就是让整个项目进度变得可视化，大家能够主动发现问题所在，看到瓶颈所在，才能更好地集中团队的智慧，解决遇到的问题，从而有效提升团队协作效率。

七、工作群法

工作群法，是指利用网络工具，针对工作任务，开设工作群的一种集中群体智慧的方法。在工作群中，团队成员共享信息、协调工作进度、群策群力解决问题和建立起团队合作的精神。

在工作群中，为取得有效的沟通效果，要注意以下六点。

第一，明确沟通目的。

在开始沟通之前，要明确沟通的目的、要完成的任务、要解决的问题。在遇到问题或困难时，团队成员应该积极寻求帮助和建议，以便能够尽快解决问题并推动工作进展。同时，在团队中的推动积极向上的沟通氛围将有助于激发团队成员的创造力和合作意愿。

第二，尊重他人。

在工作群中，要尊重团队其他成员的意见和建议，即使不同意其他成员的观点，也要尊重他们表达自己的看法的权利，并避免使用攻击性的语言或贬低他们的贡献。

第三，使用简洁明了的语言。

使用简洁明了的语言可以确保信息能够被其他人快速理解和消化。因此，要避免使用复杂的术语或过于冗长的句子。

第四，及时回复信息。

及时回复信息可以确保团队成员知道你已经看到了他们的信息，并且可以避免信息丢失或延误。即使暂时无法解决问题，也应该及时反馈情况，以保持信息的流动和工作的连续性。

第五，合理利用工具和功能。

工作群提供了许多功能，如文件共享、语音通话、在线会议等，合理利用能提高沟通的效率。团队成员应该熟练掌握这些功能，合理利用它们来简化工作流程和提高工作效率。

第六，使用表情符号。

在工作群中，使用表情符号可以增加你的信息表达力和亲和力。但要注意不要过度使用表情符号，以免影响信息有效传达。

工作群是一个高效沟通协作的平台，为团队成员相互沟通提供了便利，有助于团队集中群体智慧提高工作效率，达到工作目标。

第三节　研究的方法

研究方法，是指在研究活动中发现新现象、新事物，或提出新理论、新观点，揭示事物内在规律的工具和手段。

一、比较研究

比较研究法是根据一定的标准，把彼此有某些联系的事物放在一起进行考察，寻找其异同，以把握研究对象特性的一种研究方法。

比较学科就是以比较方法作为主要研究方法，对具有可比性的两个或两个以上的不同系统进行研究，探索各系统运动发展的特殊规律及其共同一般规律的科学。比较学科的交叉性是通过跨时代、跨地域、跨民族、跨学科、跨领域的比较研究体现的。如古今比较、东西方比较、不同民族比较、不同学科不同领域比较等。

1. 比较法的类型

根据不同的标准，我们可以把比较法分成如下四类。

（1）按属性的数量，可分为单项比较和综合比较。

单项比较，是按事物的一种属性所进行的比较。

综合比较，是按事物的所有（或多种）属性进行的比较。

（2）按时空的区别，可分为横向比较与纵向比较。

横向比较，是对同时并存的事物进行比较。

纵向比较，即同一事物在不同时期的比较。

（3）按对象的类别情况，可分为同类比较与异类比较。

同类比较，是对两种或两种以上性质相同的事物进行比较。

异类比较，是对两种或两种以上性质不同的事物加以比较。

（4）按目标的指向，可分成求同比较和求异比较。

求同比较，寻求不同事物的共同点以寻求事物发展的共同规律。

求异比较，是比较两个事物的不同属性的比较。

2. 比较法的实施程序

运用比较法虽然没有固定的模式，但一般来说，总是要明确比较什么，如何比较，比较的目的等。

（1）明确比较的主题。就是说要知道比较什么问题。

（2）提出比较的标准。就是运用比较法的根据。

（3）收集、整理比较材料。

（4）解释比较的内容。

（5）得出比较的结论。在对材料进行全面分析研究的基础上，对所揭示现象的本质和规律，得出研究结论。

3. 运用比较法的要求

（1）比较的资料准确可靠。

（2）比较的标准科学合理。

（3）注意事物之间的可比性。如果不是同一范畴、同一标准的材料就不能进行比较。如果违反可比性原则，其结论必然是虚假的。

（4）不仅要比较事物的现象，更重要的是要比较事物的本质。

（5）研究者要有较为广博的知识面。广博的知识和丰富的经验是应用比较研究的基础。

二、文献研究

文献是记录知识的一切载体，是把人类的知识用文字、图形、符号、音像等手段记录下来的有价值的典籍，包括各种手稿、书籍、报刊、文物、影片、录音、录像、磁带、幻灯片及缩微胶片等。文献研究法是根据一定的研究目的或课题要求，通过调查文献来获得资料，从而全面、正确地了解、掌握所要研究问题的一种方法。

文献研究是一种既古老又富有生命力的研究方法。没有一项科学研究是不需要查阅文献的。文献是进行科学研究的基础，科学研究必须充分地阅读资料，以便掌握有关的科研动态，了解前人已取得的成果、今人研究的现状等，这是进行科研的必经阶段。

1. 文献研究的作用

文献研究是一项站在巨人肩膀上的工作，有着举足轻重的作用。

（1）有助于研究者选择和确定研究课题。

（2）避免重复劳动，提高科学研究的效率。避免解决前人已经解决了的问题，甚至避免再犯前人已经犯过的错误。

（3）提供科学研究的证据。研究中掌握大量文献信息，往往意味着拥有充分的证据。

2. 文献的分布

文献资料的分布极为广泛且形式多样，主要有以下五种形式。

（1）图书。包括名著要籍、专著、教科书、资料性工具书及科普读物。它是品种最多、数量最大、历史最长的资料。

（2）报刊。报纸和期刊均属连续出版物。报纸时效性更强，传播信息的速度更快，但不足的是资料分散且不易保存；期刊是定期或不定期的连续出版物，由于出版周期短、内容新颖、论述深入、反映学术界当前最新研究成果，所以是科学研究的主要参考资料。

（3）档案类。档案资料是人类在各种社会实践活动中直接形成的、并且具有保存价值的原始文献材料，包括年鉴、法令集、调查报告、学术会议文件、地方志、墓志、碑刻等。

（4）非文字资料。该部分包括遗迹、绘画、出土文物、歌谣等。

（5）现代信息技术载体中的文献。由于它的容量大，检索速度快且覆盖面广,已经成为重要的资料信息来源。

3. 寻找文献的渠道

(1)互联网。互联网的资源极其丰富,几乎一切人类的信息资源都可以找到,查找有关的研究资料更为方便快捷。

(2)图书馆。近现代图书馆大都面向社会,提供开放式服务,是收集、整理、保存、传递科学文献知识的机构,也是文献交流系统和研究工作者找寻资料的主要场所。

(3)档案馆。档案馆收集国家需要长期保管的档案,并对其进行整理、编目、保管和研究。

(4)博物馆。博物馆是科学研究部门、文化教育机构,是物质文化和精神文化遗产或自然标本等的主要收集场所。

(5)学术会议和个人交往。参加本专业或相关专业的学术会议,是搜集研究文献资料的一条重要渠道。

4. 文献的整理

文献收集到一定程度,必须对文献做去粗取精、去伪存真、由表及里的加工工作。主要包括:剔除假材料,去掉相互重复、陈旧过时的资料;保留那些全面、完整、深刻和正确地阐明所要研究问题的有关资料;研究含有新观点、新材料的资料;对孤证材料要特别慎重。对准备利用的文献资料必须对其可靠性进行鉴别和评价,对那些不完全可靠的或有待进一步明确的资料,则不予采用。

5. 文献综述

文献综述是文献综合评述的简称,指在全面搜集有关文献资料的基础上,经过归纳整理、分析鉴别,对一定时期内某个学科或专题的研究成果和进展进行系统、全面的叙述和评论。文献综述的形式和结构一般可分五个部分:绪言、历史背景、现状分析、趋向预测和建议、参考文献。

6. 文献研究法的优缺点

文献研究法的优点有以下两点。

(1)文献研究法能用以研究不可能接近的研究对象。文献法超越了时间、空间限制,这一优点是其他调查方法不具有的。

(2)文献法省时、省钱、效率高。文献调查是在前人的劳动成果基础上进行的调查，是获取知识的捷径，能用比较少的人力、经费和时间，获得比其他调查方法更多的信息。

文献研究法的缺点有以下三点。

（1）文献本身不完善。有的文献有偏见，如扬善隐恶、报喜不报忧，甚至夸大其辞，歪曲客观事实等。同时，纸质版文献有损耗、遗失的风险。

（2）文献收集困难。政府机关的文件、档案由于有保密的要求，有的不能公开；个人文献除已公开发表的内容之外，须经当事人许可才能获得，否则有侵犯隐私的法律风险。

（3）抽样缺乏代表性。文献资料主要是以文字记载的方式保存的，并非人人都能留下描述生活、思想、感情的文字资料。若仅仅依据现存文献来了解和分析人们所处生活状况和思想观念，则可能只了解到了社会中某一阶层的情况，未必具有广泛的代表性。

三、历史研究

历史，就是过去发生的一切，是指一切事物以往运动、变化、发展的过程。历史研究法是借助于对相关事物的史料进行分析、破译和整理，以认识研究对象的过去，研究现在和预测未来的一种研究方法。历史所涉及的范围十分广泛，历史研究法应用的范围也很广泛。它不仅应用于社会学科领域，也应用于自然学科领域，如生物史研究、地质史研究，地球史研究，宇宙史研究等。只要是追根求源，追溯事物发展的轨迹，探究发展轨迹中某些规律性的东西，就属于历史研究的范围，也就不可避免地要运用历史研究法。

1. 历史研究的跨学科意义

对有关事物的历史研究，就是针对不同学科的事物的研究与历史学科的跨越，能使我们获得对相关事物更深刻的认识，丰富人类知识的宝库，也能为我们跨学科研究开辟出无限广阔的研究天地。

在一定意义上说，没有科学的历史研究，就不会产生真正的科学。任何一门学科要想成为真正的科学，就必须运用历史研究法来认识它的过去，进而研究现在和预测未来。

历史研究是一种很有价值的研究方法。一方面，历史研究获得的大量史实，能为现实决策提供信息，通过考察历史可以找到当代社会问题的答案，这就是"以史为鉴"。另一方面,历史研究对于预测未来趋势也十分有用,它可以预测什么是可能的,什么是不可能的,减少决策者重复犯错的机率,为未来作出更明智的规划。

2. 历史研究的一般步骤

历史研究一般分为三个步骤。

(1)确定研究问题。不是任何问题都可以使用历史研究法,所以必须权衡该问题进行历史研究的可能性。

(2)搜集和鉴别史料。在历史研究法中要尽可能多地搜集史料,并鉴别其真伪,以真实再现事物发展的本来面目。

(3)分析和运用资料。要用历史唯物主义观点对史料进行分析探讨,以深入考察事物演进的内在成因和机理,从而发现和揭示事物演变的规律。

3. 史料的搜集与运用

史料是指能反映研究对象发生、发展过程及其规律性的一切文字和非文字的材料。

(1)史料的类型。

第一,文字记载。这一类的材料数量最多,是史料的主要源泉,包括经典、档案、报刊杂志、书信笔记等。

第二,史迹遗存。这部分材料,数量比前一种少,但十分珍贵,具有较高的说明力,包括历史遗迹、道路、建筑工事、家具、人类遗骸、衣物、食品、器皿、陶器、工具、兵器、机械、工业制造品等。

第三,口传习俗。口述流传的材料,如民间传说、民谣、故事等,往往可以反映出重要的风俗、典礼、社会制度等历史沿革。口传材料虽然误传机会较大,但可作为辅助、旁证材料使用。

(2)史料的收集。要尽可能大量、全面地把握与研究课题有关的史料,多途径地搜集史料。

要坚持严谨求实的态度。史料搜集不仅要力求全面、准确地反映研究对象的真实情况,而且要尊重历史的本来面目,用历史发展观点对待史料,不随意涂改史料,不把后人的思想观点强加于前人留下的史料中。要注意搜集不同观点及有争论的史料,证据不足时不轻易做出判断。

(3)史料的鉴别。由于各种原因,不少史料是伪造的、错误的,与史实不完全相符的,因此对所搜集的史料必须加以鉴别。鉴别的目的,不是为了摈弃它,而是为了厘清事实,以更好地运用材料。

鉴别史料的方法主要有:辨别版本真伪,从书的编排体例与同时代的同类出版物比较;看成书的内容与当时的时代是否相符;把史料描述的内容与产生的历史背景对照,看是否与当时政治、文化背景相悖;研究作者的生平、立场与基本思想,并且判断该书的语言与该作者其他作品的语言风格是否相同或相近;史料的体例是否一贯;史料中的基本观点、思想,前后是否一致。文字性史料的互证,同一个事实的发生时间、过程、有关人物的记载是否一致;用实物验证文字性史料;用精校细勘的善本和其他资料校对同一书籍,以确认史料的本来面目。

鉴别史料时应注意,有时同一个名词在不同的社会和时代会有不同的含义,它往往同我们今天的认知有相当大的距离。用今天的含义去套,就会产生误解,失去史料的本来意义。

(4)史料的分析。主要有历史的分析方法和逻辑的分析方法。

历史的分析方法,是通过整理、抓梳史料中错综复杂的历史记载,分析和厘清历史发展线索,明确其内在相互关系,论定是非。

逻辑的分析方法,基本的逻辑方法包括:形成概念,分析与综合,抽象与概括,归纳与演绎,从具体到抽象、再从抽象上升到思维的具体等。逻辑分析是基于历史分析基础上更高一个层次的认识方法,其特点是概括性、抽象性和本质性。

历史分析与逻辑分析不能截然分开,应注重两种方法的结合运用。

4. 历史研究要注意的问题

(1)全面分析,不脱离基本的历史联系。

(2)要善于抓住主要事实材料。各种史料浩如烟海,要善于抓住典型,把握主体,把握对象的本质和必然性。

(3)不能掺杂个人的主观色彩。不能按照主观的意图先提出结论,把结论强加上具体的史实;也不要做主观的臆想或推论,更不要牵强附会,每一个论点都要有充分的论据。

(4)要认识到前人的历史局限性。要以历史唯物主义的观点立场来看待、分析史料。不要拿今天的意识形态强加于前人,也不要以为凡是现在能够认识的事实,古人都能认识。

(5)依据充分的事实得出结论。科学的结论是建立在充分的事实基础之上的,不能单纯依据孤证武断地作出结论。

四、数学模型

数学是科学的皇后。近半个多世纪以来,随着计算机技术的迅速发展,数学的应用不仅在工程技术、自然科学等领域发挥着越来越重要的作用,而且以空前的广度和深度向经济、管理、金融、生物、医学、环境、地质、人口、交通等新的领域渗透。这其中就包括数学模型。

所谓数学模型,是指对所研究的现实原型的本质特征和关系,用数学语言所表达出来的一种形式化结构。它可以是一个或一组方程式,也可以是一个或几个函数式,还可以是几何图形或网络等。它或能解释某些客观现象,或能预测未来的发展规律,或能为控制某一现象的发展提供某种意义下的最优策略或较好策略。

数学模型的建立常常需要人们对现实问题进行深入细微的观察和分析,又需要人们灵活巧妙地利用各种数学知识。这种运用知识从实际课题中抽象、提炼出数学模型的过程就称为数学建模。

1. 数学模型建立的基本原则

(1)相似性原则。数学模型实际上是人对现实世界的一种反映形式,因此数学模型和现实世界的原型就应有一定的“相似性”,抓住与原型相似的数学表达式或数学理论就是建立数学模型的关键性技巧。相似性要求是数学模型可靠性的重要保证。

(2)简化原则。现实世界的原型都是具有多因素、多变量、多层次的比较复杂的系统,在建模过程中,要把本质的东西及其关系反映进去,把非本质的、对反映客观真实程度影响不大的东西去掉,使模型在保证一定精确度的条件下,尽可能的简单和可操作。

(3)可推导原则。由数学模型的研究可以推导出一些确定的结果,如果建立的数学模型在数学上是不可推导的,得不到确定的可以应用于原型的结果,这个数学模型就是无意义的。

(4)可检验性原则。即能够检验模型的结果是否符合允许误差的要求。

模型的检验过程也是模型的修正和改进过程。

上述要求是相互联系、相互制约的，必须全面考虑，兼顾各项条件。如果只考虑相似性原则，把全部影响因素都反映到数学模型中来，这样的数学模型很难建立起来，即使建立起来也难求解。反过来，如果仅考虑简单性原则，这样的数学模型虽然容易求解，但又难以保证数学模型的可靠性。同样，一个数学模型不能被实践所检验，不能确认它的结果的真理性，这样的数学模型也是不可取的。

2. 数学建模过程

一般说来，构建一个数学模型应包括以下几个基本步骤。

（1）对研究对象进行科学的抽象。科学研究的目的是揭示事物的本质和内在联系，因此，在建立数学模型时，首要的一步是对研究对象加以科学抽象。要区分事物的真象和假象，撇开事物外部的非本质联系，让事物的本质暴露出来。

科学抽象的过程，就是对事物去粗取精、去伪存真、由表及里的整理加工过程，是对事物的认识由感性向理性的过渡过程。只有这样，才有可能用数学语言来描述问题，符合数学理论，符合数学习惯，清晰准确。

（2）建立基本变量。根据对象系统的主要属性确立若干基本变量。在确定变量时，在不降低精确度的条件下，或在允许误差范围内，变量的数目越少越好。降低变量数目的原则是：对于有相似关系的两个变量，可归并为一个；对于使对象系统的状态、运动变化不大的变量，可视为常量处理。模型的参数是与研究对象系统有关的一些已知因素，它可能是变化的量，也可能是不变的常量。参量的选择通常与研究者的经验有关，有的参量值能预先确立下来，有的则需要在建模的过程中逐渐确立起来。

（3）收集实际数据。数据资料是否齐全、准确，对于建立正确的数学模型有着至关重要的作用。

（4）建立基本数量关系。依据所要解决问题的特点和收集整理的数据，选择合适的数学理论和方法，建立基本变量之间的关系式或几何图形。这些关系式和图形就是数学模型。

（5）数学模型的求解和评价。对比较简单的数学模型，可用手工方法直接求解，对复杂的数学模型应借助电子计算机来求解。对所求得的数学解，需回到实际问题中去,加以解释和评价。如果发现求得的数学解不符合实际,还要对模型进行修正和改进。常见的缺陷有:科学抽象不够合理,模型中含有无关的或关系不大的变量;收集的原始数据不可靠;对重要的变量没有建立起关系式;参数值不准确;数学关系式选择的不合理等。因此,建立数学模型一定要一边评价检验一边修正,直至得到最优的数学模型为止。

五、科学观察

科学观察法是指有目的、有计划地通过感官和辅助工具,对处于自然状态下的事物现象进行系统考察,获取经验事实,以揭示事物现象的本质及其规律的一种研究方法。所谓"自然状态下",是指对观察对象不加控制、不加干预、不影响其常态;由于人的感觉器官具有一定的局限性,观察者往往要借助各种仪器和手段。

科学观察是科研活动中收集第一手材料最基本、最常用的方法。

1. 观察法的类型

根据不同的划分角度,观察法可以有不同的分类。

(1)抽样观察法。抽样观察法是缩小范围的聚焦观察。抽样观察法大致有时间抽样观察法、场合抽样观察法和阶段抽样观察法。

① 时间抽样观察法。专门观察特定时间内观察对象的现象和过程。

② 场合抽样观察法。有意识地选择某个自然场合,观察研究对象。

③ 阶段抽样观察法。选择某一阶段,对观察对象的状态进行观察。

必须注意抽样的科学性,以保证观察结果能符合总体情况。

(2)追踪观察法。这是一种长期、系统、全面地观察研究对象发展过程的方法,其目的在于通过跟踪观察,清楚地了解和掌握观察对象发展变化的全过程材料,以便研究发展变化的规律性。这种方法常常用在对特殊的个案研究上,是一种实验观察类型。

(3)隐蔽观察法。为了使观察对象自然、放松,往往采用通过单向透光玻璃、电视、纱幕或潜视系统等进行观察,让观察对象不知不觉,这就是隐蔽观察法。

2. 观察法的一般步骤

(1)观察准备。首先要制订出观察计划,使观察有计划、有步骤、全面系统地进行。

（2）进行实际观察。进行实际观察应尽量按计划进行，不要轻易更换观察的重点、超出原定的范围，致使脱离原定的观察目的。

（3）观察材料的记录。观察时还要及时进行现场记录。记录要准确，要尊重客观事实；记录要全面，要根据观察内容将全部情况都记录下来，不能随便丢掉一些现象；记录要有序，要按事情发展的固有顺序记录，不能随意颠倒顺序。

（4）整理与分析观察资料。要检查所有记录的材料，如果有遗漏和错误，要设法补上记录和改正错误。

（5）撰写研究报告。研究人员根据课题的研究目的，依据观察获得的全面、翔实、可靠的材料，撰写课题研究报告，对一定现象的本质及发展变化规律进行初步探索。

3. 观察法的优点与局限性

观察法的优点有以下三点。

（1）观察所得材料客观、真实。

（2）观察具有及时性的优点，它能捕捉到正在发生的现象。

（3）观察适用范围较大，简便易行。

观察法的局限性有以下五点。

（1）时间的限制。某些事件过了时间就不会再发生。

（2）观察对象限制。观察法需获得观察对象的同意，由于种种原因，有时候难以获得观察对象的授权同意。

（3）受观察者本身限制。人的感官有生理限制，超出这个限度就很难直接观察。另一方面，观察结果也会受到主观意识的影响。

（4）观察者只能观察外表现象和某些物质结构，不能直接观察到事物的本质和人们的思想意识。

（5）观察法不适应于大面积调查。

4. 运用观察法应注意的问题

（1）要确保观察在自然存在条件下进行。绝对不能影响被观察者的常态，否则就会导致错误的结论。

（2）观察要如实地反映现实情况。观察者不能带有任何感情色彩，不允许掺杂个人偏见,否则就会掩盖观察对象的真实情况。

六、科学实验

科学实验,是研究者按照研究目的,合理地控制或创设一定条件,控制某些环境因素的变化,使得环境比现实相对简单,通过对可重复的研究现象进行观察,从中发现规律的研究方法。

科学实验是近代自然科学的精髓,在当代,任何从事自然科学研究的人都可能涉及到这一重要的科学研究方法。

1. 科学实验的作用

科学实验是科学认识中的一个重要环节,具有以下五个作用。

(1)可以纯化研究对象。自然界的对象和现象常常是各种因素混杂在一起,单凭观察难于分辨和认识它们的规律性。科学试验可以借助科学仪器、设备,排除各种偶然的、次要的因素的干扰,使认识的对象以比较纯粹的形态呈现出来,从而发现自然现象的规律。

(2)可以强化实验对象。人们可以利用各种实验手段,创造出在地球表面的自然状态下无法出现的特殊条件,如超高压、超高温、超低温、超真空和超强磁场等极端条件或环境,以便于人们对实验对象进行定向试验、研究,揭示它的运动规律和特性。

(3)实验方法具有加速或延缓研究对象变化过程的作用。有些自然事物或现象发生、发展和转化的过程较短,甚至转瞬即逝,使得人们无法进行研究;有些自然事物或现象发展变化的过程漫长,使研究工作旷日持久。实验方法可以主动地控制研究对象的发展变化过程,使它加速、变快或延缓、放慢,从而便于对其进行研究。

(4)实验可以再现和重复自然过程。自然条件下的现象,往往是一去不复返的,无法对其反复地观察。科学实验可以通过一定的实验手段,使被观察对象重复出现,有利于人们反复观察研究。

(5)实验方法可以作为中介环节,为生产实践和科学技术做出重大贡献。科学发展史表明,近代自然科学的重大突破,一般不是直接来自生产实践,往往要通过实验这个环节。例如电磁感应定律的确立,放射性化学元素的发现,基因学说的形成等,都不是直接来源于生产,而是实验研究的结果。

2. 科学实验的分类

随着科技的发展，实验的种类也越来越多，人们根据不同的分类标准，可将实验划分为不同的种类。

（1）定性实验。此类实验是用以判定某种因素、性质是否存在的实验。

（2）定量实验。此类实验是为了研究事物的数值，求出某些因素之间量的关系。如测定光速、热功当量等。

（3）验证性的实验。为了掌握或检验已有成果，而重复做以往已经做过的实验。

（4）结构分析试验。此为测定化合物的原子或原子团的空间结构的一种试验。如石墨和金刚石，它们的化学成分完全相同，但物理性质却大不相同，这要通过结构分析实验才能区分。

（5）对比试验。这是指设置两个或两个以上的实验组，通过对比结果的比较分析来探究各种因素与实验对象的关系的实验。

（6）模型试验。将实物的形状、结构按比例制成缩小或等比模型上进行的试验，以获取相关数据及检查设计缺陷。

（7）析因试验。这是指为了由已知的结果去寻求其产生的原因而设计和进行的试验，这种实验的目的是由果索因。

3. 科学实验的一般程序

实验的一般程序大体上可分为以下三部分。

（1）准备阶段。确立实验目的；明确实验的指导性理论；着手实验设计，要细致思考到，在实验的实施中可能会有哪些偶然性因素发生，这些偶然性因素会对实验效应带来什么影响；在实验设计中要采取相应的严格措施，以消除这种偶然因素对实验效应的影响；要确定实验步骤；要完成实验仪器、设备、材料的配备。

（2）实施阶段。这个阶段就是实验者操作一定的仪器设备使其作用于实验对象，以取得某种实验效应和数据。

（3）对实验结果的处理。对实验结果进行分析，区分应该消除的误差，确定实验的结果。

七、田野研究

"田野"，本意为田地和原野。田野研究又称现场研究、田野调查，是指所有实地参与现场的研究工作。

田野研究的"田野",不仅仅是野外的意思,实际上已经成了"现场"的代名词。田野,其真正的含义是指真实的、本来的、甚至是原始的,是开放的、丰富的,甚至是完全敞开的。只有在田野里,才能呼吸到新鲜的空气,产生研究的激情,获取原始而真实的信息。一种新的理论的生成点,不是在书本、书房,而是在"田野"。

田野研究属于人类学范畴的概念,是由英国学者马林诺夫斯基奠定的。在人类学史上,马林诺夫斯基之所以被看作划时代的人物,就是因为他在西太平洋的长年"田野"工作经历,并由此把人类学从安乐椅上解放出来,成为一门当时最具魅力的学科。田野研究已成为人类学引以为荣的学术传统。

田野研究的范围不断扩展,如今涉猎范畴和领域相当广阔,如人类学、语言学、社会学、行为学、民族学、民俗学、考古学、生物学、生态学、环境科学、民族音乐学、地理学、地质学、地球物理学、古生物学、社会学等。田野研究主要于实地进行,注重真实感,不粉饰,也不躲避,从田野中获取第一手资料信息,据实研究。

田野研究可分为以下四个阶段。

1. 准备阶段

田野研究必须做好充分的准备,准备阶段通常包括以下三个方面。

(1)选择调查点。选择调查点的基本要求:一是要选择有特色的地区;二是要选择有代表性、比较典型的地区;三是要选择有特殊关系的地区,也就是有自己的亲戚或朋友居住的村庄,亲戚或朋友对你准确了解情况大有帮助。

(2)熟悉调查点情况。熟悉民族成分、人口、历史、地理、特产、部落或民族支系等各方面的情况,收集有关的文献资料和地方志资料。如果对所调查的民族情况知之甚少,可能会得不到当地人的尊重和欢迎,得不到密切配合,或者对你的访问随便敷衍了事。

(3)撰写详细的调查提纲和设计调查表格。

2. 开始阶段

开始阶段也就是进入田野之后,但未正式进行田野调查阶段。

(1)要到当地政府报到,取得当地政府的支持。

(2)到达调查点所属县、乡后,进一步了解当地情况。

(3)选好居住地。选择居住地,要考虑三方面的因素:一是有利于调查,有助于参与观察和深度访谈。住在文化水平较高、对当地社会和文化十分熟悉的家庭中是较理想的。二是考虑安全因素，要考虑人身安全。三是考虑当地的派系关系，如果该村有两个对立的派别，而且关系较紧张，最好不要住在当地人家中，以保持中立，否则会影响调查的顺利进行。

3. 调查阶段

居住地选定之后，便开始正式调查，应注意如下六个方面。

（1）首先了解当地的一般社交礼仪和禁忌等。只有先了解当地一般礼仪和禁忌，才有可能较好开展田野调查。

（2）入乡随俗，尊重当地人。拜访当地人要遵从礼俗，通常一般都要带礼物。言谈举止要文雅，既要有风度，又要彬彬有礼，不说粗话、脏话。不要做有损人格之事，不去占小便宜。

（3）注意个人形象的设计。外在的形象应注意，服饰应整洁、大方，不要穿当地人不喜欢的服饰，不要留当地不喜欢的发型。

（4）观察要细。只有观察仔细，才能写出较成功的研究报告。

（5）访谈既要深，而且要有技巧。

（6）资料收集。着重收集新材料，收集过去没有人了解过的新材料或没有人了解过的新内容。了解该地区与同一民族其他地区的文化差异。注意资料的准确性，反复核实收集的材料。注意收集计划外的有价值的资料。每天做田野笔记。

4. 撰写研究报告

研究报告一般由标题和正文两部分组成。标题比如"关于××××的研究报告"。正文一般分前言、主体、结尾三部分。前言写明研究的起因或目的、时间和地点、对象或范围、经过与方法，以及人员组成等本身的情况，从中引出中心问题或基本结论。前言起到画龙点睛的作用，要精练概括，直切主题。主体是研究报告最主要的部分，这部分详述研究的基本情况、做法、经验，以及分析材料中得出的各种具体认识、观点和基本结论。结尾可以总结全文的主要观点，进一步深化主题。

八、调查研究

调查研究是指有目的、有计划、有系统地搜集有关研究对象的材料，以探求客观事物的真相、性质和发展规律的一种方法。调查研究能为科学研究人员提供既定研究课题的第一手材料和数据,能为行政部门制定政策、法令法规和制定发展计划提供依据,通过调查研究,还能为论证某一种假说提供事实根据,具有重要的意义。

1. 调查研究的步骤

调查研究有众多方法,在实施中一般可以分为以下八个步骤。

(1) 确定调查项目。调查项目要注意:一是必要性,所选课题是否有意义,迫切需要;二是可能性,客观条件包括人力、物力、财力、社会环境等是否容许进行该项研究;三是题目不宜太大。

(2) 设计调查问题。依据调查目标和调查项目,进一步制定出一系列能够实现目标的具体问题。

(3) 选择调查对象。对象的选择直接决定了调查研究的可信度,对象选取是否合适,是研究结果是否科学、可信的关键。

(4) 确定调查方法和手段。

(5) 制定调查计划。调查计划包括以下几个方面:用文字准确地表述出要研究的问题;将课题分为几个子课题,以便于操作;对人员、经费、资料、仪器等进行配置;确定研究进度,规定几个时间点,保证课题按时完成;保证各个子课题之间的信息沟通和相互合作。

(6) 实施调查。实施调查的过程中运用事先确定的研究方法了解研究对象的情况,要注意保持认真仔细,不带偏见的态度。

(7) 整理、总结调查结果。整理调查结果时应运用科学方法鉴别、筛选原始资料,检查资料是否完整、明确,并辨别资料的可靠程度,并得出初步总结。

(8) 撰写调查报告。在对资料进行统计分析的基础上,形成研究结论并撰写调查报告。发现内在问题,结合相应的理论进行分析,对所研究的问题作出解释,提出相应的意见和建议。

调查结束后,要把调查结果及时反馈给相关的部门和机构的领导或负责人,感谢他们的大力协助。

调查研究种类繁多,下面主要介绍问卷调查、访谈调查两类。

2. 问卷调查

问卷调查法是指研究者使用统一、严格设计的问卷来收集资料、数据的一种研究方法。

（1）问卷的结构。一张问卷调查表，通常包括下面三个部分。

① 标题。如"你每天看电视的时间是多少？"

② 指导语。卷首语的内容应该包括：应说明进行该调查的组织或个人的身份；说明本问卷调查的目的、意义、用途及与被调查者切身利益相关的价值、意义；交待清楚回答问卷中问题的要求和回答规则，以避免由于被调查者不清楚回答方式而带来的差错；说明问卷仅为科研所用，或答卷者不必署名，调查者负责对答案保密等。

③ 问卷题。这是问卷的主要部分。设计问题应遵循以下的原则：客观性原则，即设计的问题必须符合客观实际情况；必要性原则，即必须围绕调查课题和研究假设设计最必要的问题；可能性原则，即必须符合被调查者回答问题的能力；自愿性原则，即必须考虑被调查者是否自愿真实回答问题。另外，问题的数量一定要适度；问卷的贴切性。

问卷设计的最后一个环节是试测，发现原来问卷中的缺点与不足，然后进行修改与完善。

（2）问卷发放与回收。

问卷发放有集中发放、邮寄发放和线上发放三种形式。

邮寄调查问卷是调查中比较常用的办法，其优点是：可以节省大量的经费、人力和时间；邮寄调查问卷的方法只要一笔邮寄费，就可以完成问卷调查的填写部分；邮寄调查问卷可以同时发放问卷，然后在规定的时间内回收，有利于提高研究的效率；结果容易处理；调查对象在回答时比较自由，且因为没有调查员在现场，他们对于一些比较敏感的问题也可以安心作答。

邮寄调查问卷的不足之处：最大的缺陷就是不够灵活，因为无调查员在场，对于出现的一些问题无法及时处理；邮寄调查问卷使得调查对象有了较大的随意性，问卷回答的质量难以保证完全可靠；问卷的回收效率低。

3. 访谈调查

访谈调查，是调查员通过与调查对象进行交谈，收集口头资料的一种调查方法。访谈调查法的一般程序是由访谈员采访调查对象，把要调查了解的问题逐一讲给调查对象听，由调查对象作答；与此同时，访谈员必须将访谈对象的意见和表现详细记录下来，然后由调查者对这些访谈记录进行汇总分析,从而得出调查结论。

（1）**访谈调查的优缺点。**

访谈调查的优点：灵活性强,便于深入调查。调查员可以根据需要调整访谈提纲和表达方式,适当的时候还可以针对调查对象的回答进行追问,了解到更多的信息;搜集到的材料比较真实可靠,访谈员可与访谈对象单独交谈,从而比较容易判定访谈对象的回答是否真实可信;可以克服邮寄问卷回收率低的问题。

访谈调查法最主要的缺点就是费时费力,调查进行之前必须对访谈员进行培训,且访谈多是一对一,进度比较缓慢,不适合做大规模的调查。其次,访谈调查的结果比较难统计。

（2）**访谈调查的类型**

根据访谈对象的多寡,可分为个别访谈和集体访谈。

① 集体访谈。由一名或几名访谈员召集一些调查对象就调查者需要了解的主题征求意见的一种调查方法,也称为"座谈会"或"调查会"。集体访谈法是一种了解情况快、工作效率高、经费投入少的调查方法,但不适应调查某些涉及保密、隐私、敏感性的问题,无法做到完全匿名,这就使得访谈对象发表看法时有所顾忌,影响调查的真实性、全面性。

② 个别访谈。这是指调查员单独与被调查对象进行的访谈活动,具有保密性强,访谈形式灵活,调查结果准确,访问表回收率高等优点,可用于研究个人隐私或敏感性问题。访谈员与调查对象之间比较容易沟通,得到的材料比较真实可靠。

九、个案研究

假如我们想知道麻雀的生理解剖特点,是否需要把众多的麻雀都抓来,一个一个来进行解剖呢？显而易见,这样太复杂,太费时费力了。"麻雀虽小,五脏俱全",如果我们只是从众多的麻雀中选一、二只为代表加以解剖,同样可以从中得到对所有麻雀共同本质的认识。共性寓于个性之中,这是人们解决问题的一种思路,也是一种方法,这就是个案研究法。个案研究就是对单一的研究对象进行深入而具体研究的方法,也称为个案法、案例研究法。

1. 个案研究的特点

个案研究法具有以下三个特点。

（1）研究对象的个别性。研究对象是个别的人或团体。

（2）研究内容的深入性。既可以研究个案的现在，也可以研究个案的过去，还可以追踪个案的未来发展，这样能更好地揭示研究对象发展变化的特点与规律，便于提出有针对性的矫正和训练措施。

（3）研究过程的跟踪性。可对研究对象在较长时间内进行透彻深入、全面系统的分析与研究，因而个案研究往往具有跟踪性质。

2. 个案研究的一般步骤

个案研究首先需要在各种现象中识别研究的个体，然后对个体进行深入调查，追踪研究，具体步骤包括以下七个方面。

（1）形成研究问题。一般来说，进行个案研究的问题应该满足三个条件：问题要与当前在真实环境中发生的事件和行为有关；我们对此类问题几乎没有控制能力；解释性的问题。

（2）确定研究对象。可以根据课题的要求或自己研究的目的，选定在某一方面具有典型特征的人或事作为研究对象。

（3）资料收集。个案研究要注意对个案现状资料、历史资料的收集与分析。收集全面系统的个案资料有助于提高研究者对个案的完整认识，可采用书面调查、口头访问的方式，也可采用观察、测验、评定的方式。数据来源要广泛，即要用多种方法，从多种角度、不同来源搜集数据；要建立个案研究的数据库，包括研究者的笔记、文件、访谈、观察的原始记录，基于调查形成的表格、档案等；要建立证据链，能够从最初研究问题，跟随相关资料的引导，一直追踪到最后结论。

（4）诊断与因果分析。以前期阶段收集的材料为依据，对材料进行精细的整理与分析，揭示某一特殊行为的原因。

（5）个案发展指导。在诊断分析基础上提出发展的具体方案。

（6）追踪研究。对接受发展指导的对象进行长时间追踪与研究，了解其发展变化，测定和评价其发展指导措施的实践效果的过程。

（7）撰写个案研究报告。个案研究报告包括以下五个部分。

① 背景介绍。内容包括问题的提出、研究的目的和意义。

② 研究方法的选择和运用。内容包括抽样标准,即个案是如何选定的;进入现场以及与被研究者建立和保持关系的方式;采用什么方法收集资料和分析资料;关于研究伦理的考虑;研究实施过程,即研究持续时间的长短,访谈、观察的时间表及频率等。此部分的叙述要足够详细,使读者能通过文章透彻地了解研究过程。

③ 个案研究结果分析。主要针对个案的研究结果,包括对观察资料、访谈资料、实物资料的描述与概括分析,这是研究报告的主干部分,必须详细、具体。

④ 结论及建议。通过分析,得出一般性的结论,然后就问题的结论及问题的改善提出一些建议。

⑤ 列出参考文献及附录。列举参考文献须参照标准的格式,附录位于文章的最后,主要是包括无法全部呈现于文章主体部分的资料。

个案研究报告应秉承叙事风格,其成文形式应尽可能真实地再现当事人看问题的观点,尽可能使用他们的语言来描述研究结果,再现访谈情景和对话片段,详细描写事件发生时情景和当事人的反应及表情动态,从社会文化的大背景对研究对象的情况进行更深入的探讨。

第四节　系统科学方法

事物是相互联系的,联系构成了系统。所谓系统,是指由若干要素以一定结构形式联结构成的具有某种功能的有机整体。世界上任何事物都可以看成是一个系统。小至一个原子,一粒种子、一群蜜蜂、一片森林、一个人,一个家庭、一个工厂、一个社会……大至渺茫的宇宙,都是系统,整个世界就是系统的集合。系统科学就是研究系统的一般模式、结构、性质和演变规律的科学。

系统科学的研究对象,是横向贯穿于客观世界的众多领域甚至一切领域之中,是以各种物质结构、层次、物质运动形式等的共同点为研究对象而形成的工具性、方法性较强的学科,为发展综合思维方式提供有力的手段。因而,系统科学对我们的跨学科研究,本身就是跨学科的一种方法,具有科学方法论的含义,能为我们提供新的思想方法与工具,开辟认识活动的新模式。

系统科学有狭义和广义之分。狭义的系统科学一般是指贝塔朗菲的系统论；广义的系统科学包括系统论、信息论、控制论、协同论、混沌理论、突变论等一大批学科在内，是 20 世纪中叶以来发展最快的一门综合性科学。我们这里在广义系统科学的意义下来讨论。

一、系统论

系统思想源远流长，但作为一门科学的系统论，人们公认是路德维希·冯贝塔朗菲创立的。贝塔朗菲是美籍奥地利人、理论生物学家和哲学家。他从生物学领域出发，涉猎医学、心理学、行为科学、历史学、哲学等诸多学科，以其渊博的知识、浓厚的人文科学修养，创立了 20 世纪具有深远意义的系统论。确立这门科学学术地位的是 1968 年贝塔朗菲发表的专著《一般系统理论——基础、发展和应用》，该书被公认为是这门学科的代表作。

1. 系统的特征

系统是事物由于普遍联系而形成的存在状态，具有以下三个特征。

（1）整体性。任何系统都是一个有机的整体，系统中各要素之间相互关联，构成了一个不可分割的整体。如果将要素从系统整体中割离出来，它将失去要素的作用，正如人的手在人体中是劳动器官，一旦将手砍下来，它就不再是劳动的器官一样。

（2）关联性。子系统与子系统之间、子系统与系统之间、系统与外部环境之间都按一定关系相互联系、相互影响、相互作用。比如，森林就是以乔木为主体的生物群落，是乔木与其他植物、动物、菌物、低等生物以及无机环境之间相互依存、相互制约、相互影响而形成的一个生态系统。

（3）动态性。系统的活动是动态的，系统通过与环境进行物质、能量、信息的交流，构成了系统活动动态循环，系统过程也是动态的，系统的生命周期处在孕育、产生、发展、衰退、消灭的变化过程中，这就要求我们必须克服静止的形而上学的思维方式，从系统的动态过程中来把握对象。

系统论显示了事物普遍联系的深刻性和具体性，这正是跨学科研究的理论基础，同时，也要求我们创立的每一门交叉科学也必须具有系统性特征。

2. 黑箱方法

黑箱就是指那些不能打开箱盖，又不能从外部观察内部状态的系统。例如人的大脑、地球、密封的仪器等,都可以看作是黑箱。我们把外部对黑箱的影响称为黑箱的输入,把黑箱对外部的反应称为黑箱的输出。黑箱方法就是通过考察系统的输入与输出关系认识系统功能的研究方法。

黑箱方法可以说古已有之,例如我国的中医看病,通常是通过"望、闻、问、切"等外部观测来诊断病情,人的气色、舌苔、脉搏等都是人体内部传出的信息,是人体是否健康的反映,这就是典型的黑箱方法。中风病人的左半脑还是右半脑发生了血栓或是发生了脑溢血,医生也不是去打开大脑检查,而是根据病人的左半身或是右半身的感觉是否迟钝来判断的。人的大脑生长在脑颅中,人们的大脑是不能随意打开的,医生借助于各种仪器向大脑输入信息,从仪器中输出的信息来判断脑子是不是有病变,这也是黑箱方法。

黑箱方法具有不同于传统科学方法的特点。它不是孤立地去研究系统本身,而是从系统与环境的相互作用和互通信息中来研究事物;它不是打开系统的途径去认识事物,而是通过研究系统的输入和输出去认识事物,这就具有不破坏事物的原有结构和完整性的优点,有利于从整体的、综合的、全局的角度来研究事物;它不是从系统的结构入手来研究问题,而是通过考察系统的输入与输出,进而来推知系统的结构和机理,而且认识活动也不影响系统的正常运行。尤其对某些内部结构比较复杂的系统,对迄今为止人们的力量尚不能分解的系统,黑箱理论提供的研究方法是非常有效的。

黑箱方法有其独特的优点,但也有很大的局限性,它强调研究整体功能,而对内部的精确结构和局部细节不能准确回答,在研究客观对象过程中,必须把黑箱方法和其他科学方法结合起来。

二、控制论

控制论是研究各类系统的调节和控制规律的科学。

1. 控制论的创立

控制论的创始人是美国数学家诺伯特·维纳。维纳少年时是一位天才的神童,三岁半开始读书,生物学和天文学的初级科学读物就成了他的启蒙书籍。七岁时,开始深入物理学和生物学的领域,从达尔文的进化论、金斯利的《自然史》到夏尔科、雅内的精神病学著作,几乎无所不读。11岁上大学学数学,但喜爱物理、无线电、生物和哲学。14岁考进哈佛大学研究生院学动物学,后又去学哲学,18 岁时获得了哈佛大学的数理逻辑博士学位。1913 年,刚刚毕业的维纳又去欧洲向罗素和希尔伯特这些数学大师们学习数学。

维纳接受的跨学科教育,为将来在众多领域之间,进行大量的开发、移植和创造的跨学科研究,奠定了深厚的基础。

在第二次世界大战期间,维纳参加了美国研制防空火力自动控制系统的工作。维纳研究团队包括数学家、逻辑学家、物理学家、电信工程师、控制工程师、计算机设计师、神经解剖学家、神经生理学家、心理学家、医学家、人类学家、社会学家等。不同领域的研究工作者为实现共同的目标,可以互相交叉融合来解决实际问题,这就是学科的跨越。

维纳发现动物和机器中的控制和通信的核心问题都是信息、信息传输和信息处理,因此提出了负反馈概念,应用功能模拟法,对控制论的诞生起了决定性的作用。

控制论的研究表明,无论自动机器,还是神经系统、生命系统,以至经济系统、社会系统,撇开各自的质态特点,都可以看作是一个自动控制系统。在这类系统中有专门的调节装置来控制系统的运转,维持自身的稳定和系统的目的功能。控制机构发出指令,作为控制信息传递到系统的各个部分中去,由它们按指令执行之后再把执行的情况作为反馈信息输送回来,并作为决定下一步调整控制的依据。这样我们就看到,整个控制过程就是一个信息流通的过程,控制就是通过信息的传输、变换、加工、处理来实现的。

控制论的产生和发展,为生物系统与技术系统的连接架起了桥梁,使许多工程人员自觉地向生物系统去寻求新的设计思想和原理。于是出现了这样一个趋势,工程师为了和生物学家在共同合作的工程技术领域中获得成果,选择主动学习生物科学相关知识。

2. 反馈方法

反馈是指在控制过程中,施控系统的信息作用于受控系统后,产生的结果再输送回来,并对信息再输出发生影响的过程。这种用系统活动的结果来调整系统活动的方法称之为反馈方法。用反馈方法来控制一般产生两种不同的效果:正反馈的作用、负反馈的作用。

如果施控系统信息与受控系统结果信息的差异加剧了系统正在进行的偏离目标的运动,使系统趋向于不稳定状态,甚至破坏稳定状态,称正反馈,有的系统需要正反馈作用,如社会经济改革系统。

如果施控系统信息与受控系统的结果信息的差异产生消除或调整系统正在偏离目标的运动,系统就趋向于稳定状态,称负反馈。有的系统主要需要负反馈的作用,如自动控制系统。比如驾驶一辆卡车,如果我们发现太靠左了,就向右边做出一个校正,反之亦然。因此负反馈在人的控制机械中起着一定的作用。

正负反馈是对立的统一,常常共存于一个系统,需要保持稳定要用负反馈,需要打破稳定要用正反馈,但又不可能只需要稳定或只需要不稳定,因此正负反馈二者必须结合。

控制论是跨学科研究的产物,控制论诞生于学科的跨越中,是在自动控制、电子计算机、通讯技术和神经生理学、生物学、数学等学科相互渗透、高度综合的基础上形成的一门横断科学,具有鲜明的跨学科特色。控制论出现后,在各学科领域都得到了广泛的应用。心理学家、神经生理学家和医学家用控制论方法研究生命系统的调节和控制,建立神经控制论、生物控制论和医学控制论。中国科学家钱学森创立工程控制论,1954 年在美国出版《工程控制论》专著,提出工程控制论的对象是控制论中能够直接应用于工程设计的部分。20 世纪 60 年代,苏联和东欧各国把控制论的思想和方法应用于军事指挥中,建立军事控制论。控制论向各个领域渗透拓展,已形成了由工程控制论、生物控制论、经济控制论、社会控制论等分支学科组成的庞大科学体系,其中包括反馈控制理论,能控、能观性理论,系统可靠性理论,大系统理论,稳定性理论,最优控制理论,最优滤波和随机控制理论,多变量系统理论,人工智能和模式识别理论等。现今,控制论仍在向许多领域渗透,呈现出旺盛的生命力。

三、信息论

信息论是研究信息传输和信息处理系统中一般规律的科学。

从有人类的那一天开始,人类就时刻也离不开信息,离不开信息交往,信息交往是一切社会生活联系的纽带。战争更离不开信息,例如中国古代的"烽燧相望"和古罗马地中海诸城市的"悬灯为号",可以说是传递信息的原始方式。尽管人类对信息的认识、利用源远流长,但真正对信息理论的研究,只有半个多世纪的历程。

1. 信息论的创立

美国数学家香农被称为是"信息论之父"。

克劳德·香农在 1948 年 10 月于《贝尔系统技术学报》上发表论文《A Mathematics Theory of Communication》(通信的数学理论)，该论文被认为是现代信息论研究的开端。

香农信息论是以概率论、随机过程为基本研究工具，完全撇开系统物质与能量的具体运动形态，而把通信系统的有目的的运动抽象为一个信息变换的过程，来探求信息的一般特征、传送规律和原理。香农信息论中的关键之处在于利用抽象化的方法，对现实中各种不同的通信背景下的根本问题进行了刻画和抽象，建立了关于通信的数学模型，用数学方法定量描述信息。

香农信息论基本观点为，确定发生的事件没有信息量，较不可能发生的事件有更高信息量。一个事件发生的概率越小，不确定性越大，事件发生所带来的信息量也就越大。信息就是用来消除不确定的东西，通信后接收者获取的信息在数量上等于通信前后"不确定性"的消除量。

比如说，"明天太阳从东边升起。"这个是必然事件。别人没告诉你这一信息，你知道；别人告诉你这一信息，并没有消除你认知的"不确定性"，你增加的信息量是零。

"明天将发生日全食。"对于生活中的每一天来说，这个是偶然事件。别人没告诉你这一信息，你不知道；别人告诉你这一信息，你知道了，并且第二天日全食确实发生，你就增加了较大的信息量。

不确定性与概率大小存在着一定的联系。信息论将信息的传递作为一种统计现象来考虑，主要研究的是对一个信号包含信息的多少进行量化，是一门用数理统计方法来研究信息的度量、传递和变换规律的科学，主要是研究通讯和控制系统中信息的度量、变换、储存和传递等最佳解决问题的基础理论。

随着科学的发展，信息论的意义和应用范围已超出通信的领域。信息过程普遍存在于生物、社会、工业、农业、国防、科学实验、日常生活和人类思维等各种领域，自然界和社会中有许多现象和问题，如生物神经的感知系统、遗传信息的传递等，均与信息论中研究的信息传输和信息处理系统相类似。信息论广泛地渗入到自动控制、信息处理、系统工程、人工智能等领域,这就要求对信息的本质、信息的语义和效用等问题进行更深入的研究,建立更一般的理论,这就是信息科学。

2. 信息分析综合法

信息分析综合法是从信息的观点出发,牢牢抓住事物的信息特征,分析事物间的相互联系,揭示其本质规律,从而实现决策目标的完成。经过实践检验,这是一种卓有成效的方法。

例如,1942 年,柏林的食品商店每天都将食品的价格写在商店的标牌上,这对任何一位家庭主妇来说仅仅是"商品信息",但罗斯福总统却认为"柏林食品价格"是决定美国是否参战的具有政治军事意义的信息。他认为通过柏林食品价格的浮动,可以观察到德国军火生产对国计民生的危害程度,了解德国的国库储备、公众情绪等情况。于是他命令美国驻柏林使馆的武官不断地向他报告柏林食品的价格,最后综合已掌握的其他信息做出了美国参战的决策。

信息综合法是在深入分析有关信息的基础上,根据信息内在的逻辑关系和需要,将两个或两个以上各自独立的信息进行有机组合,激活成一种新质信息的方法。信息分析综合法可以使用纵向综合法,将过去的信息与现在的信息进行综合,从而得出新质信息;也可以使用横向综合法,将不同地区、不同领域、不同学科、不同方面的信息进行综合,从而得出新质信息;还可以采用兼容综合法,将来自不同方面、层次、角度的信息,互相兼顾综合考虑,从而得出多样的统一新质综合信息。

信息科学是信息时代的必然产物,是以信息论、控制论、系统论为理论基础,以电子计算机为工具,综合自动化技术、通信技术、多媒体技术、视频技术、遥感技术,以及生物学、物理学、认知科学、符号学、语义学、图书情报学、新闻传播学、数学、心理学、管理学、经济学等各学科交叉渗透而产生的一门新兴的跨多学科的科学。信息科学研究大自然、机器、生物和人类对于各种信息的获取、变换、传输、处理、利用和控制的一般规律,设计和研制各种机器设备,以便扩展人类的信息器官功能,提高人类对信息的接收和处理能力,增强人类认识世界和改造世界的能力。

信息论为控制论、自动化技术和现代化通讯技术奠定了理论基础,为研究大脑结构、遗传密码、生命系统和神经病理现象开辟了新的途径，为管理的科学化和决策科学提供了思想武器。信息方法为认识当代以电子计算机和现代通讯技术为中心的新技术革命的浪潮，为认识论的研究和发展，为进一步提高人类认识与改造自然界的能力，创造了有利条件。

四、混沌理论

混沌理论是探讨动态系统中不规则而又无法预测的现象及其过程的一种理论。

1. 混沌理论的创立

美国的气象学家爱德华·诺顿·洛伦茨被称为混沌理论之父。罗伦兹有个新发现，有些问题对最初的数据非常敏感，始端的微小变化将对后果产生不可估量的影响。1972年12月29日，罗伦兹在美国科学促进学会第138次会议上，发表题为"蝴蝶效应"的演说，提出了混沌理论的概念，并为混沌理论提出了一个貌似荒诞的例子：

"巴西的亚马逊丛林中一只蝴蝶轻轻地扇动几下翅膀，就会在美国的得克萨斯州掀起一场龙卷风。"

他的这一说法给人印象深刻。最初一刹那，人们嘲笑这件事荒唐，然而仔细推敲，这一说法却令人着迷。不仅在于大胆的想象力，更在于其深刻的科学内涵与哲学魅力，这就是混沌理论。在混沌系统中，初始条件十分微小的变化，经过不断放大，对其未来状态会造成极其巨大的差别。

混沌理论认为，系统的混沌运动，具有对初始条件的敏感性，初始条件的极小偏差，将会引起结果的极大差异，也就是输入端微小的差别会扩展到输出端，进而产生重大变化。系统内部的一个微小运动通过一系列复杂事件链的作用，会被放大，最终产生若干倍于动作本身的影响。由于这些事件链如此复杂，混沌理论认为，试图掌握它们的努力根本就是徒劳的。中国古训"失之毫厘，谬以千里"，与蝴蝶效应有着异曲同工之妙。

混沌理论能为跨学科研究给予许多方法论的启示。

2. 混沌理论与复杂因果联系

辩证唯物论认为，客观世界的一切过程都受因果关系制约。在影响事物运动变化的诸因素中，有本质的原因和非本质原因的区别。本质的原因决定着事物发展过程有确定的、稳定的方向,即事物发展的必然性。非本质的原因使总体上确定不变的过程在具体环节上又表现出非确定的、不稳固的特点,即事件现象的偶然性。

然而,在科学史上,直到 20 世纪初,人们总以为,只要根据现有发现的定律,例如牛顿定律等,就能由现在预见未来,如天体的运行、日月食发生的时间等,因此笃信事物有着必然的因果关系。法国科学家皮埃尔·拉普拉斯认为,存在能知晓一切、无所不能的智者。后来人们把拉普拉斯所说的这种"智者"叫做"拉普拉斯妖"。

然而事实上并非如此,混沌的发现就给因果律的梦想狠狠的一击。混沌理论认为,在自然界的所有事物里,都有复杂性的成分,存在着复杂的因果联系。特别是当系统是混沌的,初始条件的极小偏差,将会引起结果的极大差异。任何不可预测的"扰动"都有可能在差若毫厘中,产生谬以千里的结果。

混沌理论是普遍可预测论的对立面,我们既要认识事物联系的必然性,也要认识事物的偶然性联系。跨学科研究,很重要的一个方面是揭示事物现象之间的因果联系,混沌理论能为跨学科研究中科学地探求事物因果联系提供深刻的启示。

3. 关注微小的初始条件

混沌理论中的"蝴蝶效应"时刻提醒着人们,一个微小的初始条件,如果不加以及时地引导、调节,可能会给社会带来巨大的危害,戏称为"龙卷风"或"风暴";一个微小的初始条件,只要正确指引,经过一段时间的努力,将有可能会产生轰动效应,或称为"革命"。

比如传染病的暴发与预防。传染病,古时称之为瘟疫。14 世纪在欧洲肆虐的鼠疫,一旦感染便会在 2 到 7 日内出现发烧症状,皮肤上浮现紫黑色的斑点和肿块,因而被称为"黑死病"。这场大瘟疫起源于中亚,1347 年由十字军带回欧洲,首先从意大利蔓延到西欧,而后北欧、波罗的海地区再到俄罗斯……大瘟疫引起了大饥荒,盗贼四起。在这次大瘟疫中,意大利和法国受灾最为严重,在城市中,受灾最为惨重的城市是佛罗伦萨:80%的人得黑死病死掉。从 1347 至 1353 年,席卷整个欧罗巴"黑死病"大瘟疫,夺走了 2 500 万欧洲人的性命,占当时欧洲总人口的 1/3!

欧洲这场大瘟疫,是由 1347 年由十字军从中亚带回欧洲,这就是一个微小的初始条件。这一微小的初始条件当初如果能有效加以控制，这场灾难就不会发生；因为没加以控制，结果引发了一场席卷欧洲的大"风暴"。

在人类漫长的历史中，瘟疫一直是每个国家都不得不面对的严重威胁之一，而控制瘟疫的初始状态，切断传染源，对于控制瘟疫等传染病非常重要。其实，我国当代也经常会有零星鼠疫病例出现，主要发生在内蒙古、宁夏等地，所以没有造成大规模的暴发，是因为能控制瘟疫的初始状态，快速切断传染源，将其消灭在萌芽中。

1998 年亚洲发生的金融危机和美国曾经发生的股市风暴实际上就是经济运作中的混沌理论中的一种现象。

4. 混沌理论的广泛应用

混沌理论有着广泛的应用领域。混沌不是偶然的、个别的事件，而是普遍存在于宇宙间各种各样的宏观及微观系统。混沌理论的出现迅速吸引了诸多领域专家学者的关注，引发了全球混沌热。混沌理论几乎涉及到自然科学和社会科学的各个领域，成为解释或解决非线性复杂问题的有效工具。

近年来，混沌理论在生物医药工程、动力学工程、化学反应工程、电子信息工程、计算机工程、应用数学和实验物理等领域中都有着广泛的应用前景。在应用方面，主要包括混沌信号同步化和保密通信、混沌预测、混沌神经网络的信息处理、混沌与分形图像处理、混沌生物工程、天气系统、生态系统、混沌经济等。此外，控制混沌的技术还被应用到神经网络、激光、化学反应过程、流体力学、非线性机械故障诊断系统、非线性电路、天体力学、医疗以及分布参数的物理系统的研究工作中去。

如今混沌理论已是一种解释世界非线性现象的新兴科学，是研究事物"复杂性"的科学成果，它涉及的领域包括数学、物理、化学、生物、医学、社会科学、经济学、信息科学、人文科学甚至艺术领域。混沌理论在与其他各门科学相交叉，又产生出许多交叉学科，如混沌气象学、混沌经济学、混沌数学等。

五、协同论

俗话说，人心齐，泰山移，上下团结一致，没有干不成的事情。与此含义相关，是当代的一门横断科学——协同论。协同论是研究系统中各子系统之间相互协作使系统从无序向有序转变的科学。

1. 协同论的创立

协同论又称协同学,是由原西德斯图加特大学理论物理学教授赫尔曼·哈肯创立。协同论的创立是由于受到激光理论的启发。

20世纪60年代初,激光刚一问世,哈肯就注意到激光的重要性,并立即进行系统的激光理论研究。激光是一种远离平衡态时,由无序向有序转化的现象。在输入的功率较小时,激光器激活的原子彼此独立地错杂混乱发生电子的跃迁和光子的发射,此时的激光器就像是普通的电灯。而当输入的能量超过某一个阈值时,不同的激活原子之间将产生相干效应,出现步调一致的震荡,发射出波长一样、方向相同、秩序井然的单一脉冲单色光,这就是高度有序的光——激光。哈肯把激光比拟为在水波上的许多人,在一个老板的指挥下,统一运动。但是,事实上又不存在这样一个下命令的老板,产生共同整齐划一的行动人命令或信号来自这些人自己,就像是一个教室里自发地趋向统一的有节奏的鼓掌声、吆喝声一样。也就是说,是系统内部自发产生了相干信号,而导致了统一节律的产生和能量、状态、性质的改变。

哈肯发现,这种无序向有序的转变,并不是自然光到激光特有的现象,流体力学中的贝纳德对流,化学中的自催化反应,生物学中的自组织现象,机械工程中的薄板在负荷下的变形等,都存在着这类转变。哈肯概括了这些有序结构形成的共同特点,即一个由大量子系统构成的系统,在一定条件下,由于子系统间的相互作用和协作,这一系统就会形成具有一定功能的自组织结构,达到新的有序状态,这就是非平衡系统中的自组织现象。由此他创立了一门全新的学科——协同论。

哈肯认为,协同论就是一门协作的科学。协同,或者叫协作、协同作用,是协同论最基本的概念。协同现象广泛存在于自然和社会现象之中,没有协作,人类就不能生存,生产就不能发展,社会就不能前进。"一个和尚挑水吃,两个和尚抬水吃,三个和尚没水吃"的故事,是对不协作现象的深刻讽刺。在任何人员群体中,如企业班组、科研小组,只要方向明确、宗旨正确、公正、公开、公平,就能形成向组织目标共同努力、有序运行的局面。反之,若是方向不明、宗旨错误、用人奖惩不公,这个机构群体必定是混乱、萧条,乃至于面临倒闭的局面。

哈肯的研究领域相当广泛,如群论、固体物理学、激光物理学、非线性光学、统计物理学、等离子体物理学、化学反应模型以及形态形成理论等，他在各种不同学科类比分析的基础上，发现了在系统从无序向有序的演化过程中，都是大量子系统通过相互作用而产生的协调一致的结果。哈肯以现代科学的最新成果——系统论、信息论、控制论、突变论等为基础，采用统计学和动力学相结合的方法，建立了一整套的数学模型和处理方案，描述了各种系统和现象中从无序到有序转变的共同规律，协同论是众多学科交叉的产物。

2. 序参量

在哈肯的协同论中，序参量是核心概念。序参量是描写系统宏观有序度的参数，事物的演化受序参量的控制，演化的最终结构和有序程度决定于序参量。哈肯发现，不同参量在系统演化过程中起着主、次不同的作用。他把变化较快、起作用时间短的参量叫快变量，与快变量对应的是慢变量，慢变量是起支配作用的序参量。比如在交通运输系统中，乘客数比公共汽车数容易变化，因此乘客数是快变量，汽车数是慢变量，汽车数的多少在交通运输中起着决定的作用，可见慢变量是主宰系统最终结构和功能的序参量。不同的系统序参量的物理意义也不同。比如，在激光系统中，光场强度就是序参量。在社会学和管理学中，为了描述宏观量，采用测验、调研或投票表决等方式来反映某项"意见"的反对或赞同。此时，反对或赞成的人数就可作为序参量。序参量的大小可以用来标志宏观有序的程度，当系统是无序时，序参量为零。当外界条件变化时，序参量也变化，当到达临界点时，序参量增长到最大，此时出现了一种宏观有序的有组织的结构。协同论正是在众多的因素中找出一个或几个主要因素，列出数学方程进行计算，解决复杂问题的。

3. 协同论的广泛应用

协同论具有广阔的应用范围。

协同论在物理学、化学、生物学、天文学、气象学、流体力学、电子学、土木工程、社会学、经济学、语言学、心理学和管理科学等许多方面都取得了重要的应用成果。协同论为我们研究生命起源、生物进化、人体功能乃至社会经济文化的变革这样一些复杂性事物的演化发展规律提供了新的原则和方法。它正广泛应用于各种不同系统的自组织现象的分析、建模、预测以及决策等过程中。如物理学领域中流体动力学模型的形成，大气湍流等问题；化学领域中的各种化学波和螺线的形成，化学钟的振荡及其他化学宏观模式；经济学领域如城市发展、经济繁荣与衰退,技术革新和经济事态发展等方面的各种协同效应问题;社会学领域中的舆论形成模型,大众传媒的作用,社会体制以及社会革命等问题。因此,协同论作为一门研究完全不同学科中共同存在的本质特征为目的的系统理论,具有普遍的意义和广泛的用途。

六、突变论

在自然界和人类社会活动中,除了渐变的和连续光滑的变化现象外,还存在着大量的突变现象。比如,天气的突然变化会产生暴风雨,地壳的剧烈运动会引起地震,桥梁的扭曲会导致断裂,还有水的沸腾、岩石的破裂、生物的变异、人的休克、病人突然死亡、战争的爆发、原子弹的爆炸……这种由渐变、量变发展为突变、质变的过程,就是突变现象。

许多年来,自然界许多事物的连续的、渐变的、平滑的运动变化过程,都可以用微积分的方法给以圆满解决。例如,地球绕着太阳旋转,有规律地周而复始地连续不断进行,使人能极其精确地预测未来的运动状态,这就需要运用经典的微积分来描述。但是,自然界和社会现象中,还有许多突变和飞跃的过程,造成的不连续性把系统的行为空间变成不可预测的,微积分就无法解决。那么,有没有可能建立一种关于突变现象的一般性数学理论来描述各种飞跃和不连续过程呢? 在这种形势下,突变论应运而生。

1. 突变论的创立

突变论的创始人是法国数学家雷内·托姆,他于 1972 年发表的《结构稳定性和形态发生学》一书中,明确地阐明了突变理论,宣告了突变理论的诞生。

突变论就是研究客观世界非连续性突然变化现象的一门新兴学科。突变论试图用数学方程描述这种过程,研究从一种稳定组态跃迁到另一种稳定组态的现象和规律。突变论的出现引起各方面的重视,被称之为"牛顿和莱布尼茨发明微积分三百年以来数学上最大的革命",雷内·托姆也曾因此于1958 年荣获国际数学界的最高奖——菲尔兹奖。

突变论主要以拓扑学为工具,以结构稳定性理论为基础,提出了一条新的判别突变、飞跃的原则:在严格控制条件下,如果质变中经历的中间过渡态是稳定的,那么它就是一个渐变过程。比如拆一堵墙,如果从上面开始一块块地把砖头拆下来,整个过程就是结构稳定的渐变过程。如果从底脚开始拆墙,拆到一定程度,就会破坏墙的结构稳定性,墙就会哗啦一声倒塌下来。这种结构不稳定性就是突变、飞跃过程。又如社会变革,从封建社会过渡到资本主义社会,法国大革命采用暴力来实现,是突变方式;而日本的明治维新就是采用一系列改革,以渐变方式来实现。

2. 势函数注

对于结构的稳定与不稳定现象,突变理论用势函数的注存在表示稳定,用注取消表示不稳定,并有自己的一套运算方法。例如,一个小球在注底部时是稳定的,如果把它放在突起顶端时是不稳定的,小球就会从顶端处滚下去,往新注地过渡,事物就发生突变;当小球在新注地底处,又开始新的稳定,所以势函数的注存在与消失是判断事物的稳定性与不稳定性、渐变与突变过程的根据。

托姆的突变理论,就是用数学工具描述系统状态的飞跃,给出系统处于稳定态的参数区域,参数变化时,系统状态也随着变化,当参数通过某些特定位置时,状态就会发生突变。按照突变理论,自然界和社会现象中的大量的不连续事件,可以由某些特定的几何形状来表示,有七种突变类型:折迭突变、尖顶突变、燕尾突变、蝴蝶突变、双曲脐突变、椭圆脐形突变以及抛物脐形突变。

3. 突变论的广泛应用

突变理论作为研究系统演化的有力数学工具,在自然科学和社会科学都有广泛的应用。突变论在物理学研究了相变、分叉、混沌与突变的关系,提出了动态系统、非线性力学系统的突变模型,解释了物理过程的可重复性是结构稳定性的表现。在化学中,用蝴蝶突变描述氢氧化物的水溶液,用尖顶突变描述水的液、气、固态的变化等。在生态学中应用突变论还可以恰当描述捕食者——被捕食者系统这一自然界中群体消长的现象,提出了根治蝗虫的模型与方法。在工程技术中,研究了弹性结构的稳定性,通过桥梁过载导致毁坏的实际过程,提出最优结构设计。

突变理论在社会现象的研究中,在研究某些量的突变问题时,人们施加控制因素以影响社会状态是有一定条件的,只有在控制因素达到临界点之前,状态才是可以控制的,一旦发生根本性的质变,它就表现为控制因素所无法控制的突变过程。要对社会进行高层次的有效控制,就需要用突变理论研究事物状态与控制因素之间的相互关系,以及稳定区域、非稳定区域、临界曲线的分布特点,还要研究突变的方向与幅度。如果超过一定的度,事物的发展就会发生突变。用突变论还可以设计许许多多的解释模型,例如经济危机模型,该模型表明经济危机在爆发时是一种突变,并且具有折迭型突变的特征。此外,还有社会舆论模型、战争爆发模型、人的习惯模型、对策模型、攻击与妥协模型等。

突变理论能解说和预测自然界和社会上的突变现象,在数学、物理学、化学、生物学、工程技术、社会科学等方面有着广阔的应用前景,无疑是科学研究的重要方法和得力工具之一。

系统科学的系统论、控制论、信息论、模糊理论、协同论、突变论等理论,揭示了自然界、社会和人类思维不同领域中许多现象的一致性,从而更具体地论证了世界物质统一性,充实和丰富了辩证唯物主义自然观。运用这些方法进行跨学科研究,会使我们视野更开阔,层次更深入,结果更具有普遍性和说服力。

下编

『跨学科』学分论

· 再无孤岛：跨学科的逻辑、路径与实践 ·

再

无

孤

岛

第七章

当代教育的
学科跨越

教育是培养人才、传授知识的过程,是教育者根据一定的社会或阶级的要求,有目的、有计划、有组织地对受教育者身心施加影响,把他们培养成社会所需要的人的活动。教育学则是一门研究人类的教育活动及其规律的社会科学。

《中华人民共和国教育法》第五条明确规定:"教育必须为社会主义现代化建设服务、为人民服务,必须与生产劳动和社会实践相结合,培养德智体美劳全面发展的社会主义建设者和接班人。"

教育要培养德、智、体、美、劳全面发展的社会主义建设者和接班人,就必然需要涉及德、智、体、美、劳等各方面的知识技能与品德修养,其中智育,又涉及数学、物理、化学、生物学、天文学等各门学科内容,因而,当代教育必然需要学科的跨越。

第一节　当代教育理念的学科跨越

教育理念是关于教育的一般原理和规律的理想观念,是对于教育的基本信念、价值观和目标的总结和表达,是对于教育目的、学习方式和教育方法的观点和理解。当代教育理念,就是与当代社会、现代化建设相适应的教育理念。

一、以人为本教育

以人为本教育,即重视人,理解人,尊重人,爱护人,提升和发展人的自身价值的教育理念。

在中国传统文化中,向来把人放在最崇高的位置。

《尚书·泰誓》说："惟天地，万物父母。惟人，万物之灵。"天地是万物的父母；天地之中，惟人得其秀而灵，是天地万物之灵。

汉代许慎在《说文解字》中也说："人，天地之性最贵者也。"

毛泽东主席指出："世间一切事物中，人是第一可宝贵的。"①

人是天地之秀气，万物之灵长，在天地万物之中最高贵、最伟大的，便是我们人类。因而，我们今天强调教育以人为本，有其深厚悠久的传统文化渊源。

21世纪的今天，社会已经从重视科学技术发展到以人为本，教育作为培养和造就社会所需要的合格人才以促进社会发展和完善的崇高事业，自然应当全面体现以人为本的时代精神。

"以人为本"，要以学生为本，以学生的全面发展为本，以全体学生的全面发展为本。要使学生获得全面发展，就必然寻求实现学科的跨越。教育工作的本质是培育人才，育人是学校各项任务的核心，要尊重学生的主体地位，促进学生全面、个性化的发展，着力提高学生服务国家、服务人民的社会责任感，勇于探索的创新精神和善于解决问题的实践能力。

与此同时，以学生为本也绝对不是"儿童中心主义"。教师对学生的爱和尊重，要体现在对学生的培养教育上。反对体罚学生，但决不是要放松对学生的严格要求与管理，以及无条件放弃对学生必要的教育性惩处。"以人为本"教育也要以"教师"为本。教师应当自爱、自尊、自重、自律。教师在塑造自身高尚品格与情操的同时，又应受到国家和社会的关爱。

以人为本是科学发展观的核心。坚持以人为本，树立以人为本的教育观，是树立和落实科学发展观在教育领域的具体体现，也是进一步实施科教兴国战略、不断推进教育改革与发展的根本要求。

二、全面发展教育

全面发展教育，是指教育者对受教育者通过德育、智育、体育、美育、劳动教育五种教育方式共同作用，多方面、全方位提高人的素质，开发人的潜能，促进人的全面发展的教育。

---

① 毛泽东，毛泽东选集：第四卷[M].北京：人民出版社，1966：1449.

全面发展教育有其悠久的历史渊源。

中国古代西周时期提出的"六艺"教育,即"礼、乐、射、御、书、数"也包含了德、智、体、美、劳五育的内容。在古希腊,亚里士多德曾提出培养"体、智、德"和谐发展,"真、善、美"三位一体的"完善的人"。夸美纽斯在其名著《大教学论》一书中,提出泛智教育的理想,希望所有的人都受到完善的教育,使之得到多方面的发展,成为和谐发展的人。法国启蒙思想家卢梭是自然主义教育思想的代表,教育的目的和本质,就是促进人的自然天性,即自由、理性和善良的全面发展。瑞士教育家裴斯泰洛齐倡导教育应以善良、意志、理性、自由及人的一切潜在能力的和谐发展为宗旨。

人的全面发展是马克思主义的基本原理之一,也是我国教育方针的理论基石,是现代教育的共同追求。

全面发展的教育由德育、智育、体育、美育和劳动技术教育构成。"德育"是教育者按照社会的要求,对受教育者施加影响以形成所期望的政治立场、世界观和道德品质的教育。我国教育是培养社会主义的建设者和接班人,这样的人必须树立共产主义远大理想和中国特色社会主义共同理想,必须具有爱国情怀,同时又具有世界眼光,坚持立德为先、修身为本,具有高远志向和勇于奋斗精神。"智育"是通过传授系统科学文化知识,形成受教育者科学的世界观,培养受教育者基本的技能和发展智力的教育。"体育"是全面发展体力、增强体质,传授和学习健身知识和体育运动技能的教育,健康体魄是中华民族旺盛生命力的体现。"美育"是培养正确的审美观,发展鉴赏美和创造美的能力。"劳动教育"是传授基本的生产技术知识和生产技能,培养劳动观点和劳动习惯的教育,劳动教育直接决定社会主义建设者和接班人的劳动精神面貌、劳动价值取向和劳动技能水平。

德育、智育、体育、美育和劳动技术教育,它们相互依存、相互促进、相互制约,构成一个有机整体,共同促进人的全面发展。

三、素质教育

素质教育是指以提高受教育者诸方面素质为目标的教育模式。素质教育注重培养学生的人文素质、科学素质、艺术素质、身心素质和社会责任感等方面的能力,注重培养学生的创新能力、实践能力、团队协作能力等综合素质。

　　长期以来,基础教育在片面追求升学率的严重干扰下,已异化为应试教育。这种异化使基础教育的本质属性和基本特征被扭曲,背离了教育教学的基本规律,导致学生素质的片面发展或畸形发展。因此,基础教育由应试教育向素质教育的转移是历史赋予的重任。

　　1. 素质教育的基本特点

　　(1)全体性。该特点指素质教育必须面向全体人民,任何一名社会成员,均必须通过正规或非正规的途径接受一定时限、一定程度的基础教育。素质教育的最终目标是为未来的合格公民奠定素养基础。

　　(2)基础性。素质教育向儿童、青少年提供的是"基本素质",而不是职业素质或专业素质。一个人只有具备了良好的基本素质,才有可能实现向较高层次的素质或专业素质的"迁移"。

　　(3)发展性。该特点意味着要着眼于培养学生自我学习、自我教育、自我发展的知识与能力,真正把学生的重心转移到启迪心智、孕育潜力、增强后劲上来。素质教育的"发展性"强调的是"学会如何学习、学会生存",培养学生强烈的创造欲望、创造意识和创造能力。

　　(4)全面性。该特点指素质教育是指向全面基本素质的,要通过实现全面发展教育,促进学生个体的最优发展。

　　(5)未来性。该特点立足于未来社会的需要,而不是眼前的升学目标或就业需求。

　　2. 素质教育的主要方面

　　(1)培养学生的道德素质。素质教育强调培养学生的道德素质,包括诚信、责任、尊重、友爱等方面。对学生进行人生观教育,人生观是人们对人生的根本看法,主要包括人生目的、人生态度和人生价值。以天下为己任,从全人类的生存和可持续发展出发,不断发展生产力,为实现全人类物质文明、精神文明和政治文明为最高目标,是科学的人生观。

　　(2)培养学生的智力素质。智力素质包括语言、数学、科学、社会科学等方面。学生应该掌握基本的学科知识,以及如何运用这些知识解决实际问题。

　　(3)培养学生的体育素质。体育锻炼对学生的身体健康和心理健康都有益处,学生应该学会如何锻炼身体,保持健康的生活方式。

　　(4)审美观念与能力的培养。美育对于素质教育具有重要的作用,通过培养学生对千变万化的美的形态和结构的鉴赏、识别能力,提高对美的欣赏力和创造力,从而以美促善、以美传真、以美启智、以美健体、以美愉心,造就具有完美个性、健康人格的人。

(5)培养学生的艺术素质。艺术素质包括音乐、美术、舞蹈等方面。学生应该学会欣赏艺术,发展自己的创造力和审美能力。

(6)劳动观念教育。人必须成为社会生产力、成为劳动力,为人类的持续发展而劳动,才能创造财富,提高生活质量,不断发展社会生产力。

(7)培养学生的创新能力和实践能力。创新是生产力发展和社会文明发展的基础。"应试教育"已经严重束缚了许多人创造能力的培养和发挥,影响了中国科学技术的发展速度,因而尤其需要培养学生创新思维和创新能力。

此外,素质教育还注重培养学生的人际交往能力、自我管理能力、情感素质等方面。

素质教育决定着国家的未来。只有通过素质教育,才能让青少年成为身心健康的人、人格健全的人、学有所长的人,为国家发展和民族振兴奠定坚实的人才基础。国家才能抢占发展主动权和制高点,才能在激烈的国际竞争中立于不败之地。

四、核心素养教育

学生发展核心素养,是指学生应具备的,能够适应终身发展和社会发展需要的必备品格和关键能力。

随着世界多极化、经济全球化、文化多样化、社会信息化深入发展,各国都在思考 21 世纪的学生应具备哪些核心素养才能成功适应未来社会这一前瞻性战略问题。面对日趋激烈的国际竞争,我国要深入实施人才强国战略,提升教育国际竞争力,就必须重视核心素养这一关键问题。

1. 核心素养教育基本原则

(1)坚持科学性。紧紧围绕立德树人的根本要求,坚持以人为本,遵循学生身心发展规律与教育规律,将科学的理念和方法贯穿研究工作全过程,确保研究过程严谨规范。

(2)注重时代性。充分反映新时期经济社会发展对人才培养的新要求,全面体现先进的教育思想和教育理念,确保研究成果与时俱进、具有前瞻性。

（3）强化民族性。着重强调中华优秀传统文化的传承与发展，把核心素养研究植根于中华民族的文化历史土壤，系统落实社会主义核心价值观的基本要求，突出强调社会责任和国家认同，充分体现民族特点，确保立足中国国情、具有中国特色。

2. 核心素养教育的主要内容

中国学生发展核心素养以培养"全面发展的人"为核心，分为文化基础、自主发展、社会参与三个方面，综合表现为人文底蕴、科学精神、学会学习、健康生活、责任担当、实践创新六大素养。为方便实践应用，将六大素养进一步细化为人文积淀、人文情怀、审美情趣、理性思维、批判质疑、勇于探究、乐学善学、勤于反思、信息意识、珍爱生命、健全人格、自我管理、社会责任、国家认同、国际理解、劳动意识、问题解决、技术运用18个基本要点。

（1）文化基础。文化是人存在的根和魂，重在能习得人文、科学等各领域知识技能，成为有深厚文化基础、更高精神追求的人。

① 人文底蕴。主要是在学习、理解、运用人文领域知识和技能等方面所形成的基本能力、情感态度和价值取向，具体包括以下三方面。

- 人文积淀，具有古今中外人文领域基本知识和成果的积累。
- 人文情怀，具有以人为本的意识，尊重、维护人的尊严和价值。
- 审美情趣，具有发现、感知、欣赏、评价美的意识和基本能力。

② 科学精神。主要是学生在学习、理解、运用科学知识和技能等方面所形成的价值标准、思维方式和行为表现，具体包括以下三方面。

- 理性思维，崇尚真知，能理解和掌握基本的科学原理和方法。
- 批判质疑，能独立思考、独立判断，辩证地分析问题。
- 勇于探究，具有好奇心和行动力，有坚持不懈的探索精神。

（2）自主发展。自主性是人作为主体的根本属性。自主发展，重在强调能有效管理自己的学习和生活，认识和发现自我价值，发掘自身潜力，有效应对复杂多变的环境，成就出彩人生。

① 学会学习。主要是学生在学习意识形成、学习方式方法选择、学习进程评估调控等方面的综合表现，具体包括以下三方面。

- 乐学善学，具有浓厚的学习兴趣，掌握适合自身的学习方法。
- 勤于反思，善于总结经验，选择或调整学习策略和方法。

● 信息意识，能自觉、有效地获取、评估、鉴别、使用信息。

② 健康生活。主要是学生在认识自我、发展身心、规划人生等方面的综合表现，具体包括以下三方面。

● 珍爱生命，理解生命意义，具有安全意识与自我保护能力。

● 健全人格，具有积极的心理品质，自信自爱，有抗挫折能力等。

● 自我管理，能正确认识与评估自我，选择适合的发展方向等。

(3) 社会参与。社会性是人的本质属性。社会参与，重在强调能处理好自我与社会的关系，养成现代公民所必须遵守和履行的道德准则和行为规范，增强社会责任感。

① 责任担当。主要是学生在处理与社会、国家、国际等关系方面所形成的情感态度、价值取向和行为方式，具体包括以下三方面。

● 社会责任，包括自尊自律，文明礼貌，诚信友善，宽和待人；孝亲敬长，有感恩之心；热心公益和志愿服务，敬业奉献，具有团队意识和互助精神；能主动作为，履职尽责，对自我和他人负责；能明辨是非，具有规则与法治意识，积极履行公民义务，理性行使公民权利；崇尚自由平等，能维护社会公平正义；热爱并尊重自然，具有绿色生活方式和可持续发展理念及行动等。

● 国家认同，具有国家意识，了解国情历史，认同国民身份，能自觉捍卫国家主权、尊严和利益；具有文化自信，尊重中华民族的优秀文明成果，能传播弘扬中华优秀传统文化和社会主义先进文化；了解中国共产党的历史和光荣传统，具有热爱党、拥护党的意识和行动；理解、接受并自觉践行社会主义核心价值观，具有中国特色社会主义共同理想，有为实现中华民族伟大复兴中国梦而不懈奋斗的信念和行动。

● 国际理解，具有全球意识和开放的心态，了解人类文明进程和世界发展动态；能尊重世界多元文化的多样性和差异性，积极参与跨文化交流；关注人类面临的全球性挑战，理解人类命运共同体的内涵与价值等。

② 实践创新。主要是学生在日常活动、问题解决、适应挑战等方面所形成的实践能力、创新意识和行为表现，具体包括以下三方面。

● 劳动意识，尊重劳动，具有积极的劳动态度和良好的劳动习惯。

● 问题解决，善于发现和提出问题，有解决问题的兴趣和热情。

● 技术运用，具有学习掌握技术的兴趣和意愿，能将创意和方案转化为有形物品或对已有物品进行改进与优化等。

五、和谐教育

和谐教育就是从满足社会发展需要和受教育者自身发展需要的统一出发，优化教育教学结构中的诸要素，使教育的节奏符合学生发展的节律，促进学生基本素质获得全面、和谐、充分发展的教育。

和谐教育是建设和谐社会在教育方面的具体体现。

和谐社会，是以民主法治、公平正义、诚信友爱、安定有序、充满活力、人与自然和谐相处为特征的社会，是社会与环境之间以及社会系统内部诸要素之间在结构上协调、在功能上产生良性共振效应的系统。而和谐教育是指教育与政治、经济、文化等社会子系统之间以及教育系统内部诸要素之间在结构上协调、在功能上产生良性共振效应的系统。

1. 和谐教育的历史渊源

和谐教育有着悠久的历史渊源。

中国是一个有五千年悠久历史与灿烂文化的伟大国家，和谐教育思想的发展源远流长，与中国的历史、文化同样悠久和灿烂。

中国文化主张天人合一论，天道与人道必须和谐统一。中国文化认为大自然的规律是和谐协调的，如天地运转、日月运行、四时循环等都呈现有序状态；人是大自然系统的一个组成部分，所以人道也就必须和谐协调。

中国文化主张和合论。《尚书·尧典》提出了"协和万邦"的和合理想模式。这种观念影响到教育，就是教育要使人获得全面的和谐的发展。2 500 多年前的孔子，把和谐教育的思想具体化，孔子教育的目标是培养仁、智、勇"三达德"的统一的成人，就是培养德、智、体、美全面和谐发展的人。

和谐教育思想在西方，起源于古希腊的雅典，指健美体格和高尚道德的结合。柏拉图的《理想国》中指出，要构建一个理想国，需要哲学王、军人、手工业者和农民等各安其位、各司其职、守其本分、分工合作，构成一个完整的、理想的、正义的、和谐的社会。亚里士多德提出适应自然的和谐发展思想，使和谐教育思想得到进一步提升。17 世纪，捷克教育家夸美纽斯强调，教育要培养的人应是身体、智慧、德行与信仰多方面和谐发展的人。19 世纪 50 年代，俄国教育家乌申斯基在《人是教育的对象》一书中指出，教育是"在全面了解人的基础上,有目的地自觉培养和谐发展的人的过程"。以后的进步教育家都主张"实施和谐发展的教育"。

2. 和谐教育的基本特征

和谐教育具有以下三个特征。

(1) 整体性。和谐教育的整体性特点主要体现在三个方面:一是和谐教育的目的是以人的全面发展学说为理论基础,以推进学生的思想品德、文化知识、身体与心理和谐等素质整体发展,促进学生自身全面发展、协调发展为目的;二是教育的过程,需要和谐的氛围、具有和谐教育观的教育者、和谐的教育方法和内容;三是教育的环境,包括学校教育环境、家庭生活环境、社会人际交往环境,三种环境是统一的整体,和谐教育缺少任何一种环境都无法顺利进行。

(2) 平衡性。和谐教育的平衡性特点指的是要使得教育的诸多因素平衡、协调地发展。要正确处理道德和智力之间的关系,促进道德和智力的和谐发展;要正确处理脑力与体力的关系,促进脑力与体力的平衡发展;要处理好教与学之间的关系,促进教与学的和谐发展;要正确处理好个性与普遍性之间的关系,促进共性和个性的和谐发展;改善老师与学生之间相处的关系,达到学生尊重老师,老师爱护学生的和谐关系。

(3) 发展性。教育不仅要让学生在知识文化上打下良好的基础,更要让学生形成正确的人生观、世界观和价值观;既要让学生具备完善的科学文化素质体系,又要具有求真、务实、创新、团结的可持续的全面发展能力。

3. 和谐教育的实施途径

和谐教育的目的是我们在进行教学的过程中,一方面要促进学生德、智、体全面协调发展;另一方面要让学生德、智、体发展的过程和谐。不仅要让教与学达到和谐,也要使教学内容与教学方法达到和谐。要实施和谐教育,就要坚持全面科学的教育功能观、和谐共振的教育过程观、全面发展的教育质量观、整合优化的教育方法观、民主融洽的师生关系观及能动发展的学生观,是和谐教育对学校教育活动与教育现象的基本认识。只有坚持并实践这种基本观念,才能破除陈腐教育思想对人的束缚,实现和谐的教育。

六、终身教育

终身教育,是指一个人在其一生各阶段当中所受到各种教育的总和,是指开始于人的生命之初,终止于人的生命之末,包括人发展的各个阶段及各个方面的教育活动。

1. 终身教育的特征

(1)终身性。这是终身教育最大的特征。它突破了正规学校的框架,把教育看成是个人一生中连续不断的学习过程,既包括正规教育,又包括非正规教育,包括了教育体系的各个阶段和各种形式。

(2)全民性。接受终身教育的人包括所有的人,无论男女老幼、贫富差别、种族性别。当今社会中的每一个人都要学会生存,而要学会生存就离不开终身教育。

(3)广泛性。终身教育既包括家庭教育、学校教育,也包括社会教育,是一切时间、一切地点、一切场合和一切方面的教育。

(4)灵活性。任何需要学习的人,可以随时随地接受任何形式的教育。学习时间、地点、内容、方式均由个人决定。人们可以根据自己的特点和需要选择最适合自己的学习。

2. 终身教育的实现方式

人们从婴幼儿时期,进入青少年、中年、直到老年时期,经历了从家庭到学校的求学生涯,接受到系统全面的小学、初中、高中、大学的逐渐升级的教育。之后人们走出学校大门,进入社会的大学,在社会中从事某一项工作,又将面临着职业教育,人的一生常在适应不断变革的世界。

(1)婴儿阶段。主要接受家庭环境的熏陶,向父母及其他家庭成员学习,这是在自然状态下进行的学习,属于非正式教育的范畴。

(2)幼少年阶段。继续受到家庭环境的影响,并逐步接触所在社区和学校,接受系统的正规化的学校教育,启蒙人生,增长学识。

(3)青壮年阶段。该阶段仍然接受家庭、社区和学校教育,逐步趋向成熟,并开始接触社会。在这一阶段,必须不断更新知识,学习与工作交替进行,因此受到正规、非正规、非正式三种教育。

(4)中年阶段。为了实现自己的人生价值,家庭、社区、学校、社会等一切学习领域都被充分占领,同时接受非正式教育和非正规教育。

(5)老年阶段。随着年龄的增长,人逐渐进入垂暮之年,为了提高晚年的生活质量和生活品位,个体将继续利用家庭、社区、学校和大部分社会学习空间,通过非正式教育和非正规教育两种方式接受新知识,不断充实和完善自己,实现"老有所为"的人生价值。

3. 终身教育习惯的培养

要坚持终身教育,良好的习惯很重要。

(1)主动的学习习惯。这是指把学习当作一种发自内心的、反映个体需要的活动,坚持不懈地进行自主学习、自我评价、自我监督,必要时进行适当的自我调节,使学习效率更高、效果更好。

(2)不断探索的习惯。不断探索,就是在未知领域里,凭借自己的兴趣爱好进行学习,多方寻求答案,解决疑问。

(3)自我更新的习惯。自我更新,需要不断地对自己掌握的知识和能力进行联系、推敲、质疑和发展,不固守已经掌握的知识和形成的能力,从发展和提高的角度,对自己的知识、认识和能力不断地进行完善。培养对新事物、新现象的敏感性,扩大自己的视野。

(4)学以致用的习惯。常常听到有学生抱怨学校里学的东西没有用,果真如此吗?学不致用,当然无用;学以致用,自然会有用。知识,来源于整个人类的生产生活实践,是人们在实际问题的过程中不断发展和完善起来的。所以,就知识本身而言,它必然是有用的。在"学以致用"的过程中,人们能够充分发现自己的潜力。

(5)优化知识的习惯。在知识社会里,信息浩如烟海,最重要的学习能力就是学会管理知识和处理信息。你不可能也不需要记住所有的知识,但你可以知道去哪里找你需要的知识,并且能够迅捷地找到;你不可能也不需要了解所有的信息,但你可以知道最重要的信息是什么,并且明确自己该怎么行动。要学会有效地利用计算机和网络,进行高效的知识管理和信息处理。

当今时代,知识更新日益加速。我们必须具有终身学习能力,不断更新思想观念,不断更新知识与能力素质结构,构建自己开放的知识体系,这样才能适应不断变化的教育、社会和时代,才能不断满足个人和社会发展的需要,保持专业发展的动力。

七、创新教育

所谓创新,就是制造新的事物。创新是人类伟大的实践活动,一部人类文明史,就是一部人类创新活动的历史。正是因为有了创新,人类才发明了劳动工具,脱离了动物界;是创新,使人类走出了茹毛饮血的原始蒙昧时代;是创新,使人类由原始人进化到现代人。在科学技术高速发展的今天,创新更加显示出不可估量的伟大作用,产生层出不穷的奇迹。

我们国家要发展,要强盛,同样也离不开创新。

创新教育,就是以培养人们创新精神和创新能力为基本价值取向,以培养创新人才和实现人的全面发展为目的的教育。

创新教育主要有以下五个方面的内容。

1. 培养创新意识

创新意识是个体追求创新的内部心理倾向,这种倾向一旦稳定化,就成为个体精神文化的一部分。创新意识包括强烈的创造激情、探索欲、求知欲、好奇心、进取心、自信心等心理品质,这是一个人创新的灵魂与动力。经验性的研究表明,具有创新意识的人常常是不满足于现实,有强烈的批判态度;不满足于自己,有持续的超越精神;不满足于以往,有积极的反思能力;不满足于成绩,有旺盛的开拓进取精神;不怕困难,有冒险献身的精神;不怕变化,秉持探索求真的精神;不怕挑战,有竞争合作的精神;有强烈的好奇心,旺盛的求知欲,丰富的想象力和广泛的兴趣等。

2. 训练创新思维

创新思维是个体在观念层面新颖、独特、灵活的问题解决方式,创新思维是创新实践的前提与基础。创新思维具有新颖性,它在思路的选择上、或在思考的技巧上、或在思维的结论上,具有独到之处,在前人、常人的基础上有新的发展、新的突破。创新思维具有广阔性,具有创新思维的人必须获得广泛的知识,善于多方面地思考问题和全面地探讨问题,善于在不同的知识与活动领域进行创造性思维。创新思维能抓住事物的规律,预见事物的进程,拥有创新思维的人不仅善于透过问题的现象而深入问题的本质,而且善于揭露现象产生的原因,善于预见研究的进程和结果,并且从多方面和多种联系中去思考问题。创新思维是灵活的,思维活动能依据客观情况的变化而变化,使创造者思路活跃,迅速地从一个思路跳到另一个思路,并能随着情况的变化而改变或修正所探索的课题和目标。创新思维还具有独立性,创造者能够独立地进行思考,善于独立地发现问题,独立地分析问题和解决问题,不受别人的暗示或影响而动摇,思维的独立性可使创造者解放思想,破除迷信,敢于向科学权威的错误结论发起挑战,大胆地提出自己的新假设、新观点、新理论、新方法,并且通过实践进一步检验它。

3. 积极开展创新活动

创新活动是个体在实践层面新颖、独特、灵活的问题解决方式,创新活动是创新思维的发展与归宿。具有创新活动能力的人常常是实践活动经验丰富,经受过大量实践问题的考验;乐于动手设计与制作,有把想法或理论变成现实的强烈愿望;不受现成的条条框框的束缚,不断尝试、不断反思、不断纠正;愿意参加形式多样的活动,乐于求新、求奇,乐于创造新鲜事物等。

4. 掌握创新方法

在漫长的人类发展历史上,曾产生过无数的创造发明,涌现过无数的科学家、发明家。他们的实践经验和所取得的丰硕成果,对后来的创造者具有重要的借鉴意义。而创新方法正是从前人成功的创新经验中总结出来的,并被用之于实践且得到证实的方法。创新方法具有可操作性,有明确具体的、规范化的、使人可掌握的操作规则和运行程序,人们通过学习能够掌握其操作规则和运行程序,并运用于创新活动中。创新方法具有技巧性,是一种和学习训练有关的活动,可以通过学习而得来,可以通过练习而熟练。

5. 形成创新人格

创新人格主要包括创新责任感、使命感、事业心,执着的热爱、顽强的意志和毅力,能经受挫折、失败的良好心态,以及坚韧顽强的性格,这是一个人坚持创新、产出成果的根本保障。

长期以来,中国教育都习惯于应试教育模式,导致学生基本上只会做题、考试。学生学习的目的侧重于考试、升学,缺乏对学生创造力和实践能力的培养。创新教育需要打破传统的课堂边界,提供更多的学习机会和多样化的评价方式,鼓励学生的主动学习和创造性思维。

八、STEM 教育

STEM 教育起源于美国,从字义解释,是科学(Science)、科技(Technology)、工程(Engineering)、数学(Mathematics)的缩写。通过科学教育、技术教育、工程教育和数学教育的综合培养,学生可以全面发展并掌握未来社会所需的核心能力。

1986 年,美国深刻认识到,在信息时代下,科技进步与创新是经济发展的动力,同时也是提升国家竞争力的需要,于是,美国政府倡导推进 STEM 教育战略。2006 年,美国总统布什在国情咨文中公布《美国竞争力计划》,提出培养具有 STEM 素养的人才,并称其为全球竞争力的关键。2015 年经美国总统奥巴马签署,STEM 教育法案正式生效。

美国以国家的力量推广的 STEM 教育,强调打破学科界限,从融合科学、技术、工程、数学的知识来打造科技创新的新时代,并提高国家未来的竞争力和创新能力。作为教育改革的核心,STEM 教育已在美国教育界激起旋风。

STEM 教育的内容包括以下四个方面。

1. 科学教育

在 STEM 教育中,S 是科学教育,是不可或缺的一部分。美国的科学课程有生物、化学、物理、地球与空间等,通过 STEM 教育中的科学实验和探究活动,学生可以亲自动手、观察现象、提出问题,并通过实践来寻找答案。这样的学习方式培养了学生的好奇心、科学素养和问题解决的能力。

2. 技术教育

T 是技术教育,这是 STEM 教育的特色,它致力于培养学生的技术能力。在 80 年代所谓的技术是工业技术,现在"T"更多的是强调信息技术。除了电子制作,编程也是 STEM 教育中的一个重要领域。学习基本的编程知识,并通过编写代码来解决问题。通过编程,可以控制机器人、设计游戏和制作网站,这些活动不仅培养了技术能力,还激发了创新意识。

3. 工程教育

E 是工程教育。它致力于培养学生的工程思维和实践能力。工程课可包括土木工程,电子、电气工程,机械工程,工程设计和机器人技术等主题。此外,建模也是 STEM 教育中的重要内容。通过建模,可以将复杂的工程设计转化为可视化的模型,并通过模拟和测试来优化设计方案。这种建模活动不仅培养了对工程设计的理解和运用能力,还提高了空间力和创造力。通过引入工程设计和建模等活动,为学生提供了应对工程问题的机会。

4. 数学教育

STEM 中,M 即数学,它致力于培养学生的数学能力和逻辑思维。数学是科学、技术、工程领域的基石,具有广泛的应用价值。在现实生活中,我们无处不用到数学,无论是计算、测量还是分析,都离不开数学。通过 STEM 教育的数学教育,能够为培养未来的科学家、工程师和技术人才做出贡献,应对日益复杂的社会挑战。

跨学科的 STEM 教育具有趣味性、体验性、情境性、协作性、设计性、艺术性、实证性和技术增强性等核心特征。STEM 教育在培养学生的科学、技术、工程和数学能力方面起到了重要作用。STEM 教育的普及化和深化发展,能培养更多有创造力、有解决问题能力的人才,为社会的可持续发展做出贡献。

九、STEAM 教育

STEAM 这种教育理念,来源于 STEM 理念,即科学(Science)、技术(Technology)、工程(Engineering)、数学(Mathematics)的首字母。STEM 理念加入了 Arts,也就是艺术,使人才培养体系变得更加全面。

STEAM 教育就是集科学、技术、工程、艺术、数学多领域融合的综合教育。STEAM 教育打破了数学、科学、技术、工程和艺术五个学科领域之间的壁垒,强调知识跨界、场景多元、问题生成、批判建构、创新驱动,体现出综合性、开放性、主体性、情境性、关联性、实践性、发展性的诸多特征。综合的教学方式使学生拥有更广阔的视野并能够了解并运用各种技能,从不同的角度理解知识和真实世界的联系,这种教学理念有助于学生更好地理解世界、解决问题。

STEAM 教育的起源可以追溯到 2006 年,由美国国家科学基金会提出,旨在将艺术和设计融入 STEM 教育中。STEAM 教育的目的是将科学技术与创造力、创新、沟通和批判性思维等艺术领域的能力相结合,培养学生全面的素质和技能,帮助他们成为具有创新能力的未来领袖和创造者。

STEAM 这种教育理念,有别于传统的单学科、重书本知识的教育方式。STEAM 是一种重实践的超学科教育概念,通过跨学科的学习和实践活动,培养学生创新精神和解决问题的能力。

1. STEAM 教育的优势

与传统的教育模式相比,STEAM 教育具有许多优势。

(1)培养创造力。STEAM 教育注重培养学生的创造力,鼓励他们思考和探索新的解决方案。通过实践和实验,学生能够充分发挥自己的想象力和创造力,培养出独特的创新思维。

(2)培养解决问题的能力。STEAM教育通过项目驱动的学习方式,让学生主动参与解决实际问题的过程。学生需要运用所学的科学、技术、工程、艺术和数学知识,分析和解决问题,培养独立思考和解决问题的能力。

(3)培养合作与团队精神。STEAM教育注重学生之间的合作与团队精神。在项目中,学生需要与他人合作,共同解决问题和完成任务。通过合作,学生能够学会有效沟通、协作和分工合作,培养团队合作的能力。

(4)培养终身学习的态度。STEAM教育重视培养学生的主动学习和自主探究的能力,不仅仅是学会自主获取知识,更重要的是培养学生的学习能力和终身学习的态度。学生通过实践和实验,不断学习和探索新的知识,培养持续学习的习惯和能力。

2. 如何实施STEAM教育?

(1)跨学科学习。在教学中,将科学、技术、工程、艺术和数学融合在一起,通过跨学科的学习,提供学生综合性的学习体验。例如,在学习关于环境保护的课程时,可以引入科学的观点、技术的应用、工程的设计、艺术的表现以及数学的分析等内容。

(2)项目驱动的学习。通过项目驱动的学习,让学生主动参与解决实际问题的过程。教师可以设计一系列的项目,让学生在项目中运用所学的知识和技能,解决具体的问题。例如,设计一个能够净化水源的装置,让学生运用科学、技术、工程、艺术和数学的知识,设计和制作出符合要求的装置。

(3)注重实践和实验。STEAM教育强调实践和实验的重要性。学生需要亲自动手进行实践和实验,通过实践和实验,学生能够更深入地理解和应用所学的知识。教师可以设计各种实践和实验活动,让学生亲自动手进行操作和观察。

(4)创新和探索。STEAM教育鼓励学生进行创新和探索。学生需要思考和提出新的想法,并通过实践和实验验证这些想法的可行性。教师可以提供一系列的创新和探索活动,激发学生的创造力和想象力。

STEAM教育是一种综合性的教育,强调学科之间的融合与互动,它提供一种综合性的学习环境,通过跨学科的学习和实践活动,培养学生的创造力、解决问题的能力和创新精神,以更好地应对现实生活中的挑战。

十、创客教育

"创客教育"(Maker Education),来源于创客行动,是创客文化与教育的结合。美国是全球创客行动以及创客教育的发源地。

创客(Maker)是指不以盈利为目标、有独立想法并把想法变成现实产品的人,是热衷于创意、设计、制造的个人设计制造群体。"创客行动"鼓励人们利用身边各种材料及计算机相关设备、程序以及其他技术性资源,通过自己动手或与他人合作创造出独创性产品的一种行动。"创客行动"基于对技术的应用,面向技术类产品的生成,在当前社会技术不断创新、技术产品不断丰富的背景下,越来越受到研究者与教育者的关注。

创客文化与教育的相碰撞便产生了创客教育。

"创客教育"吸收了创客行动中的诸多理念,让其有别于讲授式的传统教育。创客教育基于学生兴趣,以项目学习的方式,使用数字化工具,是倡导造物,鼓励分享,培养跨学科解决问题能力、团队协作能力和创新能力的一种教育。创客教育核心教育理念是通过动手实践,培养学生的创新能力、探究力和创造力。

随着 3D 打印技术、人工智能技术、纳米材料技术、更为简洁的编程语言等建构性技术的发展和普及,中小学创客教育具备了更有利的条件。开展创客教育,有场地的要求,学校需要给师生提供创客教室。创客教室要能够容纳二十名学生同时上课(实验期间以小班上课形式),有位置摆放各种物件和工具,以方便学生开展创作。还要有一个区域专门来用摆放学生的作品。多媒体设备是必须具备的,它可以方便学生和创客老师之间的分享和交流。

创客教育的实施方法与步骤,包括制定教学目标、确定教学内容、提供必要资源和环境、设计学习活动和项目、实施教育活动、评估学习成果以及持续改进和发展等各个方面。

十一、智慧教育

智慧教育(Smart Education),又称智能教育,是依托物联网、云计算、无线通信等新一代信息技术,来打造的物联化、智能化、感知化、泛在化的新型教育环境、教育形态和教育模式。智慧教育的基本特征是开放、交互、协助、共享，以教育信息化促进教育现代化，用信息技术来改变传统模式。

1. 智慧教育的发展

智慧教育至少可以追溯到 IBM 的"智慧地球"战略。2008 年，IBM 首次提出"智慧地球"概念。IBM 对"智慧地球"的良好愿景是：借助新一代信息技术，如传感技术、物联网技术、移动通讯技术、大数据分析、3D 打印等的强力支持，把感应器嵌入、装备到全球的医院、电网、铁路、桥梁、隧道、公路、建筑、供水系统、大坝、油气管道，让地球上所有东西实现被感知化、互联化和智能化，而后通过超级计算机和云计算，使得人类以更加精细、动态的方式工作和生活，从而在世界范围内提升智慧水平，世界将变得更小、更平、更开放、更智能。

新一代互联网、大数据、机器学习、虚拟现实、人工智能等技术在教育领域的应用，产生了智慧教育。智慧教育是一场多领域、多层次、融合多项技术的深刻变革。智慧教育形成一种全新的教育形态和教育模式，带来教育系统理论体系、教学空间系统、教学模式等的变革，构建出能够培养智能时代创新人才的教育体系。

2. 智慧教育的特征

（1）信息技术与学科教学深度融合。信息技术与学科教学的深度融合是智慧教育的价值追求。智慧教育需要广大师生具备较强的信息技术应用能力，合理、有效、创新应用技术，促进课前、课中与课后教与学活动的全程设计、实施与评价。

（2）全球教育资源无缝整合共享。智慧教育供应丰富多样的数字化教学内容和资源，包括电子教材、在线课程、教学视频、电子图书等，这使得教师和学生能够随时随地访问和运用这些资源，扩展了学习的广度和深度，通过多种途径（自建、引进、购买、交换）实现全球优质教育资源的无缝整合与无障碍流通，使得世界各地的学生和社会公众可以获取任何适合自己的教育资源。全球优质教育资源的无缝整合与共享，能突破教育资源地域限制，将有可能缩小世界教育鸿沟，提升欠发达国家和地区的教育质量。

（3）无处不在的开放、按需学习。学习不应该固定在教室和学校，而应回归社会和生活，发生在任何有学习需求的地方。智慧教育环境下的学习将走向泛在化学习,即无处不在的学习资源、无处不在的学习服务和无处不在的学习伙伴。

（4）跨地域教育协作。智慧教育能打破时空的限制,使得跨地域的教育协作成为可能。

（5）绿色高效的教育管理。信息技术的普及应用为实现教育管理的智慧化提供了条件。云计算技术通过整合基础设施、研发平台、应用软件三种计算资源,可以实现管理数据的统一采集与集中存储,实现管理业务流程的统一运行与监控,减少教育管理上人力、物力和财力的浪费。

（6）基于大数据的科学分析与评价。物联网、云计算、移动通信、大数据等新一代信息技术的发展,为教育评价提供了技术条件,可以实现各种教育管理与教学过程数据的全面采集、存储与分析,并通过可视化技术进行直观的呈现。智慧教育环境下学业成就评价、体质健康评价、教学质量评估、教育信息化与教育现代化发展评价等在内的各种教育评价与评估,将更具智慧性、科学性和可持续性。

3. 智慧教育的意义

（1）智慧教育是实现教育现代化的重要步骤。智慧教育能充分利用现代科学技术手段,推动教育信息化,培养并提高学生的素养水平,以提高教育的现代化水平。

（2）智慧教育有助于全国人民素质的提高。智慧教育是以现代化信息技术构建为基础的开放式网络教育,学习者的时间、空间不再受到限制,可以很好地保障每一位国民接受教育的平等性。

（3）智慧教育可促进人才的培养。智慧教育可以让学生根据个人兴趣与个性差异对所学的知识和学习进程进行自主选择,学生还可以对学习的相关内容信息检索、处理,从而发现学习问题并及时解决,有利于培养学生的创新精神和创造能力。

（4）智慧教育促进教育信息产业的发展。智慧教育涉及软硬件建设、制度体系、人力资源建设、应用模式设计、评估评价体系、应用服务、分层规划、技术合作等多个层面的体系建设,有利于促进教育信息产业健康发展。

（5）智慧教育推动教育理论的发展。智慧教育是教育的一场重要变革,它能够使学生自主地调节和规范的学习,尊重学生个体差异,采用不同教育方法和评估标准，促进教师教学理念的更新，有效推动教育理论的发展。

十二、未来教育

教育是人类文明与社会进步的重要标志，从古代的口头传授到现代的数字时代，教育在不断地变革与创新，以适应社会发展与变革所带来的新需求与新挑战。随着科技的迅速发展和人们生活方式的转变，教育领域正面临着一场深远的变革。今天，无论身在何处，人们可以通过互联网获取知识，参与在线学习，拓宽视野。教育不再受地理位置的限制，这为全球范围内的教育平等提供了机会。

那么，未来一段时间，我国教育的发展趋势是什么呢？

1. 数字化教育

数字化教育是未来教育的重要趋势之一。数字化教育具有灵活、便捷和高效等优点，可以为个体提供更加多样化和个性化的学习机会和资源。虚拟现实、增强现实和人工智能将成为教育的强大工具，提供更丰富的学习体验。

（1）在线课程和学习资源的普及。随着在线课程和学习资源的不断增加和完善，个体可以通过互联网随时随地获取知识和技能，这将极大地提高教育的灵活性和便捷性，也将为个体提供更加多样化和个性化的学习机会和资源。

（2）虚拟实验室和模拟教学的应用。虚拟实验室和模拟教学可以为个体提供更加真实和生动的学习体验，帮助个体更好地理解和掌握知识和技能。这将极大地提高教育的效果和质量，也将为个体提供更加高效和实用的学习途径。

（3）人工智能和大数据技术的应用。人工智能和大数据技术可以为个体提供更加个性化和精准的学习建议和服务，帮助个体更好地规划和管理自己的学习活动。这将极大地提高教育的效率和准确性，也将为个体提供更加科学和有效的学习支持。

数字化技术的应用为教育带来了更多的可能性，提供了多样化的教学工具和资源，丰富了教学内容和交互方式。全球化视野下的多元文化教育可以培养学生的跨文化交流能力和国际竞争力，使他们更好地适应全球化的环境。

2. 创新是未来教育的主题

创新是未来教育不可或缺的,创造性思维和解决问题能力是未来社会所需的重要能力。教育机构应注重培养学生的创造性思维和解决问题能力。通过创新教育,学生可以学习如何提出问题、寻找解决方案和实施创新想法。这种学习方式可以激发学生的创新潜能,培养他们的创造力和创新精神。

3. 未来教育是多元的

多元化教育是未来教育的又一重要趋势。随着社会的多元化和个体需求的多样化,多元化教育将成为个体获取知识和技能的重要途径。多元化教育具有综合性、交叉性和实践性等特点,可以为个体提供更加全面和深入的学习体验。同时,多元化教育也可以培养个体的创新能力和适应能力,为个体的未来发展奠定坚实的基础。

信息时代创造了一个全新的环境。我们的教育形式不仅仅只有学校成班成建制的学习,还会有网络学习、手机学习、空间学习等多种形式。既可以一对一的教学,也可以一位教师对几百人的教学。在教学中教学情境是多元化的,课堂活动方式是多元化的,评价方式是多元化的,课后的练习也是多元化的。多元化的教学营造了自主学习的立体空间,为学生探究学习和未来发展打下坚实的基础。

4. 未来的教育是个性化的

个性化教育是未来教育的又一重要趋势。随着大数据和人工智能技术的发展,个性化教育将成为个体获取知识和技能的重要途径。人们可以选择自己的学习路径,独立完成自己的学习旅程。未来教育对发掘学生个人的独特天资有着不可比拟的优势。同时,个性化教育也可以培养个体的自主学习能力和创新能力,为个体的未来发展奠定坚实的基础。

5. 未来教育是开放的

现代的教育大多数是封闭式的,未来的教育则是开放的教育。

科学技术的日新月异,信息的网络化,经济的全球化使世界日益成为一个更加紧密联系的有机整体。传统的封闭式教育格局被打破,取而代之的是一种全方位开放式的新型教育。它包括教育观念、教育方式、教育过程、教育目标、教育资源、教育内容、教育评价的开放性等。

未来教育,更多的事情交给人工智能、大数据、移动网络,将出现更多网络学习、小组合作、探究式学习的形式。教师的作用不再仅仅是传授知识，而是更多地承担起一个组织者、协调者、协助者、服务者、陪伴者的角色。未来的教育，学生和学员是主体，他们是主角，而教师将成为一个支持者、服务者、组织者。

教育的未来将充满变革。新兴技术，如人工智能和虚拟现实，将为教育带来前所未有的创新，深刻地影响个体和社会的发展。

第二节　当代教学模式的学科跨越

教学模式，是在一定教学思想或教学理论指导下建立起来的较为稳定的教学活动结构框架和活动程序。教学模式作为结构框架突出了从宏观上把握教学活动整体及各要素之间内部的关系和功能，作为活动程序则突出了教学模式的有序性和可操作性。

某种教学模式，往往可以适应多种学科的教学；而某种学科的教学，又往往可以采用不同的教学模式。因而，教学模式有其鲜明的跨学科特征。

一、现象式教学

现象式教学，来自北欧芬兰新颖的教学启示。

芬兰地处北欧，是距离中国十分遥远的国度。芬兰是绚丽的冰雪王国，有午夜的极光、有世界闻名的颂歌国家图书馆、有先进的科学技术、有高效的循环经济、有深入人心的环保意识和行动、有优越的健康和医疗保障，有世界上优秀的教育体系和教学方法……

然而，也许你并不知道，一直到 20 世纪 50 年代，芬兰都是一个贫穷的国家。国土面积约为 33.8 万平方公里，还没有我国云南省的面积大。在芬兰，除了水和森林，其他自然资源都很匮乏，芬兰的人口仅有 550 万左右，约为北京市人口数量的四分之一。芬兰资源匮乏、人口有限，国家发展更多依靠芬兰国民的智力活动和创造力，正因为芬兰人重视教育，教育成为在两次世界大战后让芬兰得以重建的关键因素。而芬兰教育的核心方法是现象式教学。

1. 什么是现象式教学？

"现象式教学"就是把某种现象作为探索学习的核心，将各种相关学科和知识,包括物理、科技、自然、文学、艺术、历史、运动、手工、家政等融合起来,将校内学习的知识与现实生活中的问题联系在一起,让知识不再是碎片化、单一化,而是呈现为一个有机的整体,并学会如何在协作中找到解决问题的新方法。

现象式教学强调整体性的学习方法,其目的并非取代科目学习,而是综合不同学科的知识,提升孩子的观察力和洞察力,感受人与自然、人与环境、人与动物以及人与人的关系,学生在探索现象的过程中激活已有经验,将原本零散的知识点联系起来,最后形成具有整体意义的创意方案,核心思想在于培养学生解决问题的能力。

2. 学生应该具备的七项横贯能力

现象式教学打破学科壁垒,注重跨学科知识的综合运用。教学回归真实的生活情境,更多运用来自学生日常所能接触到的"现象",在保留分科的基础上,综合各科知识为一个主题,利用跨学科学习模块进行教学,培养学生综合运用不同学科知识和多种方式解决问题的"横贯能力",帮助学生更好地适应未来社会生活。

所谓"横贯能力",指贯穿于不同学科和领域所需的通用能力,通过将不同领域的知识和技能的融合,从而满足学生适应未来学习、工作和生活的多种要求。

学生应该具备以下七大横贯能力。

(1)思考与学会学习。思考能力是学习和社会发展的基石,芬兰新课标强调自我调节和具备评估自己思维的能力。当信息接收量非常庞大时,学会学习对于保持大脑的运转至关重要。探究式学习方法是培养这一能力的关键。

(2)文化感知、互动沟通和自我表达。团队合作的能力是生活在新时代的人不可或缺的品质。这就需要培养学生的社交和情感技能,例如共情能力。

(3)自我照顾和管理日常生活。要想成长为优秀的公民,学生必须学会基本的生活技能,包括时间管理、消费意识和数字时代的自我约束技能,以及健康的生活习惯。

(4)多元识读。现代社会中,信息的传播不只包括文字,也包括语音、视频等多种方式,多元识读能力的终极教学目标就是除了提高语言读写能力之外,帮助学生利用多种媒介和平台进行研究、应用、编辑、交流和呈现信息。举个简单的例子,PPT的制作需要学生通过文字的格式、图片、图表、动画、音乐等多种方式呈现信息。

(5) 信息及通信技术。帮助学生熟练地使用信息通信技术,重点是利用数字工具进行探究式学习、提高学生的编程能力,以及网络安全意识。

(6) 职业技能和创业精神。未来人类需要解决越来越复杂的问题,自发性动机将变得越来越重要。因此,一所现代化的学校应该鼓励学生对工作和生活抱有积极的态度,并支持学生习得可以应用于不同情况或学科的技能。

(7) 参与、影响和构建可持续发展的未来。强调儿童是社会生活的积极参与者,通过学校创建的多种正式渠道(如课外活动),学生可以有效地影响自己的学习环境甚至是校外环境。

为了达成以上的这些培养目标,芬兰教育者提倡的一个主要的教学方法就是"现象式教学"。

3. 现象式教学的主要特点

现象式教学将特定主题涉及的学科知识重新进行编排设计,形成学科融合式的跨学科课程模块,在此基础上实施跨学科教学,对于培养学生综合能力具有重要作用。

(1) 重视知识的整体性与能力的综合性。现象式教学是一种学习方式,同一现象可以从不同知识领域进行解读,该教学方式鼓励学生充分表达自己的知识和经验,积极提问并探寻答案,建构信息以及获取结论、阐述观点。现象教学将学习的出发点从传统的课程向真实的社会情境转变,给学生提供一个真实生活中的场景或者现象,学生围绕某一现象,开展多学科、多维度的研究,对此特定现象形成系统的、全方位的、有深度的认知和思考。现象教学培养学生掌握科学知识的同时,将理论知识应用于具体的问题解决实践中,发展学生的创新能力、合作能力、沟通能力、批判性思维以及信息技术处理能力、个人规划能力等,有利于让学生掌握生活所需知识和能力来应对工作和生活中的现实社会挑战,让知识回归生活、让学习融入社会。

(2) 提倡合作学习、探究学习与个性化的学习。现象式教学主要目的,是提升学生的学习自主权,培养系统的学习能力。现象式教学以学习者为中心,充分发挥学生的主体性,引导学生利用自己的先前经验对问题进行解释,发现新的问题。学习者需要进行更为独立、深入的思考,同时更需要与他人进行有效合作,将自己的思考、已有知识经验等准确表达出来,以及学会倾听他人。教师要仔细观察并注意到学生的经验、知识、感受、兴趣爱好、与他人的互动等各方面的表现,更多地关注每个学生的个体需求,并设法提供差异化、个性化、有针对性的引导支持。

(3)拥有灵活的教学空间与时间安排。芬兰国家教育委员会在《国家基础教育核心课程 2014》中规定了 8 个基本的跨学科主题,包括:学会做人,文化身份和国际化,媒介素养和沟通,公民参与和创业精神,环境责任感,幸福与可持续发展的未来,安全和交通,科技与个人,并要求九年义务教育必须涵盖这 8 个基本主题。各地根据需要和实际情况施行现象式教学,在保留传统学科教学的基础上,在学年之中专门安排一个或多个学习阶段。该课程具有较大弹性,每所学校、每个学年安排多少时间,完全由学校自主决定。"教室"不再是一个传统意义上的封闭空间,而与社会、与大自然联通,社区、大自然都可以作为教室。他们的教室可以是学校的厨房、手工房、木工房、车间、音乐教室、语言教室,也可以是当地的森林、博物馆、社区,甚至可以和当地的教育机构合作。灵活的教学场地满足了现象式教学的空间需求。

4. 现象式教学实施流程

(1)"定义现象",确定学习主题和学习目标。现象是由教师提出并驱动整个教学的核心,学生需要围绕这一现象展开思考,解释这一现象"是什么""为什么",从而为后续学习做准备。因此,现象的质量是决定整个现象教学是否能够达到预期目标的重要因素。现象的来源丰富多样,既可以是直接通过感官体验到的事物,也可以是通过资料、技术设备间接了解到的事实。对教师而言,"定义现象"和做出恰当选择是决定教学质量的关键一步。

(2)明确学科角色和学科之间关联。为了支持横贯能力的发展,课纲引入了多学科学习模块,作为基于学科间合作的综合教学的学习阶段。多学科学习模块旨在让学生沉浸在整体探索真实现象的学习过程中,而其中的现象可以理解为与现象世界相关的主题,因此不能只包含在一个科目中。多学科学习模块的目的在于能贴近和丰富学生真实的生活体验,增强他们的动力,使得学习对他们来说是有意义的。举例来说,如果要教给学生关于"世界五大洲：亚洲、欧洲、非洲、美洲和大洋洲"的知识，我们应该把这个知识模块安排在哪个学科里呢？地理、历史还是生物？其实，针对这个宽泛的主题，我们可以从不同的角度界定问题，如从地理、生物的角度去学习各大洲的气候、植被知识，也可以从历史的角度学习各大洲的文化、宗教、民族、国家以及语言相关的主题。

（3）基于已有知识阐明问题。教师鼓励每位学生提出各自所关注的问题，其中，"头脑风暴"是最常用的方式之一。例如，在关于大洲的现象教学中，向学生提问：

"在我们所生活的地球村中，不同的大洲有哪些不同的现象？"

学生们通过"头脑风暴"提出了一系列可能与此相关的研究现象，大家陆续提出气候、植被、文化、宗教、民族、国家以及语言等相关主题。有关大洲的研究现象被限定在气候、植被、文化、宗教、民族、国家、语言、时区及货币这几个主题中。

（4）确定项目，学生分组交流，明确研究任务。将学生分成不同的研究小组，通过讨论交流，明确各小组的研究问题。

（5）开展研究，收集研究数据提出解决方案。在基本确定教学框架后，教师需要引导学生设立共同的学习目标，并依据各自的兴趣和特长确定分工。组内成员根据自己的兴趣和特长选择两个研究现象作为其后续学习的主要内容。教师要重点关注学生是否真的在做研究，要求学生能收集、识别、提取信息，帮助学生找准解决问题的方法，以及理解证据要求。

（6）研讨与交流。这一阶段学生要思考通过何种方式展示研究成果。研究成果可能是研究报告或者是一件作品，在展示成果时学生还要能使用证据支持自己的观点。

（7）评价与反馈。学习评价包括教师评估、学生自评、互评以及家长评价反馈。评价报告要进入学生的成长档案。由于现象教学坚持"以学生为中心"，赋予每位学生选择学习内容的自由，学生因此需要在学习过程中不断地进行自评、互评和调试。通过跨越整个项目的评估，学生不断明晰自己的学习兴趣并加深学习深度。这对学生的元认知技能提出了较高要求。

现象教学是一场充满好奇和惊喜的旅程，在真实性的前提下，打破传统学科课程的界限，帮助学生建立起对现实世界的整体认知。

5. 芬兰现象式教学对我国的启示

芬兰的教育探索对我们国家的教育有其借鉴意义。芬兰学生快快乐乐考出了好成绩，还充满创造力，这样的结果不正是国内父母们心里最大的期盼吗？

现象式教学对我国的启示有以下三点。

（1）加强教学内容的综合化。芬兰 2004 年课标提出了跨学科的理念，2014 年课标中再次重申了跨学科教学的重要性，明确提出基于跨学科开展现象式教学，并要求学校在课程实施过程中强制执行。跨学科教学能够帮助学生发现现象之间的关系，建立各知识领域之间的联系，发现现象背后的意义，拓宽视野，影响个体的未来生活以及社会乃至人类的发展。

各个学科并不是孤立的存在，不同的学科体系存在着差异，也存在着联系。因此，在我国基础教育阶段，应该进一步加强教学内容的综合化，关注学科之间的联系，加强不同学科之间的融合。

（2）注重知识与生活的紧密联系。现象式教学中的"现象"必须来源于学生的真实生活，具有典型性和代表性，学生通过学习可以发现生活中的认知规律，师生进入真实生活场景进行教学，或抽取现实生活中的原型设计成生动的场景课程。通过现象式教学，知识与能力之间的联系更加紧密。丰富的生活场域中蕴含着多彩的教育内容，只有尊重个体的生活才能更好地促进个体发展。

义务教育阶段是打基础的阶段，应该在传授基础知识的同时，注意培养学生综合学科知识解决问题的意识，引导学生亲近生活、观察生活、体验生活，启迪学生认识、发展自我，参与并融入社会，亲近并探索自然，初步形成对自我、社会和自然的整体认识，养成良好的生活、学习和交往习惯。

（3）重视教师培训中的跨学科学习。基于现象的学习跨越了学科边界，帮助我们将广泛的能力融汇到教学当中。这就要求开展教师教育，帮助教师掌握更具创造性的专业知识，使他们不局限于自己的学科，还能够与其他教师合作，共同开展跨学科学习。

二、项目式教学

项目式教学（Project-Based Learning），即"基于项目"的学习，是以项目为载体进行的教学活动。项目式教学是在老师的指导下，将一个相对独立的项目交由学生自己处理，包括信息的收集、方案的设计、项目实施及最终评价，都由学生自己负责，学生通过参与项目，了解并把握整个过程及每一个环节中的基本要求，培养分析问题和解决问题的思想和方法。

项目式教学萌芽于欧洲的劳动教育思想，最早的雏形是 18 世纪欧洲的工读教育和 19 世纪美国的合作教育，经过发展到 20 世纪中后期逐渐趋于完善，并成为一种重要的理论思潮。项目教学法把整个学习过程分解为一个个具体的工程或事件，设计出一个个项目教学方案，不仅传授给学生理论知识和操作技能，更重要的是培养他们的职业能力，涵盖了如何解决问题的能力，接纳新知识的学习能力，以及与人协作和进行项目运作，包括项目洽谈、报价、合同拟定、合同签署、生产组织、售后服务等各方面的社会能力。

"项目式教学"越来越得到各国教育界的重视。

1. 项目式教学的特点

项目式教学最显著的特点是"以项目为主线、教师为引导、学生为主体"，改变了以往教师讲，学生听的被动教学模式，创造了学生主动参与、自主协作、探索创新的新型教学模式。

比如说，怎样制作一个风筝？

原先分科教学的情形是，数学老师讲风筝是轴对称图形，美术老师讲风筝上的图案怎么构图好看，科学老师讲风筝必须有尾巴来保持平衡，语文老师讲风筝的历史。每个老师都在自己的课堂上围绕风筝讲解，但各学科相互割裂。

项目式教学，教师给孩子一个项目：制作一个风筝。然后在教师指导下，让他自己想办法完成。这个过程中，要自己搜索资料，向同伴寻求帮助，了解制作风筝的注意事项，选择合适的材料，确定是否需要尾巴，并在试飞的过程中确定尾巴的长短等。这些都超出了某个固定学科的知识，知识的获取都是为了解决最终的问题。

具体来说，项目式教学具有以下四个特点。

（1）转变学习方式，培养分析和解决实际问题的能力。

（2）培训周期短，见效快。项目式教学通常是在一个短时期内、较有限的空间范围内进行的，并且教学效果可测评性好。

（3）注重理论与实践相结合。要完成项目，必然涉及如何做的问题。这就要求学生从原理入手，结合原理分析项目、订制工艺。而实践所得的结果又将让学生反思：现实是否是这样？与书上讲的一致吗？

（4）项目结束后应有一件可以看得到的产品。

项目式教学是在西方广泛应用的教学方式，这种教学方式被应用到各个学科中，进行跨学科或跨知识点的综合。

2. 项目式教学的步聚

（1）确定项目任务。这是项目式教学的导向阶段，通常由教师提出一个或几个项目任务，然后同学生一起讨论，最终确定项目的目标和任务。比如，"设计一周时间的营养午餐"，让学生设计一周不重复的、喜欢的营养餐。又如"设计一个花园自动浇水系统"。

（2）制定项目计划。由学生制定项目工作计划，确定工作步骤和程序，并最终得到教师的认可。

（3）组织项目实施。学生明确自己在小组中的分工以及合作的形式，然后按照已确定的工作步骤和程序工作。学生根据项目要求完成成品制作。

（4）检查评估、总结。先由学生对自己的工作结果进行自我评估，然后小组内互评，再由教师进行检查评分。师生共同讨论，评判项目工作中出现的问题，学生解决问题的方法以及学生行动的特征。通过对比师生评价结果，找出造成结果差异的原因。

（5）成果展示。项目实施工作结束后，对形成的优秀成果进行展示，鼓励优胜者，同时也推动资源共享。

项目式教学是师生共同完成项目，共同取得进步的教学方法。在项目教学中，所设置的项目应包含多门课程的知识。学习过程成为一个人人参与的创造实践活动，注重的不是最终的结果，而是完成项目的过程。学生在项目实践过程中，理解和把握课程要求的知识和技能，体验创新的艰辛与乐趣，培养分析问题和解决问题的思想和方法。

三、问题驱动教学

问题驱动教学法（Problem-Based Learning），即基于问题的教学方法。这种方法不像传统教学那样先学习理论知识再解决问题，而是一种以学生为主体、以专业领域内各种问题为学习起点，以问题为核心规划学习内容，让学生围绕问题寻求解决方案的教学方法。

问题驱动教学法是 1969 年由美国神经病学教授巴罗在加拿大麦克马斯特大学首先试行的一种新的教学模式，即在临床前期课或临床课中，以患者的疾病为线索提出问题，以学生为中心的小组讨论式教学。问题驱动教学法能够提高学生学习的主动性，提高学生在教学过程中的参与程度，容易激起学生的求知欲，活跃他们的思维。现如今，这种方法已广泛应用于基础教育、高等教育、职业教育等各类学校教育之中，并跨越语言、文学、数学、地理、历史、科学等多个学科。问题驱动教学法旨在为学生提供真实的复杂问题情境，帮助他们学习与实际应用相联系的新知识与新技能，并掌握必要的社会技能。

需要注意的是，"问题驱动教学"（Problem-Based Learning），与"项目式教学"（Project-Based Learning），在许多文献中都缩写为"PBL"，但两者意义并不相同，必须注意辨别。

1. 问题驱动教学的问题设计

问题驱动教学以问题为导向，选准问题很重要。我们要树立强烈的问题意识，主动地寻找问题，合理地选择问题，积极地求解问题。当代社会正面临着一系列复杂的现实问题，如经济全球化、气候变暖、能源危机、社会稳定、国家安全、心智奥秘、空间探索等，这能为我们的教学提供丰富的问题。比如：

日本为什么能由战败国快速成为亚洲经济强国？

怎样维护国家生态安全？

怎样利用地热能？

在我们日常的学习与生活中，也常常会碰到各种问题，比如：

为什么蟑螂的生命力那么强大？

为什么有人崇拜名牌服饰？

为什么有的人喜欢吸烟？

这些问题无法依靠单一的学科和技术加以解决，需要多学科的交叉和协同。问题驱动教学的跨学科教育模式，就是要探求和发现能够牵动学生情感和理智的问题，日常生活问题、科学问题、人生问题、社会问题、时代问题……

问题设计是问题驱动教学的基础，问题设计得科学与否直接关系到教学的成败。一般地说,问题设计应当遵循以下四个原则。

（1）要有明确的目标。问题设计必须紧紧围绕教学目标,教师要尽量了解教材和学生的具体情况,设计的问题要明确。

（2）由浅入深。在设计问题时,要给学生以清晰的层次感,由易到难,以增强学生的自信心,激发学习兴趣,促使学生积极思考。

（3）难度适当。过于简单的问题难以激发学生的兴趣,但如果问题太难,学生会望而生畏。

（4）面向全体学生。要注意调动每一个学生的学习积极性,力争让每个人都有发挥和表现的机会,做到人人参与、人人有收获。

2. 问题驱动教学的步骤

（1）教师提出问题。在上课之前,教师要提前进行问题准备,主要是根据一些教学大纲进行问题编排,或者是根据一些具体的基础知识进行针对性讲解,这一步骤不仅仅需要教师熟悉教学内容,还要较好地了解学生的情况。这是成功实施问题驱动教学法的基础。

（2）分析问题。这一阶段以学生的活动为主,常常让全班同学相互间进行讨论和交流,也可以分组讨论,争取让每个学生都提出自己的观点和看法。教师在此阶段主要是发挥引导作用,当讨论发生跑题或者学生们误解问题的本意时,给予及时的提醒和引导。

（3）解决问题。即在上一阶段分析的基础上,让学生们提出解决问题的方法。这时可以让学生用报告的方式与全班进行交流。

（4）结果评价。包括自我评估、小组互评及教师评价等,评价内容为小组整体表现、问题解决方法的合理性、个人贡献等。

问题驱动教学的跨学科教育模式,改变了被动记忆的传统学习方式,打破学科划分带来的科学壁垒。通过跨学科研究寻求问题的解决方法,这必将为学生的发展注入新的活力。

四、情境教学

1. 什么是情境教学?

情境教学（Situational Teaching Method）,是指在教学中教师有目的地引入或创设一个生动、形象、有趣的情境,激起学生的学习情绪,调动学生的积极性,在愉悦宽松的场景中达到教学目标,提高教学质量的一种教学方法。

情境教学法最早可以追溯至 20 世纪 20 年代,由英国应用语言学家创立起来并且最先在英国进行广泛应用。

教育心理学告诉我们,只有学生感兴趣的东西,学生才会积极地开动脑筋认真思考,并以简捷、有效的方法获得必要的知识。情境教学法则能创设最佳环境,激发学生的兴趣,使学生积极参与,吸引学生快速进入学习状态,同时保证他们在课堂上始终保持奋发、进取的心理状态。情境教学对培养学生情感,启迪思维,发展想象,开发智力等方面确有独到之处。

那么,教师应该怎样创设教学中的情境呢?

2. 创设教学情境的方法

(1)结合生活创设情境。

联系学生的生活实际或生活经验,创设富有生活气息的教学情境,让学生在熟悉的生活情境中学习科学知识,并且能够运用知识解决实际中的问题,感受知识与现实生活的密切联系,增强学习的动机和兴趣。比如,数学原理来源于现实生活,是生活事例的高度抽象。数学中各种知识,可以在生活实践中找到大量的例子。让学生在学习前先去感知这些生活常识,然后再把它们统一到一个完整的理论体系中,这样学生能更容易理解知识。

(2)借助语言描述情境。

在教学中,有时也可用语言描绘情境。自然界有各种各样的声音,用语言模拟自然界的声音,如:下雨了:"滴答——滴答——滴答";击鼓声:"咚——咚——咚";小猫来了:"喵——喵——喵";羊叫的声音是极为尖细且有些发颤;公鸡打鸣高亢嘹亮且往往由小到大;母鸡的叫声,有点像"咕咕咕嗒——";狗叫声"汪汪"有股狠劲;牛叫声低沉浑厚而且悠长……教师用语言描绘提高了感知的效应,情境会更加鲜明,激起学生学习的欲望。

(3)应用生动有趣的故事创设情境。

中、小学生都比较喜欢听故事,生动有趣的故事会深深吸引学生的注意力,促使学生聚精会神地专注于故事情节的发展。因此教师可以结合教学内容运用故事创设情景。

例如《一个小村庄的故事》,教师就可以以讲故事的方式呈现教学内容,讲山谷中原先有一座环境优美的小村庄,村庄周围都是郁郁葱葱的森林,景色非常美丽,可是后来,一场连续的强降雨竟然将小村庄卷走了,这是怎么回事呢? 引导学生在故事创设的情境氛围中积极地展开学习。学习完这篇文章后,教师还可以引导学生以讲故事的方式对文本进行复述,进一步提高课堂教学的有效性。

（4）以实物演示情境。

即以实物为中心,设置必要背景,构成一个整体,以演示某一特定情境。以实物演示情境时,应考虑到相应的背景,注重通过相应的背景来演示实物情境,以激起学生丰富的联想。

（5）借用图画展示情境。

鲜艳的色彩、生动的画面最能引起学生的注意力,用图画再现课文情境,可以使教学内容直观、形象,使学生很快进入教学情境中,达到理想的教学效果。

比如,教学《古诗二首》的"绝句",诗歌描写了诗人杜甫的住处——成都外浣花溪草堂的明媚秀丽景色。教学时,根据这首诗的每一行写一个景色的特点,创设出形象鲜明,色彩鲜艳,富于美感的投影片。这幅图的景象是:两个黄鹂在翠绿的柳林枝头上鸣叫;一行白鹭正在蔚蓝的天空中飞翔;依窗可以看见西岭常年不化的积雪;门外停泊着要到万里之外东吴去的船只……随着画面的出示,学生仿佛置身于美丽的草堂,感受到课文所描写的情景。

（6）用音乐渲染情境。

音乐有着特殊的魅力。音乐以它特有的旋律、节奏,塑造出音乐形象,把听者带到特有的情境中,能够有效地渲染课堂的情境氛围,从而促使学生更好地投入情景学习中。用音乐渲染情境,选取的乐曲与教材的基调上、意境上以及情境的发展上要对应、协调。

（7）利用多媒体技术创设情境。

基于现代信息技术的多媒体课件被越来越多地应用于课堂教学中,它形象生动,声像结合,图文并茂,能够直观、具体地展示教学内容,创设形象逼真的教学情境,促使学生高效地构建知识,进而提升课堂教学的有效性。

（8）通过表演体会情境。

情境教学中的表演,可以让学生"进入角色",即"假如我是课文中的×

×";也可让学生担当课文中的某一角色进行表演。由于学生自己进入角色、扮演角色，课文中的角色不再是在书本上，而是自己或自己班集体中的同学，这样，学生对课文中的角色必然产生亲切感，很自然地加深了内心体验。

（9）创设问题情境，唤起求知欲望。

通过巧妙提问，创设问题情境，可以造成学生渴望、追求的心理状态，激发学生的兴趣，使教材紧紧扣住学生心弦，启发学生积极思考，从而提高教学的效率。

创造性地运用当代心理学、美学、语言学、社会学等方面的研究成果，通过创设充满美感和智慧、富有情趣的情境，使学生以最佳的情绪状态，在其中获得全面充分、和谐生动的发展，是一种以学生为主体的基本教育模式。

五、案例教学

案例教学（Case Method），是一种通过模拟或者重现现实生活中的一些场景，让学生把自己纳入案例场景，通过讨论来进行学习的一种教学方法。

案例教学是由美国哈佛法学院前院长克里斯托弗·朗代尔于1870年首创，后经哈佛企管研究所所长郑汉姆推广，并从美国迅速传播到世界许多地方，被认为是代表未来教育方向的一种成功教育方法。案例教学最早用于医学教学中，为帮助学生掌握对病症的诊断及治疗，医学院的教授将不同病症的诊断及治疗过程记录下来做成案例，用于课堂分析，以培养学生的诊断推理能力。后来，法学院的教授将各种不同的判例记录整理成为法学案例，包括其中的辩护和裁决过程，以培养学生的判案推理能力。20世纪初，哈佛商学院出现了工商管理案例，后来在公共管理教学中出现。医学案例、法学案例、工商管理案例，目的都是通过再现实际事件的典型过程，以引导和培养学生的推理能力。20世纪80年代，案例教学引入我国。

1. 案例教学的特色

案例教学是一种开放式、互动式的新型教学方式。通过案例分析，以理论联系实际来促进学生掌握相关学科的知识点，同时培养学生的分析问题、解决问题的能力。

（1）鼓励学员独立思考。传统的教学只告诉学生怎么去做，其内容在实践中可能不实用,甚至非常乏味无趣,在一定程度上损害了学生的积极性和学习效果。但案例教学要自己去思考、去创造,枯燥乏味的内容也会变得生动有趣,而且在案例教学中,每位学生都要就自己和他人的方案发表见解。通过这种经验的交流,一是可取长补短、促进人际交流能力的提高,二是起到一种激励的效果。

（2）引导学员从注重知识转变为注重能力。知识不等于能力,知识应该转化为能力。案例教学正是为此而生,为此而发展的。

（3）重视双向交流。传统的教学方法是老师讲、学员听,学到的知识有限,学生听没听、听懂多少,要到最后的测试时才知道。在案例教学中,学生拿到案例后,要先进行消化,然后查阅各种他认为必要的理论知识,这个过程在无形中加深了他对知识的理解。与此同时,他还要经过缜密地思考,提出解决问题的方案,这更是能力上的升华。同时他的答案需要教师给以引导,这也促使教师根据不同学生的不同理解补充新的教学内容。双向的教学形式对教师也提出了更高的要求。

（4）案例教室。案例教学对教室有特殊的要求。案例教学的班级不宜过大,学生人数太多会影响讨论的效果;教学过程中要充分利用板书、软板、投影、幻灯机、活动挂布等各种辅助设施;教师和学生最好站在同一个平台且能在教室内自由移动,以消除隔阂。教室可容纳 30—40 人左右,讲台最好摆放在中心位置,课桌围绕讲台呈发散状分布,注意分组排列。案例讨论有时需要分组,分组的规则是:随机分组;注意人数和男女比例,通常以 6—8 人为宜;组长应通过组内民主选举产生,分组讨论应由组长协调组织;要充分发挥各个讨论组的积极性,讨论结束后应及时安排各组展示或报告小组讨论的情况,并简要评述。

2. 案例教学的基本环节

（1）课前准备。课前教师必须下功夫,做好充分扎实的课前准备,灵活地运用教学技巧来组织引导好案例教学。

（2）明确教学目标。教学目标可分解,既要清楚通过案例解决什么问题,又要明确体现出学员解决问题时所显现的能力水平;既要考虑到学生学习能力、态度的改变,又要考虑学生的条件和状况。

（3）选择好教学案例。案例是实施案例教学的前提条件之一。因此,在明确教学目标基础上，要选择适度、适用的教学案例。在案例教学中，所使用的案例既不是编出来讲道理的故事，也不是写出来阐明事实的事例，而是为了达成明确的教学目的，基于一定的事实而编写的故事，它在用于课堂讨论和分析之后会使学生有所收获，从而提高学生分析问题和解决问题的能力。

（4）营造良好的学习环境和氛围。在课堂策略上采取学习者经验共享的方式，营造一个氛围，让不同经验得到交流、使学生能够充分分享各种来源的信息，尊重和发挥学生的学习风格、使学生真正感到他们是课堂的主体，是学习的主人。

案例教学的目的主要不是传授知识，而是通过动员学生的参与热情，唤起潜藏在学生身上的丰富的实践经验及能力，进而开展讨论，通过对同一问题的不同观点的交锋和互动，激发学生的创造性思维，提高判断能力、分析能力、决策能力、协调能力、表达能力和解决问题的能力。

六、范例教学

范例教学，亦称示范性教学、范例方式教学、范畴教育，是指教师在教学中选择真正基础的、本质的知识作为教学内容，通过"范例"内容的讲授，使学生掌握同一类知识的规律，达到举一反三的效果的方法。

范例教学作为一种系统的教学论，形成于20世纪50年代至70年代的联邦德国。在第二次世界大战以后，联邦德国各级学校为了提高教学质量，不断扩充教材内容和使用注入式教学方法，使青少年的智力活动受到抑制。大学埋怨中学毕业生质量低下；中学方面认为，是大学竞争性的招生办法助长了学生以死记硬背书本知识的方式，应付入学考试的倾向。为了振兴战后的教育，培养具有真才实学的人，1951年秋，联邦德国的大学、高等师范学校和完全中学的代表，在蒂宾根召开了一次以中学毕业生质量为中心议题的讨论会。会上形成了《蒂宾根决议》，《决议》主张，首先要改革教材，要充实根本的、基础的、本质性的教学内容，使学生通过同"范例"的接触，以训练和培养他们的独立思考能力和判断能力。因此，一般认为，《蒂宾根决议》就是范例教学的源头。

范例教学是德国有较大影响力的一个教学论流派。

1. 什么是"范例"?

"范例",意思是好的例子、典型的例子、特别清楚的例子。"范例"的概念与"案例"相近,主要是指在教学中介绍的已经发生的某种事件及前人处理某种问题时的经验教训;"案例"就是一个实际情境的描述,在这个情境中,包含有一个或多个疑难问题,同时也有可能包含解决这些问题的方法。

范例教学法主要代表人物是克拉夫基和瓦根舍因。

瓦根舍因认为在科技迅猛发展的形势下,必须打破完整的体系,改革烦琐的教材内容,充实根本的、基础的、本质的内容,通过"范例"训练学生的思维能力,即以"关键性问题"带动教学。范例教学法初步的解释为:"根据好的、特别清楚的、典型的例子进行教与学""典型例子的教学",让学生从选择出来的有限的典型范例中主动获得一般的、本质的、规律性的东西,进而借助于一般原理和方法进行独立学习。

2. 范例教学法的特性

范例教学法要求在教学内容上坚持三个特性,即基本性、基础性和范例性。这三条特性在选择范例的时候同样适用。

(1)基本性。这是从教学内容的基本特征的角度提出的,即教给学生的教学内容应该是一门学科的基本概念、基本原理和基本规律等基本要素,应该能反映该学科的基本结构。

(2)基础性。这是从学生的认知特点的角度提出的,即教学内容的选择应充分考虑教学对象的知识水平、智力发展水平和已有的知识经验积累等,并与他们的真实需要和未来发展密切相关。选择的范例接近学生的生活或兴趣点,学生就会比较有兴趣。而且他们也比较容易理解这样的范例,这样上课时注意力会比较集中,学习会比较主动,授课效果会比较好。

(3)范例性。这是从教学内容的教育功能的角度提出的,指教学内容应该是经过选择的具有基本性和基础性的知识,并且这些知识要同时具有一定的示范作用。学习者通过范例的学习,能够举一反三,有助于启发学习者进行独立思考,提高判断、分析、解决问题的能力。

3. 范例教学法的教学过程

(1)掌握"个"的阶段。首先应根据某些现象提出问题,激发学生思考,寻找解决问题的方法和设想,引出范例;然后,集中精力于个别的典型范例的教学,从具体的"个"的范例中引导学生理解和掌握该范例。教学中所选用的范例要直接针对需要解决的实际问题,最大限度激发学生的学习动力。

（2）探索"类"的阶段。从"个"的本质特征去探讨"类"的事例,对个别事例进行归类,目的在于使学生从"个"的学习迁移到"类"的学习。此阶段要求学生积极思考、主动运用,在"个"的尝试中探索一般规律。

（3）理解规律的阶段。要求在前两个阶段的基础上找出隐藏在"类"背后的某种规律性的内容,把对客观世界的认识提高到规律性的认识。因此,教师要引导学生对各种个别事例和现象做出总结,理解某一类事物的普遍特征和一般规律。

（4）获得关于世界和生活的经验的阶段。这一阶段是前面三阶段的升华,把教学从客观内容的讲授转向精神世界的开拓,使学生不仅认识客观世界,更能把这种知识转化为自己的认识和经验,转化为他们可以用来指导自己行为的能力,真正掌握"个"和"类"的知识,实现教育所要达到的目的。

上述过程中虽然没有明确提出教学评价这一环节,但它与任何教学方法一样,应贯穿于整个教学过程之中。

4. 范例教学的一般注意事项

（1）选好相应范例,以激发学生的学习兴趣与热情。一个良好的范例就是成功教学的开始。好的范例要能非常吸引人,这样当教师向学生介绍时,学生的注意力能一下子被吸引过来,并表现出相当的兴趣来。

（2）注重基本知识的掌握,以"关键性问题"带动教学。范例在教学内容上强调选择一些基本知识,引导学生掌握好本学科的知识结构,使学生通过探讨范例达到举一反三的目的。

（3）注重从学生的实际出发,注重学生思维能力的培养。教学内容要从学生的实际出发,应考虑学生的实际知识水平和智力水平。

（4）注意循序渐进地展开对范例的认识和学习。范例教学应首先从精选的典型范例入手,通过它向学生明确学习的目标。让学生了解应掌握的知识和技能。

（5）注意教与学的有机结合。教师在整个范例教学过程中是组织者、指导者。教师应重视范例教学过程中教与学的有机结合。

（6）应注意解决问题和系统学习、掌握知识与培养技能的统一。范例教学一般是在按一个、一个的课题进行的,但同时教师也要注意学生掌握知识的建构过程,让学生掌握好学科整体的系统性。

总之,范例教学模式侧重于教学内容的优化组合,使学生通过范例性材料,举一反三地理解和接受基本性、基础性的知识,训练独立思考和判断能力。

5. 范例教学与案例教学

范例教学与案例教学有一定的相似性,即在教学程序上都要遵循由典型事例的个别特点推出同类事物的普遍特征,再由普遍特征上升到掌握事物的发展规律。但两者也有明显的区别。

(1)两者产生的背景与原因不同。范例教学晚于案例教学。案例教学起源于1870年美国哈佛商学院对学生进行职业训练的需要。范例教学则是针对二战后德国教学实践中的弊病提出来的:学校课程庞杂、教材内容混乱、学生智力活动受到压抑,教学质量下降。德国教学论专家针对这些弊病而提出范例教学的思想。

(2)两者呈现的教学材料不同。案例教学呈现的案例是现实生活中遇到的真实问题的生动情境,具有真实性、完整性、时空性、启发性。范例教学呈现的范例不是实际事物的一个成分,而是实际事物的一个整体,具有代表性、典型性和开导性,即好的例子、典型的例子、特别清楚的例子,使学生能以点带面,触类旁通地掌握知识,实现学习迁移和知识的实际运用。

(3)两者主要教学目的不同。案例教学通过学生对案例讨论、分析,提升学生决策技能与问题解决能力,提高学生的口头与书面表达能力;范例教学通过学生对范例的剖析,培养学生观察、分析、综合、归纳、推断、迁移等能力。

(4)两者教学实施的过程和步骤不同。案例教学围绕案例展开分析、讨论,强调学生积极参与,得出案例报告;范例教学以范例为突破口,让学生通过典型例子理解非典型例子,即通过特殊来掌握一般,举一反三,总结规律,获得经验。

七、体验式教学

所谓体验式教学,指的是以尊重学生的认知规律为前提,以创造或重复生活情境为契机,以呈现或再现教学内容为平台,使学生在经历与体验中建构知识、培养能力、形成感悟的教学模式。

体验具有过程性、亲历性和不可传授性，是充满个性和创造性的过程，生活中任何有刺激性的体验，如在蹦极过程中被倒挂在空中飞速腾跃时惊心动魄的体验。将体验应用到教学上，就是体验式教学。体验式教学也会给学习者带来新的感觉、新的刺激，增强学习者的记忆、理解和运用能力。

体验式教学最早源自德国人库尔特·汉恩的外展训练学校，通过野外训练让参加者提升生存和人际能力，改善人格和心理素质。20 世纪 70 年代，体验式教育作为一种全新的教学方法兴起于美国。20 世纪 90 年代以来，发达国家的体验式教育迅速发展。

1. 体验式教学的基本原则

（1）主体性原则。学生是教育的主体，更是发展的主体、体验的主体，教师要由单纯的知识传授者向学生学习活动的引导者、组织者转变。要尊重学生的主体地位，调动学生的内在动力，将学习内化为身心发展的需要。

（2）活动性原则。让学生直接参与主题活动、游戏活动和其他实践活动。学生通过长期不断参与活动，能够获得大量的知识和经验。

（3）探究性原则。强调学生的探究活动，在课程领域或现实生活的情景中，培养学生发现和提出问题的能力、搜集和处理信息的能力、分析和解决问题的能力、交流与合作的能力、创新能力等。

（4）生活化原则。让学生在生活中深刻认识社会和自我，从切身的体验中学会识别美与丑、善与恶、真与假，大胆让学生在纷繁复杂的社会生活中，灵活运用知识去通过分析、比较，做出正确而合理的选择。

2. 体验式教学的操作方法

（1）以情境引发体验。体验式教学法要求创设的情境使学生感到轻松愉快、心平气和、耳目一新，促进学生心理活动的展开和深入进行。教师可以通过媒体、趣味资料、游戏、音乐、生动的语言等手段，创设和谐、愉悦的学习氛围，架起学生的经验、情感与课程学习之间的桥梁，激发学生的学习情感，唤起学生参与的欲望。

（2）以探究深化体验。情境能够引发学生的体验，而探究则是一种内驱力，能够深化学生的体验。教师在创设情境的同时，应该通过讨论为契机引发探究，交流与讨论能使学生产生不一样的灵感，产生更深刻的体验。以任务为契机引发探究，学生在共同完成任务的过程中，会经历分析与综合、概括与总结等思维活动,进而深化体验、引发探究。以竞赛为契机引发探究,在竞赛氛围中,学生更容易克服日常学习中的羞怯、畏惧、懒惰等负面的性格因素和心理因素,全情投入到活动当中,从而产生更为真实而深刻的学习体验。

（3）以实践升华体验。教师可以组织学生开展写读后感、出板报、写标语等读写类实践活动,升华学生的学习体验;教师可以组织学生开展演讲、辩论、社会调研、舞台剧编创等活动,实现学习体验的全面升华。

（4）总结反思。这是体验式教学的升华环节,总结反思不仅针对实践活动,而且也针对教材阅读、自身平时思维和行为、课堂行为等;不仅要有学生自身的总结反思,而且也要有教师的评价反馈。

体验式教学法的核心在于激发学生的情感,不仅可以激发学生的兴趣,而且有利于培养他们的创造性思维。它力求在师生互动的教学过程中,达到认知过程和情感体验过程的有机结合,让学生在体验学习中学习有关的知识内容,领悟做人道理,选择行为方式,实现"自我教育"。同时在学习的过程中,体验认识提高的快乐、道德向上的快乐、独立创造的快乐、参与合作的快乐……从而使教师的教学过程在学生主动、积极的体验中,生动、活泼地完成教学任务,实现教学目标。

八、拓展式教学

什么叫拓展? 拓展,顾名思义,"拓"就是开辟、扩充;"展"就是展开、张开、发展:拓展,就是指在原有的基础上,增加新的东西,开辟新的领域。拓展式教学,就是指在教学过程中,依据教学内容、教学目标,在一定范围和深度上和外部相关的内容密切联系起来的教学方式。

1. 拓展式教学的基本特征

（1）新颖性。拓展式教学是一种突破传统教育思维和教学模式要求的体验式教学模式,通过特定情境设置,以学生的体验为基础,进而讨论、反思、总结,最终形成理论,并将理论应用于实践。

（2）开放性。课程内容具有开放性,面向学生的整个生活世界,并随学生的生活变化而变化,关注学生在活动过程中所产生的丰富多彩的学习体验和个性化的创造性表现;拓展式教学可以不受专业、年级和学校等方面的局限,鼓励学生进行大范围交流,鼓励不同专业背景、不同年龄层级的学生相互借鉴、互相学习；其评价标准具有多元性，因而其活动过程和结果均具有开放性。

（3）自主性。与传统的教学相比较，拓展式教学中教师从讲授者转变为引导者，有时仅仅可能是活动的推动者，使活动的主体成为学生本身，给他们更多的体验空间。它尊重学生，充分启发和调动学生的学习积极性，使学生的综合素质在实践操作过程中得到很好的培养。

（4）体验性。拓展式教学以学生体验为基础，强调学生的亲身经历，通过各种拓展项目的情境设置，模拟在现实生活和学习中可能会遇到的矛盾，让学生充分体验其中所能经历的各种情绪和心理，并且进行理性反思，发现和解决问题，发展实践能力和创新能力。

请看中江县广福镇长胜分校的唐学成老师《坐井观天》一课的拓展教学：

老师：小朋友们，这只井底之蛙太想跳出井来，但是井太深了，它怎么也跳不出来。你们能帮它跳出井吗？

学生甲：我拿一个桶，捆一根长绳子，把桶放到井下，让青蛙跳到桶里，然后再拉上来。

老师：很好，方法很简单，很实用，真是一个聪明的孩子。

学生乙：我去叫其他的动物来，一个拉一个，把青蛙拉上来。

老师：也非常不错，体现了大家的力量，团结的力量。

学生丙：我变成一只小鸟，飞到井下，让青蛙跳到我的背上，我再飞上来。

老师：哇，你太有想象力了，你也非常有爱心！你真了不起！

学生丁：我用瓢不停地往井里舀水，直到水满到井口为止，这样青蛙就可以跳出来了。（教室里马上就有小朋友自动地鼓起掌来）

老师：哇，哇，哇，小朋友们，你们说他用了一个什么办法？

学生不约而同回答：乌鸦喝水的办法。

老师：这个小朋友用我们学过的知识来救青蛙，来解决问题，她真聪明！

这堂课拓展延伸的教学环节，每一个学生的发言都闪烁着智慧的光芒。尤其是用"乌鸦喝水"的办法来救青蛙，充分的展现了学生学以致用、解决问题的能力。

2. 拓展式教学的评价

（1）重视发展，淡化选拔与甄别，实现评价功能的转化。

（2）重综合评价，关注个体差异，实现评价指标多元化。

（3）强调质性评价，定性和定量相结合，实现评价方法多样化。

（4）强调参与和互动，自评与互评结合，实现评价主体多元化。

（5）注重过程，终结性评价与形成性评价相结合，实现评价重心的转移。

九、互动式教学

互动式教学就是通过营造多边互动的教学环境，在教学双方平等交流探讨的过程中，达到不同观点碰撞交融，进而激发教学双方的主动性和探索性，达成提高教学效果的一种教学模式。

1. 互动式教学的特点

互动式教学是相对于灌输式教学而言的，其主要特征在于教学过程中的"沟通"与"对话"。

（1）教学理念。传统教学看重的是经过教学后学生的成绩，互动式教学则着重于教学过程中"教了什么"和"学会了什么"。

（2）教学方式。传统教学往往是教师一言堂、满堂灌，而互动式教学强调师生及学生互相之间开展讨论、交流和沟通。

（3）师生关系。互动式教学师生双方都以积极主动的状态参与活动过程，从而决定了互动不是单向反馈，而是呈现一种双向对话和沟通。它要求互动双方介入、沉浸于其中，它是一种活生生的过程，而非一种僵死的、无生气的、具有强制性的过程。

（4）学习方式。学生从接受式学习改变为发现学习、探究学习，能激发学生的创新观念和创新欲望，提升学生的创新兴趣，培养学生的创新思想和创新能力。

2. 精心设计互动问题

"问题"是教学互动得以开展的条件和基础。要确保互动式教学的顺利实施，教师课前必须依据教学内容精心设计互动问题。

（1）在教学热点上设计互动问题。选择大部分学生熟悉，最好是热点、关注度比较高的问题进行互动，有利于学生大胆提出自己的观点。如果问题生僻、学生不熟悉，互动就可能开展不起来。

（2）在教学重点上设计互动问题。教学重点和难点关乎学生素质能力的生成。教师必须吃透大纲和教材，把握重点、难点，使选择的互动问题具有重点价值，使学生在思维的碰撞中掌握知识，培养分析和解决问题的能力。

（3）在教学疑点上设计互动问题。教学中应抓住学生容易生疑的知识点设计互动问题。对于疑点，学生往往比较敏感，围绕疑点问题开展互动，可以激发学生探索欲望，激活学生的创造力。

3. 互动式教学的类型

互动式教学方法多种多样，也各有特点，老师需要根据教学内容、教学对象不同特点而灵活运用。

（1）主题探讨式互动。围绕主题展开教学双方互动，有利于达成教学目的。其方法一般为：抛出主题——提出主题中的问题——思考讨论问题——寻找答案——归纳总结。

这种方法主题明确，条理清楚，探讨深入，能充分调动学生的积极性、创造性。但缺点是组织难度较大，学生所提问题的深度和广度具有不可控性，往往会影响教学进程。

（2）归纳问题式互动。就是课前针对教学目的、教学重难点问题，归纳互动问题。教学开始，教师一一向学生抛出问题，学生进行思辨、争论，最后达到了解熟悉所学内容的目的。这种方法，能充分调动学生的积极性、创造性，但要求教师必须充分备课。

（3）精选案例式互动。运用多媒体等手法呈现精选个案，请学生利用已有知识尝试提出解决方案，设置悬念，然后抓住重点、热点进行深入分析，最后上升为理论知识。一般程序为：案例解说——尝试解决——设置悬念——理论学习——剖析方案。这种方法直观具体、生动形象、环环相扣、印象深刻、气氛活跃。缺点是理论性学习不够系统深刻，典型个案选择难度较大，课堂知识容量较小。

（4）多维思辨式互动。把现有定论和解决问题的经验方法提供给学生，让学生指出优劣并加以完善，还可以有意设置正、反两方，在辩论中寻找最优答案。一般方法为：解说原理——分析优劣——发展理论。这种方法课堂气氛热烈、分析问题深刻、自由度较大，但要求老师必须充分掌握学生基础知识和理论水平，并对新情况、新问题、新思路具有较高的分析把握能力。

在互动式教学中，教师要创造良好的学习环境，激发学生的学习兴趣，使学生能动起来。这就要求教师从传统教学模式的框架中走出来，与学生建立一种民主、平等、协商的师生关系,使教学活动在和谐、宽松的环境中展开。同时,教师要鼓励学生提出问题,不能不耐烦或拒绝回答学生的问题。当学生有了不同观点和不同见解时,教师也应虚心接受。互动式教学要求教师有较强的驾驭课堂的能力,要让学生围绕教学内容而互动,避免出现脱离主题的现象。同时还要求教师能够预见教学互动过程中可能遇到的各种问题,以免在教学中使自己处于被动的地位,达不到预期的教学效果。

十、翻转课堂教学

"翻转课堂"(Flipped Classroom 或 Inverted Classroom),也称"颠倒课堂"或"颠倒教室",是相对于传统的课堂上讲授知识、课后完成作业的教学模式而言的。传统教学过程通常包括知识传授和知识内化两个阶段。知识传授是通过教师在课堂中的讲授来完成,知识内化则需要学生在课后通过作业、操作或者实践来完成。而翻转课堂教学模式,则是知识传授通过信息技术的辅助在课前完成,知识内化在课堂经老师的帮助与同学的协助而完成的一种教学模式。

1. 翻转课堂教学模式的由来

"翻转课堂"最早出现在 2000 年。有一篇论文介绍了在美国迈阿密大学讲授"经济学入门"一课时,采用了"翻转教学"的模式以及取得的成绩。但是他们并没有提出"翻转课堂式"或"翻转教学"的名词。2007 年,美国科罗拉多州的伍德兰帕克高中的化学老师乔纳森·伯格曼和亚伦·萨姆斯做了一个实验。当时,他们有些学生因为种种原因未能回校上课,这两位老师为了不让这些学生错过课堂内容,于是把上课的内容录制成视频上传到网络上,让学生可以在家观看课堂内容。不久,他们进行了更具开创性的尝试——逐渐以学生在家看视频、听讲解为基础,在课堂上,老师主要进行问题辅导。后来,不只是这些错过了课堂的学生,其他学生亦开始在家观看课程影片。随着互联网的发展和普及,翻转课堂的方法逐渐在美国流行起来。

既然在家已经观看了教学的内容,学生回到学校之后又该干什么呢?两位老师就让他们在学校做功课。这就是翻转课堂最原始的模式——原来是上课时听课,下课后做功课;现在变成上课之前就已经听课,反而上课的时候做功课。把上课做的事情跟下课做的事情反过来,这就是翻转课堂中"翻转"

二字的意思。

按照我们中国人的传统教学方法，所谓上课就是老师讲课、学生听课。听完课，学生回去还要完成功课。因此，"翻转课堂"与传统课堂的主要区别在于教学过程中的"先学后教"，这既是一种教学过程的革新，也是一种理念的转变。

互联网的普及和计算机技术在教育领域的应用，使翻转课堂式教学模式变得可行和现实。学生可以通过互联网吸收优质的教育资源，不再单纯地依赖授课老师去教授知识。而课堂和老师的角色则发生了变化。老师更多的责任是去理解学生的问题和引导学生去运用知识。"翻转课堂"使得课前、课后的学习不再是孤独的自我苦读，而完全变成了网上的共同分享、交流、研讨。

2. 翻转课堂教学模式的意义

学生在课堂上做功课，比下课后做功课更投入。而且，由于可以跟同学一起做功课，还有老师从旁协助，他们遇到困难的时候可以讨论，也可以向老师请教，学习的效果便有所提升。

（1）教学模式的全面开放。借助于网络特别是移动终端的翻转课堂在一定程度上可以改变填鸭式教学的弊端，学生由被动学习变为主动求知者，使学生的学习，师生和同学的交流、探讨都完全突破了教室的时空限制。学生可以时刻进行自主学习、交流和互动，教学呈现课内外翻转，实现从课堂教学到课外学习的延伸，课堂由教师唯一主宰的讲堂变成了学生深入"研究探讨"的论坛，成为了深度学习、交流的广场。因此，翻转课堂教学模式能够激发学生学习的积极性和主动性，锻炼学生的自主学习和独立思考的能力。

（2）学习自主性全面发挥。由于传统课堂教学组织形式的限制，老师只能面向学生的平均水平进行统一的教授和讲解，无法让学生在课堂上全面进行学习内容、进程、方式上的自主控制和选择。借助网络技术的翻转课堂，学生通过收看视频的方式进行学习，可以自己掌控节奏，不断地、反复地看，进行自主的、个性化的自学，并能够通过各种网上测验，对自我推行的学习情况进行评价。这种方式使得在教学过程中学生的学习的主体性、自主性得到了充分的发挥。

（3）学习交互性全面拓展。无论是学生还是教师，在课堂教学中就只能有一个人在"说",而其他人都只能成为听众;网络化使得信息资源可共享、学习交互活动打破时空限制、学习过程中的人际交流与合作轻而易举地得以实现。实现教师、学生、家长及相关人员的及时沟通和信息互动。

（4）教学评价全面智能。翻转课堂借助于网络,学生可以个性化的进行各种测试,而且教学平台可以智能化地全程记录学生的学习行为,并且进行大数据分析,使教学评价更全面、客观和智能化。

（5）学习程度的深化。学生在初步学习和掌握基础知识之上,在课堂上进行广泛且深入的交流与探讨,进行更深层次的运用知识解决问题的学习,甚至进行创造性的知识应用方面的探索与尝试,使学习的层次更加深入,学习的程度更加深化了。

3. 翻转课堂教学模式的缺点

翻转课堂是一种新型的教学方法,但是它也存在着一些缺点。

（1）翻转课堂的实施需要学生使用平板电脑或手机观看视频,有些学生缺乏自主学习的能力,学习欠缺主动性,甚至去玩游戏,对于这种学生,翻转课堂会直接导致教学质量的下降。

（2）翻转课堂需要老师花费更多的精力和时间来制作微课视频,这比传统的做课件要麻烦很多,对老师来说是一项巨大的挑战。

（3）翻转课堂对于教学设备有一定的要求,很难普及到农村中小学,适用范围有限。

翻转课堂有优点,但也存在着一些缺点。在实践中,我们需要平衡其优、缺点,在适当的场景下应用。

十一、协作学习

协作学习（Collaborative Learning）,是一种通过小组或团队的形式组织学生进行学习的教学模式。

18 世纪英国教授兰喀斯特与贝尔,一起创建了一种几个人组成"小组"的学习课堂,叫协作学习。后来传到了美国,得到了教育家帕克及杜威的大力推崇。合作学习在日本得到了深层次的研究及全面发展。目前,协作学习已广泛应用于美国、以色列、德国、英国、加拿大、澳大利亚、荷兰等众多国家。

传统意义上的学习是一个人的事,也叫"独学",而且用考试的办法来衡量学习的成果，这是不能适应现代及未来社会的。现代社会"单打独斗"的年代已经成为历史，合作已经成为时代的主流，协作学习就是一种相互协作，在帮助别人的同时提高自己，共同完成学习任务，达到学习目标的学习模式。

1. 协作学习的基本要素

协作学习通常由以下 4 个基本要素组成。

（1）协作小组。协作小组人数不要太多，一般以 2~4 人为宜。

（2）成员。成员是指学习者，人员的分派依据学习者的学习成绩、知识结构、认知能力、认知方式等，一般采用互补的形式有利于提高协作学习的效果，包括各种天赋、背景、学习风格、想法和经验的混合群体是最好的。

（3）辅导教师。辅导教师对协作学习的组织、学习者对学习目标的实现效率、协作学习的效果等都可以得到有效控制和保证。这要求辅导教师由传统的以"教"为中心转到以"学"为中心。

（4）协作学习环境。主要包括协作学习的组织环境、空间环境、硬件环境和资源环境。组织环境是指协作学习成员的组织结构；空间环境是指协作学习的场所，如班级课堂、互联网环境等；硬件环境如计算机支持的协作学习、基于互联网的协作学习等；资源环境是指协作学习所利用的资源，如虚拟图书馆、互联网等。

2. 协作学习的基本模式

协作学习的基本模式主要有 7 种：竞争、辩论、合作、问题解决、伙伴、设计和角色扮演。

（1）竞争。辅导教师根据学习目标与学习内容，对学习任务进行分解，由不同的学习者"单独"完成。辅导教师对学习者的任务完成情况进行评论。竞争可在小组内进行，也可以在小组间进行。

（2）辩论。协作者之间围绕给定主题，首先确定自己的观点。在一定的时间内查询资料，以支持自己的观点。然后围绕主题展开辩论，观点论证充分的、最终能说服各方的小组或成员获胜。辩论模式有利于培养学生的批判性思维。

（3）合作。多个协作者共同完成某个学习任务，在任务完成过程中，协作者之间互相配合、相互帮助、相互促进，或者根据学习任务的性质进行分工协作。

（4）问题解决。首先需要确定问题，一般根据学生所学学科与其兴趣确定。问题解决过程中，协作者需要查阅资料，为问题解决提供材料与依据。问题解决的最终成果可以是报告、展示或论文，也可以通过汇报的形式。问题解决学习模式对于培养学生的认知活动和问题解决与处理能力具有明显的作用。

（5）伙伴。协作者之间为了完成某项学习任务而结成伙伴关系。学习伙伴之间的关系一般比较融洽，但也可能会为某个问题的解决产生争论，但在争论中也可达成共识。

（6）设计。由辅导教师给定设计主题，该主题强调学习者对相关知识的运用能力，如问题解决过程设计、科学实验设计、基于知识的创新设计等。在设计主题的解决过程中，学习者相互之间进行分工、协作，共同完成设计主题。

（7）角色扮演。让不同学生分别扮演指导者和学习者的角色，由学习者解答问题，指导者对学习者的解答进行判别和分析。通过角色扮演，学习者对问题的理解将会有新的体会，激发学习者掌握知识的兴趣与积极性。

俗话说，"三个臭皮匠，顶个诸葛亮"，协作学习能够比学生单独学习获得更高水平的思考能力，知识保存的时间也会更长。学生学习中的协作活动有利于发展学生个体的思维能力、增强学生个体之间的沟通能力以及对学生个体之间差异的包容能力。此外，协作学习对形成学生的批判性思维与创新性思维、对待学习内容的乐观态度、交流沟通能力、处理事情的能力等都有明显的积极作用。

十二、自主学习

自主学习就是以学生作为学习的主体，通过学生独立地阅读、观察、分析、探索、实践、质疑、创造等方法来实现学习目标的学习模式。

自主学习是与传统的接受学习相对应的一种现代化学习方式。传统学习方式过分突出和强调接受和掌握，使学生学习书本知识变成仅仅是直接接受书本知识，死记硬背书本知识，学生学习成了被动地接受、记忆的过程，导致了人的主动性、能动性、独立性不断被销蚀，窒息人的思维和智慧，摧残人的自主学习兴趣和热情。自主学习就是要转变这种被动的学习状态，倡导学生主动参与、乐于探究、勤于动手，弘扬人的主体性、能动性、独立性，培养学生搜集、处理信息的能力，获取新知识的能力，分析解决问题的能力，以及交流与合作的能力。

1. 自主学习的特征

（1）主动性。自主学习是学生积极、主动、自觉地从事和管理自己的学习活动，而不是在外界的各种压力和要求下被动地从事学习活动，或需要外界来管理自己的学习活动。这种自觉从事学习活动、自我调控学习的最基本的要求是主体能动性。

（2）自立性。每个学习主体都是具有相对独立性的人，学习是学习主体自己的行为，是任何人不能代替、不可替代的。每个学习主体都具有自我独立的心理认知系统，具有学习潜能和一定的独立能力，是自主学习的独立承担者；学习主体的学习潜能和能力，则是自主学习的能力基础。可见，自立性是自主学习的基础和前提，是学习主体内在的本质特性，是自主学习的灵魂。

（3）自为性。学习自为性是独立性的体现和展开，自为性就是学习主体自我探索、自我选择、自我建构、自我创造知识的过程。自我探索就是学习主体基于好奇心所引发的，对事物、环境、事件等的自我求知的过程；自我选择是指学习主体在探索中对信息的注意性，只有经学习主体注意的信息才能被选择而被认知，对信息选择的注意，是自为学习的重要表现；自我建构是指学习主体在学习过程中自己建构知识的过程，即其新知识的形成和建立过程；自我创造，是指学习主体在建构知识的基础上，创造出能够指导实践并满足自己需求的实践理念模型。自为学习本质上就是学习主体自我生成、实现、发展知识的过程。

（4）自律性。自律性即学习主体对自己学习的自我约束性或规范性，表现为自觉地学习。自觉性是对自己的学习要求、目标、行为、意义的一种充分觉醒，它规范、约束自己的学习行为，促使自己的学习不断进取、持之以恒。自律学习体现学习主体清醒的责任感，它确保学习主体积极主动地探索、选择信息，积极主动地建构、创造知识。

2. 自主学习的策略

（1）培养自主学习兴趣。学习兴趣是学生对于学习活动的自觉动力，是鼓舞和推动学生探求新知识的巨大力量。只有学生的兴趣被激发起来了，思维的兴奋点都集中在了相关问题上，才能从内心产生对新知识的渴求，进而产生主动学习的意识。

（2）确立自主学习目标。确立自主学习目标,依据自身的知识结构和能力基础以及兴趣选择学习内容,在学习过程中有明晰的学习目标和活动方向,调节和控制自己的学习行为等,这些特征是学生自主学习能力形成的重要标志。学生掌握着学习的主动权,成为学习的主人,就会积极自主的参与学习,使主体性得以充分发挥。

（3）合理分配每天的学习任务。把自己的学习任务分解成每天能够完成的单元,并坚持当天的任务当天完成,无论如何不能给自己以任何借口推迟完成原定计划。按照既定的时间表行事,学习时间表可以帮助克服惰性,能够按部就班、循序渐进地完成学习任务,而不会有太大的压力。

（4）开发网络学习资源。信息技术革命的发展和互联网的广泛使用,为教育现代化、继续教育和终身教育的发展提供了强大的技术支持和资源保障。利用网络信息资源进行自主学习已成为当今社会的一个突出特征。有这么个故事:老师连续提同一个问题,前两位同学都一无所知,到第三位同学时,回答得既准确又流利,连老师也感到自愧不如,原来这名同学刚刚用手机搜索了答案。

（5）及时复习。为了使学习能够有成效,应该养成及时复习的习惯,及时复习可以巩固所学的知识,防止遗忘。

（6）保持适量的休息和运动。休息和运动不仅让你保持良好的状态,也是消解压力的好办法。

学历代表过去,能力代表现在,学习力代表未来。学习力是一个人生存能力的重要基础。现在是一个终身学习的时代,知识信息充斥网络,互联网给我们提供了便捷的获取信息的便利条件,培养自主学习能力,是一个人自立于社会的重要能力。

十三、碎片化学习

碎片化学习是相对于系统化学习而提出的概念,是指学习者利用碎片化时间,通过碎片化的媒体、碎片化资源开展的非正式学习。

碎片化学习,一方面是指知识信息的碎片化,另一方面是指学习时间的碎片化。尤其是在当今信息大爆炸时代,信息数量以及获取信息的来源激增，人们时时刻刻都在接受新的信息和理念，无形之中就带来了"碎片化"的学习体验。

1. 碎片化学习的特点

在社会生活中随心、随时、随地通过多种媒体对知识进行片段式地学习，从而增进知识、提高技能，这样一片一片、一点一滴地获取信息和知识的学习方式称为碎片化学习。碎片化学习的特点有以下三点。

（1）灵活度更高。分割学习内容后，每个碎片的学习时间变得更可控，提高了学生掌握学习时间的灵活度。

（2）针对性更高。分割学习内容后，学生可重点学习对自己更有帮助或启发的那部分内容。

（3）吸收率更高。分割学习内容后，由于单个碎片内容的学习时间较短，保障了学习兴趣，知识的吸收率会有所提升。

2. 怎样开展碎片化学习

（1）确立学习目标。首先你得明白自己真正需要什么，想学什么，找到你真正需要或者感兴趣的目标，然后根据这个目标，有目的地选择你要学习、吸收的知识，不要东一榔头，西一棒槌。

（2）变被动学习为主动学习。很多人的碎片化学习信息浏览是随意的，看的东西很杂，而且偏娱乐化，无法吸收有价值的东西，很难进行深入思考。这就要求我们要变被动为主动，根据自己的兴趣和学习目标，主动去搜索相应的内容。

（3）搭建知识框架。根据你的学习目标，大量阅读与你这个目标或主题相关的内容，在自己的笔记本或者电脑云笔记上构建自己的知识框架。学会做各类资源的主人，而不是被动地去接受。然后把这些知识填充进你的框架，可以做成思维导图，或者做成目录索引的完整笔记。

（4）有目的地去利用碎片化时间。认真思考你一天之中有哪些碎片化时间，不管是临睡前，还是通勤途中，哪怕只有 5 分钟，也一定要想清楚，然后有意识地去利用起这些时间，今天要学习哪个知识点，先确定好，这样当有碎片化时间的时候，就能马上进入学习。养成利用碎片化时间学习的习惯，不要有拖延症，不然到头来就会什么事情都没做成。

（5）劳逸结合。这不是一句安慰话，而是从人的实际生理出发的，只有一松一紧,而不是让身体和大脑时时紧绷,学习才会高效。

（6）定期回顾复盘。想要将你浏览过的信息转变为自己的知识,就要及时地去复习、去内化。只有将所学的知识真正了解透彻,可以用自己的方式进行输出,才能算是完全学会。

（7）寻找价值感。从事任何一项学习活动,我们都希望获取价值,所以在学习一样东西时,我们要问问自己,它可以给我带来什么样的价值,它能给我的生活带来什么改变,更通俗一点来说,就是它能给我带来什么好处。比如你想学习插花,你可以学会感受生活的美好,提高你的幸福感;学习心理学,可以学会了解自己、了解他人,改善你的人际关系;学习哲学,可以提高认知水平,让自己更加智慧等。

十四、深度学习

"深度学习"这一概念原是机器学习中的一个概念,最早由人工智能领域兴起,源于人工神经网络的研究,提出的动机在于建立、模拟人脑进行分析学习的神经网络,模仿人脑的机制来解释数据。后来,深度学习被移植到了教育教学领域,迅速风靡开来。

教育教学领域的深度学习,是指在教师引领下,学生围绕着具有挑战性的学习主题,激发学生的学习动机,并全身心积极参与,展开深度探究,使学生在独立思考、互动质疑、协作交流中掌握学科核心知识,提升解决问题的能力,成为既具独立性、批判性、创造性又有合作精神、基础扎实的优秀品质的学习过程。

1. 浅层学习与深度学习

学习是有深、浅层次之分的。

（1）浅层学习。浅层学习指的是学生为了达到某种学习目的而在他人的催促下学习,其认知主要来源于记忆、背诵,无论是知识的理解和应用,还是对前知识的复习与后知识的学习,都是相互分裂的。浅层学习是在外力驱动下的机械的学习形式,它是以应对某一次考试为目的,只是对知识进行表面的、孤立的、短时的记忆,并没有与原有的知识形成系统,所以在浅层学习中所获取到的知识是无法长期保持的,知识的迁移与应用更无从谈起。

（2）深度学习。深度学习是针对实践中存在大量的机械学习、死记硬背、知其然而不知其所以然的浅层学习现象而提出的。深度学习指的是学生在环境的影响下主动学习，基于原有知识思考问题，能采取概括、关联、类比、迁移等方式对知识进行综合应用，同时理解知识间的内在联系。深度学习是主动探究式的理解性的学习，其目的在于重新构建知识结构并以此来解决新问题。深度学习更强调对知识的深层理解、深层加工以及长期保持，并将知识转化为技能迁移应用到真实的情境中去解决复杂的问题。

2. 深度学习的特点

深度学习的特点，可以从学习内容、学习方式、学习过程、学习结构、学习目标等方面来体现。

（1）学习内容。深度学习的内容是有挑战性的、需要深度加工人类认识成果，是那些构成一门学科基本结构的基本概念和基本原理，包括掌握核心学科知识、批判性思维和复杂问题解决能力。深度学习的过程也是帮助学生判断和建构学科基本结构的过程。而事实性的、技能性的知识通常并不需要深度学习。

（2）学习方式。深度学习是一种主动的、寻求联系与理解、寻找模型与证据的包含高水平认知的学习方式，与之相对应的是机械学习和记忆孤立信息的浅层学习方式。

（3）学习过程。深度学习是学生感知觉、思维、情感、意志、价值观全面参与、全身心投入的活动。

（4）学习结构。深度学习是通过让学生真正理解学习内容，并促进知识在个体的知识体系中长期保持，从而使学生能够提取所学知识解决不同情境的新问题。

（5）学习目标。深度学习的目的指向具体的、社会的人的全面发展，是形成学生核心素养的基本途径。

3. 如何促进学生进行深度学习

（1）学习任务具有挑战性，激发学生的学习兴趣。教师要利用生活情境，创设富有挑战性的学习任务，以激发学生的学习兴趣和强烈的学习动机，使学生全身心地投入到学习活动中。例如，在教学"认识平年和闰年"这节课时，有位老师先让学生在班级里调查有没有人是 2 月 29 日出生的，如果有就用这个学生的信息作为教学导入。上课伊始，老师先提出这样的问题："同学们，请问你们今年几岁了？都过了几次生日？"学生纷纷举手说出自己的情况。教师趁机提出学习任务："小明也是三年级的学生,他今年 8 岁了,可是啊,他只过了 2 次生日。小明很苦恼,别的小朋友都能每年过一次生日,而自己却不能。他很想知道原因,你们愿意帮助他吗？"这样的任务激起了学生的兴趣,这时候老师再揭示这节课的学习主题"平年和闰年"："今天老师来带领大家认识'平年和闰年',相信大家在学完了这节课后,就可以帮助小明解释原因了。"随后,学生都瞪大了眼睛,迫不及待地投入到新课的学习中。儿童的好奇心强,利用生活情境创设富有挑战性的学习任务,在上课伊始就迅速吸引他们的注意力,点燃求知的欲望,使他们能以饱满的情绪投入到探究新知的学习活动中。

（2）体验感悟,让学生经历知识的形成过程。让学生理解知识,掌握方法,端正学习态度,是进行深度学习的有效策略。

（3）设计深度探究的教学活动。深度学习的教学活动是在分析学习内容、确定学习目标的基础上设计的。在实际教学中,凡是需要学生动手操作的,教师不能用课件演示代替,要组织学生亲自操作,感受知识的形成过程。特别是抽象的知识,学生只有经过动手操作、体验感受,才能理解深刻,自主内化。

（4）激励性评价,让学生持续参与学习活动。及时进行有效的激励性评价,可以促进学生持续参与学习活动,在活动中收获喜悦,体验成功,持续对学习产生兴趣。

十五、探究性学习

探究性学习（Hands－on Inquiry Based Learning）,是指从学科领域或现实生活中选择和确立主题,在教学中创设类似于学术研究的情境,学生通过动手做、做中学,主动地发现问题,在实验、操作、调查、收集与处理信息、表达与交流等探索活动中,获得知识,培养能力,发展情感与态度,特别是发展探索精神与创新能力的一种学习方式。

1. 探究性学习的由来

探究性学习的思想由来已久,最早可追溯于法国教育家卢梭的自然主义教育。18 世纪初,卢梭提出了自然主义教育思想,认为教育不应是简单而呆板地向学生灌输科学文化知识,教育必须归于自然、尊重儿童天性,强调"兴趣的培养"和"方法的教授"，培养学生对于知识和学问的兴趣，让学生探究知识的兴趣充分增长，然后再教给他研究学问、探究知识的方法。卢梭的这些教育思想为探究式教学奠定了基础。

19世纪，美国教育家杜威继续发展了卢梭的自然主义教育理念，他认为，科学教育不仅仅是要让学生学习大量的知识，更重要的是要学习科学研究的过程或方法，自主进行探究发现，从做中学，从实际活动中培养其优秀的思维习惯和能力，为此他创造了"情境-问题-假设-推论-检验"五个思维环节和相对应的教学步骤，形成五步为一体的发现式、探究式教学模式。

20世纪中期，探究性学习理念在欧美及日本等地区得到大力倡导，涌现一大批相关的研究思潮和教育实践活动。探究教学理论的代表人物有美国教育学家萨其曼、施瓦布和加涅等人。他们从不同角度论证了教学过程中"探究教学"的重要性。美国伊利诺大学探究训练研究所所长萨其曼注重实践，主张"探究方法的训练"模式，重点是帮助学生认清事实，建立正确的科学概念，并形成假设以解释新接触到的现象或事物。美国著名的科学家、课程理论家、教育学家施瓦布则试图以"科学的结构"和"科学的结构是不断变化的"为前提，从理论方面揭示探究过程的本质及其特性，使学生把握学科的结构，体验作为探究的学习。美国教育心理学家加涅在"探究理论"的基础上，研究了构成学习的前提条件。此外，布鲁纳倡导的"发现学习"与探究教学几乎同时产生，主张不仅向学生传授学科结构的知识，而且培养学生探究问题的精神，独立解决问题和遇见未知的能力。美国心理学家布朗提出了"动态探究性学习"理论，强调学习者在学习过程中要不断进行反思和自我调整，以达到更好的学习效果。此外，美国心理学家乔伊斯提出了"技能型探究性学习"理论，它强调学习者要通过实践和反思来提高学习能力，以达到有效的学习目标。

到20世纪90年代，探究性学习已成为世界各国教育改革的重要内容与途径。欧美诸国纷纷倡导"主题探究"与"设计学习"活动，形成了普遍"以项目为中心"和"以问题为中心"的教学模式。

2. 探究性学习的特点

（1）实践性。探究性学习是以学生的主体实践活动为主线展开教学过程的。学生借助于一定的手段，运用多种感官，通过自己的主体活动，在做中学,使得学生的实践活动贯穿于学习活动的始终。

（2）过程性。探究性学习追求学习过程和学习结果的和谐统一。接受学习重视学习的结果,探究性学习更加关注学习的过程。探究性学习强调尽可能地让学生经历一个完整的知识的发现、形成、应用和发展的过程。让学生尽可能地像科学家那样,发现问题、解决问题,经历一个完整的科学研究过程。

（3）开放性。探究性学习的目标是很灵活的,没有像知识目标那样明确具体的要求和水平;探究性学习在内容上是开放的,各科目中都可以开展探究性学习;在探究结果的要求上是开放的,学生在探究学习的过程中,能够大胆地怀疑,提出问题,探讨解决问题的方案,对不同的结果进行分析,培养创新意识和创造能力。

3. 探究性学习的基本模式

探究性学习的课程实施模式很多,其中比较典型的有"做中学"学习模式和"情境探索"学习模式。

（1）"做中学"学习模式。"做中学"（Hands-on Inquiry Based Learning）是一种实施科学教育的模式,其特点是,教师通过设置适当的活动和任务,使学生投入到真实的情境中去,在亲自动手操作的实践过程中学习知识、掌握科学的思维方法、培养对科学的积极态度。这种模式的基本程序是：提出问题——动手做实验——观察记录——解释讨论——得出结论——表达陈述。在这一过程中,学生通过亲自参加活动而学习,他们亲自动手做实验,并为理解实验所带来的东西而进行讨论。教师可以根据学生的提问或者进行实验的某些情况而提出建议。"做中学"的活动为学生提供了多样化的学习方式,使学生在真实世界中通过亲手操作的活动来学习知识。

（2）"情境探索"学习模式。"情境探索"学习模式的核心思想有两点：一是为不同类型学习者设置适合于他们知识水平和心理特点的特定情境,引导他们进行积极的探索,并在探索过程中自主地选择适当的辅导内容和辅导方式;二是通过在一系列精心设计的情境中进行探索,学习者不仅获得基本知识和基本技能,而且掌握有效学习的方法,发展创新意识和实践能力。通过将各种不同的情境和相应的探索活动有机结合起来,就可以实现多样化的情境探索学习。它能够充分发挥学生的学习主动性和创造性,使学生自主地获取知识,并在获得知识的同时,发展解决问题的能力和学习能力。

4. 探究性学习的操作程序

探究性学习过程包括：提出问题、作出假设、制订计划、实施计划、得出结论、表达交流等环节。

（1）提出问题。也就是探究什么,探究以问题为导向,问题的提出源于仔细的观察,学生可以是课外随意的观察,也可以是对教师提供的背景材料的观察。教师提供的背景材料常常具有指向性和探究的可能性,能激起学生的认知心理冲突,更能诱发学生发现问题并提出问题,激发求知欲,增强学习动机。

（2）提出假设。引导学生根据生活经验对提出的问题进行猜想。

（3）制定计划与设计实验。这一环节是教学的核心。教师启发学生讨论、思考,让学生理解实验研究方案,积极投入探索学习。

（4）进行实验与收集数据。在实验中加强实验规范操作、安全操作的指导,实验数据及时填入记录表中。

（5）分析与论证。就是对探究的数据进行描述,对探究现象归纳总结的过程。

（6）评估。评估是对探究的反思过程,讨论科学探究中所存在的问题、获得的发现和改进建议等。评估有利于发展学生的批判性思维,教师要以多种形式引导学生养成对探究过程和探究结果有评估的意识。

（7）交流与合作。全班或同一组内围绕得到什么结论,如何得出结论,有什么体会等问题进行讨论与交流。

十六、跨学科研究型学习

教育部公布的普通高中课程方案（2017 年版 2020 年修订）中,要求开展以跨学科研究为主的研究性学习（占 6 学分）。

那么,什么是跨学科研究性学习?

1. 跨学科研究性学习的概念

跨学科研究性学习,是在当前学科广泛交叉跨越的时代背景下,开展的以学生的自主性、探索性学习为基础,通过学生亲自实践获取直接经验,养成科学精神和科学态度,掌握基本的科学方法,提高综合运用所学知识解决实际问题能力的学习活动。

"跨学科研究性学习"具有以下三层含义。

（1）跨学科研究性学习是一种学习活动。跨学科研究性学习活动的目的是为了获取知识，是学生的一种学习活动。这种活动虽然也要求具有研究的性质，但又与专业科学家的研究有区别，学习活动的目的是为了养成科学精神和科学态度，掌握基本的科学方法，提高综合运用所学知识解决实际问题的能力。

（2）跨学科研究性学习是一种具有研究性质的活动。跨学科研究性学习是一种学习活动，但又不同于传统的接受性学习，不是靠死记硬背记住前人知识的学习，而是一种研究性的学习，具有科学研究的性质，目的是为了学会科学研究的方法，提升自己科学创造的本领，进而提升我们国家整体的创新能力与竞争力。

（3）跨学科研究性学习有着鲜明的学科跨越特色。跨学科研究性学习不同于以往的不同学科之间"鸡犬之声相闻，老死不相往来"的分科教学，而是强调学科之间的跨越，用不同学科的知识、方法、理论来解决我们遇到的问题，因而有着鲜明的学科跨越特色。实际上，当我们在实践中遇到实际问题需要解决时，往往会自觉或不自觉地运用到不同学科的理论与知识，用到跨学科的方法，因为，我们面对的客观世界本来就是不分科的。

依据研究内容的不向，跨学科研究性学习主要可以分为课题研究类、项目（活动）设计两大类。课题研究类，以认识和解决某一问题为主要目的；项目（活动）设计类以解决一个比较复杂的操作问题为主要目的，如一次环境保护活动的策划，设计一个雕塑方案，某一设备、设施的制作、建设或改造的设计等。

2. 跨学科研究性学习的特征

与传统的分科教学课程相比较，跨学科研究性学习具有综合性、开放性、研究性、实践性、自主性等特点。

（1）综合性。综合性是相对分科性而言的，是指研究课题需学生综合运用已学的多学科知识，其价值就在于打破了以往教师分科教学、学生分科学习，人为割裂课程的弊端。由于在复杂的社会系统中，学生必须运用多学科的知识解决实践中的问题，所以需要将分科教学的成果综合在需要解决的问题中,提供并扩展学生多元学习的机会和体验,这就使得跨学科研究性学习的课程具有综合性。

(2)开放性。开放性是相对学科课程完整、封闭性而言的。跨学科研究性学习的内容具有开放性,它来源于学生的学习生活和社会生活,立足于研究、解决学生关注的一些社会问题或其他问题,涉及的范围很广泛;学习的时间具有开放性,可以让学生利用课余时间,或者节假日,走出书本和课堂,走向社会,把课内与课外、学校与社会有机地联系起来;组织形式具有开放性,学生可以独立研究,也可以小组研究;研究结果具有开放性,成果可以是论文、调查报告,也可以是模型、图片、声像、多媒体课件等多种形式。跨学科研究性学习尊重每一个学生独特的兴趣、爱好,适应每一个学生个性化发展的特殊需要,为学生自主性的充分发挥开辟了广阔的空间,从而形成一个开放的学习过程。

(3)研究性。强调学习方式的研究性。学习的内容是在教师的指导下,学生自主确定的研究课题;学习的方式不是被动地记忆、理解教师传授的知识,而是敏锐地发现问题、主动地提出问题、积极地寻求解决问题的方法、探求问题结论的自主学习的过程。

(4)实践性。实践性是相对于理论性而言的,是指跨学科研究性学习注重学生对生活的感受和体验,强调学生的亲身经历,让学生在实践中去发现和探究问题,通过动手、动脑解决具体问题,体验和感受生活,发展实践能力和创新能力。

(5)自主性。跨学科研究性学习课程改变了以往教师讲、学生听,学生被动接受的学习方式,使学生能积极主动地去探索、去尝试,去谋求个体创造潜能的充分发挥。学生可以根据自己的兴趣、爱好、特长自主选择研究课题,从选题、收集资料开始到撰写报告、答辩、展示成果的全过程,都是学生自己的自主决断过程,教师往往只起到指导者和协助者的作用。在整个学习过程中,学生可以真正展示自信、自立、自强的精神风貌,充分体现学生自主性的原则。

3. 课题的选择

选题,顾名思义,是指经过选择来确定所要研究的中心问题。

跨学科研究,首先要正确而恰当地选好研究的课题。选题就是对所研究问题和所研究方向的选择与确定。选题直接关系着研究工作进展速度的快慢、取得成果的大小，甚至整个研究的成败，具有举足轻重的意义。

跨学科研究课题的搜集途径非常多，大致有以下四个方面。

（1）从日常生活的观察发现中选题。我们平常注意观察，日常生活中看似细微末节的平凡小事，可发现许多有趣的现象，形成许多有价值的研究课题。

日常生活中看似平凡的小事，却能为我们的科学研究提供不竭源泉。比如：苹果落地，牛顿由此引发对万有引力的思考；由教堂屋顶吊灯的随风摆动，伽利略发现摆的等时性原理；猫躺在地上晒太阳，丹麦的一位医生尼里斯·劳津研究猫晒太阳却获得了诺贝尔奖。英国著名的物理学家开尔文说过："吹一个肥皂泡并且观察它，你会用毕生之力研究它，并且由它引出一堂又一堂的物理课程。"

（2）在学科的跨越中选题。学科跨越中选题，就是将研究对象与不同的学科交叉来选题。学科跨越是研究选题的重要、高效、神奇的方法。比如，将考察事物与历史科学交叉，可以有：水稻的历史、茶的历史、石榴的历史、棉花的历史、梨的历史、苹果的历史、牡丹的历史、玫瑰的历史、马的历史、羊的历史、骆驼的历史……此外，还可以有：服饰的历史、鞋的历史、帽的历史、桌子的历史、椅子的历史、车辆的历史、船舶的历史、货币的历史、电话的历史……万事万物都有其历史，这为我们提供了研究选题的广阔天地。

（3）从关系民生的问题中选择课题。从关系民生的问题中选择课题，着眼于解决人民的生活中的难题，这种课题极具价值。可供研究的问题也有许多，比如：猪肉价格变化的原因、餐桌浪费现象调查、宠物狗伤人问题的对策研究、广场舞噪音扰民现象的调查报告、城市环境与光污染、食用油中过氧化值的分析、居住环境中辐射数据分析……

（4）从读书发现的科学问题中选题。我们平时读书，多留意思考，便能发现许多有价值的课题。

课题选择的范围无限宽广，只要多加观察与留意，便能找到合适的、有意义的课题。

4. 跨学科研究性学习的一般过程

跨学科研究性学习的实施一般可分三个阶段：准备阶段、实施阶段、总结阶段。在学习过程中这三个阶段并不是截然分开的，而是相互交叉和交互推进的。

（1）准备阶段。在准备阶段首先必须确定研究课题，即你所要研究的问题。教师应帮助学生通过搜集相关资料，了解有关研究题目的知识水平和该题目中隐含的争议性的问题，使学生从多个角度认识、分析问题。在此基础上，学生可以建立研究小组，共同讨论和确定具体的研究方案，包括确定合适的研究方法、如何收集可能获得的信息、准备调查研究所要求的技能、可能采取的行动和可能得到的结果。在此过程中，学生要反思所确定的研究问题是否合适，是否需要改变问题。

（2）实施阶段。在确定需要研究解决的问题以后，学生要进入具体解决问题的过程，制定计划，准备研究材料，收集资料，进行实验并获取数据，处理信息资料和数据，制作图表，提出观点或对假设进行证实或证伪，通过实践、体验，形成一定的观念、态度，掌握课题研究的方法。

（3）总结阶段。最后一个阶段是总结阶段。这一阶段包括两个任务：一是研究者撰写研究报告并向教师、相关领域的专家和同学们汇报研究过程和成果，并谈谈自己的研究体会；二是由教师、专家和自己对该研究给予评价，这种评价不仅包括研究过程和成果，更应包括学生研究性学习的各种能力的提高情况。

5. 跨学科研究性学习的意义

跨学科研究性学习具有重要的意义。

（1）培养学生的学科综合能力。学生通过学科学习，具备了多门学科的知识积累。但是，以往的学科教学，这些知识长期处在互不相干的分割状态之中，失去可能发挥的效用。跨学科研究性学习则可破除这种分割状态，碰到问题时，能综合运用不同学科的理论、知识、方法去解决。

（2）极大地提升学生创新素质。传统的人才培养模式强调灌输、识记，对创新精神、实践能力和应用能力重视不够，这种封闭性的人才培养模式经由应试教育的推波助澜愈演愈烈，严重扼杀学生的创新能力，使学生成为应试的机器。跨学科研究性学习使学生通过课题研究的实践，解决实际问题，逐步养成学生主动探究的态度，能极大地提升学生的创新能力。跨学科研究的实质是不断产生创新。在当代社会，如果一个人的智慧与思维只局限于单一学科的范围内,他很难获得创新成果;而如果能打破学科之间的藩篱,实现不同学科之间的跨越,无穷无尽的创新设想便会喷涌而出。

(3)有利于师资队伍的建设。跨学科研究性学习中课题研究的内容往往是不同学科知识的综合运用,教师要指导学生开展课题研究,这就对教师提出了更高的要求,迫使教师为扩大知识面,继续进修,提高自身的综合运用知识的能力和指导能力,因此,跨学科研究性学习有利于提高整个师资队伍的水平。

第三节　跨学科主题学习

跨学科主题学习,是一种基于学生的知识基础,围绕某一主题,运用不同学科的知识和方法,以解决某一问题的一种综合学习活动的过程。

《义务教育课程方案(2022年版)》明确提出,要"设立跨学科的主题学习活动,加强学科间的相互关联,带动课程综合化实施,强化实践性要求。"原则上,各门课程用不少于10%的课时设计跨学科主题学习。

本节中,我们主要对跨学科主题学习进行探讨。

一、跨学科主题学习的特征

跨学科主题学习具有以下三个特点。

1. 情境性

跨学科主题学习的主题,来源于学生学习生活中鲜活的、复杂的真实情境,有其产生的社会、历史、自然、生活的情景脉络,而不是脱离社会生活情境的孤立问题。比如,"走近低碳生活""劳动最光荣"等,便是和学生生活密切相关的真实情境的问题,这类问题可以引导学生关注真实、复杂的社会生活,激发学生强烈的学习愿望。跨学科主题学习就是要基于真实的问题,创设真实的情境,在解决真实问题的过程中自主建构认知体系。

2. 综合性

跨学科主题学习的对象是客观世界的事物对象,而客观世界的事物对象都具有整体性,是多种要素的矛盾统一体,因而,跨学科主题学习也必然具有整体综合性特征。

　　比如，语文课程学习中我们学到苏轼，他不是一个抽象的概念，而是北宋时期一个有血有肉的活生生的人物，具有整体综合性特征。苏轼是文坛巨星，在64年的生命旅程中，留下了2 700多首诗，300多首词，4 800多篇文章，苏轼的道德文章，冠冕天下。苏轼是书法家，他的《黄州寒食诗帖》是书法作品中的上乘，在书法史上被誉为继王羲之《兰亭序》、颜真卿《祭侄稿》之后的"天下第三行书"。苏轼是画家，开创了文人诗、书、画结合的一代新风，他的《潇湘竹石图》《小鸡啄米图》《偃松图卷》等被视为稀世珍品。苏轼还是教育家，在海南儋州时，食无肉、病无药、居无室、出无友、冬无炭、夏无泉，即使在这种恶劣环境中，苏轼居然办起学堂，教起了书，培养出了海南历史上第一位举人——姜唐佐，第一位进士——符确，人们一直把苏轼看作是儋州文化的开拓者、播种人，对他怀有深深的崇敬。苏轼还是思想大家，他深受儒、释、道影响，又精研法、老、名、墨、纵横、阴阳乃至三教九流等各种思想，融会贯通，博采众长，涉及天道人性、治国理政、人生哲思、艺术美学等诸多领域，其中的"人性观""民本观""义利观"等思想，有着跨越时空的历史价值和现代意义。苏轼还是一个农夫，因乌台诗案，被贬到了黄州，为了养活自己和家人，他在黄州东郊的一块荒土地上，亲自耕作，收获大麦二十余担，终于走上了自给自足的道路，于是他给自己起名：东坡。苏轼更是历史上著名的美食家，跌宕起伏，一路贬谪一路吃，把各种美食写入诗歌。苏东坡被发配到黄州，创造出一道流传千年的名菜——"东坡肉"；发配到惠州，又把东坡肉跟梅干菜结合起来，烹饪出"梅菜扣肉"；在惠州吃了杨贵妃最爱的荔枝，写下"日啖荔枝三百颗，不辞长作岭南人"名句流传至今；河豚体内含有剧毒却又是美味，民间有"拼死吃河豚"的说法，苏轼在品尝河豚后，对其赞叹道："真是美味，值得一死！"今天很多菜肴也是用他的名字命名的，东坡肉、东坡鱼、东坡饼、东坡凉粉、东坡豆腐、东坡羹，各式各样，不愧是位食神。苏轼还是一个性格放达的"酒汉"，他的诗词中，常常以酒为题材，抒发自己的情感和心境，展现出他对人生的态度和理想；不仅喜欢饮酒，而且还爱研究酿造方法和技术，他曾经用蜜糖、真一水、肉桂等原料酿制出蜜酒、真一酒、桂酒等不同品种的佳酿，并写成了《东坡酒经》等著作。苏轼更是一位善良为民的父母官，有颗拳拳爱民之心，南宋何薳的《春渚纪闻》《东坡诗话》里记载，苏东坡在杭州做官的时候，有一个卖绢扇的商人，因为父亲去世葬父钱物都用尽了，还欠人家两万钱吃了官司,于是苏东坡在绢扇商人的扇面题上诗词歌赋,有些扇面画上梅兰竹菊,当时苏东坡的字画可是千金难买啊,人们听到府衙门外有苏东坡题字画的扇子在卖,大家都争先恐后的来卖,不一会儿扇子就卖完了,商人欠人的钱也就还清了。苏轼所到之处,总是用自己的方式去造福百姓,为百姓解决日常的问题,百姓无不称赞。

苏轼是诗人,又是书法家、画家、思想家、美食家、农民,还是一位造福百姓的善良的父母官,这就是完整的苏轼,是各种复杂因素的统一体。因此,一个完整的人的生活是不分科的。

3. 开放性

开放性即敞开、多样,与封闭、单一相对应。跨学科主题学习不同于传统的分科教学,学习的主题来自于纷繁复杂的客观世界,要解决的是学习生活中实际面临的问题,而客观世界中的各类事物是复杂的,是多种要素的统一体,要解决这类问题,仅凭某个单独学科知识是不能胜任的,必须综合运用与主题相关的各学科的知识,因而跨学科主题学习活动具有学科的跨越性特征,具有开放性。

比如,不时有关于溺水、雷击、踩踏事故、一氧化碳中毒等安全事件的报道,严重危害生命安全。青少年是充满美丽憧憬的时代。也许你想象着将来成为科学家、医生、教师、航天员……然而,这一切都必须建立在一个基础之上,就是生命的安全!如果失去了生命安全,那么,你再高的考试分数都会瞬间归于零,你再美好的未来人生图景便会倾刻间灰飞烟灭!因而就尤其需要组织开展关于安全教育"关注安全,珍爱生命"的主题活动。人类要面对各种自然灾害,比如,地震灾害、台风灾害、海啸灾难、龙卷风、洪水灾害、泥石流灾害、冰雪灾害……要了解、认识和应对这各种灾害,就需要地质学、地震学、海洋学、气象学、雷电学、流体力学等各学科知识。人类要应对、预防各种传染病和瘟疫,比如,艾滋病、血吸虫病、狂犬病、鼠疫、霍乱、新冠肺炎等,就需要艾滋病学、血吸虫病学、狂犬病学、传染病学等知识。人类要应对、预防食物中毒、蘑菇中毒、毒品危害等,这需要食品知识、蘑菇学、毒品学等各种知识。人类要应对、预防毒蛇咬伤、毒蜂蜇伤等伤害,需要了解毒蛇、昆虫学等知识。人类要应对、预防火灾、溺水、触电、煤气中毒、踩踏事故等意外伤害,又需要消防、游泳、电学、社会学等各类知识。人们需要注意乘车安全、旅游安全、运动安全等，又需要交通学、旅游学、体育学等知识。人类要应对抢劫犯罪、诈骗犯累、校园霸凌、恐怖袭击、网络赌博，需要社会学、犯罪学等知识。人们人类要应对、预防环境污染、核辐射污染等伤害，需要环境科学、核物理学等知识……

目光再远大些，还要关注国家安全，当代国家安全的基本内容包括政治安全、国土安全、军事安全、经济安全、文化安全、社会安全、科技安全、网络安全、生态安全、资源安全、核安全、极地安全、深海安全等若干方面，这就涉及政治学、经济学、军事学、公安学、警察学、情报学、法学、外交学、海关学、社会学、文化学、管理学等众多学科门类，此外还与与生物学、物理学、化学、核科学与技术等密切相关……

安全，是人类生存和发展的基本要求，是生命与健康的基本保障，是人类永恒的主题。安全教育，并不是只需要某一门学科知识，而是需要无数学科的参与，需要跨学科行动。

跨学科主题学习活动围绕某一主题，需涉及不同学科的内容，需要打破学科界限，综合应用多学科知识，因而具有开放性。开放性的另一个表现，是学生学习过程与结果有多种选择和较强的变通性，允许多种可能性，包容多种结果，具有鲜明的开放性。

二、跨学科主题学习的主题

主题，是指文艺作品或者社会活动等所要表现的中心思想。

"主题"一词源自于德国，最早它是一个音乐术语"Thema"，即乐曲中最具有特征的，并处于优越地位的旋律，也即主旋律。音乐中的这个术语后来被移植到文艺创作及文章写作中，把文艺作品与文章中的中心思想称为主题。日本从德语中翻译过来，因为日本使用我们的汉字，所以用汉字写做"主题"，日语读音"秋代以"。我国现在使用的"主题"这个词，是从日语引进的，我们将这个词直接引进，写法相同，当然我们是用汉语的音来读。

我国古代没有主题这个词，但主题这个概念却自古就有。古代用意、旨、主旨、主脑等词表达。常说的"立意"也即确立主题。

跨学科主题学习中的"主题"是跨学科得以实现的枢纽，是构建学科关联的桥梁。恰当的主题选择可为开展跨学科主题学习活动奠定良好基调，是设计跨学科主题学习活动的第一步。

1. 主题的来源

主题来源的途径有许许多多。

（1）来源于真实生活情境。引导学生亲近生活、观察生活、体验生活，从各类真实情境中提炼跨学科学习主题。

学生的生活世界里隐藏着许多复杂的情境，这些情境如果深究下去便会和学校里的科学世界相联系。用科学来解决日常生活问题可以深度链接学生的经验知识和学科知识，推开日常生活的大门，带领学生进入学科知识的殿堂。

比如，以"清明"为主题开展跨学科学习活动。

清明，二十四节气之一，清明时，气清景明，万物皆显，因此得名。清明兼具自然与人文两大内涵。清明是自然节气点，阳春三月，桃红柳青，溪河泛碧，正是人们赏花游春、强身健体的大好时节，是春耕春种的大好时机；清明又是传统的春祭节日，扫墓祭祀、缅怀祖先，是中华民族数千年来的优良传统，人们通过对先人墓地的清扫、添土、拜祭、献花，表达对逝者的思念之情。

为了让同学们深刻了解清明节的内涵，过一个有意义的清明节。可以以"清明"为主题开展多学科的跨学科教育活动。

比如，语文学科：在中国古诗词中，不乏与清明有关的诗句，可指导学生积累关于清明的诗词名句，在欣赏与诵读中品味诗词中传递的穿越千古的厚重情思。

书法学科：围绕清明节相关内容，以作品欣赏和实践相结合的方式带领学生欣赏"天下第三行书"——《黄州寒食诗帖》及不同书家所写"清明"二字，练习书写杜牧的古诗《清明》，体现书法鉴赏与传统文化相结合的理念。

美术课：选取"放风筝"这一习俗，通过了解风筝的结构与色彩，让同学们用手中的材料，画出表现春天放风筝的图画，并亲手设计各种各样漂亮的风筝，提高色彩感知力的同时加强学生手工制作的能力。也可绘制油纸伞，"清明时节雨纷纷"，烟雨中的油纸伞是中国传统文化中一道独特的风景。美术老师和孩子们一起绘制油纸伞，在伞上配画和古诗。

科学课堂：同样是以风筝为主线，老师向同学们讲解风筝的历史、原理以及如何让风筝飞得更高更远。学生们自行实践将风筝放飞的过程，不但能加深对课堂上所学知识的理解，还能体会到在玩中学的乐趣。还可组织学生观察清明节前后天气的变化，指导制作天气日历。"清明时节雨纷纷"，用科学课上学习的天气符号，记录下清明前一周的天气变化。着眼于清明三候中的"虹始见"，引领学生从彩虹现象入手，在模拟彩虹实验中发现彩虹形成的秘密，认识光的色散现象并了解清明时节可以看见彩虹的原因，感知自然节气中的科学魅力。

音乐课：老师带领同学们吟唱《清明》这首古诗，用悠扬的音乐，在优美的歌声中追寻清明的记忆。或以"踏青"为切入点，老师带领学生们学唱这首歌曲，那欢快轻松的节奏，让孩子们感受到清明时节万物复苏时的喜悦。

劳动课：可以让同学们学习制作青团，并一起品尝。清明时节是品尝制作"春日好滋味"的节日。圆圆的青团，象征一家团圆。可爱的小青团清香诱人，圆润饱满，也彼此分享着品味春天的快乐。

体育课：组织师生进行远足踏青活动。清明节，又叫踏青节，正是春光明媚、草木吐绿的时节，也正是人们踏青的好时候，所以古人有清明踏青并开展一系列体育活动的习俗。在大自然的课堂中尽情地踢毽子、跳皮筋、打沙包、放风筝，了解传统风俗，锻炼身体，充分感受春天的美好。

祭祀活动：通过祭祀活动，怀念逝去的亲人，谨记家族先祖世代传承的家规、家训，将家族的精神风貌、道德品质等代代相传，

祭扫烈士陵园：这是对保家卫国作出巨大贡献的烈士的纪念，铭记他们的英勇事迹和奉献精神，激励学生爱国爱民，为国家和人民作出贡献。这是一种文化传承和教育方式，通过这种方式，人们可以学习历史，了解先人的足迹，了解他们的信仰和价值观，也是了解和感受我国丰富历史文化的机会。

道德与法治课程：结合《我和我的家》一课，进一步引导同学们了解自己与家人间的血缘关系，自己的家庭结构，并初步建立起家族意识。

以"清明"为主题的跨学科的活动中，可以综合语文、美术、科学、音乐、道德与法治等学科，通过多角度、多形式让学生在体验中真实感受清明节的传统文化，将中华优秀传统文化深深地植根于心灵深处，厚植红色基因，激发爱国情感，努力成长为担当民族复兴大任的时代新人，也深深体会幸福生活来

之不易,更加懂得珍惜美好生活。

以节日为主题的跨学科活动,除清明外,还可以有许多,比如:元旦、春节、元宵节、妇女节、植树节(3月12日)、劳动节、青年节、母亲节(5月第二个星期日)、父亲节(6月第三个星期日)、端午节、教师节、中秋节、国庆节、重阳节(农历九月初九)等。

人们的生活丰富多彩,除了节日的主题之外,和真实生活情境相关的主题不计其数,只要开动脑筋,主题的选择无穷无尽。

(2) 从身边的资源选择主题。地方资源是跨学科主题学习的重要资源。如在地理课程中,有关于"区域发展"的跨学科主题,以深入理解区域发展与自然环境、自然资源的关系,强调因地制宜,培养家国情怀,促进社会责任感的提升。在历史课程中,可以选择"在身边发现历史"的主题,综合运用地理、道德与法治、语文、艺术等知识,搜集、整理身边的不同时期存留下来的物品和亲历者的回忆,探究其历史背景,了解各个时期人们在衣、食、住、行、用等方面的生活状况及其变化。

从自己所在乡土资源出发选择主题,集语文、科学、技术、工程、艺术、数学多学科相融合,拓展到历史、地理等学科,将书本知识应用于认识家乡的实践活动中,学以致用,激发学生对家乡的情感,增强建设家乡的责任感。

(3) 从社会热点中选择主题。时事热点对于学生的学习来说,更具有吸引力,更能触动学生的生活体验,引发学生对真实世界的思辨。紧密联系社会生活,围绕全球问题、社会热点、学术科研、生活实际等选取跨学科学习主题。

例如,美国近几年对我国的芯片产业采取了一系列制裁措施,基于这一情境素材,我们可以设计"芯片与国家未来"这样的跨学科学习主题,让学生从地理、政治、化学、信息等学科角度,分析制裁措施对我国的影响、未来中美关系的走向、芯片的研发与制造等相关问题,培养学生的科学精神、创新精神和社会责任感。

教育必须在关注个人幸福的同时也关注他人和社会的公共福祉,把个人引向与他人和社会的共在。跨学科主题学习也需要紧密联系社会生活,引导青少年关心社会议题。跨学科主题学习需要让学生进一步深入地认识社会,并深刻地体会到自我和社会之间的紧密联结,引导学生思考如何利用所学知识解释现实问题。

（4）来源于学科知识的跨越。跨学科主题学习的"主题"，不是单一学科的问题，而是涉及多门学科的现实的复杂问题。好的跨学科主题必须能够充分体现多学科之间的紧密合作，找到不同学科知识结构之间的耦合点。因此在设计主题时，不能仅满足于学科背景的简单拼接，而要反思不同学科在共同解决复杂问题的过程中所承担的角色，给学生提供一个更加全面、有效的问题解决视角。

例如，碳循环是一个与学生日常生活息息相关且需要跨学科理解的概念。理解碳循环的过程，首先需要从化学学科理解二氧化碳的性质和应用，其次需要理解生物课程中动植物的呼吸作用和植物的光合作用，最后还需要从地理的角度考察气候变化及其对人类生活的影响。基于三个学科视角，并结合学生的日常社会生活，最终才能促成学生对碳循环的跨学科理解。

在一个主题中联结多学科的知识结构，对跨学科主题设计者的专业知识结构提出了较高要求。一方面，教师需要通过对本学科及其他相关学科课程标准的学习，较为迅速和准确地整体把握不同学科的知识结构；另一方面，在设计和反思的过程中，教师也需要积极地和不同学科教师展开讨论。关键问题要能够打破学科边界、超越知识界限，尽可能地联结更多学科的知识和技能，这不仅能够促进学生对某一学科知识的理解，也能促进知识间的联系和迁移，加强学生的已学知识、生活体验与当前学习内容之间的意义关联。

（5）来源于教材内容。从学科教材中梳理跨学科主题，帮助学生加深对知识的理解。以高中地理为例，第一册侧重于"自然地理"，包括地球科学基础、自然地理实践、自然环境与人类活动的关系等内容，与物理、化学、生物等学科关系密切；第二册侧重于"人文地理"，包括人口、城镇与乡村、产业区位选择、环境与发展等内容，则与历史、政治、语文等学科有更多的相关性。在地理教学中可以充分利用这些相关学科的知识，帮助学生理解和建构地理知识，提升其分析问题和解决问题的能力。

在中小学课程以分科课程设置为主的背景下，跨学科主题学习是 2022 年版义务教育课程标准提出的课程教学改革新要求。主题活动教学可以聚焦学科学习的某一重点或难点，融合跨学科资源，多科集中发力，使学生积累丰厚体验,加深对知识的理解。

2. 主题选择的原则

主题选择应承载本学科核心内容,联结多学科的知识结构,紧密联系社会生活,考虑学生兴趣、需求和接受程度,具有可操作性。

(1)体现学科的跨越性。好的跨学科主题必须能够充分体现多学科之间的紧密合作,找到不同学科知识结构之间的耦合点。教师需要在设计主题时,不能仅满足于学科背景的简单拼接,而要反思不同学科在共同解决复杂问题的过程中所承担的角色,给学生提供更加全面有效的问题解决视角,这就对跨学科主题设计者的专业知识结构提出了较高要求。

(2)关注学生的兴趣。跨学科主题学习的主题选择需要关注学生的兴趣,学生兴趣并不是判断跨学科主题适切性的唯一标准,而是必须考虑的相关因素,除此之外,应对学生的兴趣进行甄别和升华。

(3)考虑大多数学生的实际需求。跨学科主题学习的主题必须考虑大多数学生和不同层次学生的实际需求,包括学生的学习基础、兴趣差异、发展水平等。

(4)具有可操作性。跨学科主题的可操作性,是指主题可以操作,能够实施。选择跨学科主题时必须充分考虑到本班、本校的现实条件,需要充分了解学情,把握学生的现有水平、不足和生长点。尤其是一些需要走出校园与社会群体或企业接触的主题活动,更需要具备相应的条件才有可能实现。

三、跨学科主题学习活动的设计

为保证跨学科主题学习活动高起点、高质量、高水平开展,预先进行活动方案的设计是必不可少的,活动方案是为某一活动所制定的具体行动实施办法细则、步骤和安排等。

1. 确立学习主题

跨学科主题学习的主题,要结合学生经验、社会生活、学科基础等情况进行综合考虑,确认主题的性质、类别、层次等,便于以主题为中心,梳理主导学科和相关学科的核心知识图谱和问题链条,列出学习资源清单。

2. 明晰学习目标

围绕跨学科主题学习内容,明确表述目标要求,即通过哪些途径、任务或方式,获得哪些综合性的学习经历与体验、核心知识和思想方法,建立怎样的情感态度和价值观等综合素质。

3. 安排学习任务

设计满足跨学科主题学习特定要求的作品、作业、方案、设计、项目等事项和具体完成的条件，形成核心任务和若干分项任务。

以飞行主题为例，可明确"自然飞行"为中心主题，设计"自然飞行主题学习"的核心任务，以及若干分项任务，比如：(1)制作PPT，列举鸟类、昆虫等自然飞行物，说明它们是如何飞行的。(2)运用资料图片或动画，演示说明三种不同鸟类、昆虫等的飞行模式或飞行原理，或记录展示鸟类、昆虫等飞行的运动轨迹。(3)对比分析鸟类与人造飞行器的飞行特点。

4. 展开学习过程

把主题任务纳入学习环节和流程，在规定时间范围内依序推进，并根据需要开展自主学习、小组交流讨论和汇报展示等活动。其间，教师要善于从主干学科核心知识和思想方法出发，运用问题链条，构筑学习支架，驱动学生进行跨学科主题学习。

还是以飞行主题为例，生物学科方面，可让学生了解能飞行的生物，鸟类如老鹰、麻雀、燕子、天鹅、大雁、杜鹃、黄鹂、蜂鸟；昆虫类如蜻蜓、蝴蝶、蟋蟀、蝗虫、螳螂、蟑螂、蜜蜂、甲虫、萤火虫。此外，还有一些能飞行的生物，如蝙蝠、飞鱼、飞蛙、鼯鼠、猫猴……这能让我们认识生物界的奇异多彩。物理学科方面，包括人类制造的飞行物，比如竹蜻蜓、风筝、火箭、孔明灯、飞艇、飞机等的飞行原理，航空动力机制，鸟类飞行模式，昆虫飞行、太空飞行和不明飞行物的飞行速度等；数学学科方面，包括飞机平稳降落角度、机场模型等；道德与法治学科方面，包括飞行活动与机场噪音，飞艇与喷气式飞机的社会价值，以及与飞行有关的职业等；语文学科方面，包括嫦娥、冯如、莱特兄弟、蜘蛛侠等飞行人物等；艺术科目方面，包括中国风筝、达·芬奇的《飞行机械设计草图》、飞行电影等。在这一过程中，教师需要适时提出并引导学生思考与飞行相关的问题，按照由浅入深、由易到难的顺序，创设便于学生学习的教学问题，形成新的结构化的教学问题链条。

5. 进行学习小结

学习小结可以从主题内容与形式、思想方法、学习体验、人际交流、情意观念、精神境界、综合素质等方面，采用书面小结或口头小结，个人小结或小组小结等形式,帮助学生学会小结反思,不断提升学生跨学科主题学习的能力和水平。

6. 进行活动评价

主要运用表现性评价等方式,重点评价学生的学科核心知识的综合学习和综合运用表现,关注学生的跨学科核心素养。

四、跨学科主题学习的意义

现代学校的课程主要是分学科设置的,只有分科设置,才能深刻把握各学科知识,深刻地认识世界,这是一方面;但是,另一方面,我们周围的世界是不分科的,生活是不分科的,科学发现、艺术创作都是不分科的。我们要准确地认识世界,就必须在分科学习的基础上,进而实现学科的跨越,倡导跨学科学习。

跨学科主题学习有着重要的意义。

1. 促进学科间融合

长期以来,学校教育与社会生活相脱节,存在学科间单打独斗、各自为政,学科知识相互交叉、简单重复,学科知识互相割裂,学生知识学习碎片化等问题;跨学科主题学习强调创设真实的、生活化的问题情境,促使师生在问题解决过程中综合运用多门学科知识和多种方法,有助于打破学科壁垒,促进学科之间的相互融合和理解,帮助学生建立起全面的知识体系。

2. 提升学生的核心素质

跨学科主题学习是提升学生核心素养的重要举措。核心素养本身就具有跨学科的特性,它不是只适用于特定情境、特定学科或特定人群的特殊素养,而是适用于一切情境和所有人的普遍素养。因此,核心素养不能依托单一学科,不能仅仅依靠静态知识习得,而必须通过跨学科主题学习来培养。跨学科主题学习突破了学科壁垒,能够很好地解决书本知识与现实情境割裂的问题,以多学科整合探究、任务完成或解决问题为途径,让学生在与特殊情境的有效互动中,将知识、技能、态度进行综合,最终形成并发展核心素养。让学生拥有应对快速变化社会和复杂多元世界的社会技能、核心素养。

3. 培养创新精神和实践能力

跨学科主题学习鼓励学生积极参与探究和实践活动,有助于培养他们的创新思维和实践能力，这对于未来的工作和生活都是非常重要的。科学发展史告诉我们，有成就的大科学家，都不可能囿于单一学科，而是有广阔的知识背景、丰富的心灵。要想培养具有创新精神、实践能力的学生，在学校中只分别开设多个学科还不够，还要加强学科间的联系，打破狭隘的学科偏见，为学生提供综合运用知识来创造性地解决问题的机会，让学生拥有对周遭世界永葆好奇的探索精神，发现隐匿的关系与规律，形成整体看世界的视野、观念与方法。

4. 适应时代的发展需求

随着社会的进步和发展，跨学科的能力变得越来越重要。通过跨学科主题学习，可以促进学生的全面发展，更好地适应和应对未来可能出现的新情况和新挑战。

第四节　跨学科教育的活动形式

开展跨学科教育活动，还可采用辩论、演讲、参观活动、文体娱乐活动、公益活动等不同形式，下面分别加以讨论。

一、辩论

辩论，又称为论辩，是指代表不同思想观点的各方彼此间利用一定的理由来说明自己的观点是正确的，揭露对方的观点是错误的这么一种语言交锋的过程。简而言之，辩论就是不同思想观点之间的语言交锋。辩论是一种高水平的智力活动，它集心理素质、逻辑思维、语言表达、知识积累、整体协调、仪态仪表、道德涵养于一体，是综合素质的较量，是一种高水平的跨学科活动。在广大青少年中开展辩论活动，对于提高他们走向社会、学会生存、迎接挑战的必备素质，对于提高整个民族的文明程度，都有着重要的意义。

在日常教学过程中，常常会出现不同的观点。针对不同观点，选择合适的时间，组织学生开展辩论活动，会取得精彩的效果。

比如，在中华大地流传了几千年"四大民间故事之一"的主人公，牛郎竟然被当今的小学生当成"流氓"。小学语文课本里，牛郎父母双亡，被哥嫂欺负，没分得家产，只和一头老牛相依为命。有一天，老牛突然说："明天黄昏时候会有些仙女在湖里洗澡……你要捡起那件粉红色的纱衣,跑到树林里等着,跟你要衣裳的那个仙女就是你的妻子。"课堂上,学生们对此议论纷纷:

"牛郎是要吃官司的。拿别人衣服就算了,还偷窥别人洗澡。"

"老师,我觉得牛郎好好色,很变态。"

"牛郎他要文化没文化,要钱没钱,要颜值也没颜值。"

这篇课文怎么教? 应该强调故事"劳动、爱情、反封建"的主题。有位老师决定上一堂辩论课。主题是"织女有没有得到她想要的自由"。她组织学生站到教室后排的空地上,自由选择,分列两队。发言要为自己的观点找出依据。一开始,两队人数相当。

"自由队"引用了课文——"天上虽然富丽堂皇,可是没有自由,她不喜欢。她喜欢人间的生活:跟牛郎一块儿干活,她喜欢;逗着兄妹俩玩,她喜欢;看门前小溪的水活泼地流过去,她喜欢;听晚风轻轻地吹过树林,她喜欢。"——这里有一个"不喜欢"和五个"她喜欢",所以织女获得了自由。

另一些学生不同意:天上要织彩锦,人间也要织布。除了织布,还要带孩子,织布的时候孩子在旁边吵,还要给牛郎做饭。他们联想到自己的妈妈,好像人间的生活更累。

这一回合,现实论据打败了课本论据,有两三个学生开始倒戈,站到了"不自由队"里。两队的孩子跑来跑去,最终人数还是差不多持平。最后,老师表达了自己的立场。

织女对自己的生活是有选择权的。她不想在天庭生活,就下凡来,是她选择了在人间的生活方式,而不是选择了牛郎这个人。从外人的角度看,她没有单身时自由,但从她自己的感受而言——自由和幸福或许就是一种感受——那么"她喜欢"。

在这段课堂小插曲中,就是根据学生对教材的疑问,在持不同观点的学生之间展开的一节辩论,既丰富了学生对课文的理解,又提高了学生的思维能力,还极大地活跃了课堂的气氛,激起了学生浓郁的求知兴趣。

在学生中开展辩论活动,既可以是临时发生,也可以利用班会、节假日时间,设置辩题,以辩论赛形式展开。要想在辩论赛上取胜,尤其需要高超的技巧。

比如,某校以"是否对强奸犯实施化学阉割"为辩题展开辩论。正方立场是"同意"，反方立场是"反对"。不管怎么看，在这一辩题上，反方无疑不占有优势。事实也确实是这样，正方估计反方会以"人道""应给犯人改过自新的机会"等来陈述立场，因而正方尽可能的找对自己有利的论据，陈述了大量的强奸犯罪令人切齿痛恨的事例，试图激起观众对正方主张的支持，可以说是准备充分。可是，反方一辩随后发言道：

"正方一辩陈述了大量的强奸犯罪令人切齿痛恨的事例，我们对强奸犯罪也深恶痛绝！所以，我方不同意对强奸犯实行化学阉割，而是应该实行物理阉割！"

正方彻底惊呆了！自己陈述的大量论据竟然成了支持反方立场的理由，论辩最后以反方获胜而告终。

辩论是一种高智商的跨学科活动，一个人要想在唇枪舌剑、激烈对抗的辩论中征服对手，所要具备的能力是多方面的。不仅需要有口若悬河的语言表达能力，而且还要具备渊博的学识、丰富的阅历、敏锐的观察能力、丰富的想象能力、快速的思维能力、机智的应变能力和较强的记忆能力。当一个人经过长期的刻苦磨炼具备了这些能力而成为一个滔滔雄辩的辩论者的时候，自然而然，他的聪明才干也就有了极大的提高。

怎样在辩论中获胜，可以采用若干的方法。读者可参阅上海远东出版社出版的本人专著《雄辩的逻辑》《杠精的诡计》等，也可参阅复旦大学出版社出版的本人专著《论辩原理》《论辩胜术》《论辩史活》等，以及福建科学技术出版社出版的本人专著《雄辩绝招101》等，在此不再赘述。

二、演讲

所谓演讲，就是在特定的环境中，借助有声语言和态势语言的艺术手段，面对广大听众发表意见，抒发情感，从而达到感召听众并促使其行动的一种现实的信息交流活动。

演讲活动有重要的意义。比如，人们面对工作中的薄弱环节，需要及时指出并加以克服；社会上一种倾向出现了，需要提醒人们注意；人们普遍关心、讨论最多的问题，需要给予正确的回答和引导；群众中流行的错误观点、错误思想需要澄清；新人、新事、新风尚出现以后，需要加以倡导等，都可以采用演讲的方式，发表自己的见解，给人以启示和鼓舞，以促成或促进问题的解决。

演讲是一种综合性的口语表达活动,是语言学、心理学、文艺学、哲学、美学等的综合,是一个人知识素养、思想情操、风度仪态的具体展现,是观察力、想象力、记忆力、表现力的协调运用。演讲好比一个综合的系统工程,一个优秀的演讲者必须具备广博的知识,丰富的联想,大量的语汇和多方面的修养,这样,演讲起来才能上下几千年,纵横数万里,天南海北,古今中外,旁征博引,滔滔不绝。优秀的演讲必然具有综合性的特点,同时又适合不同学科使用,因而,演讲是一种高水平的跨学科活动形式。

演讲想要取得激动人心的效果,就需有强烈的情感驱动力,即一定要产生心有所动,非一吐为快的言语气势。那种勉强为之,单凭想象,胡编乱造是讲不好的。

某城市曾经举行过一次关于加强城市交通安全管理的演讲比赛。比赛将近尾声,一位老工人突然要求作即席演讲。他一上台,就异常激动地讲道:

"不久前,一位孕妇下班步行回家,在她的斜对面,一辆黄河牌大卡车朝她撞来,她躲闪不及,被撞出了十多米,当即死去。她腹内的孩子也被撞出来了,鲜血淋漓地摔在离母亲一米多远的马路上,她丈夫目睹这一惨状,当场就疯了。他一手抱着孩子,一手搂着妻子,又是哭,又是笑,人们无不为之掉泪。事后查明,是司机酗酒开车。因此,要确保城市交通安全,一定要严惩司机酒后开车。"

这件事太惨烈,激起了听众的强烈情感共鸣,因此,此番演讲十分成功。

演讲可以采用命题演讲形式,也可采用即兴演形式。

命题演讲是根据指定的题目或限定的主题,事先做了充分准备的演讲。命题演讲一般都事先写了完整的讲稿,演讲的过程便是讲稿的再现。命题演讲由于事前有充分的准备,在内容的选择、语言的组织、态势语的运用等各方面都有充分的考虑,因而命题演讲尤其具有强大的艺术感染力。

即兴演讲或称即席演讲,是演讲者兴致所至,在没有提前准备的情况下所发表的演讲;或者是演讲者本人未打算演讲,毫无思想准备,被突然邀请讲话。即兴演讲的难度相当大,要求演讲者在有限的时间内,在没有讲稿,甚至毫无思想准备的情况下,说几句得体、精彩的话语,并能博得好评,是一件不容易的事情。因此,要做好即兴演讲,需要多方面的素养。演讲是一门综合艺术,要求演讲者具备比较全面的知识结构,谈今论古、评说时事,需要历史知识;幽默风趣、吸引听众,需要文学知识;语言简洁、形象生动,需要语言知识;要以自己的热情去感染听众,讲到爱就要满腔热诚地爱,讲到恨就要痛心疾首地恨,要把这些爱憎分明的情感表现出来,又必须具备一定表演艺术;还需要较强的应变能力,即兴演讲临场较容易出现意外,必须要有沉着冷静、随机应变的能力……而一个人如果没有这多方面的素养,就不可能有妙语连珠,语惊四座的即兴演讲。

演讲活动可以极其有效地提高一个人的口才、思维、智力、观察、综合、应对和交际能力。正因为这个原因,在跨学科教学中,演讲活动被作为培养思维、开拓智力的有效途径而受到人们的瞩目。

三、参观活动

跨学科教育不仅要落实在课内,还要延伸到课外。可根据需要适时带领学生到博物馆、名胜古迹、工厂、农村等地参观学习。参观活动可以帮助人们更加深入地了解某个特定领域的知识和信息,激发人们的兴趣和热情,这也是一种跨学科教育的很好方式。

博物馆是征集、典藏、陈列和研究代表自然和人类文化遗产的实物的场所。博物馆作为民族文化和世界文明的集中表现,作为精神文明、物质文明传承的载体,肩负着弘扬民族文化,振兴民族精神的艰巨使命。通过这些文化展示,能够使人们了解祖国的历史和辉煌成绩,树立远大的人生目标与社会理想。博物馆中所有展品都是经过考古发掘、历史积淀所证实的财宝。大量的历史知识和人类文明足迹都印刻在文物之中,观览过程其实就是一种开拓视野、拥抱文化生活的方式,观看之后往往会产生一种发自内心的对人类文明、民族历史积淀的崇拜感和自豪感。

我国文化遗产、名胜古迹是中华文明发展的见证,它们承载着丰富的历史信息和文化内涵,是我们的祖先智慧的结晶,它直观地反映了社会发展的重要过程,具有历史、社会、科技、经济和审美价值,是社会发展不可或缺的物证。参观文化遗产、名胜古迹,有助于增强个人对文化传统的认同感与自豪感。

比如说,"游览通天岩"活动。

通天岩位于江西省赣州市城区西北郊 6.8 公里处,是一处丹霞地貌风景区。通天岩的形成距今已有 1 亿年,经过多次造山运动,形成了通天岩如今顶圆、身陡、麓缓的丹霞特征,并发育成丹崖赤壁、丹霞穿洞、丹霞岩溶地貌等景观,这涉及到地质学、地理学的知识;通天岩风景区处于武夷山脉、南岭山脉与罗霄山脉的交汇地带,属亚热带的南缘,呈典型的亚热带季风性湿润气候,这又涉及气候学的内容;景区植被茂盛,有国家保护植物、名贵树木,属于植物学的范畴;景区有寺庙,有气势恢宏的佛像,以江西最大的石龛造像群著称于世,是宗教学的内容;悬岩上及洞壑内,布满了摩崖题刻和龛像,属古代文化的内容;唐代苏东坡、明代王阳明等著名学者曾游历于此,留有题刻,极具历史价值。

风景名胜通天岩,蕴涵着地理学、地质学、气候学、植物学、动物学、历史学、文化学、宗教学、文学等各学科知识,是一部内涵丰富的跨学科教材,参观游览通天岩,全面认识、了解通天岩,可以使我们增强对祖国、对家乡山河的热爱情感,增长多学科的知识,是一种生动的、趣味盎然的跨学科教育活动。

四、文体娱乐活动

文体娱乐指的是和文化、娱乐相关的,有一定组织和规模的群体社会活动。文体娱乐活动的形式有许许多多,比如,组织学生郊游、越野、野营、野外生存等,这些野外活动,可去山林、溪谷、温泉、瀑布、草原、牧场、河畔、湖滨、海边……置身于大自然的怀抱,使人有一种和大自然融为一体的感觉,引导学生观察自然,认识自然,尽情欣赏大自然的美丽风光,引发对大自然的热爱;在大自然的怀抱中,可漫步、奔跑、登山、戏水、划船、溯溪、探洞、放风筝……这些活动具有体育功能;学生可以自己动手砌灶、煮饭、烧水、炒菜、烧烤、挂帐篷……可以使我们获得野外生存的本领;可以做沙雕、搜集矿物、收集岩石、制作岩石矿物标本,可以拾贝壳、捉蟹、抓虾、捉鱼、捕蝉、捕蝶、捉虫、采摘野菜、制作动植物标本……这些使我们获得多学科的知识,增长劳动的技能。

文体娱乐活动还可以开展射箭、拔河、跳绳、游泳、跳远、打羽毛球、打乒乓球、踢足球、聚会、看电影、唱歌、才艺表演、下象棋、下围棋、听音乐、摄影、手工制作、书法、绘画等。

组织学生参加各种文体娱乐活动有重要的意义。参加各种文体娱乐活动能缓解学习和生活上的压力，排解疲劳，放松身心，增强身心健康；接触到不同的文化和艺术形式，拓宽他们的视野和思维，可以丰富他们的精神生活，还能够带来精神上的陶冶和提高。参加音乐会、戏剧表演等活动可以让学生欣赏到高水平的艺术作品，提高他们的审美水平和文化素养；参加文学、摄影、绘画等活动可以让学生有机会展示自己的才华和个性，提高他们的艺术创作能力和表达能力；文体娱乐活动还可拓展审美视野，培养审美情趣，提升审美素养。文体娱乐活动是一种有益的跨学科教育活动形式。

五、公益活动

公益，顾名思义，是为了公众的利益。公益活动是指在社区、学校、单位等范围内，通过志愿参与、捐赠物资或资金等方式，为他人或社会提供帮助、支持或服务的一系列活动。这些活动可以帮助改善社会环境和公共设施，提高大众的生活质量，同时也可以增强人们的社区归属感和参与意识。

公益活动的内容非常广泛，涵盖了教育、环保、医疗、扶贫、救灾等多个领域。包括社区服务、环境保护、公共福利、社会援助、社会治安、紧急援助、慈善活动、文化艺术活动等。公益精神就是愿意为改善"公域"部分而奉献努力的精神。

具体而言，一些常见的公益活动包括以下几类。

志愿服务。为社区居民、老年人、残疾人等提供免费或低偿的志愿服务，例如陪护病人、照顾老人等。福利机构志愿服务，是指参与各种福利机构的服务和活动，如陪伴老人、孤儿、残疾人等，这类活动可以提高学生的社会责任感和公德心，培养同情心和包容心，为建设公平、正义的和谐社会贡献力量。

募捐活动。为突发事件或灾难筹集资金或物资，例如为地震、洪水等灾害区的居民提供生活物资和资金支持。

义卖活动。通过义卖筹集资金，用于支持特定的公益项目，例如为贫困地区的儿童提供教育资助。

慈善义演。组织慈善义演活动，通过表演、演讲等方式筹集资金或宣传公益理念，例如慈善晚宴、义卖晚会等。

文艺志愿者服务。这是指参与各种文艺活动，如朗诵、演讲、歌唱、舞蹈、戏剧、书法、绘画等,这类活动可以传播正能量,提高学生的文艺素养和审美能力,培养他们的创新意识和表达能力。

环保服务活动。学生可以参加环保志愿服务活动,如植树造林、垃圾分类、环境整治、节能减排等,提高生态文明意识,通过自己的努力为创造美好的环境做出贡献。

社区服务。这是指在社区居民生活和工作中开展的各种服务和活动而设置的志愿者岗位,包括社区治安、卫生、文化、教育、法律等方面。这类活动可以提高学生的社会适应能力和实践能力,培养他们的服务意识和合作精神,为建设美好社区贡献力量。

组织开展公益活动,体现了助人为乐的高贵品质和关心公益事业、勇于承担社会责任、为社会无私奉献的精神风貌,能够给公众留下可以信任的美好印象,从而赢得公众的赞美和良好的声誉。

在参与公益活动时需要注意一些事项。首先,要选择正规的公益组织或机构,确保所捐赠的物资和资金用于合法和正当的用途。其次,要根据自己的能力和兴趣选择适合自己的公益活动,避免盲目参与导致效果不佳或者自身利益受到损害。最后,要注意遵守相关法律和规定,确保公益活动的合法性和规范性。

再无

孤

无

岛

第八章

**心理学的
学科交叉**

心理学是研究人类心理现象发生、发展和活动规律的科学。

心理学的研究涉及知觉、认知、记忆、思维、情感、意志、人格，以及需要、动机、兴趣、理想、价值观和世界观等许多方面，也与日常生活的许多领域，比如家庭、教育、健康、社会等发生关联，还与神经科学、医学、哲学、生物学、宗教学等学科有关。实际上，很多人文和自然学科都与心理学有关，而且，人类心理活动本身又与人类生存环境密不可分。所以，心理学是与其他学科交叉最为广泛的学科之一。

第一节　心理：人类生活中的普遍现象

心理，贯穿于人的生命的全过程，存在于人的生活的方方面面。

一、婴幼儿的心理

新生儿从母亲体内出生后就伴随心理活动，新生儿在生理需要得到满足的时候，吃得饱和睡得好，就会产生积极的心理活动，会有愉悦的情绪，常表现为手舞足蹈、发出愉快的声音、表情愉悦等；在生理需要得不到满足或者是身体不适的时候，比如有饥饿、排便、睡觉等生理需求时，就会有消极情绪，常表现出哭闹的现象。

二、人类睡眠中的心理活动

心理，存在于人的生活的方方面面，即使在人类睡眠中也有心理活动，比如做梦。古人将做梦当作睡眠时的灵魂出游，其实做梦不过是一种心理活动。心理学认为，梦是睡眠期中，某一阶段的意识状态下所产生的一种自发性的心理活动。人在睡眠时，脑细胞也进入放松和休息状态，但有些脑细胞没有完全休息，微弱的刺激就会引起他们的活动，从而引发梦境。比如，白天有一件事令你特别兴奋，临睡前你还在想着这件事，当大脑其他的神经细胞都休息了，这一部分神经细胞还在兴奋，你就会做一个内容相似的梦，正所谓"日有所思，夜有所梦"。梦是在睡眠状态下出现的一种特殊心理现象，是过去生活经验所形成的表象，在人睡眠时，由于体内或外界刺激，重新组合起来开始活动的结果。奥地利心理学家弗洛伊德曾经常常"咀嚼"自己的梦，每天用半小时的时间记录和分析自己的梦，结果发现了梦并非荒诞不经，相反，梦具有临床意义。于是他创立了释梦学说，该学说后来成为了精神分析学派的重要理论之一。

三、濒死体验与心理活动

当人呼吸停止、心跳停止，一般被认为已经死亡了，该不会有心理活动了吧？其实在那种状态下也存在心理活动，那叫濒死体验。

濒死体验（Near-Death-Experience）也就是濒临死亡的体验，是指某些遭受严重创伤或疾病，但意外地获得恢复的人所叙述的死亡威胁时刻的主观体验，是人类走向死亡时的精神心理活动。

"濒死体验"一般分为四个阶段。

第一，感到极度的平静、安详和轻松。

第二，灵魂出窍的体验。觉得自己的意识甚至是身体脱离自己的躯体，浮在半空中，并可以与己无关似的看医生们在自己的躯体周围忙碌着。有的人觉得自己进入了长长的黑洞，并快速向前飞去，还感到身体被牵拉、挤压。

第三，黑洞尽头出现一束光线，当接近这束光线时，觉得它给予自己一种纯洁的爱。亲戚们（他们中有的已去世）出现在洞口来迎接自己，他们全都形象高大，绚丽多彩，光环萦绕。这时，自己一生中的重大经历，在眼前一幕一幕地飞逝而过，就像看电影一样。多数是令人愉快的事件。

第四，同那束光线融为一体，刹那间觉得自己已同宇宙合二为一。

濒死体验此外还有醒悟感、与世隔绝感、时间停止感、太阳熄灭感、被外力控制感等。

天津市安定医院院长冯志颖及同事对 1976 年唐山大地震幸存者濒死体

验的调查中,获得 81 例有效的调查数据,半数以上的人濒死时都会对生活历程进行回顾,近半数的人产生意识从自身分离出去的感受,觉得自身形象脱离了自己的躯体,游离到空中。自己的身体分为两个,一个躺在床上,那只是空壳,而另一个是自己的身形,它比空气还轻,晃晃悠悠飘在空中,感到无比舒适。约三分之一的人有自身正在通过坑道或隧道等空间的奇特感受,有时还伴有一些奇怪的嘈杂声和被牵拉或被挤压的感觉。还有约四分之一的人体验到他们遇见过世的亲人,或者是在世的熟人等,宛如同他们团聚。

美国心理学家雷蒙·穆迪博士在他的《光亮之外》提到了一个九岁女孩的濒死体验,她在一次阑尾手术中失去了知觉,被抢救过来以后,她回忆道:

"我听见他们说我的心跳停止了,我发现我飘在天花板上往下看,我从那儿可以看见所有的东西,然后我走到走廊上,我看见我妈妈在哭,我问她为什么要哭,但她听不见,医生们认为我死了。然后一位美丽的女士走到我面前想帮助我,因为她知道我害怕。我们走过一条隧道,隧道又黑又长,我们走得很快,在隧道的尽头是很亮的光,我感觉非常愉快。"

有趣的是一些名人也有过"濒死体验"。诺贝尔文学奖获得者、美国著名作家海明威 19 岁那年就曾经历过一次"灵魂离体"的体验。当时他在意大利前线的救护车队服役,1918 年 7 月 8 日的午夜时分,一枚弹片击中了海明威的双腿,使他身受重伤。事后他说:

"我觉得自己的灵魂从躯体内走了出来,就像拿着丝手帕的一角把它从口袋拉出来一样。丝手帕四处飘荡,最后终于回到老地方,进了口袋。"

濒死体验是一种复杂、主观并饱含情绪化的体验。当人处于濒死状态时,虽然高度昏迷,意志丧失,呼吸停止,心跳停止,但是思维活动并未完全结束,由此产生种种梦幻是很自然的,当这些人被抢救过来后,这种梦幻会残留一部分,这就是濒死体验。

人类心理活动是如此的广泛,人类在不同的时间、地点,拥有不同的民族、职业,在现实生活中面对的不同事物现象和活动内容。因此,心理学具有极其广泛的研究领域。

第二节 心理学与文学

文学与心理密不可分。

文学家的创作离不开心理活动的参与。作家在写作素材积累时对现实生活的感知、观察、体验，以及主题的提炼、结构的安排、材料的取舍、语言的运用、作品的修改等写作的全过程，都需要心理的参与。在各种心理因素中，情感尤其具有重要的意义。

情感是文学的基本特征之一，贯穿于文学活动的始末，对文学活动有着不可忽视的作用。正是作家情感的积累，让作家有了创作的冲动，投入到创作中去。通过文学传达情感，反映现实生活。

一、情感与文学创作

文学不能没有情感，情感是激发文学创作的内驱力。一切文学皆因情感而生。没有情的文章可以是论文，可以是报告，但不会是文学作品。毛泽东是政治家，也是诗人。他在《七律二首·送瘟神》的"小序"中写道：

"读六月三十日人民日报，余江县消灭了血吸虫。浮想联翩，夜不能寐。微风拂煦，旭日临窗。遥望南天，欣然命笔。"

寥寥数语，显示了毛泽东诗词创作的一个显著特点，他绝非为写诗而写诗，而是在抒发对黎民百姓身处疾苦的深切关注和忧虑，对人民群众获得福祉的无比喜悦和欣慰。毛泽东诗词表现了一个无产阶级革命家爱憎分明的强烈感情和为民意识。

文学需要激情，需要真实而强烈的激情。白居易说："感人心者，莫先乎情。"作者想使自己的作品具有感染力，一个最为有效的方法就是写得感人，让动人的情感去感动、感染读者。

二、文学欣赏与情感共鸣

文学欣赏是通过对作品语言符号的解读，在理解文学作品的基础上，通过想象、联想、情感、思维、再创造等心理活动，获得审美愉悦和精神满足的心理过程。文学欣赏活动是由欣赏者与欣赏对象的相互联系和相互作用共同构成的。

文学欣赏的共鸣是审美心理上的共鸣，指读者在欣赏作品时激起强烈的情感反应和心理认同的现象。在审美体验时，人们往往将自己置身于客体对象之中，物我交融，将自己的感情移入对象，从对象中观照自我，当人们的审美情感与审美对象达到契合一致的最佳状态时，就产生了共鸣现象。情感共鸣就是指欣赏者由于对作品的理解而产生的相似相同的情绪情感体验，与作者同声相应、同气相求、爱其所爱、憎其所憎、悲欢与共、思想感情的交流感应。

产生共鸣需要读者和作者间具有大体相同的思想感情基础。

《少年维特之烦恼》是德国伟大作家歌德早年时期最重要的作品，也是德国文学史上一件划时代的著作。该书采用日记和书信体描写了一个叫维特年轻人的内心世界，讲述维特不幸的恋爱经历和在社会上处处遇到挫折，最终选择自杀的故事。

维特出生于一个较富裕的中产家庭，受过良好教育。在一次舞会上，他认识了当地法官的女儿绿蒂，便一下子迷上了她。他与绿蒂一起跳舞，他仿佛感到世界只有他们两个，他心中只有绿蒂。然而，绿蒂有未婚夫阿尔伯特，很爱绿蒂，对维特也很好。维特在这种痛苦无望的爱情中烦恼到极点。最后他留下令人不忍卒读的遗书，午夜时分，一边默念着"绿蒂！绿蒂！别了啊，别了！"一边拿起手枪结束了自己的生命，同时也结束了自己的烦恼。

《少年维特之烦恼》一出版，立即引起了整个欧洲的震撼，很快译成英、法、意、西等二十多种文字，在青年中间掀起了一股强烈的"维特热"。他们穿上维特式的蓝色燕尾服，黄色背心，讲着维特式的话，模仿维特的一举一动，极少数人甚至仿照维特的自杀方式，一枪结束自己的生命。

小说的情节在极大程度上是自传性的：当年歌德的确遇到过一位名为绿蒂的女孩，那是他青年时应聘到魏玛共和国做官，并在一次舞会上结识的美丽少女。但小说中的结尾部分，不同于歌德的经历，维特自尽了，歌德却沉浸在痛苦与写作中。

《少年维特之烦恼》所以引起广大青年的震撼，是因为作者在作品中抒发的强烈情感。小说采用日记体形式，以第一人称直抒胸臆，将自己的奔腾汹涌的喜怒哀乐直接向读者倾诉、宣泄，让人不禁为其淋漓尽致而震撼、感动。而这种情感又正好与广大青年恋爱中的种种悲伤情感相吻合，因而引发了一代青年的强烈共鸣。

三、文学与心理学相结合，诞生了文学心理学这一交叉科学

文学心理学是心理学的一个分支，是应用心理学的理论和方法研究文学

与心理学之间的关系的学科。文学心理学主要研究文学家如何经过对现实生活的观察、体验和分析，积累、提炼素材；在感知、记忆的基础上进行创造性想象的过程。整个体系主要由创作心理、欣赏心理和评论心理三部分构成。

第三节　心理学与音乐

音乐是心灵的艺术，是人类精神的产物。它饱含着人类情思的喜怒哀乐，具有一种神奇的、难以言说的力量，直接渗透到人的心灵，使人产生情感的共鸣。音乐能使人平静，也能使人兴奋，它可以表达我们最深的爱、悲伤和最美好的祝愿。

一、音乐是表现情感的艺术

人是有情感的，人的情感一旦产生，总要寻求一种表现方式，这是由人的生理和心理需要保持平衡所决定的。在所有的艺术中，音乐能够最直接和最强烈地抒发人的情感，无需通过任何其他中间环节，直接感动听众的心灵，所以它是长于抒情的艺术。人的情感借助乐音运动的形态来表达，这种乐音运动形态的特征，主要表现为力度的强弱、节奏的张弛、音调色彩的明暗和速度变化的快慢等。情感在音乐中的表现特征与言语在生活中的表达方式极为相似，高亢激昂的生活语言，在音乐中含有紧张、热烈的情感气氛，如《保卫黄河》；抒缓、平稳的生活语言，在音乐中常表现恬静的情绪，如《小夜曲》；低回缓慢的生活语言，在音乐中常常带有忧伤的情思，如哀乐等。实际上，音乐中的情感表现来自人在现实生活中的情感表达，是对生活的有感而发。男女之间表达爱慕之情时，就出现了《小夜曲》等爱情歌曲。当人们丧失亲人、挚友或失去心爱的东西时，在悲痛欲绝的情感下，会连哭带唱地唱出悲歌等。所以说，音乐是人们抒发自身情感的艺术。

据《列子·汤问》载，春秋战国时代，韩国有个名叫韩娥的人善歌，有一年，韩国突发洪水，冲毁了田园、房屋，韩娥和百姓纷纷逃命投奔齐国。路上粮食缺乏，经过齐国城门雍门时，韩娥卖唱求食。她离开后，仍余音绕梁，三日不绝，听过她唱歌的人都认为她还没有离开。韩娥来到旅店，旅店的人侮辱她，韩娥伤心至极，把心中的悲伤化为一曲哀怨凄楚的歌，附近居民都被感动得流下泪来,一连三天,大家都难过得吃不下饭,夜不能眠。后来,韩娥难以安身便离开了。人们发现之后,急急忙忙分头去追赶,恳请她返回雍门。百姓夹道相迎,韩娥感受到百姓亲如家人的深情,化悲为喜,唱起了欢乐的歌。韩娥热情演唱,又引得十里之内的老人和小孩个个欢呼雀跃,送给她丰厚的财物。所以齐国雍门附近的人们,一直善于欢歌、痛哭,是由于韩娥传留下来的歌声的缘故。

韩娥表达她的悲伤与喜悦情感的方式,正是歌声,是音乐。

音乐形象的非描绘性和模糊性,决定了它的表情性。音乐可以通过千变万化的音响组合形式,表达内心的种种感情,展现人们的精神世界,所以说音乐是心灵的直接语言。

二、音乐欣赏中的心理

音乐欣赏是一种特殊的精神活动,体现为一个由各种审美心理要素相互结合产生作用的动态过程,在这个过程中,从审美感知开始,进入审美体验,最后达到审美启悟。由于审美过程是一个动态过程,这三个阶段并非截然分开,往往相互联系、相互渗透,各种心理要素也以不同的结合方式在其中起作用,使整个欣赏活动呈现为一个完整的、复杂的、丰富多样的心理过程。

1. 审美感知

审美感知是欣赏主体与欣赏对象进行初步接触的阶段。在审美感知阶段,欣赏者调动自己的听觉器官,接受音乐作品的音乐语言信息,动听的旋律,悦耳的和声,有规律的节奏,起伏的响度等。如果我们听到的旋律是跳跃欢快的,感官最初对作品的接触就会产生"喜悦"的感受;如果音调是低沉断续的,就会给人"忧伤"的感受;如果音响紧张狂乱,就会给人"恐惧"的感受。这种感受会直接影响人们对音乐内涵的把握。

2. 审美体验

审美体验是整个审美过程的中心环节,是指欣赏主体在审美感知的基础上,对艺术作品进行再创造的过程。在这一阶段,欣赏者充分调动想象力和联想力,激发起丰富的情感,将自身与音乐融为一体,物我交融,获得精神上的审美愉悦。在审美体验中,想象、联想和情感是最活跃的心理因素。音乐欣赏能通过想象,在音响所提供的律动中,创造出另一个想象的艺术境界。

施特劳斯的圆舞曲《蓝色的多瑙河》的欢快、明朗、优美的旋律能够激发起人们想到春天的蓝天、白云、红花、绿草、明媚的阳光、清澈的溪流……人们陶醉在音乐的美妙之中。

审美体验阶段，欣赏者在审美体验中，移情于对象，又在联想和想象中将情感体验更加深化，当人们的审美情感与审美对象达到契合一致的最佳状态时，就产生了共鸣现象。情感共鸣就是指欣赏者由于对作品的理解而产生的相似甚至相同的情感体验，并与作者的思想感情发生交流感应。共鸣的产生与欣赏者的心境有很大的关系。

匈牙利钢琴家兼作曲家鲁兰斯·查理斯与他的女友因爱情破裂而分手，他也因此陷入了绝望的低谷。在两周后的一天，查理斯坐在钢琴前，突然感叹了一句："多么忧郁的星期天呀！"旋即灵感泉涌，在三十分钟后写下了《黑色的星期天》。音乐描述了一位不幸的男子无法将其所爱的人重新召回身边，他在一个忧郁的星期天频频冒出殉情自杀的绝望念头，而这个念头伴随着对其爱人极度的思念难以排遣。之后，《黑色的星期天》流传开来，风靡欧美。

《黑色的星期天》有着摄人心魄的魔力，它触摸着你的灵魂，对你拉扯、对你咆哮、对你低吟，又像是一个白色的幽灵在古墓丛中滴着冰冷的眼泪，隐隐向你诉苦，刺痛着你的心灵。据说，听完的人，没一个能笑得出来。据说，这支乐曲曾令数以百计的人自杀，被称为"魔鬼邀请书"。由于自杀的人越来越多，美、英、法、西班牙等诸多国家的电台便召开了一次特别会议，号召欧美各国联合抵制《黑色的星期天》。

关于《黑色的星期天》，我国也有类似的报导。《哈尔滨生活报》有报道说，有一个中学生就是听了这首歌之后，变得精神恍惚，他班里的其他同学听了这首歌之后，也不舒服，说就像是有神秘力量在控制他们，感觉自己特别渺小、无助，甚至想自杀。

中央电视台的《走进科学》栏目报道了湖北长江大学，一名大三的学生陈磊，他和同学在网吧里上网，听了这首音乐后，这位大学生在网吧当场就晕倒了。陈磊后来说：

"我当时看着看着觉得很好奇，我就想听一下，到底什么歌有这么大的力量呢，我就打开后面的链接就听了一下，最开始出现的是一段钢琴曲，只觉得那个旋律非常缓慢,一个女声开始唱,唱两句之后,我发现自己好像有点不对头了。那首歌越听越难受,听着好像胸口很闷很闷,心跳越来越快,我就准备离开,就在我离开的时候晕倒了。"

这位晕倒的陈磊同学,经医院诊断,是因为高度紧张或受到惊吓所致,没有大问题,所以很快就出院了。但是出院后的陈磊同学却仍然陷于恐惧之中,他说那首歌总是在他耳边回响,觉得这种痛苦好像是从来没有经历过的,并且自己难以承受。

共鸣的产生与欣赏者的心境有很大的关系。《黑色的星期天》给人带去的悲伤并不仅仅来源于这歌本身的情绪,而可能是跟欣赏者内心本来就有的悲伤情感形成了共鸣。

3. 审美趣味

审美趣味是审美主体在审美活动中表现出来的对某些对象或对象的某些方面的主观情趣、偏爱和追求,它直接体现为审美主体的审美选择和评价。喜欢什么音乐,不喜欢什么音乐,这是因人而异的,可以说每个人都有自己的兴趣和爱好。审美趣味是人们的审美理想、审美情感、审美经验、审美态度、审美能力的一种表现。高尚的音乐的审美趣味表现为健康、纯正、明朗、自然,体现出文明社会的人的精神力量和文化修养;而音乐审美中的低级趣味,则把精神性的审美活动降低为感官与性欲的满足,把获得生理快感作为唯一的终极目的。而那种哀婉柔弱、萎靡不振、颓废色情、低级趣味的音乐,只能消磨人的意志,因而被人们斥之为亡国之音。

一个人所建立的音乐审美趣味,与他的思想境界和精神文明程度有着直接的关系。

第四节　心理学与医学

人的心理与人的身体健康密切相关。

一、心理与健康

一个人的心理状态会直接影响到他的身体机能。当处于紧张、焦虑、抑郁等不良心理状态时,会导致内分泌系统紊乱,进而影响到免疫系统的功能,生病的几率也会大大增加；此外，一个人的身体健康状况会直接影响到他的心理状态，当身体不适时，如疼痛、疲劳等，会使心情变得烦躁、易怒，甚至出现抑郁等心理问题。

中国首席健康教育专家洪昭光先生曾谈到这么一则案例：

有个东北籍病人，38岁。有天肝区疼去做B超，医生告诉他："肝脏长了一个癌，7公分，转移了。"他一听当时脸色苍白，摔倒在地。第二天，他又去厂里医务室，大夫说："肝癌晚期，我也没办法。你喜欢吃什么，就赶紧吃什么，你喜欢玩什么，赶紧玩什么，反正没多少时间了。"拖了半个月皮包骨头，起不了床。工会主席提着水果去看他，问他："最后还有什么要求吗？"他回答："别的没什么，我最大遗憾是没到过北京天安门，我能看看天安门，死而无憾。"工会主席一听，说："行，让你去看看天安门。"

厂里派了4个小伙子将他用担架抬到火车上，到北京看完天安门后，有人说，既然到了北京，看看有什么好的医生、好的办法。结果到北京一家医院，一个老教授，一辈子专门做B超，极认真，结果，这位老教授说：

"你没有病。"

"我怎么没有病，我肝疼啊，都快死了。"

"你是吓出来的。这个病我见多了，很多人都有像你一样的囊肿，诊断是癌症，结果精神崩溃，一病不起了。实际上，什么也没有。我给你出证明，我敢负责任，你放心。"

医生跟他这样一解释，4个小伙子一听，你原来没有病，我们还抬着你干什么，抛下担架就跑了。他回到东北又能吃又能喝，又能上班了。幸亏他想看天安门，他要不去北京，早变骨灰了。

有的癌症患者，由于乐观豁达，什么事都想得开，结果使寿命延长八年、十年，甚至更长的时间。相反，有的癌症患者因精神过于紧张，压抑忧郁，自宣布为癌症后，很快就丧命了。更有的健康人被宣布为癌症后，被活活地吓死了，很大程度上是精神压力把他压垮的。

相反，积极的心理状态则不仅能振奋精种，增进健康，而且也是防治某些疾病的良药。

据《古今医案按》记载，我国清代时，有一位县令，因没有按时完成朝廷催交的贡品，曾受到州官的严厉批评。为此，他觉得丢了脸面，无法见人，终日愁眉不展,郁郁寡欢,身体一天不如一天,且多方求医,毫无效果。后来,他听说邻县有一位老郎中,医术高明,便前往求治。老郎中对这位县大老爷亲自登门,非常客气,连忙让座,令家人献茶。寒暄之后,详细询问了病情,接着凝神闭目,慢慢切脉,忽然老郎中惊讶地说:"大老爷怎么患了妇女病?"

县令一听又好笑,又好气,便没好气地说道:"我是男人,怎么能患妇女病? 你看病不能开玩笑!"

"哪里是开玩笑? 我是实在人,从来不说假话,大老爷真的患了'月经不调'症。需要服用调经药。"老郎中一本正经地说。

县令哪里肯信,他觉得这位郎中一定是神经不正常,越说越不像话,便生气地拂袖而去。县令回去之后,越想越觉得可笑,逢人便讲这件怪事,边说边笑,每说一回,便捧腹大笑一回。没想到没过多久,病竟霍然而愈。这时县令恍然大悟,赶紧上门拜谢郎中,郎中这才告诉他说:

"大老爷患的是郁结的心病,要治好你的病,还有什么比笑更好的心药呢?"

这位县令因受责而情绪低落、愁眉不展、食不知味、夜不安眠,多方求医,毫无效果。然而经这位老郎中一句逗笑的话,使得县令一连笑了几天,原来的疾患竟然因此消失得无影无踪。

人的心理与人的身体健康关系密切。消极的不良心理状态,如恐怖、焦虑、愤怒等会使肾上腺皮质类固醇等内分泌激素增加,因而造成人的心率加快,血管收缩、血压升高、呼吸加深、胃肠蠕动减慢等。这些不良心理如果持续时间过长或长期受到压抑而得不到疏泄,就会使人的整个肌体内分泌失去平衡,久之必然引起疾病。相反,积极的心理状态则有益于健康。如高兴、愉快、欢乐等都是积极的良好情绪,它能提高人的大脑和整个神经系统的活力,保持肌体内分泌的平衡,使体内各器官系统的活动协调一致,有助于充分发挥整个机体的潜在能力,因此,能使人精力充沛、身体健康。

二、心理学与医学交叉,诞生了医学心理学

医学心理学(Medical Psychology)是心理学与医学相结合的一门交叉学科。医学是研究人体健康和疾病及其相互转化规律的科学;医学心理学则是对心理变量与身体健康之间关系的研究,或者说是研究心理因素在健康和疾

病及其相互转化过程中所起作用的科学。医学心理学也研究疾病的诊断、治疗、护理、预防中的心理学问题.

随着医学本身的发展，医学心理学也进一步专门化，出现了诸如临床心理学、护理心理学、病理心理学、药理心理学、变态心理学、缺陷心理学、神经心理学、临床健康心理、心理健康咨询学、心理治疗学等。

第五节　心理学的广泛学科交叉

心理学研究人类的心理活动，而心理活动几乎伴随着人类所有的活动过程。比如，人类学习、工作、走路、吃饭……都存在着心理活动。人类心理活动是如此的广泛，因而，心理学是一门涉猎极为广泛的学科之一。

一、心理学，自然科学与社会科学之间的边缘科学

心理现象，是自然属性和社会属性的统一；心理学，是处于自然科学和社会科学中间地带的交叉科学。

长期以来，心理学在其学科归类上一直存在着争议。有人认为，心理学属于自然科学，因为它涉及大量的实验研究和数据分析；也有人认为，心理学属于社会科学，因为它研究的对象是人类的心理现象，而人类具有社会性。实际上，心理学既包含自然科学的元素，也包含社会科学的元素，是自然和社会的交叉融合。

1. 心理现象是自然和社会的统一

心理学是研究人类心理现象的科学，而人类心理现象有自然属性，也有社会属性，是自然和社会的统一。心理现象产生的主体是人，而人是自然属性和社会属性的统一；心理现象产生的器官是人脑，人脑有自然属性，同时人脑又是在人的社会生活方式的影响下变化和发展的，人脑也是自然与社会的统一；心理现象的内容是客观现实，客观现实是社会存在和自然现实的统一；"心理是人脑对客观现实的反映"这一科学命题本身，就揭示了人的心理是社会的产物，也是自然的产物的特性，其中便包含了自然和社会的统一的本质。

2. 心理学，具有自然科学和社会科学属性

心理学具有自然科学的属性。

　　心理学大量采用自然科学的研究方法,如观察、实验等,通过严格控制实验条件,操作自变量,观察和测量因变量的变化,以揭示心理现象的本质和规律。心理学的研究需借鉴生物学、神经科学等自然科学的研究成果和方法。例如,神经心理学通过研究大脑的结构和功能来揭示心理活动的生理基础;生物心理学则研究遗传、生理等因素对心理行为的影响。心理学这些研究都体现了心理学的自然科学属性。

　　心理学同时又具有社会科学的属性。

　　尽管心理学大量采用自然科学的研究方法,但它研究的对象是人类的心理活动和行为,心理活动必然要受到社会环境、文化背景等各种因素的影响,不同文化背景下的人们可能对同一刺激产生不同的心理反应,因此,心理学也具有鲜明的社会科学属性。心理学众多的分支学科,比如教育心理学、法律心理学等,这些研究体现了心理学的社会科学属性。

　　心理学既包含自然科学的元素,也包含社会科学的元素。它的研究方法和内容既体现了自然科学的严谨性和客观性,又反映了社会科学的复杂性和多样性,这就使得心理学成为横跨自然科学与社会科学的一门独特的、综合性的交叉学科。

二、心理学的信息交合

　　心理是人的大脑反映客观现实的过程,心理学就是研究心理现象及其发展规律和活动规律的科学。客观现实就是我们面对的整个世界的万千事物,是丰富多彩的,人的大脑对客观现实的反映也就必然是复杂多样的。不同的人,不同的群体,不同的民族,对不同的事物对象的反映,也会有不同的特征,由此不同要素之间的交叉,便可形成纷繁复朵、琳琅满目的心理学的研究领域,心理学的交叉学科是当今最为多样的类属之一。

　　我们不妨利用魔球思维,将心理学在不同的学科之间,在不同学科的原理、知识之间,在不同的科学领域之间,在不同的技术部门之间,在不同的事物现象之间,进行交叉融合,可获得无穷无尽的交叉结果。具体步骤是:

　　第一步：以"心理学"为信息基点,画在坐标系原点圈内。

　　第二步：根据信息基点的需要画出信息标。

　　比如,可以列出不同的课程,德育、美育、语文、数学、物理、化学……

行业、教育、卫生、工业、农业、交通、运输、建筑……

人群、年龄、性别、职业、国别、民族、宗教、地区……

时间、年代、季节……

环境、城市、乡村、草原、森林、沙漠、海洋、天气……

社会生活纷繁复杂，可以列出的信息标是难以计数的。

第三步：在各个信息标上标注相关的信息。

比如，心理学信息标上可标出：情感、意志、记忆、思维、爱情、嫉妒……

语文：语言、诗歌、散文、小说、戏剧、教学法……

教育：幼儿园、小学、中学、大学、学生、教师、校园……

年龄：幼儿、少年、青年、中年、老年……

时间：先秦、隋代、唐代、当代、早上、中午、晚上……

季节：春季、夏季、秋季、冬季；

天气：阴、晴、雨、雪……

职业：教师、农民、工人、司机、推销员、农民工、环卫工……

宗教：道教、佛教、基督教、伊斯兰教……

信息标是难以计数的，信息标上能够标注的信息点更是无穷无尽的。这样，无穷的信息标与无穷的信息点，便组成一个璀璨夺目、魅力四射的魔球。

第四步：进行信息交合。

将信息标上的某个信息点，与其他信息标上的信息点进行交叉组合，便可产生新的信息。

比如，心理学与年龄信息标上的信息点交叉组合，可得到幼儿心理学、儿童心理学、青年心理学、老年心理学……

心理学与语文信息标上的信息点交叉组合，可得到语文心理学、诗歌心理学、小说心理学、散文心理学、戏剧心理学、写作心理学、语文教学心理学……

将嫉妒和其他信息点交合，可得到男性嫉妒心理学、女性嫉妒心理学、青年嫉妒心理学、古代嫉妒心理学……

将季节与心理交叉，可以有思春心理学、悲秋心理学……

心理学与职业的信标上的信息点交叉组合，可以有教师心理学、刑侦心理学、军事心理学、司机心理学、推销心理学、农民工心理、环卫工心理……

心理学与时间信息标上的信息点交叉组合,可得到：先秦心理学、当代心理学、白日梦心理,夜心理学、失眠心理学……

与性别信息标上的信息点交叉组合,可得到：男性心理学、女性心理学、性心理学、性变态心理……

与地域信息标上的信息点交叉组合,可得到：乡村心理学、城市心理学、极地心理、高山心理、沙漠心理……

此外,还可以有：成功心理学、挫折心理学、逆境心理学、绝境心理、失败心理、濒死心理……

在无穷信息点之间互相交合,所得到的新的信息点是无穷无尽的。

应用魔球法,心理学可得到无穷无尽的交叉结果。但这并不是说,一个人对这无穷无尽交叉结果的每一种都必须细细地研究一番,这没有必要,也不可能。我们必须根据价值性原则,根据社会需要从中做出选择,而魔球法可为我们的研究提供无穷无尽的选择余地。

再无

第九章

文学的学科交叉

文学是以语言为工具来塑造典型形象、反映社会生活、表现作者思想情感的艺术形式。文学家面对丰富多彩的大千世界,经历种种社会生活,有了感触,产生了喜怒哀乐,于是便有了文学。比如李白的《望庐山瀑布》:

"日照香炉生紫烟,遥看瀑布挂前川。

飞流直下三千尺,疑是银河落九天。"

这首诗形象地描绘了庐山瀑布雄奇壮丽的景色,抒发了诗人对祖国大好河山的无限热爱之情。

诗歌所描绘的客观世界本身是不分学科的。人们为了对我们面对的客观世界加以深入的研究,便产生了门类精细的各种学科。比如,日:太阳,是天文学的研究对象;日照:是光的运动,是物理学的研究对象;紫烟:这是物理学光的散射现象;香炉:是生活用具,是手工业的产品;遥看:看是人的生理现象,是生理学的内容;瀑布:是地理现象,是地理学的内容;诗中描绘的地理现象是怎样形成的,是地质学的研究内容;飞流直下:是势能转为动能,是物理学的能量转化;三千尺:表述数量关系,是数学的内容;银河:是宇宙科学的内容……看似短短的四句二十八个字,却涉及到地理学、地质学、生理学、物理学、数学、天文学、宇宙科学等无数的学科内容。我们要全面、深刻地理解文学作品,了解诗人博大的胸襟、探秘诗人深邃的思想,就需要综合运用各学科知识;另一方面,文学关于自然、社会的形象描绘,又可极大地丰富有关学科的知识内容。因而,文学的研究,文化的繁荣,科学的发展,需要跨学科的行动。

第一节 文学与天文

我们头顶有灿烂的星空,浩瀚的宇宙,这些是天文学研究的对象,也是文学家纵情讴歌的内容。因而，宇宙星空便把文学与天文紧密地联系在一起。比如上古时期的《卿云歌》：

> "卿云烂兮，糺缦缦兮。日月光华，旦复旦兮。"

这里表达的便是对宇宙天体日月星辰的热情礼赞。意思是，卿云灿烂如霞，瑞气缭绕呈祥。日月光华照耀，辉煌而又辉煌。

我们要了解文学作品中描绘的有关天象的本质，就需要天文学的有关理论；同时，文学中关于各种天象的描绘，又能加深我们对天文学的理解。

人们面对宇宙的日日星辰，借助想象创作了无数神话传说。

月明之夜，人们仰望夜空，那皎洁的明月，总能引发人们无限的遐想。想象月亮上有广寒宫的琼楼玉宇，有砍桂花树的吴刚，有捣药的玉兔，还有嫦娥仙女。毛主席在《蝶恋花·答李淑一》中写道：

> "我失骄杨君失柳，杨柳轻飏直上重霄九。
>
> 问讯吴刚何所有，吴刚捧出桂花酒。
>
> 寂寞嫦娥舒广袖，万里长空且为忠魂舞。
>
> 忽报人间曾伏虎，泪飞顿作倾盆雨。"

革命英魂轻轻飘向月宫，吴刚捧出了月宫特有的桂花酒，寂寞的嫦娥也喜笑颜开，舒展起宽大的衣袖，在万里长空为烈士的忠魂翩翩起舞。其实，月球上并没有广寒宫，没有桂花树，更没有嫦娥仙女。那里是个寸草不生的荒凉世界。月球正面大量分布着由暗色的火山喷出的玄武岩、熔岩流充填的巨大撞击坑，形成了广阔的平原，称为"月海"，实际上"月海"中一滴水也没有。月球是天空中除太阳之外最亮的天体，尽管它呈现非常明亮的白色，但其表面实际很暗，反射率仅略高于沥青。月球背面的结构和正面差异较大，月海所占面积较少，而撞击坑则较多，地形凹凸不平，起伏悬殊。但由于月球在天空中非常显眼，再加上规律性的月相变化，自古以来就对人类文化，如神话传说、宗教信仰、哲学思想、历法编制、文学艺术和风俗传统等产生重大影响。

又比如银河。晴朗的夜空，当你抬头仰望天空的时候，不仅能看到无数闪闪发光的星星，还能看到一条淡淡的纱巾似的光带跨越整个天空，好像天空中的一条大河，那就是银河。自古以来，气势磅薄的银河就是人们观察和研究的对象。古人不知道银河是什么，把银河想象为天上的河流，就称它为河汉、天河。请看《乐府古诗十九首》：

"迢迢牵牛星，皎皎河汉女。
纤纤擢素手，札札弄机杼。
终日不成章，泣涕零如雨。
河汉清且浅，相去复几许？
盈盈一水间，脉脉不得语。"

这首诗描绘了牵牛星、织女星和银河，这些都是宇宙天体。我国著名的神话故事——牛郎织女鹊桥相会，这鹊桥就是铺设在这天河之上。其实在天文学上牛郎的中文名为河鼓二，而织女星称为织女一，它们分别是天鹰座和天琴座的一颗亮星，牛郎星在银河的东岸，织女星在银河的西岸。牛郎星是颗微黄色的亮星，在他两边的两颗小星叫扁担星，传说中是牛郎挑着一对儿女。织女星呈青白色，织女星的下方有四颗较暗的星，组成小小的平行四边形，它们就是神话传说中织女编织美丽云霞和彩虹的梭子。诗歌中，那阻隔了牵牛和织女的银河既清且浅，牵牛与织女相去也并不远，虽只一水之隔却相视而不得语，诗人借神话传说中牛郎、织女被银河相隔而不得相见的故事，抒发了作者因爱情遭受挫折而痛苦忧伤的心情。

第二节　文学与地理

自古以来，文学与地理息息相关。

一、地理现象与文学创作

文学家生活在天地之间，与各种地理环境因素发生密切的联系，面对丰富多彩的大千世界，蓝天白云，青山碧水，红花绿叶，鸟兽虫鱼……自然而然，各种地理现象也就成为文学家反映的对象。比如唐代杜甫的《绝句》：

"两个黄鹂鸣翠柳，一行白鹭上青天。
窗含西岭千秋雪，门泊东吴万里船。"

诗歌描绘了蓝天、翠柳、黄鹂、白鹭、巍峨雪山、万里江河……新绿的柳枝上有成双成对黄鹂在欢唱，有声有色，构成了新鲜而优美的意境。蓝天上的白鹭在自由飞翔,姿态优美,自然成行,晴空万里,一碧如洗。诗人凭窗远眺西山雪岭,岭上有千秋不化的积雪,"含"于窗框之中,仿佛是嵌在窗框中的一幅图画。诗人向门外一瞥,见到停泊在江岸边的来自万里之外东吴的船只。诗人身在草堂,思接千载,视通万里,表现出诗人无限开阔胸襟。

又如南北朝时代敕勒族的《敕勒歌》：

"敕勒川,阴山下。天似穹庐,笼盖四野。

天苍苍,野茫茫。风吹草低见牛羊。"

这首民歌描绘的是北国草原壮丽富饶的风光。环顾四野,天空就像其大无比的圆顶毡帐将整个大草原笼罩起来。草原无边无际,一片茫茫,当一阵清风吹过,草浪动荡起伏,吃草的牛羊闪现出来。那黄的牛,白的羊,忽隐忽现,这是美丽富饶而又充满生机的世界。

地理环境中的山川河流、花草树木,向来是文学家描绘、歌颂的对象。

二、地理环境与文学风格

不同的地理环境,不同的地域风情,对文学创作主体的熏染也不一样。因此,在不同土壤中生成的文学作品,其风格也大不相同。

以南、北而论,南方文学尚"柔",北方文学尚"刚"。在唐宋八大家中,生于北方的韩愈在文风上呈现出刚健、雄正、愤激、质朴的特征;生于南方的欧阳修在文风上表现为柔婉、飘逸、哀婉、清丽的特征。北人多推赏韩文,南人多崇尚欧文,这都与中国的南北地理环境的不同熏陶有关。

中国文学作品中地域风格与地域特色差异最为明显当数中国民歌。例如,描写木兰替父从军的《木兰辞》,生动地反映了北方妇女的飒爽英姿与豪迈情怀,风格粗犷泼辣。而吴歌、西曲则是反映南方文学温柔和婉的代表作,其描写细腻,风格清新,基调哀怨,缕缕忧思,丝丝柔情,淡淡怨愁,跃然纸上。

三、地理环境与文学流派

文学流派风格也受着特定空间的自然、社会环境的影响与制约。

我国文学史上的"花间派"词人,大都生活在花香鸟语的西蜀一带,词作内容多为歌咏旅愁闺怨、合欢离恨,局限于男女燕婉之私,因此被称为"花间词派"。婉约词派多生活在山清水秀的江南水乡,正因为江南大多是白墙、花窗、青瓦、圆门、小巷的景观,烟雨、杂花、小桥、流水点缀其间,结果是造就了多情、艳丽、精致、典雅的江南作家,加上江南才子的审美心理如水一样含蓄,妩媚温柔,使得婉约词派大放异彩。而边塞诗的作者大都长期生活在广漠萧索的北国疆场,其作品多具有"悲壮刚烈"的风格特征。

四、文学创作重塑自然环境

地理环境影响着文学创作,而文学家的创作也能重新塑造自然环境。因为环境不仅仅是一种纯客观的自然存在物,更是一种被人类赋予了特定情感与意义的整体,它往往折射出当地的文化风俗和个人情怀。泰山、黄山、长江、黄河等自然环境由于文学家的创作而成为天下闻名的文学景观。浙江绍兴、湖南湘西、山东高密、陕西商州是地理和行政区域,但因为鲁迅、沈从文、莫言、贾平凹等人的创作赋予这些地域独特的意义。也就是说,自然环境提供文学创作的空间、题材与内容,而文学家的创作又重新塑造了自然环境。

五、文学地理学

文学地理学,是一门以文学为本位、以文学空间研究为重心的新兴交叉学科。文学地理学的研究对象,包括地理环境对文学的影响、文学家的地理分布、文学作品的地理空间、文学扩散与接受、文学景观等。

第三节　文学与生物

生物学是研究生命现象和生命活动规律的科学。世界因生物而精彩,多彩的生物构成了缤纷的世界,大到庞大的鲸、高耸入云的巨杉,小到肉眼看不到的微生物,它们或强健、或纤弱,或善跑、或善飞、或善游,或朴实、或妖艳,形态各异,又各具特色。这一切,都成为文学家描绘与歌颂的对象,比如参天的松树,请看陈毅的《青松》:

"大雪压青松,青松挺且直。
要知松高洁,待到雪化时。"

松树是人们常见的树种，属于常绿乔木，也有少数灌木，是地球上最长寿的树种之一，"大雪压青松，青松挺且直"，把松放在一个严酷的环境中，一种近乎剑拔弩张的气氛中，从中我们看到了雪的暴虐，也感受到了松的抗争，一压一挺两个掷地有声的动词，把青松那种坚忍不拔、宁折不弯的刚直与豪迈写得惊心动魄。"要知松高洁，待到雪化时"，作者相信，在经历了风雪的涤荡和洗礼之后，青松将更显其高洁的本性，松树的冷峻峭拔形象，因为充溢其中豪气激荡的力量而挺直。作者通过对抗暴雪的"松"的歌颂，赞美了中国人民不畏强暴、不怕困难、敢于斗争、争取胜利的革命英雄主义精神。

松树遍布世界各大洲，但是唯独我们中华民族对松树情有独钟。我国古代的先民在与大自然的共处共存中，接近观察熟悉了松树，发现了它的品格特性、审美价值，并且与自身的人文观念结合起来，在千百年的历史演进中，逐渐形成了松的情结和松的文化。松树在我国的传统文化中占有重要的地位，具有浓郁的东方审美神韵。

又比如荷花，在我国自古以来就受到文学家们的钟爱。

荷花盛开在炎热夏季的水中，叶绿花红，亭亭玉立，清爽宜人。绿莹莹的荷叶，厚实而宽阔，像无数把参差的伞，层层叠叠，片片相连。荷叶上晶莹的露珠，不着痕迹地滑动，轻盈灵动。有时露珠儿用力一滑，便轻巧地坠落，滴入平静的水面，荡漾出微微涟漪。

因而，宋朝理学大儒周敦颐的《爱莲说》称荷花是：

"出淤泥而不染，濯清涟而不妖，中通外直，不蔓不枝，香远益清，亭亭净植，可远观而不可亵玩焉。"

这种高尚情操，具有很强的感染力，深为中国人爱慕，使荷花自此享有"花中君子"的美誉。荷之所以出淤泥而不染，是因为荷叶的表面附着无数个微米级的蜡质乳突结构，用电子显微镜观察这些乳突时，可以看到在每个微米级乳突的表面又附着许许多多与其结构相似的纳米级颗粒，科学家将其称为荷叶的微米-纳米双重结构。正是具有这些微小的双重结构，使荷叶表面与水珠或尘埃的接触面积非常有限，因此便产生了水珠在叶面上滚动并能带走灰尘的现象。

第四节　文 学 与 物 理

　　文学家的创作也涉及各种各样的物理现象,比如光线、光的传播、光的散射、光的折射、能量的转化、朝霞与晚霞、七彩虹霓、海市蜃楼……这一切,丰富了物理的内容,同时,要解析这一切,就需要借助物理科学的知识。这就使得文学与物理紧密地联系在一起。

　　在清晨,太阳刚刚出来时,或者傍晚太阳快要落山时,天边的云彩常常是通红的一片,像火烧的一样。人们把这种通红的云叫朝霞和晚霞,又叫做火烧云。朝霞晚霞千变万化,像铺开了一幅巨大的瑰丽无比的织锦。宋代欧阳修在《采桑子·残霞夕照西湖好》中写道:

　　　　"残霞夕照西湖好,花坞苹汀,十顷波平,野岸无人舟自横。"

　　作者在一片落日彩霞的辉映之下,看见湖中小洲长满了茸茸翠草,在岸边花坞内开满娇艳的鲜花,放眼远望,看见辽阔的湖面上风平浪静,远处一叶扁舟停泊在荒寂无人的岸边上。这几句所创造的意境是既美丽又清静,表达了作者悠闲自得、啸傲湖山的情趣。

　　这里的"残霞夕照"便是晚霞。又如唐朝王勃的《滕王阁序》:

　　　　"落霞与孤鹜齐飞,秋水共长天一色。"

　　作者以落霞、孤鹜、秋水和长天四个景象勾勒出一幅宁静致远的画面。历来被奉为写景的精妙之句,广为传唱。

　　为什么早上或者傍晚天空会出现绚丽的朝霞或晚霞?这是因为光的散射现象。当光在不均匀媒质中传播时,由于一部分光线不能直线前进,就会向四面八方散射开来,形成光的散射现象。大气对不同色光的散射作用是不同的,波长短的光受到的散射最厉害。当太阳光受到大气分子散射时,波长较短的蓝光被散射得多一些。由于天空中布满了被散射的蓝光,地面上的人就看到天空呈现出蔚蓝色。旭日初升或日落西山时,从太阳射来的光所穿过的大气层厚度比正午时要厚得多,太阳光被散射掉的短波长的蓝光就越多,穿透大气的长波长红光的比例也显著增多,到达地面的太阳光红色成分也相对增加,因此,才会出现满天红霞和残阳如血的画面。实际上,发光的太阳表面的颜色始终没有变化。

再请看陆游的《秋怀》：

"园丁傍架摘黄瓜，村女沿篱采碧花。
城市尚余三伏热，秋光先到野人家。"

这里"城市尚余三伏热"描绘的便是热岛效应，热岛效应是指一个地区的气温高于周围地区的现象。城市热岛效应是由于人为原因，改变了城市地表的局部温度、湿度、空气对流等因素，进而引起的城市小气候变化的现象。城市因大量的人工发热、建筑物和道路等高蓄热体及绿地减少等因素，使得城市地区升温较快，城区气温普遍高于周围的郊区气温，高温的城区处于低温的郊区包围之中，如同汪洋大海中的岛屿，人们把这种现象称之为城市热岛效应。

第五节　文学与音乐

音乐和文学有着密切的关系。

首先，音乐与文学同源流，都是心的艺术。《乐记》中说："诗，言其志也；歌，咏其声也；舞，动其容也。三者本乎心。""言之不足，故长言之；长言之不足，故嗟叹之；嗟叹之不足，故手之舞之足之蹈之。"由此可见，早在人类文明启蒙时期，文学、音乐、舞蹈都是相伴而生的，只不过表现形式不同罢了。再从汉语的特点来看，古往今来，无论是谣谚、诗歌、词曲，大都能作为歌曲演唱。

其次，音乐和文学都是一门情感的艺术。音乐是通过动人心弦的节奏，起伏跌宕的旋律，细腻地表达人们不同的情感。语言文学是作者充沛感情的自然流露，任何一篇作品都包含着作者的丰富感情。因此，音乐和文学都是人类情感的载体，都通过情感来陶冶人的情操、净化人的灵魂。

比如白居易的《琵琶行》。白居易是唐代伟大的现实主义诗人，29岁时中进士，先后任秘书省校书郎、盩厔县尉、翰林学士，元和年间任左拾遗。后因遭人忌恨，贬为江州（今江西九江）司马。

有一天，白居易在浔阳江送客时，登船饮酒，推窗望去，寒江茫茫。忽然，从水上传来动人心弦的琵琶声，诗人和他的朋友都听得入迷了。顺着声音找去,原来是一位曾在长安红极一时的歌女弹奏的琵琶曲。她盛年难再,不得不委身于一个重利寡情的商人。《琵琶行》借着叙述琵琶女的高超琴技和她的凄凉身世,抒发了作者在政治上受打击、遭贬斥的抑郁悲凄之情。在聆听琵琶女的演奏时,他可以从中听出琵琶女的心情,且发出"同是天涯沦落人,相逢何必曾相识"的共鸣,借此表达出了作者对于自己人生境遇的哀思。在这里,诗人与她同病相怜,写人写己,哭己哭人,宦海的浮沉、生命的悲哀,全部融合为一体。作者写道:

"座中泣下谁最多,江州司马青衫湿。"

因为情感的强烈共鸣,白居易双泪长流,以至湿透了衣衫。

白居易是伟大的诗人,同时又酷爱音乐,在奏乐、赏乐、评乐与品乐方面有着极高的造诣。诗人在《琵琶行》中,将音乐符号与语言符号完美结合,描写了千变万化的音乐形象,这也反映出过人的音乐才华与高超的文学素养在白居易身上的和谐统一。

音乐和文学都是人类情感的载体,都通过情感来陶冶人的情操、净化人的灵魂。音乐与文学显示出高度的和谐与统一。

第十章

艺术的
学科交叉

什么是艺术？艺术是通过塑造典型形象来反映社会生活、表达作者思想情感的社会意识形态。

根据作者使用的工具与手段的不同，艺术可分为文学、音乐、绘画、舞蹈、雕塑、建筑、戏剧、电影等。文学使用的是语言，音乐使用的是有组织的乐音，绘画使用的是点、线、面与色彩，舞蹈使用的是人体动作，雕塑使用的是可塑、可雕、可刻的材料，戏剧、电影则综合各种表现工具与手段，被称为综合艺术。

艺术本身包含众多学科门类，同时不同门类的艺术又与若干学科有着普遍的密切的联系，有着复杂的学科交叉现象。

文学这一艺术形式上一章已单独讨论过，本章主要讨论音乐、绘画、书法、摄影、建筑等艺术的学科交叉。

第一节　音乐艺术的学科交叉

音乐是听觉的艺术、时间的艺术，是诉诸情感的艺术。音乐是以具有一定特性的音响作为基本材料，通过有规律的变化组合，构成可以借助人的听觉感受来确立的艺术形象，以旋律、节奏、曲式结构、和声等要素结合成丰富多彩的音乐作品，来表达人们思想情感、反映现实生活的一种艺术。

音乐（Music）一词，最早在英语中有女神之意。音乐女神具有动人心魄的艺术魅力。两千多年前，孔子因陶醉于《韶》乐而三月不知肉味；卓文君因司马相如一曲《凤求凰》而与之私奔；俞伯牙因一曲《高山流水》结识钟子期；陶渊明因喜爱音乐而对他的无弦琴也情有独钟；白居易因欣赏水上琵琶声而泪水湿透青衫，留下千古名篇；音乐巨人贝多芬宁可忍受耳聋的痛苦也要激情创作；莫扎特宁可忍受贫苦的侵蚀也要坚持的演出……可见音乐的魅力足以让人神魂颠倒。

托尔斯泰说："我爱音乐胜过其他一切艺术。"

一、音乐与物理

物理学是音乐的自然科学基础，音乐与物理有着天然的联系。

音乐的乐音是音乐的内容，又是一种物理学现象。音乐的物理实质是振动的传播，因此，物理学是音乐的自然科学基础。

音乐中包含着许多的物理内容。音乐的产生，也就是音乐声源，是物体的振动，属物理声学问题；音乐在各种场合的传播，也是物理内容；乐器制造，实际上是一件发声的物理仪器的制造；音乐的测量，包括频率、强度、时间等都是物理测量；电声音乐中的换能是把音乐的振动转换成电的振动，这是电学和声学的换能，也包括信号处理、调制、放大等物理内容；现代音乐已经跨入计算机时代，音乐的数字合成、计算机作曲等，都属于物理学的内容。

音乐与物理学有着天然联系，音乐与物理的学科跨越是必然的。

二、音乐与医学

音乐具有保健和治疗功能，音乐与医学密切相关。

音乐是一种善于表现情感和激发情感的艺术。现代的研究表明，乐曲的不同节奏、旋律、响度、音调和音色，可以产生不同的情感效应和机体效应。音乐能使人平静，也能使人兴奋；它能帮助我们入睡，也能唤起我们的斗志；它可以表达我们最深的爱、悲伤和最美好的祝愿。人们经过反复实验和摸索发现，节奏慢而韵律安祥的音乐能够减低人体内具有刺激和兴奋作用的激素，聆听这样的音乐，可以使人感觉轻松、舒畅；用敲击乐器演奏的节拍比较快的音乐，则会增加具有刺激作用的激素，使心跳加快，血压升高；迪斯科音乐还可能诱使心脏病复发，而优美的音乐能增强大脑皮层抑制过程而调节兴奋抑制过程，使之趋于平衡，从而使精神疲劳得以消除。

1. 音乐疗法的悠久历史

音乐疗法有着悠久的历史。祖国医学的经典著作《黄帝内经》在两千年前就提出了"五音疗疾"。《礼记·乐记》云："故乐行而伦清，耳目聪明，血气和平，移风易俗，天下皆宁。"《史记·乐书》云："故音乐者所以动荡血脉，通流精神而和正心也。"

宋代大文学家欧阳修曾经得过忧劳的病症，退下来闲居，也没有医治好。后来在朋友孙道滋那里学习弹琴，学习了五声和几支乐曲，时间一长，成了一种爱好，竟不知道自己身上还有疾病呢！

希腊哲学家亚里士多德和毕达哥拉斯都相信音乐具有治疗作用；埃及在远古时代的古典著作中称"音乐是灵魂之药"，古埃及墓穴里的壁画中包括有音乐家的画像，其目的在于抚慰死者的灵魂；唱歌是印第安人治疗仪式的一部分，巫师进行治疗时就唱着圣歌。

无论在古中国或古希腊，还是在中世纪的阿拉伯，都曾有著名的学者、医师用音乐治病，提倡音乐治疗。有些民族长期以来保持着用舞蹈、歌唱和演奏打击乐治疗精神抑郁症的风俗。

随着工业文明走向成熟，音乐治疗在近几十年来已呈现出广阔的发展前景，音乐治疗的诊所、书刊、协会、专科学校纷纷成立。

2. 音乐疗法的功效

研究显示，特别护理中心的早产儿在有音乐的条件下，体重增加得特别快；音乐疗法可减少将要进行手术的小孩的焦虑；高血压病人听抒情的小提琴乐曲，可使血压降低 10～20 毫米汞柱；用音乐进行胎教，婴儿的智力可以提高；让临产妇女听优美悦耳的音乐，可以分散她们在分娩时的注意力，减少疼痛。

3. 音乐疗法的操作

具体治疗操作时，要因人、因病而异。要根据年龄、性格、音乐修养和乐曲爱好而选曲。

采用音乐疗法治疗心理疾病或躯体疾病，施治环境应清雅静谧，舒适美观，光线柔和，空气新鲜。所选的音乐曲目可以是人工谱写的中、外古典音乐或现代乐曲，例如《百鸟朝凤》《田园交响曲》等，也可利用自然界中有益于身心健康，具有康复治疗作用的音响，例如雨声可以催眠，蛙声能够遣怀，雷声可以振奋，鸟鸣可以解愁等。

此外，情绪不同，选择的音乐也应不同。情绪低落时，应该选择明快的乐曲来倾听；情绪愤怒充满敌意时，应选择轻松的乐曲来倾听。也要因病而选曲，例如抑郁性神经症患者，宜听旋律流畅优美、节奏明快一类的乐曲；焦虑症患者,宜听旋律高雅、节奏缓慢一类的乐曲;暴发型人格障碍患者,宜听旋律优美、恬静悦耳一类的乐曲;失眠症患者,宜听节奏少变、旋律缓慢一类的乐曲等。再辅以心理医生的语言提示,患者便能随曲进入意境,取得良好疗效。

音乐对人的情绪、新陈代谢、血压、呼吸及脉搏的影响都能产生积极的影响。原来,人体细胞总是在不停地微微振动,健康的人全身的细胞微振和谐。音乐是一种声波振动,如果和细胞产生共振,就像声波在轻轻地按摩着细胞,人自然而然产生了一种微妙的快感。如果人体机能失调,体内微振紊乱,不妨选择适宜的音乐,借音乐的力量调动细胞的微振,使人在这种辅助治疗下恢复健康。

第二节　绘画艺术的学科交叉

绘画是在二维的平面上以手工方式临摹自然的艺术。

绘画是一门多学科交叉的艺术。优秀画家创作的生动的、有灵魂的画作,绝不只是绘画技法的表达,它还是画家对光影透视、人体结构、数学比例甚至对颜料的创新与独特使用的成就,也是画家的历史、文学、哲学修养以及对世界和人生的基本观念的表达。

一、绘画与数学

绘画与数学分属于社会科学和自然科学两个不同的领域,是两种截然不同的存在,代表着两种不同的智慧结晶。数学,抽象的思辨,严密的推理,逻辑的论证,精确的计算,构造起"思维体操"的数学大厦;绘画,借助点、线条、形状、明暗和色彩等艺术语言,创造出形象感人的艺术图景,表达作者的思想感情,两者有着明显的区别。然而,绘画中又蕴含着无穷的数学知识,绘画与数学之间存在千丝万缕的联系。

比如绘画与透视。透视是数学中的一门重要学科,是在平面上再现空间感、立体感的方法。画家们想绘制出逼真的环境,必须懂得透视学原理。最初研究透视采取通过一块透明的平面去看景物,将所见景物准确描画在这块平面上,即成该景物的透视图。后来将在平面上根据一定原理,用线条来显示物体的空间位置、轮廓和投影的科学称为透视学。透视学的基本技巧是：远小近大，远淡近浓，远低近高，远慢近快。

　　文艺复兴时期的伟大画家达·芬奇，能力超群、出类拔萃，在绘画、雕塑、音乐、数学、工程、建筑等各个不同的领域产生了深远的影响。他运用精通的数学、精确的透视和"神圣的比例关系"创造了许多名作。他的那幅《蒙娜丽莎》，用透视法构成蒙娜丽莎身后的风景，越远的地方，颜色就愈暗淡，轮廓线就越模糊，在她背后的岩石和流水如梦幻般的景致，让我们迷惑神秘。这种透视感营造成的景深，烘托整个画面，让整副画笼罩在奇幻的环境中。透视几何学使得他的绘画和数学融合到里程碑式的高度。

　　达·芬奇说："欣赏我的作品的人，没有一个不是数学家。"

　　长久以来，数学总是有意识或无意识地影响着画家，射影几何、黄金分割、比例、视觉幻影、对称、分形几何、图案和花样、极限和无限以及计算机科学等，这些都是数学的内容，然而它们却影响着绘画、影响着艺术的众多方面及至于整个时代。

二、绘画与音乐

　　绘画是一种空间艺术，是看的艺术，它需要我们借助视觉来感知它的存在。音乐是时间艺术，是听的艺术，我们主要通过"听"来进入它的世界。也许，就各自的表达符号而言，他们之间没什么联系。但是，事实上却并非如此。

　　音乐是听觉艺术，但成功的音乐作品，却可以使听众在对优美旋律的欣赏中而获得视觉形象，仿佛看到一幅幅动人的图画；绘画是视觉艺术，但优美的美术作品却可以使人们仿佛听到令人心旷神怡的音乐，轻轻地扣动人们的心扉。这种音乐中的画面感和绘画中的音乐感，是艺术家们经常谈论的问题。比如：美术中的术语"色彩"一词经常出现在音乐理论文章中；音乐中的术语"节奏"一词也往往出现在美术理论文章中。人们常常会说，这首乐曲仿佛像一幅美丽的风景画，或者会说，这幅画简直像音乐一样迷人。这种长期艺术实践中形成的艺术经验，表明了音乐与美术之间的联系。

　　从物理学角度来说，音乐中的声音和美术中的色彩都是一种波动，即声波和光波。牛顿最早提出了音乐和颜色的联觉理论，他曾用三棱镜对阳光做色散实验，证明阳光是由红、橙、黄、绿、青、蓝、紫七种色光组成，同时他还对七音与七色之间奥妙的对应关系进行过有趣的探索，认定两者之间可以对应起来。

俄国画家瓦西里·康定斯基，从小学习钢琴和大提琴，他的画参照音乐的语言，主张从听觉来体会绘画的色彩。

康定斯基被公认为是抽象绘画的鼻祖，1912 年他出版了第一本抽象理论著作《艺术中的精神》。书中把不同的色彩与特定的精神和情绪效果联系到一起。他认为，黄色具有轻狂的感染力，如果人们持久注视着黄色的几何形状，便会感到心烦意乱，犹如刺耳的喇叭声，显露出急躁粗鲁的本性。蓝色是典型的天空色，给人的印象就是宁静，唤起人们对纯净和超脱的渴望，当蓝色接近于黑色时，它表现出超脱人世的悲伤，沉浸在严肃庄重的情绪之中，蓝色越浅也就越淡漠，给人以遥远和淡雅的印象。淡蓝色像一只长笛，蓝色像一把大提琴，深蓝色像低音提琴，最深的蓝色仿佛是一架教堂里的风琴。红色给人以力量、活力，像是乐队中嘹亮高昂的小号。朱红像炽热奔腾的钢水，会发出鼓声那样的轰响。黄色和蓝色的等量调和产生了绿色，纯绿色是最平静的颜色，有着安宁和静止的特性。绿色如果色调变淡，便倾向于安宁；如果加深，便倾向于静止。在音乐中，纯绿色被表现为平静的小提琴中音。紫色带有病态和衰败的性质，相当于英国管或木管乐器的低沉音调。暖红被黄色增强后就成了橙色，橙色在音乐中宛如教堂的钟声，或是浓厚的女低音，是舒缓、宽广的声音。白色像是毫无声息的静谧，在音乐中是倏然打断的停顿，犹如生命诞生之前的虚无。黑色是毫无希望的沉寂，在音乐中，仿佛是另一个世界的诞生……康定斯基的绘画虽然是视觉艺术，但可以通过思维变成听觉艺术，从而奠定了用音乐来影响绘画的美术抽象主义理论基础。

美术中的色彩是抽象的语言，色彩的象征意义可以给音乐艺术贴上标签，展示音乐艺术的内涵和主题思想。比如，蓝色给人沉静、稳定，施特劳斯的《蓝色多瑙河》、格什温的《蓝色狂想曲》，仿佛遥远的天空和深深的大海的蓝色，渲染了幽深、神秘的情感氛围。

第三节　书法艺术的学科交叉

书法，是以汉字为基础和表现对象、以笔、墨、纸为表现工具的一种抽象的线条造型艺术。

中国文字具有独特的构造和书写方式,于是,与文字共生的中国书法便成就为一门最能代表中华传统文化精神的艺术,受到人们普遍的喜爱。它成为客厅里的重要陈设,那中堂、条幅虽则寥寥数字、数十字,却能使你欣赏多年,百看不厌。春节到了,每家每户门上换了新对联。那些笔墨佳作既寄托房屋主人祈求新的一年国泰民安、全家幸福的美好祝愿,也显示他们的求美、爱美之心。

一、书法艺术与文学

中国艺术瑰宝的书法和文学有相通之处。

书法和文学艺术虽然分属两个范畴,但二者都是表达作者的情感,都通过笔墨表达作者所思所感。书法是以一种视觉美来展示一种神韵、心境;而文学是用内容来反映一种思想、观念。

1. 书法和文学在作品的整体立意和构思上有密切的关系

对书法和文学而言,作品整体立意和构思都非常关键。王羲之在《书论》中说:"凡书贵乎沉静,令意在笔前,字居心后,未作之始,结思成矣。"这充分说明,书法下笔之前要经过深入地思考,只有成竹于胸,才能下笔有神,达到高妙的境界。文学作品也是这样,需要经过精心审慎的构思,才能使描摹的物象清朗生动,使表达的思想深厚隽永。认真的构思,对于书法和文学作品的创作,都有重要的意义。立意的过程是作者本人酝酿思考的过程,这一过程对书法和文学作品的成功非常关键。

2. 在中国历史上,有许多名人既是文学巨匠又是书法名家

苏东坡是北宋大文豪,博学多才。他是唐宋八大家之一,其文学上具有极高的造诣;而苏东坡在书法上的成就也很高:位于宋四家(苏、黄、米、蔡)中首位,他的"黄州寒食帖"被誉为天下第三行书。苏东坡绝大部分书法平实朴素,却有一股汪洋气息,独成一体,就像他渊厚的学问一样。代表作品有:《黄州寒食帖》《奉别帖》《李白仙诗帖》《啜茶帖》等。

黄庭坚北宋诗人、书法家。洪州分宁(今江西修水)人。出自苏轼门下而与轼齐名,世称"苏黄",与秦观、晁补之、张耒并称苏门四学士。黄庭坚在文学上的成就主要是诗,存诗约1 600首。黄庭坚诗讲究锻字炼句,力求翻新出

奇，形成瘦硬峭拔的风格。黄庭坚书法以行书、草书见长，风格有类其诗，以侧险取势，瘦硬奇倔，与苏轼、蔡襄、米芾并称书法"宋四家"。书迹今存《华严疏》《松风阁诗帖》，草书《廉颇蔺相如传》等。

毛泽东主席是伟大的书法家，更是著名的诗人。毛泽东主席不仅是中华人民共和国的缔造者，伟大的革命家、政治家、军事家、哲学家、文学家和诗人，同时也是书法大家，他的诗词，绝大多数是用毛笔书写的，被公认为 20 世纪十大书法家之一，有"行草书圣"之美誉。毛泽东的草书采千古之遗韵、集百家之所长、熔众法于一炉，世人尊称为"毛体"。毛体书法是以行草为主。其狂草源于张旭、怀素，却青出于蓝而胜于蓝，风格独具。他写的行草书体，体势开张、雍容大度、章法纵横驰骋，笔墨潇洒淋漓，布局严谨，用笔恣肆，苍劲有力、浑然天成，是具有个人独特风格的书法艺术。

毛泽东一生所做诗词甚多，他不仅在临窗伏案时，而且在戎马倥偬间，也是不辍吟哦或默诵，于日理万机之余，常沉浸在诗词艺术的氛围中。我们从其诗词作品中不仅可以感受到一代伟人指点江山的豪迈气概，更能领略到领袖作为普通人丰富的情感世界。

二、书法与绘画

书法与中国绘画是亲缘最近的姊妹艺术。它们使用的物质手段大体相同：一样的毛笔、一样的宣纸、一样的砚台。只是一个纯粹用黑墨，一个会用各种色彩。因此，中国传统的绘画理论中早就有"书画同源""书与画一耳"的观点。

书画所以同源，从以下三个方面得以体现。

1. 汉字来源于象形，而一个象形的汉字往往就是一幅图案

最古老的汉字中多半是象形字，就是以线条摹拟世间人物的外形特征，摹拟自然现象的。所以，从反映现实的方式来看，书法与绘画在历史上都曾经是既再现客体外界事物，也表现主体作者自身感情的"一肩双挑"的艺术。这样，以汉字为表现对象的书法和以自然客体为表现对象的绘画，就有着天然的联系了，只不过后来汉字发展了，象形字所占的比例越来越小了，而且象形字的形象与实物的形象距离越来越大，因而书法比绘画具有更大的抽象性。

2. 书画在用笔、用墨上也有许多相同、相通的地方

明代大画家唐寅说:"工画如楷书,写意如草圣,不过执笔转腕灵妙耳。世之善书者,多善画,由其转腕用笔不滞也。"明代陈继儒说:"画者,六书象形之一。故古人金石钟鼎篆隶,往往如画。而画家写水、写兰、写竹、写梅、写葡萄,多兼书法。"清代书法家周星莲也说:"字画本自同工,字贵写,画亦贵写,以书法透入于画,而画无不妙;以画法参入于书,而书无不神。故曰:善书者必善画;善画者亦必善书。"

3. 中国书法和绘画的审美观念,都讲究"气韵"

这指的是把追求意境的美放在形体表现之上。书法要有神、气、骨、肉、血,五者缺一则不称其为佳作,它是把韵、意、态、法、势放在了首位。而画呢?也以"意、气"为首位,以形似为次位,这样与书法审美观的要求就基本一致了,因而人们常把书法视为"心画"。

一般说来,单一的视觉艺术在表达思想上有较大的局限性,有些思想在绘画创作中很难表达,而且创作者和鉴赏者之间也不易得到交流。因此,绘画有时得借助于题跋、书法,才可将自己的思想感情完全地表达出来。

三、书法与音乐

中国书法与音乐也有密切联系。书法是用眼睛看的视觉艺术,音乐则是用耳朵听的听觉艺术。但它们有共同的特质:讲究节奏与旋律,讲求力度与速度,讲究变化与和谐。因而唐代书法家张怀瓘说书法是"无声之音"——没有声音的音乐。

书法表现在纸面上的点、横、竖、捺,有轻、重、粗、细之分,刚、柔、缓、急之别,还有由牵连、断笔形成的连续休止,节律分明。这就如同乐师手中拢、捻、抹、挑的琵琶,嘈嘈切切,似珠落玉盘,莺语花底。

音乐是时间艺术,各种乐曲都是在时间的流动过程中完成的。音乐家利用各种不同的节奏、旋律、乐音、调式所具有的各种不同的特性和感情色彩,组合成能表达特定的主题的乐曲。书法是空间的艺术,但它在点画中表现出流动的方向、次序与过程,因此又具有时间艺术的特征。

书法类似音乐之处还突出地表现于它们都带有强烈的节奏性。音乐以声音的高低、快慢、上升、下降、徘徊、停止等来体现出节奏;书法则以笔画、线条构筑成字时的轻重、长短、浓淡、虚实、快慢等体现节奏，它们的节奏性是从生命的节奏特色中"移植"过来或抽象出来的。

四、书法与体育

书法与体育之间存在着密切的联系。中华武术与中国书法是中华民族的优秀传统文化，它们都来源于生活实践。中华民族的先民起初为了生存进行的狩猎活动，其中许多技巧后来逐步发展成为武术技艺；先民在生活中为了记事、交流而创造了文字，在书写过程中逐渐形成了书法艺术。武术与书法相互借鉴、互相促进。在书法技艺上，线条的粗细、起笔与收笔、用力的大小、速度的快慢、用墨的浓淡虚实、书写的密集与留白、正欹聚散、首尾呼应等，与武术方面招术的攻防相兼、出招的虚实变化、用力的劲与巧、步法上的弧直变化、套路的起落有致等，都有相通之处，两者可互相借鉴。

唐朝开元盛世时的公孙大娘，善舞剑器，舞姿惊动天下。她在民间献艺，观者如山，极负盛名。据《新唐书·文艺传》记载，当年草圣张旭，就是因为观看了公孙大娘的剑器之舞，因而茅塞顿开，成就了他笔走龙蛇的绝世书法。张旭的"狂草"不以"书法"为师，而是以公孙大娘的舞剑为师。史籍中对张旭书写的描写具体传神："嗜酒，每大醉，呼叫狂走，乃下笔，或以头濡墨而书。既醒，自视以为神，不可复得也。"张旭书写时"以头濡墨"，他是以身体的律动带起墨的流动、泼洒、停顿、宣泄，把书法美带向肢体的律动飞扬，使唐代的书法从理性走向癫狂，从平正走向险绝，从四平八稳的规矩走向背叛与颠覆，是公孙大娘的剑舞技艺，成就了张旭草圣的书法。

许多武术家、军事家，如岳飞、戚继光、孙禄堂等都习练书法，其书法作品中无不展现出武术气势和凛然正气；一些书法大家或书法史的代表人物，也是习武的。晋唐书法家的字之所以有力，与他们出生在武人家族、自幼习武有关。晋代王羲之家族都是武人家族，注重文武兼修。颜真卿又称颜平原，做过平原太守，安史之乱带兵打过仗，是武人出身。张旭也是武人，是禁卫军军官。

书法艺术是中华艺苑中光照千古、根深叶茂的一株奇葩。它与文字共生，在点画的躯壳之上，钟灵神秀，流美生辉，化育成意味隽永、生机盎然、给人带来莫大的视觉享受与心灵满足的艺术。

第四节 摄影艺术的学科交叉

摄影艺术是以照相机为工具,运用线条、光影、色彩等造型手段塑造艺术形象,来反映社会生活、表达思想感情的视觉艺术。

摄影艺术的审美表现力、概括力和感染力有其自身特殊性。尤其是现代摄影艺术独具的客观、真实、快速、简便的长处,是绘画所无法比拟的。

一、摄影艺术,让美的瞬间成为永恒

摄影艺术与美学密切相关。摄影就是寻找美的瞬间,把不可复制的美留下,让美的瞬间成为永恒。

摄影艺术作品直接来源于生活,但是不等同于现实生活的复印,而是加入摄影者对现实生活的审美感悟、审美标准、审美态度、审美思考、审美追求,通过摄影者的取景、构图、用光、色彩的选择等艺术处理将生活的美凝固在摄影画面中。

生活中处处都有美。无数的摄影师怀着对摄影事业的敬畏与痴迷,不惧风吹日晒、跋山涉水、爬冰卧雪,在广阔的天地间,用神奇的镜头,把世界的山山水水,化作一个个精彩的瞬间,奉献给我们无以伦比的美。险峻的华山,烟波浩渺湖泊,西双版纳古木参天的原始森林,银色玉龙永恒飞舞的雪山,呼伦贝尔大草原的无垠绿土……在摄影师的镜头中,我们领略到祖国河山的壮美。哪怕是一朵小花,一片绿叶,一个嫩芽,一圈涟漪,一条小路,一只昆虫……在摄影师的镜头中,也处处显示出令人赞叹的美。

即使是我们常人肉眼难以看见的微观世界,摄影师借助微距摄影,也能给我们展示神奇瑰丽的画面。土壤中黄曲霉和酵母菌,宛如一幅抽象的落日风景画;氧化锌晶须形态在显微摄影画面中犹如一只披着针衣的刺猬;观察蚊子时,发现翅膀边缘微观结构轻盈光泽,富有美感,宛若古代仕女整齐的鬓发……欣赏科学家用慧眼捕捉到的显微摄影佳作,会让人不禁由衷赞叹:原来科学可以这样美!

二、摄影艺术,记录一段历史

摄影艺术,能够承载历史,可以让人们永远记住那些瞬间景象。

　　因为有了摄影，人类有了第三双观察世界的眼睛，全世界也迎来了读图的时代。绘画再像也像不过照片，"有图为证"成为人们最容易接受的表达方式。摄影艺术素材来源于生活和真实，由于摄影的最基本功能就是把事物的形象瞬间记录下来，它能把历史的某些重要的瞬间保留下来，能够相对真切地再现历史，以直接且逼真的影像将资讯传递给使用者，不受语言、文字的限制，让人犹如身临其境，更具有感染力，具有作为社会见证者独一无二的资格。

　　摄影家对其进行的记录不仅仅是像风光摄影一样展现大自然的奇巧瑰丽，而是可以反应社会问题、关注弱势群体，包括饥饿、贫困、疾病、战争等社会题材为主的，以期引起世人的关注，进而推动社会改革和发展的纪实摄影。

　　还记得那张"我要读书"的照片吗？

　　那是一张希望工程的宣传照，那是一个大眼睛的女孩手拿着铅笔，一双清澈的眼睛正在看着前方。照片下面写着"我要读书"四个字。大眼睛女孩曾经登上了希望工程的封面，那双非常渴望知识的眼睛击中了许多人的心灵。

　　照片中的大眼睛女孩叫苏明娟，1983 年出生在安徽的一个贫困家庭。父亲每天上山砍柴，下河捉鱼，母亲在家养猪，一家人的日子过得十分的清苦，但苏明娟却非常的聪明懂事。苏明娟慢慢长大，到了要去上学的年龄，父母找人借钱才勉强凑够了学费。苏明娟也非常珍惜这个机会，在学校的学习非常努力。她对自己说，一定要考上大学，让自己的父母过上好日子。这个时候摄影家解海龙正好来到苏明娟所在的村子，其中，苏明娟这张图片，她拿着破旧的铅笔，她的头望向摄像机，那双眼睛里面仿佛在诉说着自己的痛苦，同时清澈明亮的双眼写满了对未来的渴望，写满了对知识的追求。就是这张照片，让大家更加关注到了希望工程这个公益项目。

　　还记得土耳其海滩上的一具难民幼童遗体的照片吗？

　　2015 年 9 月 2 日，3 岁小男孩陈尸海滩，面朝下趴在沙滩上，仿佛陷入沉睡。小男孩趴在沙滩上的照片让无数人心碎，这样的人间悲剧不是天灾而是人祸。照片迅速传遍欧洲国家，传遍全世界，成为难民危机爆发以来的"最揪心画面"，引起广泛震惊和反思。不论是哪个国家的网民都纷纷感叹："和平在一些地方，真的是让人触不可及的梦想。"

　　具有强烈的社会责任感和使命感的摄影家们，利用摄影的方法记录真实形象的画面，记录各项重大事件、重大事故、重大自然灾害及其他异常情况和现象等,这些图片无论对当世还是后代的人们,都具有弥足珍贵的纪念意义和历史价值。

第五节　建筑艺术的学科交叉

建筑艺术是指按照美的规律,运用建筑独特的艺术语言,使建筑形象具有文化价值和审美价值,具有象征性和形式美,体现出民族性和时代感的一种综合性艺术。

建筑史上有三句名言:建筑是居住的机器,建筑是石头的史书,建筑是凝固的音乐。居住的机器,揭示了建筑的功用价值;石头的史书,说明民居建筑是镌刻在石头上的一部人类居住环境演变的历史;凝固的音乐,歌颂了建筑的艺术之美。

一、建筑是石头的史书

法国作家雨果曾说:"建筑是石头的史书。"

建筑物不仅仅是我们居住或工作的地方,它们还是历史的记录,建造行为受到当时文化、政治、经济、技术与材料发展等因素的影响,这些痕迹最终被记录在建筑物上,承载着丰富的历史信息,反映了人类社会的发展和变迁,使得建筑物成为凝固的史书。

在辽阔的中国大地上,保留着各式各样的传统建筑。蜿蜒万里的长城,是建筑史上的奇迹;河北赵县的安济桥,已有 1 400 多年历史;山西应县佛宫寺木塔,是世界上现存最高大、最古老纯木结构楼阁式建筑;北京故宫,是世界上现存规模最大、保存完整的大规模建筑群。我国的古典园林,从庄严雄伟的宫殿坛庙到粉墙黛瓦的江南园林,以独特的艺术风格,成为中国文化遗产中的一颗明珠,是镌刻着中华古代灿烂文化的光辉典籍。

世界著名古建筑,比如埃及金字塔、印度泰姬陵、希腊巴特农神庙、法国凡尔赛宫、古罗马君士坦丁凯旋门等,都是世界劳动人民的智慧结晶,它们经过漫长的岁月洗礼,依然被保留了下来,见证了人类文明的发展与传承。

二、建筑是居住的机器

自古以来,房屋就是人类生存的基础条件之一。居住,是房屋的主要功能。房屋能给人一个温暖的家，一个为你遮风避雨的地方。

"建筑是居住的机器"是 20 世纪最著名的建筑大师勒·柯布西耶提出来的。勒·柯布西耶是室内设计师、雕塑家、画家，是 20 世纪最重要的建筑师之一，是现代主义建筑的主要倡导者，机器美学的重要奠基人，被称为"现代建筑的旗手"，是功能主义建筑的泰斗。

1926 年，柯布西耶提出了五个建筑学新观点，这些观点包括：底层架空柱、屋顶花园、自由平面、自由立面以及横向长窗。人们将这个建筑时代比作机器时代。柯布西耶将"住宅"和"机器"这两个原本不相关的词紧紧联系到了一起，柯布西耶居住机器理论运用最经典的莫过于马赛公寓大楼。被设计者称之为"居住单元盒子"的马赛公寓，大楼共有 18 层，有 23 种不同的居住单元，共 337 户，可供 1 500～1 700 名居民居住。在第 7、8 层布置了各式商店，如鱼店、奶店、水果店、蔬菜店、洗衣店、饮料店等，满足居民的各种需求。幼儿园和托儿所设在顶层，屋顶上设有小游泳池、儿童游戏场地、健身房、日光浴室、人造小山、花架、开放的剧院和电影院。更重要的是：他把公寓底层架空与地面上的城市绿化及公共活动场所相融，让居民尽可能接触社会，接触自然，增进居民的相互交往。

马赛公寓是非常成功的建筑，在欧洲被其他建筑师所仿效。

三、建筑是凝固的音乐

在古希腊神话中，相传音乐之神俄耳甫斯有一把七弦琴，他的琴声可以感动鸟兽，可以使木石按照音乐的节奏和旋律在广场上组成各种建筑物。曲终，节奏和旋律就凝固在这些建筑物上，化为比例和韵律。受此启发，18 世纪的德国哲学家谢林在其《艺术哲学》一书中提出了音乐与建筑关系的至理名言：

"建筑是凝固的音乐。"

到了 19 世纪，德国音乐理论家和作曲家霍普德曼又补充道：

"音乐是流动的建筑。"

音乐是时间的艺术，建筑是空间的艺术；音乐是流动的建筑，建筑是凝固的音乐。这样就把建筑与音乐紧密地联系了在一起。

建筑作为艺术，既有不同于其他艺术的地方，也有与其他艺术相通之处。

建筑的节奏、韵律与音乐的节奏、韵律有相似之处；建筑与音乐都是创造性的艺术、抽象性的艺术；建筑的构图与音乐的曲式构成、乐句和乐段的结合形式上存在相似性；建筑的比例与音乐的节奏以及各种不同音阶的高度、长度、力度的比例关系也有着内在的联系。对建筑的体验犹如对音乐的体验，德国伟大诗人、思想家歌德在谈到建筑是一种凝固的音乐时认为："建筑所引起的心情很接近音乐的效果。"

建筑与音乐所以紧密相联，因为她们都具有共同的和谐美。早在公元前6世纪，古希腊的毕达哥拉斯学派就提出了"美是和谐"的思想，毕达哥拉斯学派把音乐里出现的数与和谐的原则，当作宇宙中万事万物的根源，并提出了"黄金分割"的理论，并将这一原理运用到建筑、雕刻等艺术门类中，成为美的标准。

建筑的和谐美也体现在人类建筑与周围大自然环境的和谐统一。自然界营造了青山、绿水、一望无尽的草原，我们建筑要尽可能与环境相融，打造出与自然和谐共生的建筑。河北承德热河避暑山庄山峦区园林布置的特点，是保持山林的自然形态，穿插布置一些山居型小建筑，清雅古朴，远远望去，完全淹没在林渊树海之中。

和谐符合美的本质要求。和谐之声悦耳，和谐之画爽目，和谐的环境是人类赖以生存的家园。陶渊明笔下的桃花源用现代的经济眼光来看是很落后的，但为什么总是激起人们的向往？就是因为古往今来的人们都羡慕那既稳定又"怡然自乐"的和谐。

第十一章

天文学的学科交叉

天文学是研究宇宙天体和天体系统的形成、结构与演化规律的科学。现代天文学运用最新的物理学、化学、数学等知识以及最尖端的科学技术手段，对宇宙中的天文现象进行专业的研究。天文学家通过观测太阳、月球和其他天体及天象，确定了时间、方向和历法。随着研究方法的发展，天文学先后创立了天体测量学、天体力学和天体物理学，按观测手段，已形成光学天文学、射电天文学和空间天文学等分支学科；按宇宙的结构层次，又形成了太阳系天文学、太阳系物理学、太阳系化学、月面学、月质学、行星科学、行星物理学、行星化学、行星生物学、星系天文学、超星系天文学、宇宙学等研究方向。

天文有着广泛的学科交叉，是一个集人类智慧之大成的系统。

第一节　天文学与人类

天文学是一门古老的科学，天文学研究太阳、月亮、星空和广阔无边的宇宙，这些和我们地球上的人类生活密切相关。

一、人类起源于什么？

地球生命以及人类从哪里来？来自于宇宙亿万年的沧桑演变。

我们知道，地球生物以及我们人类由细胞构成，而构成生物细胞的主要元素是碳、氢、氧、氮、磷、硫、钙、铁、镁、钠、钾、锌以及其他各种微量金属元素。这些元素都来自于地球，地球上几乎所有的元素，均是古老恒星的演变所创造的。

宇宙诞生于大爆炸，宇宙中最早的原子是氢原子。宇宙中的恒星就是由氢构成的，恒星创造元素的过程就是核聚变，核聚变从氢元素聚变成氦元素，这一过程最为漫长。进一步聚变出碳、氮等元素，恒星聚变的极限只能到达铁元素，到铁元素时，因聚变所产生的向外的辐射压消失，恒星的引力则会导致星体迅速向内坍缩，在一瞬之间，巨量的物质被反弹出去，整个星体就发生大爆炸，叫超新星爆发。在超新星爆发的过程中，恒星所释放的能量比恒星一生所释放的能量总和还要多百倍，在这巨大能量的释放中，比铁更重的元素产生了。在超新星爆发之后，恒星便会坍缩为一颗中子星，质量更大的恒星则可能会坍缩为黑洞。中子星由中子所构成，有极高的密度和质量，当两颗中子星距离过近时，会发生碰撞，中子星碰撞所释放的能量比超新星爆发还要多，在这一过程中同样会产生大量比铁更重的元素。

所以说恒星是宇宙物质的缔造者，我们都是恒星所创造的。我们身体里的氢是宇宙早期的产物，有一百多亿岁了。而铁之前的元素，有相当一部分是来自于恒星内部的核聚变反应，铁之后的元素来自于超新星爆炸和中子星的碰撞。宇宙的演变创造了我们人类及生物体内的各种元素，我们人类及地球万类生物，都来自于恒星的演化，来自于超新星剧烈爆炸以及中子星碰撞的灿烂焰火中。

二、天文学，最古老的学科

中国是世界上产生天文学最早的国家之一。上古的游牧民族在辽阔的原野上放牧、迁徙，那时既没有地图又没有指南针，他们怎样辨别方向呢？靠的是观察天空中的星星。上古的农业民族从事耕作，他们怎样确定播种和收获的季节和时令？靠的是观察群星出没时间的变化。古代的渔民和水手在汪洋大海上前进，他们怎样为自己导航？靠的是辨认星空；他们又怎样知道潮水涨落的时间？靠的是观察月亮的盈亏圆缺……于是，大约在六千年前，天文学就悄然诞生了。尧时就有掌天文的官职，在春秋战国时期，天文学已有很大发展，齐国人甘德和魏国人石申长期观测天象，甘德著有《天文星占》八卷，魏人石申著有《天文》八卷，两书合称《甘石星经》。《甘石星经》记载了二人对天象的观测记录，是古代中国天文学专著，也是世界上现存最早的天文著作之一。他们观测了金、木、水、火、土五个行星的运行，发现了这五个行星出没的规律。

根据史料来看，殷商时代的甲骨刻辞早就有了某些星名、日食和月食的记载,《尚书》《诗经》《春秋》《左传》等书也有许多关于星宿和天象的记录。可见,古代的天文知识不仅内容丰富,而且相当普及。

黑格尔说：一个民族有一群仰望星空的人,他们才有希望。

比如古埃及。尼罗河是古埃及人的母亲河,它定期泛滥,一方面带来农耕迫切需要的水和肥沃的淤泥,但另一方面也为广大地区和人民带来洪涝灾害。在长期的实践中,埃及人发现,当天空最亮的恒星——天狼星在黎明日出前出现在东方的天空中,然后又随日出渐渐隐去时(也称"偕日升"),尼罗河水就开始上涨。因此,埃及人在黎明前的东方的天空寻找天狼星来确定河水泛滥的日子,由此他们逐渐确定了一年的长度,并将其分为泛滥、播种、收获三个季节。在不同季节,出现在东方天空的星辰也不一样。久而久之,古埃及人就发现了星辰更替与季节变化的对应关系了。

由此可见,遥远天空的星辰,和我们人类生活紧密相关。

第二节　天文学与地学

地学,即地球科学。地学主要是指地质学和地理学的统称。

地球是太阳系八大行星之一,地球本身也是宇宙天体的组成部分。地球和卫星月球一起,绕太阳旋转,太阳、月球等宇宙天地对地球有着深刻的影响。因而,地球和宇宙天地有着千丝万缕的联系。

一、地球与太阳

太阳,地球生命之源,万物的生长都离不开太阳。

太阳是太阳系的中心天体,是太阳系里唯一的一颗恒星,也是离地球最近的一颗恒星。太阳是一颗中等质量的充满活力的壮年星,位于银河系的一个旋臂中,距银心约 3 万光年。太阳系中的八大行星、小行星、流星、彗星、外海王星天体以及星际尘埃等,都围绕着太阳公转,而太阳则围绕着银河系的中心公转。

太阳是地球系统及其生命系统的原动力。太阳辐射为地球表面提供能量来源,生物圈通过食物链传递的能量大多来源于绿色植物光合作用储存的太阳能;大气的运动、水循环等能量也来自于太阳辐射;人们所利用的煤、石油、天然气等矿物能源实际是地质时期储存下来的太阳能。太阳为地球系统提供取之不竭的热源，驱动着地球系统特别是地球大气得以永不停息的运转，不断地改变着地球生物赖以生存的天气与气候，同时改变着地球的外部环境。

太阳看起来很平静，实际上无时无刻不在发生剧烈的活动，其中 22 亿分之一的能量辐射到地球，成为地球上光和热的主要来源。太阳表面和大气层中的活动现象，比如太阳黑子、耀斑和日冕物质喷发等，会使太阳风大大增强，造成地球极光增多、大气电离层和地磁的变化。太阳活动和太阳风的增强还会严重干扰地球上无线电通讯及航天设备的正常工作，使卫星上的精密电子仪器遭受损害，地面通讯网络、电力控制网络发生混乱，甚至可能对航天飞机和空间站中宇航员的生命构成威胁。因此，监测太阳活动和太阳风的强度，适时进行"空间气象"预报，越来越显得重要。

二、地球与月球

月球，俗称月亮，古称太阴、玄兔、婵娟、玉盘，它是地球唯一的一颗天然卫星，也是离地球最近的天体。月球在绕地球公转的同时进行自转，正好是一个恒星月，因此月球始终以同一面朝向着地球，我们看不见月球背面，这种现象叫"同步自转"或"潮汐锁定"，几乎是太阳系卫星世界的普遍规律。一般认为是卫星对行星长期潮汐作用的结果。

月球是地球的卫星，对地球生命和人类都有巨大的影响。

1. 地球海洋的潮汐现象就是由于月球的存在造成的

月球绕着地球公转的同时，其特殊引力吸引着地球上的水，形成了潮汐。潮汐对地球早期水生生物走向陆地起到了很大的作用。

2. 月球对地球的潮汐作用还反应在大气层中

地球的大气层也会受月球运行影响而产生潮汐现象，形成所谓的"气潮"。气潮会加速地球大气的流动，特别是高层大气的流动，影响气压，从而对天气产生影响。

3. 月球使地球自转轴的倾斜角保持稳定，使地球气候相对稳定

地球公转时，有一个近 25 度的角度，有了这个角度才有了四季，月亮能使地球公转时保持这个角度。如果没有月球，地球自转轴的倾斜角会以数百万年为一周期由 0—50 度变化,地球气候也会大幅度变化,这不利于地球形成稳定的生态环境。

4. 科学家认为,地球磁场形成和月球有关系

月球早期比现在更靠近地球,两者的引力导致地球内部温度剧增,地心的岩浆在高温及高牵引力作用下出现滚动而产生了磁场,地球磁场对地球形成了一个“保护盾”,减少了太空宇宙射线的侵袭。

5. 月球替地球阻挡很多小行星的撞击

月球上大大小小一个套一个的环形山,就是小行星撞击的结果。如果没有月球的阻挡,这些陨石很可能会落到地球上,体积比较大的陨石会对地球生命带来灾难。

6. 月球是天然的空间站

月球上面没有任何的污染,在月球进行宇宙空间的观察更容易一些。月球能够成为人类踏足宇宙的跳板、中转站,为人类星际旅行做好准备工作。

由此可见,月球的存在对人类乃至地球都是不可或缺的。

三、地球与行星

地球是太阳系的行星之一,同属行星科学的研究范畴。

自古以来,人们对夜空中闪烁的星星着迷,远古人类发现夜空中除了固定不动的星星(恒星)外,还有一些星星有明显的相对移动,古希腊人把这些星星叫做行星,或奇怪的星星。

20 世纪 60 年代,美国发展出了行星科学,借助深空探测技术,对太阳系行星及周边进行实地观察和直接实验,将月球与行星样品带回地球进行观察和实验,以地球科学的研究方式来研究行星,引领了人类探索自然的一次巨大飞跃。

行星科学就是探索宇宙天体中各类行星、卫星和行星系的形成、结构、成分及演化发展规律的科学。行星科学是高度综合、跨界、强交叉的学科,包括行星地质学、行星化学、行星物理学、行星生物学、行星大气科学、理论行星科学和系外行星,还涉及天文学、地球物理学、大气科学、太空科学等多个学科领域。

美国的行星科学引领了深空探测技术的进步,深空探测技术的发展水平是综合国力的集中体现,能极大地带动综合国力的提升。

　　21世纪是太空的时代。今天,行星科学水平的高低已成为衡量一个国家科技实力和综合国力的重要指标之一,是未来太空竞争的基石。我国行星科学尚处在起步阶段,面对激烈的国际竞争形势,应走出一条具有自己特色的发展之路,从而迎头赶上国际先进水平。

第三节　天文学与物理

　　天文学是研究宇宙空间天体、宇宙的结构和发展规律的科学。而物理学的研究对象,包括从微乎其微的基本粒子,到庞大无比的超星系团。天文学与物理学有着共同的研究对象:宇宙空间天体。因而,两者之间必然存在着根本性的联系。物理学的研究能为天文学研究提供理论的基础与科学的方法,同时,宇宙空间与天体又能为物理学提供丰富的研究材料与巨型的实验室。

一、牛顿的万有引力定律

　　牛顿在1687年7月5日发表的著作《自然哲学的数学原理》,用数学方法阐明了宇宙中最基本的法则——万有引力定律。在宇宙空间中,任何物体都遵循着万有引力定律,按照一定的轨道,围绕某些大质量物体运转:行星围绕恒星运转,恒星围绕星系中心运转,星系围绕星系团中心运转,星系团围绕超星系团运转。万有引力定律支配着这一切。

　　万有引力定律在天文学和宇宙航行计算方面有着广泛的应用。人造卫星、月球和行星探测器的轨道,都是以这个定律为基础来计算的。万有引力定律为实际的天文观测提供了一套计算方法,可以只凭少数观测资料,就能算出长周期运行的天体运动轨道,科学史上哈雷彗星、海王星、冥王星的发现,都是应用万有引力定律取得重大成就的例子。

　　万有引力定律的发现,是17世纪自然科学最伟大的成果之一,对物理学和天文学的发展具有深远的影响,在人类认识自然的历史上树立了一座里程碑。

二、天文望远镜

　　天文望远镜是观测天体、捕捉天体信息的主要工具。

望远镜起源于眼镜。1608 年,荷兰眼镜制造商汉斯·里帕希的一个学徒偶然发现,将两块透镜叠在一起可以清楚看到远处的东西。1609 年,意大利科学家伽利略听说后,立刻制作了他自己的望远镜,并且用来观测星空。自此,第一台天文望远镜诞生了。伽利略凭借望远镜观测到了太阳黑子、月球环形山、木星的卫星(伽利略卫星)、金星的盈亏等现象,这些现象有力地支持了哥白尼的日心说。

在近现代和现代,天文望远镜已经不局限于光学波段了。1932 年,美国无线电工程师探测到了来自银河系中心的射电辐射,标志着射电天文学的诞生。1957 年,人造卫星上天以后,空间天文望远镜领域蓬勃发展。新世纪以来,中微子、暗物质、引力波等新型望远镜方兴未艾。现在,天体发出的许多信息都已经成为天文学家的观测对象,人类的视野越来越广阔。

天文望远镜极大地推动了天文学的发展,而天文望远镜离不开物理科学作为基础。

三、天文学与光谱分析方法

人们日常生活中所见的光,是由多种颜色构成的复色光,通过棱镜,或者类似棱镜功能的水滴等分光后,就变成了颜色各异的单色光。这些单色光按不同波长(或频率)大小依次排列形成的图案,就是光谱,全称为光学频谱。

光波是由原子运动过程中的电子产生的电磁辐射。各种物质的原子内部电子的运动情况不同,所以它们发射的光波也不同。研究不同物质的发光和吸收光的情况,根据光谱图中是否有某元素的特征谱线出现来判断样品中是否含有某种元素,就是光谱定性分析法。对光谱进行定性分析,已成为一门专门的学科——光谱学。全宇宙中任何一种原子的光谱都是相同的,通过光谱分析,可以快速得出光源的化学构成,并且经过仔细分析测量光谱中每条线的亮度,甚至可以分析出不同化学元素的比例。观察某天体光谱中的来自于氢元素光谱线,随着时间整体向低频方向移动时,根据多普勒效应解释该现象,可以推测该天体在不断的远离我们。如果恒星远离我们而去,则光的谱线就向红光方向移动,称为红移;如果恒星朝向我们运动,光的谱线就向紫光方向移动,称为蓝移。

实际上我们所了解的太阳系外天体的知识,都是基于光谱学技术。天文学应用光谱仪接收来自天体的光线,研究天体的物质结构和运动性质,光谱法渗透到天文学的所有重要分支,人们由此获得了关于天体的物理状态、化学组成、距离、运动乃至演化等诸多方面的信息。物理学的光谱技术给天文学带了一场革命。

四、广袤的宇宙空间,巨型的物理实验室

天文观测为物理学的基本理论提供了地球上实验室无法得到的物理现象和物理过程。在宇宙里,能找到最冷的地方、最热的地方,密度最大的地方和密度最小的地方。在宇宙中所发生的种种物理过程比地球上所能发生的多得多。

1. 超密态物质

超密态物质是处于极高压力下具有极高密度的物质,如中子星,它是除黑洞外密度最大的星体。恒星在核心的氢、氦、碳等元素于核聚变反应中耗尽,当它们最终转变成铁元素时便无法从核聚变中获得能量。失去热辐射压力支撑的外围物质,受重力牵引会急速向核心坠落,有可能导致外壳的动能转化为热能,并向外爆发产生超新星爆炸,或者根据恒星质量的不同,恒星的内部区域被压缩成白矮星、中子星以至黑洞。

中子星是质量没有达到可以形成黑洞的恒星在寿命终结时塌缩形成的一种介于白矮星和黑洞之间的星体。中子星的密度为每立方厘米 $10^{14} \sim 10^{15}$ 克,相当于每立方厘米重 1 亿吨以上,甚至达到 10 亿吨。如果把地球压缩成这样,地球的直径将只有 22 米! 一粒小桃核那么小的中子星物质,需要十万艘万吨级巨轮才能拖动它!

超密态物质不可能出现在地球实验室里,只能在宇宙空间产生。

2. 引力波

在爱因斯坦的广义相对论中,提出了引力波概念。宇宙中,有时就会出现如致密星体碰撞并合这样极其剧烈的天体物理过程。过程中的大质量天体剧烈运动扰动着周围的时空,扭曲时空的波动也在这个过程中以光速向外传播出去,这种传播现象被称之为引力波。

宇宙中,两个质量极大的物质,比如黑洞,相互高速地环绕,也会让周围的时空产生一阵阵的“涟漪”,这也是引力波。

人们认为，一对合并的中子星，也可能引发引力波。

人类在地球上的实验室里无法制造出引力波，而在宇宙这一广袤的实验室里，引力波却不时出现。比如，两个黑洞合并的引力波、双中子星合并的引力波。

3. 宇宙中重核子的聚变反应

核反应主要有重核裂变与轻核聚变。

核裂变是一个原子核分裂成几个原子核的变化。比如，铀、钍等发生核裂变。这些原子的原子核在吸收一个中子以后会分裂成两个或更多个质量较小的原子核，同时放出二个到三个中子和很大的能量，中子又能使别的原子核接着发生核裂变……这种过程称作链式反应。原子核在发生核裂变时，释放出巨大的能量为原子核能，俗称原子能。

核聚变是指由质量小的原子，比如氘或氚，在一定条件下（如超高温和高压），发生原子核聚合作用，生成新的原子核，并伴随着巨大的能量释放的核反应形式。

铀、钍等核裂变与氘或氚核聚变之所以可以释放能量，就在于核子的分裂或者结合都亏损了质量，亏损的质量乘以光速的平方就是释放的能量。

原子核可以分成轻核和重核，这个以铁元素为基准。铁前面的元素可以认为是轻核，铁后面的原子可以认为是重核。也就是说：铁是最稳定的。在地球上的实验室里，轻核子很难发生裂变，重核子很难发生聚变。

在铁前面的元素的规律是，若干个轻核子结合成更重的原子核时，核子们的总质量就亏损了，并释放能量。反过来，新的原子核如果要再裂变成原来的轻核子，则需要吸收能量以弥补质量亏损，才能恢复到原来轻核子们的总质量，所以说轻核很难发生核裂变。

铁后面元素的规律和上面是相反的，重核子一般只会核裂变，因为原子核裂变前质量要比裂变后的核子们总质量大。如果要重核子聚变则要吸收能量以弥补质量亏损，所以重核子只存在理论上聚变，现在人类还不足以让重核子聚变。所以我们常常听到原子弹以重元素铀和钚为原料；而氢弹则是以氘、氚这样的轻核子为原料。

然而在宇宙实验室里，重核子核聚变反应却可以实现，比如以下两个现象。

第一，超新星爆发。质量是太阳质量8倍以上的天体，随着聚变反应的进行，内部的氢、氦等材料逐渐消耗，在寿期末会由于引力的作用而发生坍塌，瞬间向中心挤压，然后发生剧烈爆炸，这就称为超新星爆发。这个过程会释放出巨大的能量，并释放出大量的快中子，原子核在高能以及中子的作用下参与核反应形成比铁更重的原子。

第二，中子星合并。中子星的碰撞合并，这个过程放出巨大的能量，这个过程也会发生重核子聚变的反应，形成大量的超重元素，包括金、银等。中子星的一次碰撞，抛出的碎块中形成的黄金足有300个地球那么重。也就是说，你的金戒指或者金项链里面，大部分黄金是至少几十亿年前中子星与中子星或黑洞碰撞后的碎块里产生的。这些碎片被撒入广袤无垠的太空中，其中的一部分与其他大量物质在46亿年前凝成了我们的地球。探究中子星的碰撞，可以让人类窥见金、铂等超铁元素，是如何在宇宙的巨变中产生的。

五、天体物理学

天体物理学既是天文学的一个主要分支，也是物理学的分支之一。天体物理学是应用物理学的技术、方法和理论，研究天体的形态、结构、化学组成、物理状态和演化规律的天文学分支学科。

天体物理学分为太阳物理学、太阳系物理学、恒星物理学、恒星天文学、星系天文学、宇宙学、天体演化学等分支学科。另外，射电天文学、空间天文学、高能天体物理学也是它的分支。

人类对宇宙的认识不断扩大，不仅使人们愈来愈深入地了解宇宙的结构和演化规律，同时也促使物理学在揭示微观世界的奥秘方面取得进展。氦元素就是首先在太阳上发现的，过了二十多年后才在地球上找到。热核聚变概念是在研究恒星能源时提出的。由于地面条件的限制，某些物理规律的验证只有通过宇宙这个实验室才能进行。天文学的四大发现——类星体、脉冲星、星际分子、微波背景辐射，促进了高能天体物理学、宇宙化学、天体生物学和天体演化学的发展，也向物理学、化学、生物学提出了新的课题。

第四节　天文学与生物

地球，这个大自然的宠儿，在46亿年的沧桑演变历程中创造出最神奇的瑰宝——生命。地球是浩渺宇宙中迄今发现的唯一有生物的璀璨明珠,世界也因生物而精彩。

一、太阳与光合作用

光合作用,是指绿色植物(包括藻类)通过叶绿体,吸收光能,把二氧化碳和水合成富能有机物,同时释放氧气的过程。光合作用对实现自然界的能量转换、维持大气的碳—氧平衡具有重要意义。我们每时每刻都在吸入植物光合作用释放的氧,我们每天吃的食物,也都直接或间接地来自光合作用制造的氧与有机物。

光合作用中最主要的产物是碳水化合物,植物体中所存储的化学能除了供植物本身和全部异养生物之用外,更重要的是成为人类营养和活动的能量来源。绿色植物是一个巨型的能量转换站,为包括人类在内的几乎所有生物的生存提供了物质来源和能量来源。如果没有光合作用,人类就没有食物和各种生活用品,就没有人类的生存和发展。光合作用的能量来自于太阳,太阳是地球生命之源,是太阳孕育了地球的万类生机。

光合作用能维持大气的碳—氧平衡。光合作用所产生的氧气,也是大气中氧气的来源之一。大气之所以能经常保持 21% 的氧含量,主要依赖于光合作用过程中释放的氧。光合作用一方面为有氧呼吸提供了条件,另一方面,逐渐形成了大气表层的臭氧(O_3)层。臭氧层能吸收太阳光中对生物体有害的强烈的紫外辐射。

二、天文与历法

历法,是根据天象变化的自然规律,计量较长的时间间隔,判断气候的变化,预示季节来临的法则。

农业生产与季节、天象有着极为密切的关系。中国天文学和历法早就很发达,在尧、舜时期,就有关于羲和、羲仲在河洛地区观察日月星辰以定四时的传说。中国古历采用阴阳合历,即以太阳的运动周期作为年,以月亮的圆、缺周期作为月,以闰月来协调年和月的关系。古人根据太阳一年内的位置变化以及由此引起的地面气候的演变次序,把一年又分成 24 段,称为二十四节气,分列在十二个月中。二十四节气反映了一年四季的变化,与农牧业生产密切相关，因此中国历叫农历，又称为阴阳合历。

阴历是以月球的运动规律定月的，是以朔望月为基本单位的历法，通常称这种历法为阴历；朔望，即朔日和望日，旧历每月初一日为朔日，十五日为望日。朔望月较之回归年易于观测，每月初一为新月，十五为圆月，易于辨识，使用方便，所以远古的历法几乎都是阴历。以太阳年为基本单位的历法是阳历，阳历以地球绕太阳转一圈的时间定做一年，共 365 天 5 小时 48 分 46 秒。

因为地球绕太阳一周为三百六十五天，而十二个阴历月只有约三百五十四天，与阳历回归年相差 11 天左右，3 年累计的时间差距会超过一个月。所以古人以增置闰月来解决这一问题。每 2～3 年置 1 闰月，即每隔两年到三年，就必须增加一个与上一个月相同的农历月份，增加的这个月叫闰月。古代曾采用 19 年置 7 闰的闰周。

农历是中国传统历法，是融合阴历与阳历的一种历法。

三、中国的二十四节气

二十四节气是农耕文明的产物，它是上古先民通过观察天体运行，结合地理气候、物候变化规律所形成的知识体系。

二十四节气最初是依据斗转星移制定。北极星正好处在天球转动的轴上，所以相对不动，而在轴边上的北斗星看起来就像围绕着北极星转一样，这就产生了"斗转星移"。北斗七星循环旋转，斗柄顺时针旋转一圈为一周期，谓之一"岁"。现行确立廿四节气是依据地球绕太阳公转的规律制定的。两种确立方法虽然不同，但实际上造成斗转星移的原因即是地球绕太阳公转，因此两者交节时间基本相一致。二十四节气顺序为：立春、雨水；惊蛰、春分；清明、谷雨；立夏、小满；芒种、夏至；小暑、大暑；立秋、处暑；白露、秋分；寒露、霜降；立冬、小雪；大雪、冬至；小寒、大寒。一年四季由"四立"开始。立春、立夏、立秋、立冬，所谓"立"即开始的意思。

二十四节气于 2016 年列入联合国教科文组织人类非物质文化遗产代表作名录，二十四节气蕴含着悠久的文化内涵和历史积淀，是中华民族悠久历史文化的重要组成部分。

四、天文与物候

地球上生物生活、农业生产，与季节、天象有着极为密切的关系。几千年来,古人注意了草木荣枯,候鸟来去等自然现象与气候之间的联系,并据此安排自己的农事活动。物候是指生物长期适应光照、降水、温度等条件的周期性变化,形成与此相适应的生长发育节律,这种现象称为物候现象。物候包括以下三方面。

1. 植物物候:各种植物发芽、展叶、开花、落叶等现象。

2. 动物物候:动物的迁徙、初鸣、终鸣、冬眠等现象。

3. 各种水文、气象现象:如初霜、终霜、初雪、终雪等现象。

利用物候知识来指导农业生产的研究,叫物候学。物候学是研究自然界的植物、动物和环境条件的周期变化之间相互关系的科学,其认识自然季节现象变化的规律,以服务于农业生产和科学研究。

中国向来以农立国,非常重视物候现象。《礼记·月令》就记录了大量物候知识;在汉代编有七十二候,又产生了江南地区的二十四番花信风。七十二候,是我国古代用来指导农事活动的历法补充,它是根据黄河流域的地理、气候、和自然界的一些景象编写而成,以五日为候,三候为气,六气为时,四时为岁,一年二十四节气共七十二候,各候均以一个物候现象相应,称"候应"。七十二候是黄河流域农期天文学、气象学、节候学等方面的一项文明成果。

五、地球生命灭绝的悲剧

6 500 万年前的中生代,在 1 亿多年的漫长时期是恐龙称霸的年代,这个时期气候温暖湿润,水草丰美,呈现一个生物界大繁荣的盛世。然而,灾难突然降临。一颗小行星闯进了地球大气层,它像一只光焰四射的火球,猛烈地撞击地球。被撞的地点是一片狭窄的海域,巨大的冲击力立即引发了一场海啸,惊涛骇浪远波千里之外的海岸,撞击释放出的惊人热量使大气变得如同火炉,将地面的动物烤焦,广袤的森林燃成一片火海,悬浮在空中的尘埃和烟雾遮天蔽日,整个世界天昏地暗。这次大撞击,使地球上三分之二的物种从此销声匿迹。

这就是在 6 500 万年前由一颗直径约 10 千米的小行星撞击在墨西哥尤卡坦半岛后所发生的,那次撞击的能量,相当于 120 万次 8 级大地震,或者相当于摧毁日本广岛原子弹爆炸当量的 100 亿倍!

受此撞击，地球在地质方面也发生了巨变。从这时起，印度板块向亚欧板块挤压，把古地中海挤成一座高山，这就是现在的青藏高原。太平洋板块向南美挤压，形成美洲最高山——安第斯山。此外，还有一系列全球性的造山运动和地质上的构造运动，这就是地质上有名的被称之为中生代以后的喜马拉雅运动，并且这个运动至今仍未终止。

此次大撞击在气候方面对地球的影响也极为巨大。在中生代以前，中纬地区没有大山和高原，南北向之间的大气环流很容易交换，可称得上"环球同此凉热"。中生代以后，在中纬地区出现许多大山高原，高低纬之间温差越来越大，中生代那种全球性生态大繁荣时代一去不复返了。

小行星撞击地球是我们地球生命面临的最大灾难之一。如果这种规模的宇宙天体碰撞发生在今天，地球上的生物将会再次面临大改组，人类文明也将被彻底摧毁。

研究证明，地球历史上多次生物灭绝都是由小天体撞击所诱发。

六、外星生命的探索

我们人类从很久以前就开始仰望星空，思考人类的起源，探索地球以外的世界。在我们星球之外，是不是还有其他生命存在？有没有外星人？寻找生命的导向原则是那里必须要有水存在。科学家认为，只有满足以下条件的天体，才能成为生命的家园：适合的温度、岩质行星和表面拥有液态水。

迄今为止，我们人类所知晓的所有生命体，都存在于我们的地球上，科学家们还没有发现任何的外星生命。然而宇宙太大了，我们的地球只是太阳系中的一颗行星，而太阳又只是银河系数千亿颗恒星中的一个，银河系又只是可观测宇宙中数万亿个星系中的一个。在如此庞大的基数面前，宇宙中很有可能存在外星生命。

探索外星生命的学科被称作地外生物学或天体生物学。

天体生物学主要研究地球和太阳系各层次天体中生命起源和演化，并探索生命在宇宙中潜在分布和其未来发展趋势等，涉及天文学、地质学、生命科学等多个学科门类。研究主题涵盖地球生命的起源和早期演化、寻找并研究地外宜居星球和潜在生命形式、生命与环境协同演变等，对探索生命的起源及演化具有重要指示意义。

第五节 天文学与化学

人类面对深邃的宇宙,内心总会产生探密的渴望。天上的星星是由什么构成的？每种元素都有独特的光谱特征,科学家通过分析天体的光谱来确定其化学成分,揭示宇宙中元素和分子的秘密。

一、天文学中的"金属元素"

中学化学就学过,元素可以分为金属和非金属两类。比如铁、铜、铝、锌就是金属,氢、氧、硅、磷就是非金属。不过,在天文学中的"金属元素"可跟日常所说的不一样。天文学中将氢、氦之外的元素称为"金属元素",或是"重元素",因为排除暗物质等理论外,在宇宙中氢、氦两种元素就占了宇宙99%。

宇宙中的恒星不止一代,一个天体的金属量可以显示是处于哪一代恒星的讯息。金属丰度低的恒星形成于宇宙生命的更早期,金属丰度高的恒星则更加年轻。根据恒星的金属丰度,天文学家将它们分成三类:"第一星族星"是最年轻、且最富含金属的恒星;"第二星族星"是古老的、只含有少量金属的恒星;"第三星族星"是几乎不含金属的恒星——它们是宇宙中的第一代恒星。

1. 第三星族星

宇宙始于大约137亿年前的大爆炸。在宇宙诞生后不到2.5亿年时,产生了第一代恒星,它们完全不含有任何金属元素,而是完全由氢,氦构成,被称为无金属星,或第三星族星。这些恒星的质量非常巨大,在恒星的核心,核聚变将氢变成了少量的氦元素和非常微量的锂元素。当这些远古巨星走到了生命终点,会产生壮观的超新星爆发,并将元素散布在宇宙中。

第三星族星是假设中的星族,它们未曾被直接观测到,但是经由宇宙中非常遥远的重力透镜星系找到间接的证据。

2. 第二星族星

亿万年后,新的恒星诞生于第一代恒星死亡释出的物质中,它们诞生之初,就包含了上一代恒星的馈赠——少量金属元素。这样的恒星是宇宙中的第二代恒星,被称为贫金属星,或第二星族星。它们也是迄今为止能观测到的最古老的恒星。在目前的可观测宇宙中,第二代恒星并不多。北天夜空中第一亮的恒星、亮度排名全天第 4 的恒星大角星，就是一颗第二代恒星，金属丰度只有太阳的三分之一。它已经 71 亿岁了，比太阳大了 10 几亿岁。

3. 第一星族星

当第二代恒星也走向生命的终点，化作了一片灿烂的星云。经过了若干年岁，新的恒星又在这里诞生，这样的恒星被称为富金属星，也叫第一星族星。第一星族或是富金属星，是年轻的恒星，金属量最高，地球的太阳是富金属的例子。由于金属含量丰富，恒星周围更容易形成行星，特别是类地行星。

恒星的演变过程伴随化学元素的形成。我们没有办法了解到一颗恒星究竟是在多少代恒星的遗骸中诞生的，因此这个"代"的概念并不是世代交替"一个接着一个"，我们只能通过恒星的金属丰度，来判断它大约在哪个时期。金属丰度是恒星世代的分类标准，金属丰度大于一定数值的都算是第三代恒星，也就是第一星族星。

二、天体化学

在天文学与化学的交汇处，诞生了天体化学这一交叉学科。天体化学是一门研究宇宙中元素的丰度和分子形成、分解以及揭示它们在天体中的化学变化过程的学科。天体化学的主要研究对象是复杂天文环境下的化学过程，涵盖了恒星形成区域、星际介质、分子云、系外行星系统、彗星、陨石以及其他天体中的化学成分及相互之间的反应过程。通过对这些天体中化学元素和分子的观测与分析，可以追溯宇宙中的化学演化过程，进而探索宇宙的起源和进化。

光谱学的出现，诞生了研究星体与化学的学科——天体化学（Astrochemistry）。天体化学是天文学与化学的交叉学科，是研究天体和其他宇宙物质的化学组成和化学过程的学科。元素与核素的起源、空间分布及其随时间的演化，地外物质与地球的相互作用及其效应，也是天体化学的重要研究内容。

第十二章

地学的学科交叉

在浩瀚的宇宙间,唯有地球才是我们的家园。

人类自出现以来,一直十分关心赖以生存和发展的地球的状况,从而萌生地学概念。地学,即地球科学,是对我们所生活的地球为研究对象的学科。地学主要是指地质学和地理学的统称,通常有地质学、地理学、海洋学、大气物理学、古生物学等学科。

地质学是关于地球的物质组成、内部构造、外部特征、各圈层间的相互作用和演变历史的知识体系。地理学是研究地球表面自然现象和人文现象以及它们之间的相互关系和区域分异的学科,简单说就是研究人与地理环境关系的学科。

地学与物理学、化学、生物学、天文学以及人文科学等密切相关,由此诞生了一系列的交叉学科。

第一节　地　学　与　物　理

地学,即地球科学。很多地学现象,也是物理现象,对这类现象的认识需要地学知识,也需要物理知识,这就为地学与物理的学科跨越打下了坚实的基础。

一、地球的光学现象

地球周围聚集的一层气体圈层,叫大气圈。大气圈并不发光,但它能对通过大气层的太阳、月亮光线选择性吸收、散射、反射、折射、衍射等,改变原来入射光线的传播路径和颜色,变幻出绚丽迷人的光学景观。蓝天白云,朝霞晚霞,海市蜃楼,七彩虹霓……无不是大气的神奇杰作。

1. 晨昏蒙影,朦朦胧胧的天际风景

晨昏蒙影,又称曙暮光。日出前,即太阳未露出地平线前,阳光照射到高层大气,阳光被大气分子散射,造成天空微亮、地面微明,从这时刻起,到太阳露出地平线为止的光亮称曙光。日落后即太阳西沉到地平线以下后,仍有一段时间阳光可照射到高空大气,因空气分子散射使天空和地面仍维持微明,这段时间的光称暮光。曙光与暮光合称曙暮光。曙光时段称黎明,暮光时段称黄昏。在早晨与黄昏,虽然没有阳光照射地面,但高空的阳光被大气分子散射,形成晨昏蒙影,所以有许多的活动可以继续在户外从事,而不需要人为的光源补助。

2. 朝霞晚霞,铺在天空的绮丽织锦

在清晨,太阳刚刚出来的时候,或者傍晚太阳快要落山的时候,天边的云彩常常是通红的一片,像火烧的一样,人们把这种通红的云,叫朝霞和晚霞,又叫做火烧云。朝霞晚霞千变万化,像铺开了一幅巨大的瑰丽无比的织锦。一般情况下,朝霞预示着白天将要下雨;晚霞则表明第二天是晴天。所以有"朝霞不出门,晚霞行千里"的谚语。

3. 海市蜃楼,虚无缥缈的幻影

蜃景,又称海市蜃楼。海市蜃楼常在海上、沙漠中产生。平静的海面、大江江面、湖面、雪原、沙漠或戈壁等地方,偶尔会在空中或"地下"出现高大楼台、城廓、树木等幻景,称为海市蜃楼。我国山东蓬莱海面上常出现这种幻景,古人归因于蛟龙之属的蜃,吐气而成楼台城廓,因而得名。自古以来,蜃景就为世人所关注。在西方神话中,蜃景被描绘成魔鬼的化身,是死亡和不幸的凶兆。我国古代则把蜃景说成是海上神仙的住所,看成是仙境。秦始皇、汉武帝曾率人前往蓬莱寻访仙境,还多次派人去蓬莱寻求灵丹妙药……现代科学已经对大多数蜃景做出了正确解释,认为蜃景是地球上物体反射的光经大气折射而形成的虚像,所谓蜃景就是光学幻景。

4. 七彩虹霓,谁持彩练当空舞?

雨过天晴,有时天空会出现美丽的彩虹。毛泽东《菩萨蛮·大柏地》中写道:"赤橙黄绿青蓝紫,谁持彩练当空舞?"彩虹是大气中的小水珠经日光色散所形成的圆弧形彩带,有红、橙、黄、绿、蓝、靛、紫七种颜色,常发生在雨后,出现在与太阳相对的方向。光线照射到雨滴后,在雨滴内会发生折射,其中紫

色光的折射程度最大,红色光的折射最小,其他各色光则介乎于两者之间,折射光线经雨滴的后缘内反射后,再经过雨滴和大气折射到我们的眼里,于是我们就看到了内紫外红的彩色光带,即彩虹。有时在虹的外侧还能看到第二道虹,光彩比第一道虹稍淡,色序是外紫内红,称为副虹或霓。霓和虹的不同点仅仅在于光线在雨点内产生二次内反射,因此,光弧色带就与虹正好相反。因为多一次反射,能量多一次损失,所以我们看到的霓的色彩比虹要淡一些。

二、地球的力学现象

地球存在许多力学现象。地震、火山喷发、板块运动等,都与力学有关,要研究这些现象,就需要物理学的力学。

1. 地震

地震灾害是群灾之首。地震发生十分突然,瞬间可造成大量的房屋倒塌、人员伤亡,释放的能量足以摧毁一座文明的城市,其惨烈能与一场核战争相比。2008年5月12日14时28分04秒,四川汶川、北川,8级强震猝然袭来,大地颤抖,山河移位,满目疮痍,生离死别……四川汶川"5.12"大地震,是新中国成立以来破坏性最强、波及范围最大的一次地震。此次地震重创约50万平方公里的中国大地!据民政部报告,四川汶川地震确认有69 227人遇难,374 643人受伤,失踪人数为17 923人。

地震是指地球内部缓慢积累的能量突然释放引起的地球表层的振动。地球的结构就像鸡蛋,可分为三层。中心层是"蛋黄"地核;中间是"蛋清"地幔;外层是"蛋壳"地壳。地球不停地自转和公转,地壳内部也在不停地变化,由此而产生力的作用,使地壳岩层变形、断裂、错动,于是便发生地震。地震一般发生在地壳之中。

2. 海啸

海啸是由水下地震、火山爆发、水下塌陷或滑坡等大地活动造成的海面恶浪。海啸在遥远的海面移动时不为人注意,它以迅猛的速度接近陆地,达到海岸时突然形成巨大的水墙,巨浪呼啸,以摧枯拉朽之势,越过海岸线,越过田野,迅猛地袭击着岸边的城市和村庄,瞬时人们都消失在巨浪中。2004年12月26日,强达里氏9.1~9.3级大地震袭击了印尼苏门答腊岛海岸,持续时间长达 10 分钟。此次地震引发 2004 年的海啸甚至危及到远在索马里的海岸居民，仅印尼就死了 16.6 万人，斯里兰卡死了 3.5 万人。印度、印尼、斯里兰卡、缅甸、泰国、马尔代夫和东非有 200 多万人无家可归，海啸巨浪席卷之处，一片萧条景象。

海啸是地球上最强大的自然力。海啸是一种地理现象，也是一种物理现象，要认识海啸，需要地理知识，也需要物理知识。目前，人类对地震、火山、海啸等突如其来的灾变，只能通过观察、预测来预防或减少它们所造成的损失，但还不能阻止它们的发生。海啸预警的物理基础在于地震波传播速度比海啸的传播速度快。地震纵波即 P 波的传播速度约为 6～7 千米/秒，比海啸的传播速度要快 20～30 倍，所以在远处，地震波要比海啸早到达数十分钟乃至数小时，具体数值取决于震中距和地震波与海啸的传播速度。例如，当震中距为 1 000 千米时，地震纵波大约 2.5 分钟就可到达，而海啸则要走大约 1 个多小时。

人类对无数地学现象的认识与探究都要用到物理学的知识，比如大陆漂移、海底扩张、板块构造、海沟形成、火山的喷发、地震的产生、海啸的运动……都需要物理学的知识。

三、地球物理学

地球物理学是以地球为对象的一门应用物理学。地球物理学运用物理学的原理和方法，对地球的各种物理场分布及其变化进行观测，探索地球本体及近地空间的介质结构、物质组成、形成和演化，研究与其相关的各种自然现象及其变化规律，在此基础上为探测地球内部结构与构造、寻找能源、资源和环境监测提供理论、方法和技术，为灾害预报提供重要依据。

地球物理学可分为应用地球物理和理论地球物理两大类。

第一，应用地球物理（又称勘探地球物理），主要包括能源勘探、金属与非金属勘探、环境与工程探测等，是石油、金属与非金属矿床、地下水资源及大型工程基址等的勘察及探测的主要学科。

第二，理论地球物理，研究对地球本体认识的理论与方法。如：地球起源、内部圈层结构、地球年龄、地球自转与形状等，具体包括地震学、地磁学、地电学、地热学。

第二节 地学与生物

地球作为一个行星,在 46 亿年前起源于太阳系星云。地球诞生之初是没有生命的,在闪电,宇宙线等作用下,原始地球的大气内部有无机元素和有机元素演化成有机分子。大约在 35 亿年前,地球出现原始生命。随着地球亿万年的沧桑演变,形成了今天形形色色的各种生物,形成了地球上独特的生物圈层。

地球的环境条件,与生物的进化与发展相辅相成,相互影响。

一、适宜的环境与生物

距今 3 亿多年前的石炭纪,那时气候温暖湿润,沼泽遍布,地球是一个生机勃勃的绿色星球。除了海洋的一片蔚蓝,陆地上几乎长满了绿色植物。在沼泽周围,茂密的森林一眼望不到头。森林最上层是高达 20 多米的鳞木,因鱼鳞般的树皮而得名;石松是另一类乔木,它们挺拔雄伟,成片分布,最高的石松可达 40 米。中层是矮一些的栉羊齿,这些蕨类植物枝条细长,有对称的羽状复叶。森林下层则是多种低矮的蕨类和裸子植物,蕨类植物的数量最为丰富,大量占据了森林的下层空间,紧簇拥挤,蒸蒸日上。那时地球大气中的氧气浓度飙升到 45% 左右,是地球有史以来的最高值。由于这一时期形成的地层中含有丰富的煤炭,因而得名"石炭纪"。

有树冠层遮风挡雨,幽深湿润的林底成了陆生节肢动物的演化试验场。充足的食物和富氧的大气使陆生节肢动物成长为庞然大物。巨型蜘蛛有人头般大小;巨型马陆有 3 米长,身披坚硬的盔甲,长有锋利的大颚;巨脉蜻蜓翼展长达 95 厘米;肺蝎有 1 米多长,跟现在的大狗差不多长,有着大钳子和尾部的毒刺;节胸蜈蚣最大长度约 2.3 米,宽度则可达 50 厘米……石炭纪因此被称为"巨虫时代"。

二、恶劣的环境与生物

生物大灭绝是指依据于化石记录,在一个比较短的时间内,地球生物大量消亡甚至毁灭的一种灾变事件,它破坏了全球原有的生态系统,改变了生物群组成、群落结构和生物地理区系，是生命演化过程中最重要的事件之一。

美国芝加哥大学的著名科学家古生物学家塞普科斯基教授对地史时期有记录的生物多样性进行了系统的统计，建立了自6亿年以来地球生物的多样性曲线，结果发现地球上自有显著生物以来已经发生了5次生物大规模集群灭绝事件。

1. 奥陶纪生物大灭绝

在奥陶纪生物大灭绝之前，地球生物曾经迎来了一个繁盛的时期：寒武纪生物大爆发，在短短2千万年～2.5万年的时间里，迅速出现了90%以上的动物门类。大约在5亿多年前，地球迎来了第一次生物大灭绝——奥陶纪生物大灭绝。

引起灭绝的主要原因，有一个比较主流的假说：伽马射电暴。距离地球6 000万光年外有一颗恒星爆炸形成一个超新星，而在此时它的两极发生了巨大的能量束，也就是伽马射电暴，不幸的是它刚好击中了地球。地球大气中有30%的臭氧层被伽马射电暴带走，导致大量的太阳紫外线能够直接到达地球表面。这是海洋无脊椎动物的灾难，腕足类、苔藓虫、牙形虫、三叶虫、笔石类、双壳类和棘皮类等类群的大量种类绝迹。

2. 泥盆纪生物大灭绝

3.8亿年前，地球正处于泥盆纪晚期，植物已经走向陆地，不过当时还没有出现食草动物。而植物的生长又导致地球上的碳—氧循环遭受破坏，导致地球上的氧气含量不断上升，二氧化碳含量不断下降，最终导致地球温度下降，许多无法适应寒冷的生物因此灭绝。

3. 二叠纪生物大灭绝

大约在2.5亿年前，地球迎来了历史上最大规模的一次生物大灭绝。在二叠纪晚期时，所有的陆地因为板块运动都挤压在了一起，形成了盘古超大陆。但与此同时，火山运动以及地震等灾害的发生，导致陆地再次分离。超级火山爆发之后引起气候剧变，当时地球上已经出现了植物，而且植物数量非常多，火山爆发点燃了整片森林，使地球温度升高。火山喷发时还会导致大量二氧化硫进入空气，形成酸雨，使得大量生物灭绝。除此之外，火山灰还会漂浮在空中遮挡太阳，使地球上长达几十年没有太阳的照射，而这也会导致生物大量灭绝。超过95%的生物物种在这个时期灭绝消失。

4. 三叠纪生物大灭绝

大约在 2 亿年前,地球又迎来了一次生物大灭绝,三叠纪生物大灭绝,此次导致了 76% 的生物灭绝。

大约在 2.35 亿年前,在现如今美国和加拿大地区有一个地方叫做兰格利亚,发生了一次火山喷发,史称"兰格利亚火山喷发"。这次火山陆陆续续喷发了 500 多万年,向地球喷发了大量的二氧化碳以及二氧化硫,而二氧化碳又导致当地温度升高,当时地球全球温度上升了 4~7 摄氏度。正是因为这次高温事件,导致了卡尼期洪积事件的发生,也导致地球海洋酸化以及火山灰阻碍太阳光线的进入,使得地球出现生物大灭绝。

5. 白垩纪生物大灭绝

地球第五次生物大灭绝就是我们最熟悉的恐龙大灭绝,导致恐龙大灭绝的原因目前比较主流的说法是小行星撞地球。在当时一颗直径超过 10 千米的小行星撞击了地球,引发地球火山爆发、地震、海啸等自然灾害。火山爆发又会导致地球温度下降,海水酸化,以至于大量生物死亡。但仍有极少部分的生物逃脱了生物灭绝,并且在之后的日子再次繁盛了起来。

经过了 5 次生物大灭绝之后,属于哺乳动物的时代,终于来临。

地球的演化史表明,适宜的环境,有利于生物的生存与发展;而恶劣的环境,则不利于生物的生存,甚至将导致生物大灭绝的灾难。

三、生物地理学

生物学与地理学交叉,诞生了生物地理学。生物地理学是生物学和地理学间的边缘学科,是研究生物在时间和空间上分布的一门学科,即研究生物群落及其组成成分,它们在地球表面分布情况及形成原因。按其问题和方法分,有生物区系地理学、生物系统地理学、历史生物地理学等。此外根据作为对象的生物群来划分,有植物地理学、动物地理学、昆虫地理学等。

1. 植物地理学

这是植物学和地理学之间的交叉学科,也是生物地理学的主要分支学科之一,主要研究植物及其群落的空间分布规律、地球表面各地区的植物种类组成、植物群落特征及其与环境之间的相互关系。从研究内容上,植物地理学可分为植物区系地理学、植物历史地理学、植物生态地理学和植物群落学。

此外,植物地理学与生态学、地质学、古生物学、气候学、土壤学等密切相关,可借助这些学科研究植物的分布现象。

2. 动物地理学

研究动物在地球表面的分布及其生态地理规律的学科,是地理学和动物学交叉形成的学科。动物地理学的基本任务是阐明地球上动物分布的基本规律,为保护和合理利用野生动物资源、恢复与定向改变动物群提供科学依据。

此外,还包括历史生物地理学:研究生物区系的起源、分类、扩展和灭绝;生态生物地理学:根据有机体与物理环境和生物环境的相互关系,来阐明生物分布的现状;古生态学:是上述两个分支学科的中间过渡;栽培生物地理学:研究栽培植物及驯养动物的起源、演化、分布及其与人类文化发展的关系;理论生物地理学:研究生物群起源、分布、演变、发展的基本理论。

第三节　地学与人类

一方水土养一方人,自然地理环境对人类各方面都有重要的影响。自然地理环境是指人类生存的自然地域空间,是人类社会存在和发展的自然基础。人类文化、风俗的形成都离不开地理环境影响。

一、地理环境与人种

最新的人类学证据表明,现今生活在地球上的人类共同的祖先是东非智人。因为地理环境的区别,于是演化出不同的人种。从东非迁移到地球赤道附近的智人,由于阳光紫外线辐射比较大,皮肤会生成黑色素,可以有效地吸收紫外线,保护皮肤不受阳光伤害,于是形成了黑色人种;而迁移到远离赤道,靠近南北极附近的智人,为了御寒要穿厚衣服,遮蔽了阳光,黑色素生成较少,也为了依靠光照合成维生素 D,于是皮肤逐渐白化,就形成白色人种;而介于黑色人种与白色人种中间纬度的智人,皮肤就介于黑色与白色之间,形成了黄色人种。黑种人、白种人、黄种人还有一个重要的区别,那就是白种人鼻子一般都比较长而高,黑种人鼻子一般比较短,黄种人不长不短。主要原因是,白种人远离赤道,在寒冷的地带,便长出长长的鼻子,让冷空气有更多的时间被加温,减少对肺的伤害；而黄色人种鼻子长短居中。

二、地理环境与人口分布

世界人口空间分布按纬度、高度分布存在明显差异。北半球的中纬度地带是世界人口集中分布区，世界上有近 80% 的人口分布在北纬 20°～60° 之间，世界四大人口稠密区都位于这个区域的沿海平原地区，如亚洲的东部和南部、欧洲以及北美东部的沿海地区，原因是温热适宜气候有利于人类的生产和生活。相反，极端干旱的沙漠地区、气候过于湿热的雨林地区、终年严寒的高纬度地区和地势高峻的高原山区不利于人类的生产生活，因而人口稀疏。南极地区因为气候极端酷寒，成为未被开发的无人地区。

三、地理环境与人类服饰

不同的地理环境，对人类的服饰也有重要的影响。

1. 江南的丝绸

江南的富人多着丝绸。因为我国江南自古以来就是富饶之地，这里地势平坦，土壤肥沃，夏季湿热，适合种桑养蚕。浙江的杭嘉湖地区、广东的珠江三角洲都是重要的蚕丝产地。

2. 青藏高原的藏袍

青藏高原以高原山地气候为主，高而寒，一天四季，夜间遍野冰霜，中午又可能烈日炎炎。因此藏袍就成为当地牧民最适宜的一种服装。白天劳动时多脱掉一袖或双袖，左右盘扎于腰间，这样胳膊就可以活动自如；夜间因为温差太大，穿上袖子则可以更好地御寒。藏袍的宽度足够一半铺一半盖，展开的长度正好能从头盖到脚，所以藏袍又是牧区最适合的被褥。

3. 阿拉伯地区白色宽松的长袍

阿拉伯人大多数居住在热带沙漠地区，日照时间长，气温高，降水量少，蒸发量大，非常干旱。阿拉伯人穿着白色长袍，戴着白色头巾，一方面易于反射热量，防止阳光灼伤皮肤；另一方面可以避免身上的汗水过多蒸发，造成人体缺水。宽袍大袖，通风良好，穿着不闷热，又免受沙尘之苦。

4. 草原民族的服饰特色是身穿长袍、足蹬靴子

高寒大风地区的人穿上袍子，再系上腰带，上下空气不易对流，十分保暖。穿靴子不仅是御寒和上、下马利索，更重要的是靴子适应穿行在戈壁、沙漠上，有利于保护腿脚。

又如，木屐是为多雨地湿而备，在日本和中国的南方尤其多见。欧洲多海洋性气候，地面常年湿漉漉的，贵妇人的长裤脚经常被打湿，因而有人发明了高跟鞋。在四季分明的地区，人们一般都要准备几套与季节相对应的衣服；相反，在"四季无寒暑"的我国云南昆明一带，形成了四季服装同穿戴的独特景观。

四、地理环境与人类饮食

从主食结构上看，由于气候条件不同，我国北方以种植小麦为主，南方以种植水稻为主，故形成了"北面南米"的格局。

醋是饮食中酸的代表调料，吃醋尤以山西等地为主。山西地处黄土高原，气候干燥、温差较大，水土碱性大，山西人称之为"水土硬"，而醋的酸性正好能中和碱性，维持人体内的酸碱平衡，有利于身体健康。同时，食醋本身对肠道有害菌类的增生繁殖具有抑制、消毒和杀菌作用。由此，也不难理解我国北方多有食醋的习惯了。

"南甜北咸"的区别。我国南方多吃蔗糖，蔗糖原料是甘蔗，甘蔗喜温、喜光，南方光热资源较为丰富，降水较多，适合甘蔗的生长。在一些地方特色的菜系中，例如粤菜，口味偏甜也成为一大特色。北方气候导致蔬菜较少，要多放些盐来弥补蔬菜的匮乏。

四川的特色是辣。四川地处盆地内部，雨多，下雨时阴冷，空气湿度大，过度的潮湿，毛孔闭合，人体内需要排泄的物质难以排出，也使得人的情绪低落。吃辣椒可以驱寒去湿，吃上一次麻辣火锅，冒一身大汗，身体和情绪都得到排解，十分舒服。江西和湖南吃辣，也是气候过度潮湿的原因。

五、地理环境与人类居住

在茹毛饮血的远古时代，人类最早的居所是"穴居"。

1. 穴居
《易经·系辞》中说："上古穴居而野处。"这里所指的"穴居"，是旧石器时代原始人类的一种居住方式。在我国北方，气候干燥，细密的黄土结实，挖起来也方便。于是,我们的祖先就用挖洞的方法盖房子。现在,西北地区还有人保留穴居的方式——窑洞。窑洞以陕北居多,这里的黄土极难渗水、直立性很强,为窑洞修建提供了条件。陕西气候干燥少雨、冬季寒冷、木材较少等自然状况,也为冬暖夏凉、不需木材的窑洞,创造了发展和延续的契机,且窑洞多朝南,施工简易,不占土地,节省材料,防火防寒。

2. 巢居

我国南方是水网密布的低洼地区,因此,在北方发展穴居的同时,南方则形成了巢居的体系。先秦文献追述建筑的起源,认为是从"有巢氏"教人"构木为巢"开始的。巢,鸟窝的意思,巢居为适应南方气候环境特点而形成:远离潮湿的地面,远离虫、蛇、野兽的侵袭,有利于通风散热,便于就地取材、就地建造等。

3. 干栏式竹楼

西南潮湿多雨,虫兽很多,人们就建造干栏式竹楼居住,楼下可养家畜,楼上住人。竹楼下空旷,空气流通,凉爽防潮,大多修建在依山傍水处。

4. 蒙古包

草原的牧民以蒙古包为住宅,便于随水草而迁徙。蒙古包为塞北牧区一大建筑景观,蒙古包造成圆顶,周壁没有窗户,大门向南或东南方开,能抵御冬季严寒和防风。

5. 客家围屋

在粤闽赣边区地带至今仍可见到一种圆柱形碉堡式高屋围楼,这是客家人来到南方定居后建造的一种民居屋式,称圆楼,具有突出的防御性能。

我国建造的房屋一般采取坐北朝南的方向,就是利用向南的房屋在冬季可以多接收阳光,夏季多刮南风的气候条件;房屋北面少门窗,则可减少冬季寒冷北风的气候影响。我国南方房屋一般高大,适合于那里的闷热气候条件,便于通风、散热、散湿;北方房屋一般低矮,则适合于北方寒冷的气候条件,有利于保温。

六、地理环境与人类出行

人们的出行与地理环境密切相关。我国古代的交通运输方式是南方以船为主,北方以马为主。南方气候湿润,降水丰富,地表河网密布,因此,船舶运输便应运而生。北方草场广布,畜牧业发达,马匹又以其耐力好、速度快而被北方人驯化为代步工具。在高山峡谷中,人们用峡谷的急流乘皮筏漂流;在冰天雪地的高原地区,人们有时坐雪撬出行;在茫茫沙海中,骆驼成为"沙漠之舟"。

七、地理环境与文化习惯

地理环境对人类的心理和行为的影响十分广泛。

农村的推碾、拉磨,城市的打扑克、搓麻将,还有传统游戏击鼓传花都是逆时针转圈。体育运动如跑步、赛车、赛马也是逆时针运动,甚至攀援植物都是按逆时针向上生长。人类的逆针向行为是地球的自转方向造成的,物理学上称这种力叫做科里奥利力。科里奥利力是法国物理学家科里奥利在1835年发现的,是地球自转而产生的离心力的一个偏转分力,它使北半球的流体向右偏移,形成逆针向旋转,比如台风是逆针向的;而南半球上的流体则向左偏移,形成顺针向旋转。北半球是逆针向的,那么地球上的生物从低级到高级,从简单到复杂,是在地球这个摇篮中被摇大的,人类的神经系统、血液系统吻合了逆时针向的运动。

地理对历史文化的影响很大。从一定意义上讲,各民族文化形态的差异是由其所处的地理环境的不同造成的。比如:山区居民因地广人稀,山的形象高大、稳健、厚重,推门见山,长久在这种环境中生活,便养成了说话声音洪亮,议事直爽,待人诚恳、仁厚本分的性格,故有"仁者爱山"之说。暖湿宜人的河湖海滨地区,水的形象灵活、多变、温柔,气候湿润,景色秀丽,所以,这里的居民往往多情善感,机智敏捷,灵巧清秀,故有"智者乐水"之说。我国西北平原的广袤无垠,造就了胸怀开阔、豪侠大方的西北大汉。相反,南方则多山地河流而少平原,地形地貌受山水阻隔,条块分割相当严重,即使平原地区也是沟壑纵横,山区峰回路转,视野被禁锢在狭窄的空间内,南方人在土地上精耕细作,为了生存,他们养成了精打细算、小心谨慎、清秀细腻、稳重内向的思维习惯。

一方水土养育一方人,地理环境差异对各民族文化形态的历史演变有着深刻的影响。

八、地理环境与人类灾难

地理环境的恶化往往给人类带来深重灾难。

　　大家都听说过发生在 250 万年前的冰河时期,但是你也许不知道,还有小冰河时期。历史上的小冰河期都导致了地球气温大幅度下降,使全球粮食大幅度减产,由此引发社会剧烈动荡,人口锐减。

　　从竺可桢写的中国气象史的资料中,可以知道中国历史上几次最大规模的社会动乱时期确实和四次小冰河期有密切关系,而不完全是吏治失败引起的。殷商末期到西周初年是第一次小冰河期,东汉末年、三国、西晋是第二次小冰河期,唐末、五代、北宋初是第三次小冰河期,明末清初是第四次小冰河期。当时气温剧降,造成北方干旱,粮食大量减产,形成几十年的社会剧烈动荡和战乱,长期的饥荒是造成战乱无限制扩大的根本原因。前三次"小冰河期"中国人口锐减超过五分之四。东汉末,汉族人口是六千万,历经几十年饥荒和大战乱后,到西晋一统时汉族人口仅剩七百七十万。随后又是八王之乱、五胡乱华,中国南北汉族人口仅存四百万。唐末汉族人口有六千万,至北宋初期只剩两千万。

　　明朝小冰河时期指的是明末清初整个中国冬天奇寒无比的几十年时期。这一时期年平均气温很低,夏天大旱与大涝相继出现,冬天则奇寒无比,连广东等地都狂降暴雪,极度寒冷的天气席卷全国,粮食减产,百姓生活难以为继,也难以交付那些苛捐杂税,交不起税使得统治者愈发地压迫、剥削老百姓。这个恶性循环的结果就是很多百姓举旗造反,天下动乱。明末汉族人口一亿二千万,至清初社会安定时剩五千多万,人口减损近一半,当时美洲传入的土豆、红薯和玉米等抗旱高产作物在抵抗饥荒中起到了一定的作用。

　　小冰河期影响的不只是我国,而是全世界。

　　我国明清小冰河时期,全球也同时进入寒冷时期,地球气温大幅度下降,各地冰雪蔓延:埃塞俄比亚的部分地区白雪皑皑,欧洲大部份地区皆经历了数百年寒冷恶劣的气候。持续的降雨和不同寻常的寒冷夏季意味着农作物的死亡,全球粮食大幅度减产,由此引发人口锐减,社会剧烈动荡。在冰岛,几乎没有收成,导致岛上超过半数的人口饿死。由于饥寒交迫,人们开始寻找替罪羊,于是将注意力集中在巫婆身上,因为他们相信天气只会被超自然的力量控制。1560 年至 1630 年间,估计有超过 4.5 万人因为巫术而受到审判和处决,其中绝大多数是妇女。很多案件中,受害者的主要指控是,他们改变天气状况,导致粮食歉收,大部分死刑都是烧死被告。除了巫婆外,其他的替罪羊包括犹太人和其他边缘群体。

第四节　地　理　与　语　言

一方水土养育一方人，长期生活在一定的地理环境中的人们，不同的地理环境和自然条件必然对他们的语言产生影响。

地理环境对语言的影响，主要体现在语音、词汇、语法三方面。

一、地理环境对语音的影响

地理环境的差异，造成人们生理、心理的差异，从而引起语音、声调以及情感表达方式的不同。比如北方话声音洪亮、语调刚爽，江浙话绵绵细语，粤方言古音绕口，西北话高亢激昂、雄厚粗犷。

二、地理环境对词汇的影响

在语言系统中，词汇产生的过程受环境的影响最大。人类往往将他们生存环境中最熟悉的事物变成使用最广泛的词汇，从而不断丰富他们的语言。比如俄语中与森林、树木有关的词汇非常丰富；英语中关于船的词汇则很多；阿拉伯语中至少有 6 000 多个词语表示各种骆驼及其部位等；在沙漠、戈壁地区，许多词汇则与绿洲、水源有关；北极地区爱斯基摩人的词汇中关于雪的表述非常细致、丰富；在赤道热带的一些部落中，则没有"雪"这一词语。所有这些，均是由这些词汇产生的地理环境决定的。

地名是一类特殊的词汇，往往包含着丰富的地理环境内涵。

地名反映自然环境方面，主要是地点的相对位置。我国古代就有山北为阴，山南为阳，水南为阴，水北为阳的观念。与此有关的地名有华阴、蒙阴、衡阳、凤阳、淮阴、沈阳、洛阳等。以自然地理实体为中心，取东南西北方位的地名有河北、河南、山东、山西、湖南、湖北、淮南、淮北、鸡东、鸡西等。在相邻位置关系中，加以河流为参考系的有：河之源，如湟源、凌源；河之中，如扬中、辽中、湟中；河之口，如丹江口、裕溪口、汉口。与地形有关的地名有：鞍山、巫山、平顶山、赤峰、黄冈、虎丘等。与水体有关的地名有：黑龙江、浙江、漠河、沙河、赤水、泾川、兰溪、岳池、贵池、神池、酒泉、甘泉、阳泉等。

在壮族地区，壮语地名用字中最常见的是"那"字，"那"在壮语中是水田的意思,稻作在古代壮族生活中极为重要,在现代地图上,这些含"那"字地名多至成千上万,例如那乐冲、那鲁、那洲、那龙、那陈、那琴、那岭等,在广西拥有以"那"命名的地名达到两万多个,并且逐渐向周边地区扩散。云南、广东、贵州、湖南和东南亚等地也存在以"那"命名的地名。

四川山多,丘陵多,唯独平地不多,而这些平地,不论大小,四川人通常都把它们叫做"坝"。坝可大可小,小的坝,农家用作晾晒谷物的场所,被称为晒坝。另外,农户房屋前的一小片平地叫院坝,有的坝面积非常大,比如成都平原,也被人称作川西坝。

汉语与英语因为地理环境的区别,产生了特定的语言表达方式。

1. 比如汉语的"东风"与英语的"west wind"

中国地处亚热带,每当东风吹来时,中华大地便是草长莺飞、山花烂漫的时节,所以东风往往和春天联系在一起。辛弃疾有诗:"东风夜放花千树",正因为东风在中国人心目中是和煦温暖的,它常常象征着进步、蓬勃向上。"东风压倒西风"则喻指"进步的、革命的力量压倒落后的、反动的力量"。而西风有萧瑟秋风之说,如"古道西风瘦马"。

英国地处西半球北温带,西风是从大西洋吹来的温暖湿润的风,有点像我们所说的东风。而英国的东风是从欧洲大陆北部吹来的寒冷的风,正如中国的西风。有些谚语如:When the wind is in the east, it's neither good for man nor beast.(风起东方,人畜不安);When the wind is in the west, the weather's at the best.(风起西方,气候最佳)等也显示了英汉两种文化中"东风"和"西风"的不同内涵。英国诗人雪莱的《西风颂》中的"西风"的寓意,正是对春的讴歌。

2. 又如汉语的"夏天"与英语的"summer"

地理位置不同,自然气候也就不同。中国属于大陆性气候,夏天大部分地区平均气温高达30摄氏度以上。汉语词"夏"常给人以"赤日炎炎似火烧"的闷热感。而英国属于典型的海洋性气候,冬暖夏凉,夏天平均气温只有20摄氏度,很少高于32摄氏度,春、夏之间无明显差别。所以 summer 在英语中常具有可爱、温和、美好等文化语义,

特定的地理环境造就了特定的文化,特定的文化又产生了特定的语言表达方式。

三、地理环境对语法的影响

汉语不同地区的方言中，主要区别在于语音与词汇，语法的区别相对较小，但也有些区别。汉语的语法手段主要有语序和虚词，方言语法区别主要在语序。有的方言有状语后置的习惯。比如：普通话"你先走"，粤方言则说"你行先"。普通话"再吃一碗饭"，客家方言则说"食一碗饭添"。

补语位置在方言中也有特别的现象。比如，普通话"打败他"，吴方言的绍兴话有"打伊败"的说法。

四、地理环境与语言传播

自然环境条件的差异往往会促进或阻碍语言的传播，导致形成不同的方言景观。我国现代汉语七大方言区的形成，无疑也是地理环境作用的产物。我国语言的地理差异表现为"南繁北齐"，即南方语言繁杂，北方语言比较单一。我国北方广大地区都属北方方言区，语言虽有区别，但交流并没有太大障碍。北方方言区之所以传播范围最广，除了历史的、政治的、经济的因素外，还与北方地区地形平坦，较少天然障碍，有利于语言的传播有关。而南方崎岖的丘陵、山地则为不同方言的发展和保持提供了客观条件，导致彼此的内部差异远大于北方。比如客家方言的长期传承与保持，一方面与客家人"宁卖祖宗田，莫忘祖宗言"有关，另一方面，封闭的地理环境也对客家方言的保持起到了屏障作用。

五、语言地理学

语言地理学，是研究语言现象的地理分布的学科。语言地理学以收集语音、语法、词汇等语言要素空间分布资料，编制语言地图，研究语言分布地理特征并由此探讨语言发展演化规律为主要目的。语言地理是文化地理学的重要组成方面，对于研究地域政治、社会、民族、人口、文化、经济等各种人文地理现象有着重要的辅助作用。语言地理也是语言学的一个课题，往往由语言学者对其语言的产生，演变，传播地域等方面进行研究。

第五节　地　理　与　艺　术

艺术与地理有着紧密的联系。不同的时代、地理位置、气候条件、发展历程和社会文化背景会赋予艺术不同的文化特征,烙下不同的文化印记。

一、地理环境与音乐

地理环境影响和制约着音乐文化。

地理环境造就了人,人以自己被造就的性格创造了与环境相协调的文化,文化又进一步强化了环境氛围,形成了各具特色的音乐。

1. 川江号子,急流险滩中船工们的生命呐喊

四川的地势西高东低,山峦重叠,长江自西向东横贯而过,境内有大小河流1 400余条,纵横交错的江河形成了四川得天独厚的水流资源,也养育了四川独具特色的江河文化。《川江号子》是流行于四川境内长江流域船工们所唱的劳动号子,是船工们与险滩恶水搏斗时用热血和汗水凝铸而成的生命之歌。根据船所行水势的缓急,号子时而舒缓悠扬,时而紧促高昂,时而雄壮浑厚,大气磅礴。见滩号子与上滩号子,情绪渐趋紧张,节奏短促,速度加快;拼命号子是与惊涛骇浪拼搏时演唱的号子,领唱与齐唱基本上是拼搏式的呐喊,节奏强烈,速度急快,已极少旋律性;下滩号子则是拼命冲过险滩之后,船又重新回到风平浪稳的江面时演唱的号子,节奏平缓,音调悠扬,力度渐弱,表现出船只渐渐远去的情景。

如今,川江上有了雄伟的三峡大坝,便没有了急流险滩,没有了纤夫,更听不到那曾经悲凉、激昂、打动人心的川江号子了。川江号子仅仅留存在音乐中,在人们的记忆里……

2006年,川江号子被列入国家级非物质文化遗产名录。

2. 悠扬高亢、粗犷奔放的陕北信天游

陕北地处黄土高原,有着沟川遍布的地貌,当地人长期行走于寂寞的山川沟壑间,途中以歌唱的形式自娱自乐,因此为信天游的产生创造了条件。人们习惯于站在坡上、沟底远距离地大声呼叫或交谈,为此,常常把声音拉得很长,于是便在高低长短间形成了自由疏散的韵律。信天游的曲调悠扬高亢、粗犷奔放、韵律和谐,透着健康之美。

3. 质朴无华、唱腔悠长的兴国山歌

兴国山歌属于江西中部山区农村客家山歌。兴国山歌历史悠久,相传是秦末兴国上洛山造阿房宫的伐木工所唱的歌。伐木歌起,山鸣谷应,引起上

山的樵夫，放排的工人，耕耘的农民感情上的共鸣，于是互相唱和，成为劳动群众表达思想感情的一种方式，代代相传，蔚然成风。兴国山歌植根于客家文化的深厚土壤中，涵盖了客家人生活的方方面面，饱含着丰厚的客家文化信息。兴国山歌千百年孕育，千百年传唱，成为我国民间艺术的一颗璀璨的明珠。2005年5月"兴国山歌"被列入为国家首批非物质文化遗产名录。

4. 旋律舒展、气势宽广的蒙古族民歌

蒙古族居住的地方，大部分是平坦广阔的戈壁、浩瀚无际的沙漠和水草丰美的草原。辽阔壮美的草原环境蕴育出优美动人的音乐。蒙古音乐有着优美的旋律，独特的韵味，歌中显示出蒙古人胸襟的开阔。蒙古族歌曲最显著的特点是字少腔多，以及拖腔悠扬、舒缓的长调歌曲。长调歌曲在旋律上，乐句气息悠长，气势连贯，旋律起伏很大，音域也比较宽广，具有浓厚的草原生活气息。

5. 细腻委婉、美丽动人的江南民歌

江南地区山青水秀，物产丰富，地势低平，湖泊密布，素有水乡之称，人民勤劳心细，历代文人辈出，形成了江南民歌旋律柔和、细腻、平静、流畅、秀丽，富于叙述性、抒情性的风格，如《茉莉花》《紫竹调》等，和北方的豪爽粗犷形成了鲜明的对比。

6. 清悦嘹亮、热烈奔放的藏族民歌

青藏高原是世界最高的高原，被称为世界屋脊，地势高且气温较低，大气洁净，晴天多，日照时间长，因而，青藏高原上的民间音乐清悦嘹亮、热烈奔放，有高原蓝天辽阔的气象。

7. 音乐地理学

音乐地理学是运用地理学的学科理论、研究观念与方法，对音乐文化进行研究，形成的音乐与地理学的边缘学科。音乐地理学是研究音乐的地域分布规律、形成演化过程及地域扩散特点的学科，其研究的主要内容有音乐的起源与扩散、音乐地域差异与音乐文化区、音乐与自然环境的关系、音乐与人文环境的关系、音乐景观等。

二、地理与美术

《庄子·知北游》中说："天地有大美。"祖国雄伟壮丽的山川河流、花草树

木等地理风貌,向来是美术家们的描绘对象。

1. 山水画

山水画是以山川自然景观为主要描写对象的中国画。中国历代山水画家,创作了无数的山水画珍品。

比如范宽的《溪山行旅图》。

范宽,名中正,字仲立,北宋著名山水画家。因性情宽和,人称"范宽",陕西华原(今陕西耀州区)人。他长住终南山和太华山,终日危坐,纵目四顾以求画趣。其画作以峰峦浑厚端庄、气势壮阔伟岸而著称,构图严谨而完整,崇山雄厚,巨石突兀,树林繁茂,充分表现出了秦陇间的自然景象。他的代表作品《溪山行旅图》,主体部分为巍峨高耸的山体,壮气夺人。山顶丛林茂盛,两峰相交处一白色飞瀑如银线飞流而下,在庄严静穆的气氛中增加了一分动意。山峰下巨岩突兀,林木挺直。画面前景溪水奔流,山阴道中,一队运载货物的商旅缘溪行进,为幽静的山林增添了生气,使观者如闻水声、人声、骡马声,也点出了该画作的主题。

《溪山行旅图》被视为"宋代绘画第一神品",堪称中国古代山水画的巅峰之作。解放前夕,该画作随故宫其他珍品被带至中国台湾,现藏中国台北故宫博物院,被誉为台北故宫三宝之首。20世纪60年代,台北故宫组织了一次中华古艺术品赴美巡展,引起的轰动不亚于那一年的"阿波罗登月计划"。2004年,美国《生活》杂志将范宽评为"上一千年对人类最有影响的百大人物"第59位。

中国古代山水画家们,爱山水,画山水,山水成了他们生活不可或缺的重要组成部分。南朝时宋画家、隐士宗少文,性爱山水,一生漫游山川,徜徉山水,饮溪栖谷30余年,曾经游历荆山、巫山、衡山,后来因病回到江陵。他自知不能再去遍游名山,便"卧以游之"。他所谓的卧游,就是用画笔把足迹所至的名山大川,绘成图画,悬于室内,朝夕玩摹,如临其境。虽足不出户,身居一隅,目不接烟霞,而胸中自有丘壑,也似置身于山水之间,时而抚琴弹奏一曲,兴趣盎然,不减当年。

2. 地理环境影响着美术的风格

一方水土养一方人,不同地理环境直接影响相关地域居住人群的人文形成,导致思想观念和文化性格特征不同,审美习惯也存在差异性,而审美习惯左右着美术的风格，使美术在发展过程中，表现出鲜明的地域特色。

我国西北、华北地区的干燥气候、植被单一的自然地理特征，影响了该地区人们的博大质朴、粗犷豪放的心理特征，反映在艺术上就是具有苍茫悲凉、雄浑朴实的艺术风格。江南温度高，湿润多雨、如烟似雾，大量的泥土遮住了石骨，山丘为厚厚的植被所覆盖，山体柔和圆润，具有平缓、起伏较小的外貌特征，造就了江南人优雅细腻的审美心理，这就形成了宋代董源、巨然的江南山水平淡清远的风格，以及明代唐寅笔下仕女飘逸轻柔的形象。而湖湘地处江南，苍山如黛，土红如砂，天气多变，因此楚文化中多以红、黑作为主要色调，艺术造型朴拙、用色大胆，也能够鲜明反映出一定的地域风貌。

3. 地理学与美术交叉，诞生了美术地理学

美术地理学是对美术和地理环境、地理景观之间相互关系的研究，是用地理学思想理论和方法研究美术作品的形成、风格和特色，探讨不同区域美术作品所表现出来的地域特征和差异，以及美术作品在不同地理环境和人文环境下所表现出来的艺术个性。用地理学的知识来探讨美术和地理环境变迁的外在表现，从地域的角度，用空间的观点来发掘美术和地理环境的内在联系。

第十三章

物理学的学科交叉

　　物理学是研究物质结构、物质相互作用和物质运动的最基本、最普遍的规律的科学。

　　现代物理学的内容极其广泛，包含的时间从宇宙诞生到无尽的未来，空间尺度从微乎其微的基本粒子，像夸克、中微子、电子，到庞大无比的超星系团，物理学便研究主宰这些自然现象的基本规律。物理学取得的成就极为辉煌，20世纪的"新四大发明"——原子能、半导体、计算机、激光器，彻底改写了世界科技发展的历史。物理学本身以及它对各个自然学科、工程技术部门的相互作用，深刻地影响着人类对自然的基本认识和人类的社会生活。今天的物理学是一门充满生机和活力的科学，它对当代以及未来的高新科技的进步和相关产业的建立和发展提供了强大的推动力量。

第一节　相对论的学科交叉

　　阿尔伯特·爱因斯坦是继哥白尼、伽利略、牛顿、达尔文以后最伟大的科学家。早在少年时代，爱因斯坦就富有想象力。十五六岁的时候，他曾幻想过这么两个问题：

　　"倘若一个人以光速跟着光线跑，那将会看到什么结果呢？"

　　"一个人凑巧在一个自由下落的升降机里，将会发生什么呢？"

　　后来，爱因斯坦对光线问题的想象产生了狭义相对论，对升降机问题的想象诞生了广义相对论。

　　相对论在许多领域得到广泛的运用。

一、相对论与核能

　　爱因斯坦狭义相对论把质量、能量和光速统一在一起，得到了著名的质能公式：

$$E = mc^2$$

其中"m"表示物体的质量，"c"表示光速，"E"表示该物质的能量。这个公式表明，物体的能量跟它的质量之间有简单的正比关系。物体的质量减少了，即放出了能量。假设有办法把一个质量仅为 1 克的小砝码全部转化成能量的话，则它的总能量就会相当于 2 500 万度的电能。质能公式的出现，使人类的智慧大大提高了一步。而第一颗原子弹的爆炸和原子能的运用，则鲜明地证实了质能相关性原理，证明了质量与能量确实可以按照公式 $E = mc^2$ 互相转化的事实，加深并发展了物质和运动的不可分离性原理，证明自然界之间存在深刻的内在联系和统一性。

值得一提的是，原子弹的出现和质能关系式关系不大，质能关系式只是解释原子弹威力的数学工具。

二、相对论与卫星导航系统

在现代科技中，相对论的应用十分广泛。例如，卫星导航系统卫星和接收器之间的时间差，就需要通过相对论来修正。

爱因斯坦的时间和空间一体化理论表明，卫星钟和接收机所处的状态（运动速度和重力位）不同，会造成卫星钟和接收机之间的相对误差。狭义相对论认为高速移动物体的时间流逝得比静止的要慢。每个导航卫星时速为1.4 万千米，根据狭义相对论，它的星载原子钟每天要比地球上的钟慢 7 微秒。另一方面，广义相对论认为引力对时间施加的影响更大，导航卫星位于距离地面大约 2 万千米的太空中，由于导航卫星的原子钟比在地球表面的原子钟重力位高，星载时钟每天要快 45 微秒。两者综合的结果是，星载时钟每天大约比地面钟快 38 微秒。这个时差看似微不足道，但如果我们考虑到卫星导航系统要求纳秒级的时间精度，这个误差就非常重要了。38 微秒等于38 000 纳秒，如果不加以校正的话，卫星导航系统每天将累积大约 10 千米的定位误差，这会大大影响人们的正常使用。因此，为了得到准确的卫星导航数据，将星载时钟每天拨回 38 微秒的修正项必须计算在内。为此，在导航卫星发射前，要先把其时钟的走动频率调慢。此外，导航卫星的运行轨道并非完美的圆形,有的时候离地心近,有的时候离地心远,考虑到重力位的波动,卫星导航仪在定位时还必须根据相对论进行计算,纠正这一误差。

由此可见,卫星导航系统的使用既离不开狭义相对论,也离不开广义相对论。早在 1955 年就有物理学家提出可以通过在卫星上放置原子钟来验证广义相对论,卫星导航实现了这一设想,并让普通人也能亲身体验到相对论的魅力。

三、相对论与现代天文学

现代天文学又被称作相对论天文学,那是因为整个现代天文学系统各个领域的发展都必须依靠广义相对论作为理论工具。

在相对论出现之前,天文学主要靠观测,和理论物理没有多少关系。但在 1929 年之前,有些天文现象用牛顿力学已经不适应对它进行描述。爱因斯坦试着用广义相对论来考察宇宙,得到了跟用牛顿力学计算完全不同的结果。从大尺度考察宇宙,得到的结果是宇宙不可能稳定,相对论得到了与牛顿力学指导下的经典宇宙观完全不同的动态宇宙,动态宇宙必然有着起源、演化和未来。也就是说,我们的宇宙和时间有一个起点,并且也不一定是永恒的。从此,相对论和天文学中的宇宙学相结合,指导了现代天文学近百年的发展,指导了今天人类对宇宙的认识。

1. 黑洞

广义相对论直接推导出某些大质量恒星会终结为一个黑洞——时空中的某些区域发生极度的扭曲以至于连光都无法逸出。依据爱因斯坦的广义相对论,当一颗垂死恒星崩溃,它将向中心塌缩,这里将成为黑洞,吞噬邻近宇宙区域的所有光线和任何物质。能够形成黑洞的恒星最小质量称为奥本海默极限。在当前的恒星演化模型中,一般认为 1.4 倍左右太阳质量的恒星演化为中子星,而数倍至几十倍太阳质量的恒星演化为恒星质量黑洞。具有几百万倍至几十亿倍太阳质量的超大质量黑洞被认为定律性地存在于每个星系的中心,它们的存在对于星系及更大的宇宙尺度结构的形成具有重要作用。

2. 引力波

广义相对论还预言了引力波的存在。爱因斯坦于 1918 年写了论文《论引力波》，引力波是时空弯曲的一种效应。宇宙中，有时就会出现如致密星体碰撞并合这样极其剧烈的天体物理过程，过程中的大质量天体剧烈运动扰动着周围的时空，扭曲时空的波动也在这个过程中以光速向外传播出去，这种传播现象被称之为引力波。引力波是时空弯曲的一种效应，是时空弯曲的涟漪，就如同在平静的水面，丢下一块石子，水面便会荡起一圈圈圆圆的波纹，向四周散去。在广袤的宇宙空间，有时也会泛起涟漪，如同水面吹过了一阵风，丢下了一块石子，激起的涟漪一样，那就是引力波，是遥远天际飘来时空弯曲中的涟漪。

宇宙中，两个质量极大的物质，比如黑洞，相互高速地环绕，也会让周围的时空产生一阵阵的"涟漪"，这也是引力波。

人们认为，一对合并的中子星，也可能引发引力波。

2016 年 2 月 11 日，LIGO 科学合作组织宣布，他们成功探测到来自于两个黑洞合并的引力波信号。引力波的发现标志着人类太空探索的路途上迈出了里程碑式的一步。

2017 年 10 月 16 日晚间，美国、中国、德国、英国、法国等全球多国科学家联合宣布，人类第一次直接探测到来自双中子星合并的引力波信号。本次引力波事件发生在北京时间 2017 年 8 月 17 日 20 时 41 分，是人类探测到的第一次由双中子星碰撞产生的引力波，更是人类第一次使用引力波天文台、电磁波望远镜同时观测到同一个天体物理事件，中国科学家在其中做出了卓越的贡献。

广义相对论预言的引力波，现已被直接观测所证实。

此外，广义相对论还是现代宇宙学的膨胀宇宙模型的理论基础。

爱因斯坦相对论是现代物理学中一项重要的理论，相对论如今已成为当代原子能科学、现代物理学、天文学、宇宙学和宇航科学的重要理论基础。在科学发展的道路上树起了一块新的里程碑，这也使爱因斯坦成为 20 世纪最伟大的物理学家。

第二节　量子力学的学科交叉

量子(Quantum)是现代物理的重要概念。

一、什么是量子？

一个物理量如果存在最小的不可分割的基本单位，则这个物理量是量子化的，并把最小单位称为量子。

在 19 世纪末，经典物理学理论力学、热力学、电磁学以及光学，都已经建立了完整的理论体系，在当时看来，物理学的发展似乎已达到了巅峰。然而，实验上陆续出现了一系列重大发现，如固体比热、黑体辐射、光电效应、原子结构……这一系列新发现，跟经典物理学的理论体系产生了尖锐的矛盾。

1900 年，德国著名物理学家普朗克发现，使用经典力学无法解释黑体辐射中的能量问题。通俗一点说，就是一个完全黑的东西会吸收一切光线，但是光被黑体吸收不是连续的。因为人们一开始不知道光是由光子构成的，所以黑体吸收光线应该是连续的，但是实验数据却表明，黑体吸收光线是一份一份的，并不是连续的。于是普朗克提出了一个全新的概念"能量子"，简称"量子"，普朗克指出，量子是能量的最小单位。量子概念是近代物理学中最重要的概念之一，在物理学发展史上具有划时代的意义。这个伟大的发现开启了通往量子世界的大门。它的发现者——德国科学家普朗克也因此获得了 1918 年的诺贝尔物理学奖。

随着科学的不断发展，科学家发现，量子绝不仅仅局限于能量这个物理量，自旋、电荷等物理量也同样可以量子化。

1905 年，德国物理学家爱因斯坦把量子概念引进光的传播过程，提出"光量子"的概念，并给出了光子的能量、动量与辐射的频率和波长的关系，成功地解释了光电效应。

1925～1926 年，薛定谔确立了电子的波动方程，并由此创建了波动力学，成为量子力学的基本方程。

量子力学与相对论一起构成了现代物理学的理论基础。大尺度空间宇宙学遵循广义相对论的法则，微观世界中基本粒子遵循量子论的法则。

二、量子力学的研究对象

量子力学的研究对象是自然界中任何物质客体都具有的一种最基本的物质结构层次及与之相联系的运动形式，量子力学描述原子和比原子更小的微观粒子,例如原子核、电子、中子、质子,夸克等,揭示微观物质世界的基本规律,为原子物理学、固体物理学、核物理学、粒子物理学以及现代信息技术奠定了理论基础。量子力学能很好地解释原子结构、原子光谱的规律性、化学元素的性质、光的吸收与辐射,粒子的无限可分和信息携带等内容。尽管人们对量子力学的含义还不太清楚,但它在实践中获得的成就却是令人吃惊的。

1. 光是什么?

燧石敲击可以发光,钻木取火可以发光,擦根火柴可以发光,燃烧柴禾可以发光,电灯通电也可以发光……然而,什么是光? 光的本质是什么? 这是一个颇为深奥的问题。量子理论认为,光源发出光,是因为光源中电子获得额外能量。原子都是由原子核和核外电子构成,原子的中间是原子核,而外围是绕原子核旋转的电子。在原子核外围,电子可以处在不同的能级。当激发电子时,例如,给电灯通电加热钨原子,电子就会吸收能量跃迁到更高的能级。然而,这种状态是不稳定的,为此,电子会跃迁回原来甚至更低的能级。当一个电子向低能级跃迁时,原子就会辐射出一个光子,而光子的能量正好等于两个轨道能量之差。当大量的电子同时向低能级跃迁时,就会发出大量的光子,所以钨丝灯可以发出亮光。光,就是电子跃迁过程中释放出来的能量,光其实就是能量。只要电子发生跃迁,就会向外释放光子,释放能量。光子的能量正好等于电子两个轨道能量之差。

2. 量子力学与晶体管的发明

量子力学很好地解释了处于导体和绝缘体之间的半导体的原理,为晶体管的出现奠定了基础。1948 年,美国科学家约翰·巴丁、威廉·肖克利和瓦尔特·布拉顿根据量子力学发明了晶体管,用很小的电流和功率就能有效地工作,可以将尺寸做得很小,从而迅速取代了笨重、昂贵的真空管,开创了全新的信息时代,这三位科学家也因此获得了 1956 年的诺贝尔物理学奖。

3. 量子力学与计时技术

原子钟是世界上最精确的时钟,以至于它每运行 2 000 万年才误差一秒。原子钟的发明离不开量子力学,而没有原子钟级别精确的计时,也就不会有GPS 和北斗卫星导航。

4. 量子力学与超导技术

超导在 1911 年就由荷兰物理学家昂萨格发现,但是直到 1957 年才由三位美国物理学家巴丁、库珀和斯里弗用量子力学做出正确的解释。这一理论用他们三人姓的第一个字母命名,称之为 BCS 理论。

5. 量子力学在工业领域的应用

时下半导体的微型化已接近极限,如果再小下去,微电子技术的理论就会显得无能为力,必须依靠量子结构理论。美国威斯康星大学材料科学家马克斯·拉加利等人根据量子力学理论已制造了一些可容纳单个电子的被称为"量子点"的微小结构。这种量子点非常微小,一个针尖上可容纳几十亿个。研究人员用量子点制造可由单个电子的运动来控制开和关状态的晶体管,他们还通过对量子点进行巧妙的排列,使这种排列有可能用作微小而功率强大的计算机的心脏。

6. 量子通信

量子力学中,有量子纠缠效应。量子纠缠是指具有纠缠态的两个粒子无论相距多远,只要一个状态发生变化,另外一个也会瞬间发生变化,此现象与距离无关,理论上即使相隔足够远,量子纠缠现象依旧能被检测到。量子通信是运用量子纠缠效应进行信息传递的一种新型的通讯方式,由于其高效安全的信息传输,成为国际上量子物理和信息科学的研究热点。

由于量子通信对国家信息和国防安全有着战略性的重要性,世界主要发达国家如美国、欧盟各国、日本等都在大力发展,它有可能会使得未来信息产业发展的格局发生改变。量子通信将以其信道容量极大、通信速率超高等特性,在未来的信息化战争中有着至关重要的作用。中国在量子通信这场国际化竞争中,在应用领域的多个方面已经达到世界先进水平,特别在城域量子通信关键技术方面,甚至达到了产业化要求。

7. 量子计算机

这是一种可以实现量子计算的机器,是通过量子力学规律以实现数学和逻辑运算,处理和储存信息能力的系统。传统计算机一次只能处理一个信息,而量子计算机一次可以处理 N 个信息的叠加,计算效率大大提高。因此,量子计算具有强大潜能,可用于密码破译、气象预报、金融分析、药物设计等领域。

8. 量子力学的学科交叉

量子力学的研究对象,是自然界中任何物质客体都具有的一种最基本的物质结构层次及与之相联系的运动形式，许多物理学理论和科学如原子物理学、固体物理学、核物理学和粒子物理学以及其他相关的学科都是以量子力学为基础的。所以现在量子力学已广泛渗透到物理学、化学、生物学以至宇宙学等各科学领域，并产生了一系列新的跨学科研究领域。

（1）量子色动力学。它是描述夸克、胶子之间强相互作用的标准动力学理论，它是粒子物理标准模型的一个基本组成部分。

（2）量子电动力学。它研究的对象是电磁相互作用的量子性质（即光子的发射和吸收）、带电粒子的产生和湮没、带电粒子间的散射、带电粒子与光子间的散射等，它概括了原子物理、分子物理、固体物理、核物理和粒子物理各个领域中的电磁相互作用的基本原理。

（3）量子统计力学。根据微观世界的规律改造经典统计力学，得到量子统计力学。

（4）量子电子学。研究利用物质内部量子系统的受激发射来放大或产生相干电磁波的方法，及其相应器件的性质和应用的学科。在这种放大、振荡机制中，量子跃迁过程起关键的作用。

（5）量子化学。它是应用量子力学的基本原理和方法研究化学问题的一门基础科学。

（6）量子生物学。量子生物学是利用量子力学来研究生命科学的一门学科，包含利用量子力学研究生物过程和分子动态结构，如在光合作用和视觉系统等对辐射的频率特异性吸收、化学能到机械能的转化、动物的磁感应等。该领域还在积极地研究磁场及鸟类导航的量子分析，并可能为许多生物体的昼夜节律的研究提供线索。

量子力学是主宰微观世界的理论。世界各种物体，包括恒星与行星、山岳与江河、岩石与建筑、动物与植物，甚至是你和我，都是由微观粒子构成的，因而这一切都被量子力学主宰着。由于量子力学的广泛渗透，使自然科学开始从原来的通过宏观表象认识物质客体，转向通过微观结构及其运动形式来认识物质客体，从而更深入地揭示物质客体的本质及其运动规律。

第三节　激光技术的学科交叉

激光，又称莱塞，也叫镭射，是它的英文名称 LASER 的音译，取自英文

Light Amplification by Stimulated Emission of Radiation，意思是"受激辐射的光放大"。激光是 20 世纪继核能、半导体、计算机后又一重大发明，并凭借其良好的单色性、方向性、亮度等特质被广泛应用于工业制造、生物医疗等领域，成为众多领域的重要支撑技术之一。

一、激光是什么？

激光是原子受激辐射的光，故名"激光"。原子外围的电子在其轨道上绕着原子运转，电子的轨道是一系列离散的轨道，电子只能在这些离散的轨道上运转而不能处在两个轨道之间，各个轨道都代表一个特定的能量值，一系列的轨道形成一系列的轨道能级，离原子核越接近轨道的能量越低，反之能量越高。原子中的电子吸收能量后从低能级跃迁到高能级，再从高能级回落到低能级的时候，所释放的能量以光子的形式放出。被激发出来的光子束——激光，其中的光子光学特性高度一致。因此激光相比普通光源单色性、方向性好，亮度更高。

1960 年 7 月，美国青年科学家西奥多·梅曼在加利福亚的休斯空军试验室制成了世界上第一台红宝石激光器，在第一次试验时，当他按下按钮，第一束人造激光就产生了。这束仅持续了 3 亿分之一秒的红色激光标志着人类文明史上一个新时刻的来临。

二、激光的学科交叉

激光的发光形式不同于普通光。普通光是由于物质本身运动所引起的，是一种"自发辐射"过程；激光则是由于外部对某些物质施加能量，使电子的能量急剧增加，在外部对某物质的直接激发下，以光子形式经光学谐振腔等特殊装置，得到聚能放大而发射出来，这叫"受激辐射光"。激光被广泛应用是因为它的特性，激光几乎是一种单色光波，频率范围极窄，又可在一个狭小的方向内集中高能量。激光诞生后，已经在工业、农业、医学、军事等各个领域和科研工作上提供了奇妙的工具和手段。

1. 激光加工技术

激光加工系统与计算机数控技术相结合可构成高效自动化加工设备，已成为企业实行适时生产的关键技术，为优质、高效和低成本的加工生产开辟了广阔的前景。

2. 光纤通讯

激光的发明结合光导纤维的发明，迎来了光纤通信新时代。光纤传输系统同电传系统相比，具有重量轻、体积小、容量大、传输快、保密性强、抗干扰能力强、成本低等独特优点。

3. 激光手术

它是利用激光去除或破坏目标组织，达到治疗的目的。它在眼科、牙科、皮肤科与整形外科等各领域都有相应的应用。

4. 激光制导

激光制导武器精度高、结构比较简单、不易受电磁干扰，在精确制导武器中占有重要地位。

5. 强激光武器

高能激光束可以摧毁飞机、导弹、卫星等军事目标。激光在核聚变研究中也具有重要意义，同时激光技术已经融入我们的日常生活中，在未来还会带来更多的奇迹。

第四节　超导技术的学科交叉

关于超导技术，我们首先要明确温度的计量单位。我们熟悉的是摄氏温度，冰点时温度为 0 摄氏度，沸点为 100 摄氏度。1848 年，英国科学家威廉·汤姆逊建立了一种新的温度标度，称为绝对温标，它的量度单位称为开尔文（K）。这种标度的分度距离与摄氏温标的分度距离相同。它的零度即最低温度，相当于摄氏零下 273 度（精确数为 $-273.15℃$），称为绝对零度。没有比绝对零度 -273.15 度更低的温度，因为绝对零度时，所有粒子都将会停止运动，已经是温度的最低极限了。

一、什么是超导技术？

1911 年，荷兰莱顿大学的卡末林—昂内斯意外地发现，将汞冷却到 4.2K（$-268.98℃$）时，汞的电阻突然消失；后来他又发现许多金属和合金都具有与上述汞相类似的低温下失去电阻的特性，卡末林—昂内斯将这种特殊导电性能称为超导态。卡末林由于他的这一发现获得了 1913 年诺贝尔奖。

二、超导技术的学科交叉

超导技术是研究物质在超导状态下的性质、功能以及超导材料、超导器件的研制、开发和应用的技术。超导技术的开发和应用对国民经济、军事技术、科学实验与医疗卫生等具有重大价值。

1. 悬浮列车技术

普通火车由于车轮与车轨之间存在着摩擦力,对时速有很大限制。于是,人们设想制造超导磁悬浮列车,使车轮与地面脱离接触而悬浮于轨道之上,并利用一种可将电能直接转换成直线运动机械能的直线电机驱动列车运动,超导磁悬浮列车的时速高达 500 公里/小时。

2. 超导与核聚变技术

为了保证未来人类的能源供应,人们正在设法利用核聚变的巨大能量。要实现这个愿望,必须用强大的磁场把上亿度的高温等离子体约束在一定的区域。物理学家认为,高温超导体将给未来的研究工作注入新的活力,帮助人们降伏受控核聚变,使之成为人类用之不竭的能源。

3. 超导核磁共振

超导技术在生物医学中的应用包括超导核磁共振成像装置(MRI)和核磁共振谱仪(NMR)。目前,核磁共振成像装置已广泛用于医学诊断中,例如用于早期肿瘤和心血管疾病等的诊断,它能准确检查发病部位,无损伤和辐射作用,并且诊断面非常广。核磁共振谱仪是基于核磁共振原理而研制出来的,它目前已广泛用于物理、化学、生物、遗传和医药学等领域的研究中,具有高分辨率、高频率、高磁场等优点。

4. 电力应用

超导技术在电力中的应用主要包括:超导电缆、超导限流器、超导储能装置和超导电机等。高温超导电缆是采用无阻的、能传输高电流密度的超导材料作为导电体并能传输大电流的一种电力设施,具有截流能力大、损耗低、体积小和重量轻等优点,是解决大容量、低损耗输电的一个重要途径。

第五节　纳米技术的学科交叉

纳米是一种尺度。假设一根头发丝的直径为 0.05 毫米,我们再把这根头发丝按直径平均剖为 5 万片，每片的直径就是 1 纳米。科学的表述是，1 纳米等于 10^{-9} 米，即十亿分之一米。

一、什么是纳米技术？

纳米技术，也称毫微技术，是研究结构尺寸在 0.1 至 100 纳米范围内材料的性质和应用的一种技术，实质就是利用原子和分子结构及其性能的技术。

二、纳米技术的应用

物理学中的纳米技术是一门交叉性很强的综合学科，在日常生活的衣、食、住、行中都有广泛的应用。

1. 医学

纳米技术可以活化药物，使其更有效地渗透进入体内，实现更高的药物输送效率。利用纳米技术制成的微型药物输送器，可携带一定剂量的药物，在体外电磁信号的引导下准确到达病灶部位，有效地起到治疗作用。用纳米制造成的微型机器人，其体积小于红细胞，通过向病人血管中注射，能疏通脑血管的血栓，清除心脏动脉的脂肪和沉淀物，还可"嚼碎"泌尿系统的结石等。在人工器官外面涂上纳米粒子可预防移植后的排异反应。

2. 衣

在纺织和化纤制品中添加纳米微粒，可以除味杀菌。化纤布加入少量金属纳米微粒就可消除静电现象。

3. 食

纳米材料可以抗菌。用纳米材料制成的纳米多功能塑料，具有抗菌、除味、防腐、抗老化、抗紫外线等作用，可用作电冰箱、空调外壳里的抗菌除味塑料。利用纳米粉末，可以使废水彻底变清水，完全达到饮用标准。纳米食品色香味俱全，还有益健康。

4. 住

纳米技术可使墙面涂料的耐洗刷性提高 10 倍。玻璃和瓷砖表面涂上纳米薄层，可制成自洁玻璃和自洁瓷砖，不用人工擦洗。含有纳米微粒的建筑材料，还可以吸收对人体有害的紫外线。

5. 行

纳米材料可以提高和改进交通工具的性能指标。纳米陶瓷有望成为汽车、轮船、飞机等发动机部件的理想材料,能大大提高发动机效率、工作寿命和可靠性。纳米卫星可以随时向驾驶人员提供交通信息,帮助其安全驾驶。

6. 纳米技术在军事中也有重要的应用

将纳米涂料涂在飞机上就可以制造出隐身飞机。现在不光有隐身飞机还有隐身导弹、隐身坦克,隐身军舰等,纳米技术在高科技武器方面大有用武之地。

科学家认为,纳米技术有可能迅速改变物质产品生产方式从而导致社会发生巨大变革。人类正越来越向微观世界深入,人们认识、改造微观世界的水平提高到前所未有的高度。纳米,是继互联网、基因之后人们关注的又一大热点。

再 无 孤 岛

第十四章

化学的学科交叉

化学是在原子、分子水平上研究物质的组成、结构、性质及其应用的一门基础自然科学,其特征是从宏观和微观两个角度认识物质、以符号形式表征物质、在不同层面上创造物质。

世界是由物质组成的,化学则是人类用以认识和改造物质世界的主要方法和手段之一。古时候,原始人类在与自然界的种种灾难进行抗争中,学会了利用火。燃烧就是一种化学现象,原始人类从用火之时开始,同时也就开始了用化学方法认识和改造天然物质。火的发现和利用,改善了人类生存的条件,人类开始食用熟食,人类由野蛮进入文明,并变得聪明而强大。

人类从远古时代走到今天,如今化学日益渗透到生活的各个方面。化学与人类的衣、食、住、行以及能源、信息、材料、国防、环境保护、医药卫生、资源利用等各方面都有密切的联系。化学已发展成为材料科学、生命科学、环境科学和新能源科学的重要基础,成为推进现代社会文明和科学技术进步的重要力量。

第一节 化学与地学

地学与化学联系紧密,尤其是自然地理,广泛涉及化学问题,如岩石的风化、石灰岩地形的形成、土壤酸碱性以及各种矿物等。

一、化学与地貌

化学是一位水平高超的魔术师,在大地上表演着变幻莫测的神奇节目,最为奇特的当属千奇百怪、美轮美奂的喀斯特地貌

喀斯特(Karst)一词源自前南斯拉夫西北部伊斯特拉半岛碳酸盐岩高原

的名称,意为岩石裸露的地方,"喀斯特地貌"因近代喀斯特研究发轫于该地而得名。

喀斯特地貌是具有溶蚀力的水对可溶性岩石(大多为石灰岩)进行溶蚀、冲蚀、潜蚀,以及坍陷等机械侵蚀作用所形成的地表和地下形态的总称,又称岩溶地貌。无论是地上的峰林、峰丛、孤峰、石林,落水洞、天坑,还是深藏地下的溶洞、地下河,石钟乳、石笋、石柱,都是喀斯特地貌的一部分。

中国南方在数亿年前还是一片海洋,大量的生物骨骼和碳酸盐类物质沉积在海洋底部,经时间流逝形成了很厚的碳酸盐地层,在地球不断的地质作用下,碳酸盐地层从海底抬升成陆地。沧海桑田,在不断的雨水及径流的溶蚀下形成了瑰丽独特的喀斯特地貌。

中国喀斯特地貌分布广、面积大,其中以广西、贵州、云南和四川、青海东部所占的面积最大,是世界上最大的喀斯特区之一。西藏和北方一些地区也有分布。

1. 桂林喀斯特地貌

俗话说,桂林山水甲天下,为什么呢? 除了有清澈见底的漓江水之外,最值得称道的便是桂林的喀斯特地貌。这里的山都是那种不高不矮,差不多100米海拔左右的秀峰,整个桂林地区,这种小山连成了一大片。绿树浓荫,青草苍翠,尤其是乘船沿漓江游览,奇峰夹岸,青山浮水,风光旖旎,犹如一幅百里画卷,有"百里漓江,百里画廊"之美誉。

2. 张家界喀斯特地貌

张家界,是一个因旅游而建市的地方。张家界喀斯特地貌与桂林略有不同,桂林的山圆润秀美,张家界的山则如刀砍斧削,显得险峻异常。这里的山一个个突兀孤立,直直地矗立在峡谷中,如一个个拔地而起的高楼,掩映在云海中,从高处观看仿佛仙境一般。

3. 云南石林喀斯特地貌

云南石林的喀斯特地貌就更具特色,全部是高大的岩石,奇石拔地而起、千姿百态、巧夺天工,远望如一个个石雕,高大威猛,如经过专门雕刻似的,诸多的这样的石头连成一片,远望就如一片林子一样,故名石林。进入其中,只见道路蜿蜒,流水潺潺,别有洞天。就是这样一片石林,成为了这个地方的标志性地貌,被誉为"天下第一奇观"。

由于我国南方地区属于亚热带季风气候,降水丰富,因此我国典型的喀斯特地貌多位于西南地区。喀斯特地貌作为一种特殊的地貌类型,是地球和时间的产物,它的奇特与美丽来自于自然的神奇造化。

二、化学与环境污染

化学能给人们生活带来快捷、便利,同时也是造成目前污染日益严重的"罪魁"之一。化学污染是由于化学物质进入地理环境后造成的环境污染。常见的化学污染物有以下几种。

1. 二噁英

二噁英是一种剧毒物质,在已知化合物中毒性最强,是砒霜的 900 倍。二噁英主要来自城市垃圾焚烧、含氯化学品的杂质、纸浆漂白和汽车尾气等。二噁英具有脂溶性,在肉、奶制品和鱼类的脂肪中富集,人类往往因摄入被二噁英污染的食物而引起中毒。国际癌症研究中心已将其列为人类一级致癌物。

2. 苯、甲苯、二甲苯

苯是一种无色、有特殊芳香气味的液体,甲苯、二甲苯属于苯的同系物,都是煤焦油分馏或石油的裂解产物。苯对人体健康的损害可表现为血液中白细胞、红细胞、血小板数量下降而引起的贫血和再生障碍性贫血,少数情形可致白血病等肿瘤性疾病。在短时间内吸入高浓度的甲苯、二甲苯时,可出现中枢神经系统麻醉作用,轻者有头晕、头痛、恶心、乏力、意识模糊,严重者可致昏迷,呼吸循环衰竭而死亡。苯已经被世界卫生组织确定为强致癌物质。

3. 甲醛

甲醛是一种无色、有刺激性且易溶于水的气体。甲醛被世界卫生组织确定为致癌和致畸形物质。它刺激眼睛和呼吸道黏膜,能造成免疫功能、肝肺损害及神经中枢系统受阻,还能致使胎儿畸形,体质和智力下降,染色体变异。长期接触低剂量甲醛可引起慢性呼吸道疾病、女性月经紊乱、妊娠综合症、白血病,引起鼻腔、口腔、鼻咽、咽喉、皮肤和消化道的癌症。高浓度甲醛对神经系统、免疫系统、肝脏等都有毒害。

4. 重金属

铅、镉、汞是具有蓄积性的金属有毒物,可对人体造成危害。在高铅区的儿童,发育迟缓,行为障碍,学习困难的发生率高。他们的智商、语言、听觉过程及注意力均有明显缺陷。

三、化学地理学

化学地理学是研究地理环境的化学组成和化学元素的分布、迁移转化规律的学科，是自然地理学与地球化学的交叉学科。化学地理学按研究方向分为部门化学地理、区域化学地理和普通化学地理。

1. 部门化学地理

它是研究各个自然地理要素的化学组成和化学元素的分布、迁移转化规律，如土壤化学地理、水文化学地理、大气化学地理、生物化学地理和医学化学地理。

2. 区域化学地理

它是综合研究一个区域地理环境各种不同结构单元的化学组成、结构及其形成过程与空间分布规律的学科，是在部门化学地理的基础上进一步综合的产物。

3. 普通化学地理

该研究方向从总体上对岩石圈、水圈、大气圈和生物圈之间复杂的化学元素迁移转化过程进行分析，阐明各圈带间的地球化学联系，以及地理环境的化学演化等，研究化学地理学的基本理论和基本方法，进行化学地理区划。它建立在部门化学地理和区域化学地理的基础上，反过来又指导部门化学地理和区域化学地理。

第二节　化学与生物

生物与化学是密不可分的两个领域，它们相互依存、相互作用，共同构成了生物的奇妙世界。

新陈代谢是生物的特点之一，是生物吸收养分，排泄废弃物的过程。整个新陈代谢过程都是生物体对环境物质的吸收、转化，都是在发生化学变化。因而，生物与化学便有着天然的联系。

一、生物起源于化学变化

20 世纪以来，科学家在探索地球生命起源的研究方面不断取得新的成就。50 年代初,苏联科学家奥巴林和美国科学家尤里认为,地球生命是在地球的原始大气中,从无机物的化学反应中产生。原始大气主要成分是一氧化碳、二氧化碳、甲烷、氮气、氨气、硫化氢、氢气、水蒸气等。太阳光中的紫外线为能量的重要来源,原始地球上闪电雷击、火山喷发、陨石碰撞和各种宇宙射线等现象比今日更为剧烈。有了这些能源提供的能量,原始大气中各种非生命物质就会在适当的条件下发生化学反应,向构成生命的有机物转化。

为了解开生命起源之谜,科学家们采用了模拟实验的方法。1953 年春天,在美国科学家尤里的实验室里,尤里的学生,23 岁的研究生斯唐来·米勒设计了一套特殊的玻璃仪器,将仪器内部抽成真空,又经 130℃ 高温消毒 18 个小时,消灭其中的微生物。然后通入甲烷、氨气、氢气和水蒸气,将它们以适当的比例混合,他用这种混合气体来模拟几十亿年前的原始大气。同时他又模仿原始地球的闪电现象,用 6 万伏左右的电压连续进行火花放电。八个昼夜以后,在实验产物中竟包括有多种常见的氨基酸和其他的有机物,像甘氨酸、丙氨酸、谷氨酸、天门冬氨酸等,它们都是构成蛋白质的重要材料,而蛋白质是构成生命有机体的物质基础。这就证明了原始大气中的无机物,在当时地球的自然条件下,向构成生命的有机物转化是完全可能的。在这之后,组成天然蛋白质的 20 种氨基酸都通过模拟实验方法由无机物合成出来了。因此,在原始地球的条件下,通过化学反应,无机物可以转变为有机物,有机物可以发展为生物大分子和多分子体系,直到最后出现原始的生命体。

二、光合作用,生命的基础

植物光合作用就是植物通过吸收太阳光能,将二氧化碳和水转化为有机物的过程。植物通过叶子中的叶绿体吸收阳光,叶绿体中的叶绿素能吸收阳光中的能量,并将其转化为化学能,这些能量被用来将水分解为氢气和氧气。在这个过程中,氧气会被释放到空气中,而氢气会和大气中的二氧化碳结合起来,通过一系列的化学反应生成葡萄糖,这个过程需要消耗大量的能量,而这些能量就是从阳光中得来的。植物光合作用完成了物质转化,将无机物转化成有机物。光合作用制造的有机物不仅满足了植物生长的需要,还为其他生物提供食物来源,所有的生物都需要食物来维持生命活动,而食物链的起点就是光合作用产生的葡萄糖,可以说这是生命的基础。

植物光合作用吸收二氧化碳，释放氧气，促进了生物圈的碳氧平衡。据估计，全世界所有生物通过呼吸作用消耗的氧和燃烧各种燃料所消耗的氧，平均为 10 000 t/s。以这样的消耗氧的速度计算，大气中的氧大约只需二千年就会用完。然而这种情况并没有发生，是因为地球上绿色植物不断地通过光合作用吸收二氧化碳和释放氧，从而使大气中的氧和二氧化碳的含量保持相对稳定的水平。

三、奇妙的动物化学通信

人类交流可以使用语言。动物也需要交流，动物的信息交流方式，在生物学中叫做"动物通信"。虫鸣鸟啼、猿啼狮吼、虎啸狼嚎……动物界借助五花八门的方式，表达和交流寻找食物、逃避敌害、选择配偶等各种信息，实现个体之间的沟通与联系。化学通信就是其中方式之一。动物的化学通信联络，靠的是自身发出的某种特殊的有气味的化学物质，用来标明地址、鉴别敌我、引诱异性、寻找配偶、发送警报或者集合群体等。那些有气味化学物质是动物放出体外的一种激素，叫做传信素。各种传信素的发现、分离、提取以及人工合成，不仅揭示了动物行为的秘密，也为人类控制和改造那些动物，提供了有力的工具。

在昆虫释放的传信素中，最普遍、最灵敏、最专一的是吸引异性的"性引诱素"。正因为如此，那些平常分散活动的昆虫，到了性成熟的交配期，才能轻而易举地根据气味找到配偶。借助于性引诱素，雄舞毒蛾能被 0.5 公里外的雌蛾所吸引，雄蚕蛾则能被 4 公里以外的雌蛾引诱去进行交配。昆虫没有鼻子，雄虫接收性引诱素的器官是它的触角上的嗅觉感受器。

经过多年的研究，人们搞清楚了家蚕蛾、舞毒蛾、棉铃虫等昆虫性引诱素的分子结构，并且用人工的方法合成了许多种人造性引诱素，从而提供了一种捕杀害虫的有效办法。只要把某种昆虫的性引诱素放在涂着虫胶的捕虫器里，这种昆虫的雄虫就会自投罗网。还可以采用扰乱法消灭害虫：就是把人造性引诱素喷洒在害虫危害地区的空气中。这么一来，雄虫找不到雌虫交配，害虫也就不能繁殖后代了。人们从成熟的雌蝇表面和粪便中分离出一种性引诱剂，再混合杀虫剂，这样就可以制作出一种便宜且高效的灭蝇剂。

使用性诱引剂防治害虫具有用量少、成本低、效果好、不误杀益虫、不造成环境污染等优点,因此,性诱引剂被誉为无公害农药。

四、化学生物学与生物化学

随着科学的发展,生物和化学已经成为两个相辅相成的学科。他们相互结合又产生了化学生物学、生物化学等新学科。

1. 化学生物学

它是研究生命过程中化学基础的科学。化学生物学通过用化学的理论和方法研究生命现象、生命过程的化学基础,通过探索干预和调整疾病发生发展的途径和机理,为新药发现中提供必不可少的理论依据。

2. 生物化学

它是研究生物体中的化学进程的一门学科。生物化学主要研究生物体分子结构与功能、物质代谢与调节以及遗传信息传递的分子基础与调控规律。随着现代科技的发展,生物化学已成为生命科学中诸多学科的重要基础与支柱,它与分子生物学一起被看做是 21 世纪生命科学的带头学科。

第三节　化 学 与 物 理

物理和化学都是自然科学,都是研究物质的性质、构造和变化一般规律的科学,两者有密切联系。为了对物质更深入地进行研究,于是对物质变化做出约定俗成的分工:在物质变化中,有新物质生成的变化,为化学变化;没有新物质生成的变化,为物理变化。

一、化学与物理的联系

在客观世界中的物质变化,化学变化与物理变化总是相伴相随。

炸弹爆炸,有化学变化,炸弹里面的物质参与剧烈的化学反应,产生大量的热和能量;炸弹解体,物质分离,形状和状态发生变化,又是物理变化。客观世界中的"炸弹爆炸"的物质变化过程,本身是一个整体,是不分科的,人们为了深入研究,不过是人为地进行化学变化与物理变化的分类而已。

化学元素是构成物质的基本组成部分,是化学的基石。探索和发现新元素,是化学家的事。然而,氦(He)元素却是天文学家借助物理技术发现的。

1868 年法国天文学家杨森利用分光镜观察太阳表面,发现一条新的黄色谱线,并认为是属于太阳上的某个未知元素,故名氦。过了 20 多年后,拉姆赛在研究钇铀矿时发现了一种神秘的气体,这种气体就是氦。

当今世界材料科学至关重要。建筑业、钢铁工业、航天、微电子等新型工业,无一不依赖于材料。通常一种新材料的制备,需要化学方法去合成,而合成后的材料的物理特性的研究当属物理的范畴。比如电子计算机芯片里的主要成分是半导体,而使用最多的半导体材料的成分是硅,且是纯度很高的单晶硅,这就需要用化学方法对硅进行提纯,而硅的半导体特性则需要物理学去研究。于是,物理学与化学必然是紧密联系在一起。

能源科学也极为重要。核聚变能是解决未来能源的首选。核聚变以氢的同位素氘为原料,而氘可以从占地球表面 70% 的海洋中大量制取,可谓无限。制取氘需要用化学的方法,同时核聚变过程中能量的释放得以控制,则需要物理学去探索。核聚变能的研究,需要物理学与化学及若干科学的紧密配合。

物理与化学,总是紧密地联系在一起。

二、物理与化学的交叉

物理与化学交叉,诞生了物理化学、化学物理学等学科。

1. 物理化学

物理化学是在物理和化学两大学科基础上发展起来的。它以丰富的化学现象和体系为对象,大量采纳物理学的理论成就与实验技术,探索、归纳和研究化学的基本规律和理论,构成化学科学的理论基础。物理化学的水平在相当大程度上反映了化学发展的深度。随着科学的迅速发展和各门学科之间的相互渗透,物理化学与物理学、无机化学、有机化学之间存在着越来越多的互相重叠的新领域,从而不断地派生出许多新的分支学科,如物理有机化学、生物物理化学等。物理化学还与许多非化学的学科有着密切的联系,如冶金过程物理化学、海洋物理化学等。

2. 化学物理学

化学物理学是研究化学领域中物理学问题的科学,是化学和物理学交叉产生的边缘学科。化学物理学是在量子力学问世后不久正式诞生的。化学物理的研究偏重数学、物理方面,主要以理论物理学中的量子力学、分析力学、统计力学、原子分子物理学为研究工具,研究化学反应过程、物质结构中的本质问题。

化学在与物理学的相互渗透中,不仅本身得到了迅速的发展,同时也推动了其他学科和技术的发展。例如,对地球、月球和其他天体的化学成分的分析,得出了元素分布的规律,发现了星际空间简单化合物的存在,为天体演化和现代宇宙学提供了重要数据,创建了地球化学和宇宙化学。

第四节　化学与文学

化学是严谨的,文学是浪漫的,两者似乎格格不入。然而,无数文学家却以化学作为表现对象,将严谨的化学融入浪漫的文学作品,使两者达到完美的、和谐的统一。比如宋·辛弃疾《青玉案·元夕》:

"东风夜放花千树。更吹落、星如雨。"

东风还未催开百花,却先吹开了元宵的火树银花,吹落了天上如雨坠落的星光。那星光来自燃放的焰火,焰火先冲上云霄,而后自空中而落,好似陨星雨。这里描写的便是焰火燃放的化学反应。华美烟花的燃放源于我国四大发明之一的黑火药,黑火药点燃时发生的化学反应为:

$$2KNO_3 + S + 3C \xrightarrow{\quad\quad} K_2S + N_2 \uparrow + 3CO_2 \uparrow$$

硝酸钾分解放出的氧气,使木炭和硫磺剧烈燃烧,瞬间产生大量的热和氮气、二氧化碳等气体。而烟花燃放时绚丽的色彩,则来自于金属的焰色反应。焰色反应是物理变化,它并未生成新物质,焰色反应是物质原子内部电子能级的改变,根据电子跃迁所放出的能量不同,烟花也就能呈现不同的颜色。很多金属及其化合物在灼烧时会使火焰呈现特殊的颜色,"火树银花"中的焰火实质上是金属化合物在灼烧时呈现的各种艳丽色彩。又如明代于谦的《石灰吟》:

"千锤万凿出深山,烈火焚烧若等闲。
粉身碎骨浑不怕,要留清白在人间。"

这首诗就涉及了几个化学反应。第一句是说通过劳动人民千锤万凿把深山中的巨石砸成烧制石灰的石料，这一过程是物理变化。

第二句是说把制石灰的石料放在石灰窑中烧制生石灰的场景，涉及的化学知识是：此过程发生的是化学分解反应。化学方程式是：

$$CaCO_3 \xop{高温} CaO + CO_2 \uparrow$$

第三句是说把块状的生石灰制成供人们使用的粉末状的熟石灰。涉及的化学知识是：此过程发生的是化学变化，化学方程式是：

$$CaO + H_2O == Ca(OH)_2$$

第四句是说人们使用了粉末状的熟石灰砌砖抹墙后，墙壁变得更坚硬，更洁白。此过程发生的是化学变化，化学方程式是：

$$Ca(OH)_2 + CO_2 == CaCO_3 \downarrow + H_2O$$

古诗词是我国文学史上的一颗灿烂的明珠，千百年来一直为人们传诵不衰。古诗词意境优美，音韵和谐，读起来朗朗上口，能给人以美的享受。其中不乏包含丰富化学知识的诗作。

科学是严谨的，化学这一学科内容纷繁复杂，难以记忆，学习起来枯燥乏味，而文学是浪漫的。在教学活动中巧妙突破两者之间不可逾越的鸿沟，将中华五千年的璀璨文化蕴含的丰富化学知识与原理应用于化学教学，达到科学与文学的完美结合，既能活跃学习气氛，激发学习化学的兴趣，又能利用古诗词中深厚的思想情感，丰富想象力，培养审美情趣，提升科学素养和人文素养，使学生获得和谐完美的发展。

第十五章

生物学的学科交叉

　　放眼世界,大自然中的生物丰富多彩,鱼虫、鸟兽、花草、树木,几乎随处可见。从北极到南极,从高山到深海,从冰雪覆盖的冻原到高温的矿泉,都有生物存在。生物学就是研究生命现象和生命活动规律的科学。

　　21世纪是生物学的世纪,但生物学的发展是多学科综合努力的结果。生物学具有鲜明的学科交叉特色。在生物学的研究领域里,生物学家与化学家、计算机科学家、工程学家和物理学家之间的相互交流在不断增强。曾经壁垒森严的学科之间已出现众多不同方向的交叉领域。

第一节　生 物 与 音 乐

　　音乐是用有组织的乐音来表达人们思想情感、反映现实生活的艺术。不仅人类喜爱音乐,其实,动物、植物也喜欢音乐。

一、热爱音乐的动物们

1. 传说中的"凤鸣""龙吟"

　　古时传说中的祥瑞之鸟凤凰就特别喜欢音乐。《尚书·益稷》载:"箫韶九成,凤凰来仪。"箫韶之曲连续演奏九章,凤凰也降临王宫随乐声翩翩起舞。凤凰还会演唱优美的音乐,称为"凤鸣"。据汉代的刘向《列仙传》卷上记载,萧史、弄玉夫妻俩善于吹箫,有一天演奏凤鸣之曲,引得凤凰降临欣赏。传说中的龙也喜欢音乐,不只喜欢,还能演唱,称为"龙吟",宋代陆游的《题庵壁》写道:

　　　　"风来松度龙吟曲,雨过庭余鸟迹书。"

　　诗句描绘了风吹松树的松涛之声,如同龙吟之曲;雨水过后庭院上鸟儿留下的足迹，如同写下了一行行文字。

不过，龙、凤是传说中的动物，现实中人们并未见过。但是，现实中动物喜爱音乐的现象也并不罕见。

2. 印度的舞蛇

在印度，舞蛇是一项传统娱乐项目，舞蛇人吹着木笛，柳篮中的眼镜王蛇则闻乐起舞，随着笛子的节拍舞动蛇身。

3. 喜欢音乐的海豚

最喜欢音乐的大概要数海豚。多年前，一艘远洋货轮在浩瀚的大海上航行，值班下来的水手们正三三两两地在甲板上漫步、闲聊。一个水手打开收音机，传出优美动听的音乐。突然，水手发现一大群海豚正向船边游来，并不断地发出各种各样的声音，还不时兴奋地跃出水面。水手关上收音机，悠扬的音乐声戛然而止。此刻，海豚们立刻停止嘶叫和跳跃，静静地把头伸出水面，恋恋不舍地尾随轮船游动着，似乎想继续聆听那美妙的音乐。收音机的开关重新被打开，音乐声又响了起来。海豚们一听到音乐，便又发出愉快的叫声，并欢乐地跳跃起来。显然，海豚们迷上了这优美的音乐。

4. 科学家们的有趣试验

美国著名心理学家寿恩博士曾进行过一次有趣的试验，在动物园里演奏提琴，同时观察各种动物的反应。结果发现：蟒蛇昂首静听，并随着音乐的节奏而左右摇动；蝎子起舞，并伴随音调的抑扬而变化其兴奋程度。此外，熊直立静听，狼恐惧嗥叫，大象喘着气似在表示愤怒，猴子点着头做出各种姿态。这说明动物虽不具备人对音乐的那种审美能力和鉴赏水准，但仍能欣赏音乐，并受其感染。

有一位学者曾经做过这样的试验：在其他饲养条件完全不变的情况下，通过给奶牛播放舒适和谐的音乐，牛奶的产量由每日 50 公斤增加到 56 公斤至 58 公斤。目前，用音乐增加产奶量的方法，已经广泛应用。加拿大的科学家们通过反复试验证明，如果让鸡听音乐，会使产蛋率增加。

动物有耳朵，有大脑，能对声音作出反应，有的动物也会喜欢音乐。

二、植物，音乐的虔诚聆听者

人喜欢音乐，有的动物喜欢音乐，有的植物也有懂音乐的耳朵。

有人让含羞草在每天清晨欣赏 25 分钟古典歌曲,这些羞羞答答的草听了古典歌曲以后,好像心情特别舒畅,生长速度显著加快,枝叶也更加茂盛了。据实验证明:凤仙花、金盏菊和烟草等对小提琴的曲调,有特殊的"感情"。洋葱似乎对音乐更加着迷,英国一名园林工人培养出巨型的冠军洋葱——重约 6.97 千克,秘诀就是每天给他的洋葱听著名长号手格连·米勒的音乐。那些欣赏过音乐的灌木,枝叶也长得比一般的灌木更加稠密繁茂。

有种叫舞草的直立小灌木,高达 1.5 米。在气温不低于 22℃时,特别是在阳光下,舞草可以伴随音乐翩翩起舞。舞草跳舞,并非整个植株在运动,是它的一对侧小叶能进行明显的转动:或做 360 度的大回环,或做上下摆动。同一植株上各小叶在运动时虽然有快有慢,但却颇具节奏。时而两片小叶同时向上合拢,然后又慢慢地分开平展,似蝴蝶在轻舞双翅;时而一片向上,另一片朝下,像艺术体操中的优美舞姿;有时许多小叶同时起舞,此起彼落,蔚为奇观。如果光照越强或声波振动越大,运动的速度就会越快。每当太阳下山夜幕降临时,光线变弱,叶子便垂了下来,紧闭而贴于枝干上。

但是,植物并不喜欢听噪音。人们对有的番茄播放摇滚乐曲,有的播放轻音乐,结果发现,听了舒缓、轻松的音乐的番茄长得更为苗壮;而听了喧闹、杂乱无章的音乐的番茄则生长缓慢,甚至死去。人们还发现,不同植物有不同的音乐"爱好"。黄瓜、南瓜喜欢萧声;番茄偏爱浪漫曲。

其实,"草木知音"的研究,是中国人最早进行的。根据史料记载,一千多年前,中国人就为了探索植物与音乐的关系进行了尝试。据《梦溪笔谈·乐律一》记载,当时有一个作曲家,叫桑景舒,他为验证"草木知音"说法,专门为虞美人草演奏"虞美人曲",草的叶子真的就动了起来,和传说描绘的一模一样,其他乐曲则不然。桑景舒研究之后发现,原来"虞美人曲"是吴音。有一天,桑景舒取琴,用吴音谱制一曲,尽管声调与"虞美人曲"全不相同,从头至尾没有一声相似,对草演奏,枝叶也会颤动,桑景舒便将这一乐曲命名为《虞美人操》。

音乐对动植物的影响,是当代物理农业科学的研究内容之一。

三、乐器与生物

音乐与生物的密切联系还表现为,有很多乐器就是用生物体制成的。常见的各种中国传统鼓类,鼓面多采用牛皮。二胡琴筒,多用红木、紫檀等硬质木料制作，也有用竹筒做成的，琴筒的蒙皮多用蛇皮，高档的用蟒皮。笛子，更为古老的中国乐器，横吹者为笛，竖吹者为箫，笛子的材质一般为竹木。另外，常见的葫芦丝也是用竹的，当然其主要部分是葫芦，由于它吹出的颤音有如抖动的丝绸那样飘逸轻柔而得名。打击乐器类的木鱼、板等直接用木料造型。其他如古琴、竖琴、阮以及西洋乐器中的吉它、钢琴等，它们都离不开木料。一片树叶在某些人的嘴里也成了乐器，其声颇似鸟鸣。

这些乐器的声音直接来源于生物体本身。听着这些乐音，仿佛就是人在与生物交流，此时此刻，人与生物有了共同的语言。

第二节 生物与美术

美术泛指创作占有一定平面或空间，具有可视性的艺术。

世界因生物而精彩，生物充满了不可思议的美。万紫千红、五光十色的植物世界，生机勃勃、变化万千的动物世界，处处都呈现着美。多彩的生物构成了缤纷的世界，也为美术家提供了无穷的创作源泉。

一、韩滉、戴嵩笔下的牛

牛是民间最常见动物，也是古代最主要的劳动工具。牛性格温顺，刻苦耐劳，憨厚可爱，因此深受人们的喜爱。书画名家将牛的憨厚神态和各种体貌描绘得栩栩如生、美妙绝伦，令人不禁拍手赞叹。历代画牛第一人为唐代宰相韩滉，他博才多艺，工书法，善诗词，擅画人物、农村风俗景物及牛、马、羊、驴等动物。其旷世名作《五牛图》，将牛的站立、行走、俯首、昂头、回首等神态描绘的栩栩如生、淋漓尽致。韩滉的《五牛图》是现存最古的纸本画，也是中国十大传世名画。

戴嵩是唐代著名的画家，韩滉的弟子。与韩滉不同的是，韩滉擅长画黄牛，而戴嵩擅长画水牛，他对水牛的刻画能够捕捉到水牛野性与筋骨的神韵，具有"野性筋骨之妙"的美誉。

二、徐悲鸿的马

徐悲鸿，江苏宜兴人，曾留学法国学西画，中国现代美术事业奠基者之一,擅长人物、走兽、花鸟,尤以奔马享名于世。他的《奔马图》,运用饱醮奔放的墨色勾勒头、颈、胸、腿等大转折部位,并以干笔扫出鬃尾,使浓淡干湿的变化浑然天成。这匹奔马虽然体格消瘦,但却笔力遒劲,力透纸背。描绘骏马由远而近,飞奔而来。《奔马图》采用大角度透视的手法,画面前大后小,在中国画笔墨的造型中融入了西画的解剖和透视学,透视感较强,前伸的双腿和马头似乎要冲破画面,能让人感受到马呼出的热气、滚烫的体温,甚至淋漓的汗水。徐悲鸿画的马与传统马相比更加昂扬、奔放、蓬勃,更具视觉冲击力和精神感召力,看了令人热血沸腾

徐悲鸿画的马,无论奔马、立马、走马、饮马、群马,都赋予了充沛的生命力。徐悲鸿的马是中国近代美术是标志性符号,可以说家喻户晓,无人不知。

三、张善孖的虎

虎乃百兽之王,威猛雄健,有王者之气。自古以来,人们就习惯用生龙活虎、藏龙卧虎、如虎添翼、将门虎子等词语来赞扬生活中的人物和事物。虎也历来受到很多画家的垂青,正所谓"画虎画皮难画骨",虎的身体结构以及由内而外的精神气度,非一般画家技巧能及。因此,画虎的集大成者少之又少。

张善孖,清末民国画家,张大千的二哥,名泽,字善,一作善子,又作善之,号虎痴。张善孖善山水、花卉、走兽,尤精画虎,且爱虎,自号"虎痴",人称"虎公"。兄弟俩原本住在上海,"一·二八"事变起,沪上战火弥漫,于是移居苏州网师园殿春簃"大风堂",得以安心作画。时有同乡友人得到幼虎一只,知张善孖对虎情有独钟,热情相送。张善孖如获至宝,还给起了个昵称"虎儿"。张善孖朝夕揣摩,创作出许多以老虎为题材的作品名震画坛。比如他的《猛虎吞日图》,此图为丈二巨大尺幅,图面构成宏大,猛虎一只,立于崖石上,左回首朝向崖石下的红日愤怒长吼。虎身呈上山势,虎躯紧绷,怒目圆睁,目光炯炯,两耳竖立,为怒吼时凶猛状态。他以猛虎吞日寓意抗日战争的必胜决心。

四、齐白石的虾

齐白石,20世纪中国画艺术大师,名璜,字渭清,号兰亭、濒生,别号白石山人,遂以齐白石名行世。他是一个放牛娃和木匠出身的大画家,一生俭朴,

时时不忘农村生活，对鱼虾、花鸟、竹子等孩童时农村生活常见物特别有感情。齐白石从小生活在水塘边，常钓虾玩；青年时开始画虾；后来经过自己养虾、观察、写生，几十年如一日，终于把虾画得活灵活现，成为了世界杰出的艺术家。齐白石用淡墨画虾体，用浓墨点睛，把墨、水与宣纸结合的气韵效果把握得很好，把透明的、游动的、活生生的虾形象表现的淋漓尽致。形神与笔墨的完美结合，可以说前无古人，开拓了中国意笔写实型水墨用法，对一大批水墨写实画家有巨大影响。

五、郑板桥的竹与兰

郑板桥，原名郑燮，字克柔，号理庵，又号板桥，人称板桥先生，江苏兴化人，祖籍苏州。康熙朝秀才，雍正十年举人，乾隆元年进士。他当过山东范县、潍县县令，政绩显著，后客居扬州，以卖画为生，为"扬州八怪"重要代表人物。他的一生只画兰、竹、石，正如他所云："四时不谢之兰，百节长青之竹，万古不败之石，千秋不变之人"，而"为四美也""有兰有竹有石，有节有香有骨"。在他眼中，兰、竹、石，能代表人坚贞不屈、正直无私、坚韧不拔、心地光明等高洁品格。在绘画上，他尤其擅长画竹，用笔简而劲秀、少而不疏，多则不乱，用墨温润绝伦。

郑板桥画兰竹，是寄托思想情感和直抒胸臆的途径，是他身处逆境中所持坚韧性格的写照。

第三节　生物与体育

体育与生物有着密切联系。

虽然，从社会科学来说，人类不同于其他生物物种，需要把人类与其他生物区分开来。然而，从自然科学的角度来说，人又是生物的一种。因为，人具有生物体的所有特性。生物体的基本组成物质中，都有蛋白质和核酸，都具有新陈代谢作用，具有应激性，具有生长、发育和生殖现象；具有遗传和变异的特性；能适应一定的环境，也能影响环境。在生物分类中，人类便属于脊椎动物门、哺乳纲、灵长目、人科、人属、人种。

体育是人类的活动，而人类又是生物，所以体育与生物必然存在密切的联系。

一、模仿动物的体育项目

大自然中的动物在漫长的进化演变过程中,逐渐地掌握了一套在严酷的环境中生存竞争的独特本领。人虽为万物灵长,然而尺有所短,寸有所长,模仿动物是体育中普遍存在的一种现象。人类模仿动物的运动,发明了许多体育项目。

"华佗五禽戏",是通过模仿虎、鹿、熊、猿、鸟(鹤)五种动物的动作,以保健强身的一种运动;"太极拳",也模仿了许多禽兽的动作,例如,"白鹤亮翅"动作就是模仿善飞的白鹤展翅欲飞动作而来的;此外还有虎拳、豹拳、龙拳、猴拳、鹤拳、鹰爪拳、螳螂拳、马形拳、熊形拳、龟牛拳、大雁掌、蝴蝶掌等;跳水,模仿海鸟在空中直插水里捕鱼;蛙泳,模仿青蛙在水中的姿势的泳姿;蝶泳,模仿蝴蝶翅膀动作的泳姿;狗刨式游泳,姿势是像狗一样游,头一直露在水面以上,用四肢捣水,前进速度较慢。

动物世界中攻防格斗的千种形式,万种变化,为人类创编体育运动方式提供了取之不尽的素材。

二、体育冠军的生物学基础

人体的生物学特征,是决定体育运动成绩优劣的重要因素之一。

怎么样来打造一个体育比赛的冠军? 长期以来,刻苦训练常常被认为是不二法门。但是,科学家研究发现,体育明星取得骄人成绩并不仅仅是因为他们训练刻苦,一个重要的因素是出生的时候就有明显的生物学上的优势,在严格训练之前就已经处于领先位置了。冠军是练出来的,但常常也是"生出来"的。

2021 年东京奥运会跳水项目女子单人十米台决赛,中国跳水运动员全红婵决赛 5 跳,3 个满分,总分 466.20 分,打破前辈跳水女皇奥运五金王陈若琳创造的 447.70 分的历史最高分纪录。这位 14 岁的小将 10 个月前才进入国家队接受最顶级的训练,10 个月后却已经用前无古人的技术水平成为了奥运冠军。全红婵夺冠离不开刻苦勤奋的训练,也与她先天的身体素质密切相关。湛江体校的跳水教练陈华明是她的启蒙教练,发现全红婵身上有天然优势。比如,她手长脚长,站得笔直,下肢非常有爆发力,跳水水感很好。跳水水感好,最直观的体现便是运动员压水花的能力。运动员靠下肢爆发力助跑,起跳时膝盖往后顶,身体抛出去后快速垂直入水,刷地一下进入水中,入水受力面积越小,水花溅起的幅度就越小。这就是所谓的"水花消失术"。

相对于其他人种,黑人的臀部较窄,肩膀较宽,四肢更修长,脂肪更少,这些特征都有利于身体的散热。而相对更多的肌肉则像一匹大排量发动机,为身体提供了强大的动力保证,而且肌肉中的快肌纤维比例更高,这就使得黑人在速度类项目中占据了绝对优势。不过,黑人的这种先天特质并不在所有运动项目中占优。修长的四肢显然不是举重的最佳体型,长长的四肢需要克服重力做更多的功,虽有高比例的快肌纤维提供爆发力,却仍旧得不偿失。黑人还存在着众所周知的弱项:游泳。黑人很难在游泳项目中出类拔萃,常见的推测是,较大的密度、较少的脂肪、以及较小的胸腔,在克服浮力和屏气的问题上,他们需要花费更多的精力。

医学上的证据在选择运动员上起着越来越重要的作用。一名运动员如果想在体育上成为霸主,那么需要至少有一方面的奇特天赋。

三、生物与体育的交叉

生物与体育运动结合,产生了体育仿生学、体育生物科学。

体育仿生学,体育科学的学科之一,属仿生学分支,它是研究如何通过深入认识生物系统的结构和功能,进行模仿、模拟或从中得到启迪,并有效地应用到运动技术、运动训练、运动器械、体育建筑等方面。比如说,跳蚤的跳高本领令跳高运动员大为称奇,跳蚤每小时可跳 600 次,而且可以连续不断地跳跃三天三夜,跳跃的高度为其身长的 500 倍,人如果按此比例一跳可高千米,可谓直冲云霄,运动仿生学家便对跳蚤大感兴趣。

体育生物科学,又称运动人体科学,是生物科学与体育运动相结合而发展起来的新兴学科,其任务在于揭示体育运动增进健康,增强体质,以及开发人的生物潜能的内在生物机制和一般规律。体育生物科学研究运动对机体的影响,研究运动时物质代谢、能量代谢的特点、规律,为体育锻炼科学化、运动训练科学化服务,使运动员可在身体状态良好时取得优异的成绩。

第四节　生物与物理学

生物与物理学紧密相关。生物中有许多声、光、电等物理学现象,要了解这些现象,就要用到物理学知识。

一、生物中的声学现象

生物也有许许多多奇妙的声学现象。动物之间通过声波传递信息,在动物交往中占有特别重要的地位。它最大优点是传递距离远,且易于负载丰富的感情。

1. 鸟类的声波通信

科学家发现,具有最复杂的声音信号的是鸟类。鸟类是动物的歌唱家,鸟类中最会说话的要算鹦鹉、乌鸦和寒鸦,它们的语言差不多包含有 300 个词汇!"鸟语"对生物的跨学科研究有重要的意义。例如,懂得了鸟的通信,就会有助于我们保护机场、菜园、农田和养鱼场不受鸟害。人们从"鸟语辞典"中选择了有关的鸟类信号,并在机场的广播台中不断播放,借以驱散聚集在机场上的鸟群,确保飞机航行的安全。

2. 兽类的声波通信

狼群在捕捉食物之前,它们常常要在一起"商议"一下,然后各自分散活动,当发现食物时,它们再前后呼应发起攻击。在夜间,狗有时会拖长声音发出凄凉的嗥叫,过去有人认为这是狗在哭,也有人认为这是狗看见了"鬼"的缘故。其实这是狗在发情期间,常常用长嗥来吸引异性,好象春夜的猫叫,夏初雨夜的蛙鸣,春天鸟的歌喉一样,都是动物在繁殖期间一种愉快、激动的信息传递。

3. 鱼的声波通信

在茫茫的大海中,水手们有时候会被一阵忧伤低沉而委婉的歌声所吸引。这迷人的夜晚是谁在海上歌唱? 过去人们一直传说海洋里有一种会唱歌的海妖,其实那是海洋动物利用优美动听的歌声在通信。海洋中歌喉最优美动听的是那些赛音鱼,它们发出的声音,听起来十分像人在唱歌,所以有人把赛音鱼比作海洋"歌唱家"。大青鱼群会发出象小鸟那样唧唧的鸣叫声;沙丁鱼会发出犹如在寂静的深夜里,浪涛拍打着海岸的声音;海马和海胆能发出像猪一样"呼噜呼噜"的叫唤声;神话中的美人鱼——儒艮则会发出哀怨的叹气声;小黄鱼会发出如同蛙鸣的声音;鲷鱼的叫声如同人在熟睡时的咬牙声;黄鲫鱼的叫声则好象风吹树声的飒飒声;河豚的叫声犹如犬吠;鲂鮄鱼的声音像人的鼾睡声……我国渔民常常根据鱼类不同的声音,采用不同的捕捉方法。渔汛期出海的渔船,有经验的渔民此时就尽量保持渔船内的安静,并用耳朵贴紧舱底,倾听着鱼群的动静,据以判断鱼群的大小、位置和移动方向,从而采取捕捞措施。

4. 生物声学

声学是指研究机械波的产生、传播、接收和效应的科学,是物理学中最早深入研究的分支学科之一。生物与声学相交叉,诞生了生物声学这一边缘学科。生物声学是研究能发声和有听觉的动物的发声机制、声音信号特征、声波接收、加工和识别,动物声通信与动物声纳系统,以及各种动物的声音行为的生物物理学分支学科。生物声学是生物学、声学、医学、化学等多学科相互渗透的产物。广义的生物声学还涉及生物组织的声学特征、声音对生物组织的效应、生物媒质的次声波性质和超声波性质、次声波和超声波的生物效应及次声剂量学和超声剂量学等方面内容,并在此基础上形成了次声生物物理学和超声生物物理学等新的科学分支。

二、生物中的发光现象

生物与光密切相关。植物收获阳光的能量以生长,从而为其他生物提供食物。更令人称奇的是,许多生物本身也会发光,提到发光生物,往往使人想到萤火虫,其实能发光的生物有许许多多。

1. 神奇的海火

航行在黑夜的海上或伫立在黑夜的海滩,有时会突然发觉海面上有光亮闪烁,好像点点灯火,沿海渔民就称其为海火,其实是一种海洋生物发光的现象。海洋发光现象在海洋生物中极为普遍,从结构简单的细菌到结构比较复杂的无脊椎动物和脊椎动物,都有着种类繁多的发光生物。小型或微型的发光浮游生物受到刺激后引起的发光,是最为常见的一种海发光现象;由发光细菌发出的,它的特点是海面呈一片弥漫。海发光是季节性变化,大体上讲,亮度以夏、秋两季为最大,冬季不如夏、秋两季明显。

2. 亮菌

亮菌,学名假蜜环菌,分布于东北、华北及甘肃、江苏、安徽、浙江、福建、广西、四川、云南等地。假蜜环菌的初生菌丝体能发出淡蓝色的亮光,因此人们又叫它"亮菌"。

3. 灯笼树

在江西省井冈山无云的暗夜,远眺山上,常可看到一盏盏淡蓝而柔和的小灯笼,这就是有趣的"灯笼树"。灯笼树能吸收、贮存磷,入夜则释放出磷化氢自燃,远远望去,一团团淡蓝色的磷光,酷似一盏盏闪烁的小灯笼,可以为行人照亮道路。

4. 夜光树

非洲北部有一种夜光树,又名照明树、魔树,一到夜晚就成了火树银花,通体闪亮。它的根部有大量磷质,待变成磷化三氢气体后,从树体里跑出来,一碰上空气中的氧,就能放出一种没有热度、不能燃烧的冷光,树愈大含磷愈多,发出的光愈强。

5. 植物路灯

据英国《每日邮报》报道,2013 年,英国剑桥大学的研究小组正在研制一种特殊的基因,该基因具备萤火虫的生物发光特征,如果利用该基因培育"生物发光树",它无需电能供给,非常环保,有效地替换传统路灯。

生物光只发光不产热,故名冷光,生物光的能量转化率几乎是 100%,而白炽光只有 12%,因为冷光本身无热,所以没有爆发火花的危险,在油库、炸药库、矿井等易燃易爆场所,用其作为照明光源最为理想,因此被称为"安全之光"。冷光既可用于照明,又能应用于航空、航海、捕鱼和野营等方面。

6. 生物光学

生物与光学交叉,产生了生物光学这一交叉学科,包括光对生物的有益和有害影响的研究,研究范围从原子水平一直到生物群落,是一个激动人心且具有挑战性的科学领域。

三、生物的电现象

生物电现象是生物机体进行功能活动时显示出来的电现象,它在生物界普遍存在。

1. 鱼类放电

自然界中会放电的最明显的是鱼类放电。这种会放电的鱼类,被人们称为"电鱼"。它们能够不间断或定时地发出强度不同的电流,来进行防护或进攻,以及相互传递信息或提前发现障碍物。电鱼主要包括电鳐、电鲶、电鳗等,目前全世界现存的电鱼超过 500 种。

电鳗是人们最熟悉的电鱼,能产生足以将人击昏的电流,是放电能力最强的淡水鱼类,输出的电压可达 300~800 伏,因此电鳗有水中的"高压线"之称。美洲电鳗的最大电压达 800 多伏,这么强的电压足以击死一头牛。电鳗的放电能力来自于它特化的放电体,电鳗体内从头到尾都有一些细胞就像小型的叠层电池,当它被神经信号所激励产生电流时,所有这些电池(每个电池电压约 0.15 伏)都串联起来,这样在电鳗的头和尾之间就产生了很高的电压。许多这样的电池组又并联起来,这样就能在体外产生足够大的电流,用这些电流足以将它的猎物或天敌击晕或击毙。但这种高电压只能维持非常短暂的时间,而且放电能力会随着疲劳或衰老的程度而减退。

电鲶,原产地非洲刚果河,生性凶猛,怕光,夜间活动频繁。体长一般 50 至 60 厘米,体裸露无鳞,无背鳍。体近圆筒形,昼伏夜出。电鲶白天栖息在水底层的阴暗处,夜间外出活动。它可瞬间发出 200~450 伏特的电力,施放出的强大电流不仅能击死小的动物,甚至能击死比它大得多的水生动物。

19 世纪初,意大利物理学家伏特,以电鱼发电器官为模型,设计出世界上最早的伏特电池。

2. 生物电

其实,不仅电鱼能放电,生物都能放电,人体也能放电,但威力比电鱼要弱得多。生物电是生物的器官、组织和细胞在生命活动过程中发生的电位和极性变化。它是生命活动过程中的一类物理、物理—化学变化,是正常生理活动的表现,也是生物活组织的一个基本特征。活的生物体具有应激性,即当它受到一定强度的刺激作用时,会引起细胞的代谢或功能的变化。有些植物受刺激后会产生运动反应,这时,往往出现可传导的电位变化。例如,含羞草受刺激时,叶片发生的闭合运动反应,就能传播相当的距离。在这一过程中,由刺激点发生的负电位变化,可以每秒 2~10 毫米的速度向外扩布。动物的细胞或组织,尤其是神经与肌肉,受刺激时发生的电变化比植物更明显。

3. 生物电学

生物学与电学交叉,即形成生物电学。生物电学是研究生物和人体的电学特征——生物电活动规律的科学。生物体内广泛、繁杂的电现象是正常生理活动的反映,在一定条件下,生物电是有规律的:一定的生理过程,对应着一定的电反应。因此,依据生物电的变化可以推知生理过程是否处于正常状态,如心电图、脑电图、肌电图等生物电信息的检测等。反之,当把一定强度、频率的电信号输到特定的组织部位,则又可以影响其生理状态,如用"心脏起搏器"可使一时失控的心脏恢复其正常节律活动。因此,生物电在医学、仿生、信息控制、能源等领域将会不断开发其应用范围。

第五节　生物工程的学科交叉

在现代科学发展的过程中,生物学取得了引人注目的成就。

由于化学、物理学、数学向生物学领域的广泛渗透,奠定了分子生物学的基础,使生物学面貌发生了革命性的变化,形成了生物工程这样一种新技术体系,使生物科学成为当代科学的前沿。

生物工程又称生物技术,是以分子生物学、细胞生物学、微生物学、免疫学、遗传学、生理学、系统生物学等学科为支撑,结合了化学、化工、计算机、微电子等学科,从而形成了一门多学科互相渗透的综合性学科,其中包括基因工程、蛋白质工程、细胞工程、微生物工程(发酵工程)为基础的现代生物技术领域。

当代生物工程最具潜力、影响最为深远的,还要数基因工程。

基因工程又称基因拼接技术、转基因技术、DNA 重组技术,是利用现代生物技术,将人们期望的目标基因,经过人工分离重组后,导入并整合到生物体的基因组中,从而改善生物性状或赋予其新的优良性状。此外,还可以通过转基因技术对生物体基因的加工、敲除、屏蔽等方法改变生物体的遗传特性,获得人们希望得到的性状。

基因工程可以打破自然界生物之间亿万年来形成的生殖隔离,将不同种类的基因组合在一起,创造无数的人间奇迹。

1. 黄金大米

它是一种新型转基因大米,其 β-胡萝卜素的含量是普通大米的 23 倍,因大米在抛光后呈黄色而得名。这项实验是由瑞士联邦理工学院和德国弗莱堡大学的研究人员于 1999 年研究所得,并于次年公布研究结果。维生素 A

的缺乏会导致失明和免疫水平的低下。β-胡萝卜素在人体中可转化为维生素 A。即使少量的黄金大米也可以补充足够的维生素 A。

2. 织网山羊

蜘蛛丝是蜘蛛分泌并抽出的一种纤维，主要成分为蛋白质。在蜘蛛体内的丝蛋白是液态的，结网的时候，蜘蛛便将这些丝浆喷出去，丝浆一遇到空气，就凝结成丝。蜘蛛丝以其强韧的物理性质闻名，一根极其细小的蜘蛛丝就可以"悬吊"一只硕大的蜘蛛，这种强度是其他物质难以达到的。蜘蛛丝的质量极小，能环绕地球一圈长度的蜘蛛丝的质量仍不到 500 克。天然蜘蛛丝产量非常低，于是，科学家们应用山羊来生产蜘蛛丝。科学家将蜘蛛的产丝基因植入山羊体内，让山羊能像蜘蛛一样吐丝。具体的做法是：先提取到蜘蛛的产丝基因，然后将其注入到山羊受精卵细胞核中的染色体上，导入基因在转基因动物中最理想的表达场所是乳腺，让羊奶具有蜘蛛丝蛋白，再利用特殊的纺丝程序，将羊奶中的蜘蛛丝蛋白纺成人造基因蜘蛛丝，这种丝又称为生物钢材，可用于制造高级防弹衣，还能制造战斗飞行器、坦克、雷达、卫星等装备的防护罩等，在国防、建筑、医学等领域具有广阔应用前景。

3. 香蕉疫苗

人们可能很快就会通过咬一口香蕉接种乙型肝炎和霍乱等疾病的疫苗。研究人员将一种变异的病毒注射到香蕉树苗中时，病毒的遗传物质很快就会成为植物细胞的永久部分。随着植物的生长，它的细胞会产生病毒蛋白——但不会产生病毒的传染性部分。当人们吃一口富含病毒蛋白的转基因香蕉时，他们的免疫系统会产生抗体来对抗这种疾病——就像传统疫苗一样。

基因工程有着诱人的前景，是当代科技的一场革命，足以带动整个国民经济的发展。生物工程的应用范围十分广泛，主要包括医药卫生、食品轻工、农牧渔业、能源工业、化学工业、冶金工业、环境保护等方面。其中医药卫生领域是现代生物技术最先登上的舞台，也是目前应用最广泛、成效最显著、发展最迅速、潜力也最大的一个领域。生物工程与计算机微电子技术、新材料、新能源、航天技术等被列为高科技，被认为是 21 世纪科学技术的核心。

生物工程是当代科学的前沿，是若干学科交叉的产物。同时，生物工程又向不同的生产、生活领域渗透，实现了极为广泛的学科跨越。

第十六章

数学的学科交叉

数学是研究现实世界数量关系和空间形式的科学。

现实世界中,任何事物都有数量与空间形式,数学就是研究现实世界数量关系和空间形式的科学,是人类文明的重要组成部分。由于数学的高度抽象性、严格的逻辑性和语言的简明性,从而使得数学具有应用的广泛性。它愈来愈广泛、深入地渗透到其他科学和技术领域,使数学在跨学科研究中显示出无穷的魅力。

在现代科学中,运用数学的程度,已成为衡量一门科学的发展程度,特别是衡量其理论成熟与否的重要标志。马克思认为,一种科学只有在成功地运用数学时,才算达到了真正完善的地步。①

数学之用贯穿到一切科学部门的深处。华罗庚教授说过:宇宙之大、粒子之微、火箭之速、化工之巧、地球之变、生物之谜、日用之繁……无不可用数学表述。

德国数学家高斯说过:"数学是自然科学的皇后。"

第一节　数学与天文学

数学在天文学中起着非常重要的作用。数学的产生,推动了天文学的极大的发展。可以这样说,没有数学的精确计算,天文学就不会有巨大的进展。正如著名科学家伽利略名言所说:

"数学是上帝用来书写宇宙的文字。"

一、古希腊数学家的圆锥曲线

2 000 多年前,古希腊数学家最先开始研究圆锥曲线,并获得了大量的成

---

① 保尔·拉法格.回忆马克思恩格斯[M].北京:人民出版社,1973:7.

果。古希腊数学家阿波罗尼斯采用平面切割圆锥的方法来研究这几种曲线：用垂直于锥轴的平面去截圆锥，得到的是圆；把平面渐渐倾斜，得到椭圆；当平面倾斜到"和且仅和"圆锥的一条母线平行时，得到抛物线。阿波罗尼斯写出了杰作《圆锥曲线论》，对这些曲线作了全面、透彻的研究。

过了大约1 800年，当开普勒在根据哥白尼的日心说体系分析行星的运动轨道时，他发现古希腊数学家们为寻求内在的数学美而研究过的这种曲线，竟然恰好是描述行星的运动轨道所必需的。

早在古代，人们就已经设计出了表明规律性的最简单形式的曲线。可见，人类的智慧能在我们发现某种形式实际存在之前就已事先独立地将它们构想出来了。

二、海王星，笔尖下发现的行星

新行星的发现，与其说是靠天文观则，不如说是靠数学的计算。

在18世纪80年代以前，人们认为太阳系只有六大行星，即水星、金星、地球、火星、木星和土星。1781年，著名的英国天文学家赫歇耳发现天王星，人们给它编制了运行表，并且对它不断地进行观测、校正。然而奇怪的是，从1821年起，人们就发觉天王星运行的实际位置与运行表不符。经过核算，运行表编制没有错误，于是人们认为，在天王星轨道外侧还有一颗未被发现的新行星。但是，要想在茫茫星海用望远镜毫无目标地去搜寻这颗比天王星更遥远、更暗淡的星体，希望渺茫。唯一的办法是根据有关的理论，去计算和预测那颗行星所在的位置。

在1844～1845年间，有两位天文学家同时做了这一工作，一位是英国的年轻人亚当斯，一位是法国的勒威耶。他们算出了新行星的位置。当把望远镜对准了预告的新行星的位置上，果然发现了一颗星图上没有的新的星星。第二天继续进行观察，证明了这颗星星是一颗行星，这颗新发现的行星就是海王星。

海王星的发现，离不开数学计算。而如果仅仅是用望远镜在浩瀚星海中盲目地去寻找，要想发现它，肯定是很困难的。

三、小行星撞击地球的预测

6 500万年前，一颗直径有10公里小行星，以每秒40公里的速度撞击了如今位于墨西哥的尤卡坦半岛,留下了直径超过 180 公里的超巨型撞击坑。巨大的撞击引发了全球的超级火山大爆发,火山灰与撞击烟尘飞向了万米的高空,以至于阳光不能穿透,全球温度急剧下降,黑云遮蔽地球长达数年之久。没有阳光,植物逐渐枯萎死亡;没有植物,植食性的恐龙饥饿而死;没有植食性动物,肉食性的动物失去食物来源,在绝望和相互残杀中缓慢消亡,几乎所有的大型陆生动物都未能幸免于难。之后,整个地球生态圈的恢复,花了数百万年的时间。

如果这样的天地大碰撞事件发生在今天,意味着人类文明的毁灭。大量可能危及地球安全的近地小行星还隐匿于茫茫的太空之中。小行星撞击地球,已被联合国列为威胁人类生存的二十大灾难之首。

要预防这种巨型自然灾难,就需要科学预测;要预测小行星撞击地球灾难,就必然离不开数学。

第二节　数学与地学

地学,即地球科学,主要是指地质学和地理学的统称。

数学与地学关系密切。数学为地学数据的存储、分析和可视化提供了工具,推动了两个学科的发展。

一、数学与地理学

地理学是一门古老的学科,早在我国战国前后和古希腊、古罗马时代就开始萌芽,至今已有 2 000 多年的发展历史。地理学自产生之日起,就与数学有着不解之缘。

1. 数学与地理

自古以来,地理科学便离不开数学。人们为了测算河流长度、山体高度,计算土地面积,不得不运用数学的方法。在古代,地理学与数学之源泉科学——几何学,几乎都是研究地表的。在古埃及,由于尼罗河年年泛滥,两岸肥沃的农田每次被淹没后,以前划分的界限就会变得模糊不清。于是埃及人为了重新测定地界,每年都要进行大量的土地测量工作。时间久了逐渐发展为几何学。因此,在来自希腊文的西方文字中,几何学有"测地"之意,几何知识也在地图制作、土地丈量中有着大量的应用。

地图中的比例尺，实际上就是数学中分数的运用。在分子相同的情况下，分母越大分数越小，即比例尺越小。比例尺越小，所代表的实际距离越长，图幅所表示的面积越大，反映的地理事物越简略，反之则相反。

数学中的坐标系是描述和定位地点的常用工具，它可以帮助我们准确地确定地理位置。在地图制作中，经常用到直角坐标系或者经纬度坐标系。直角坐标系通过 X 轴和 Y 轴的交点来确定一个点的位置，而经纬度坐标系则是描述地球上任意一点位置的一种方法，通过纬度和经度的组合来确定一个地点的具体位置。这些坐标系在地图制作、地理定位、导航等领域起着重要作用。

2. 数学地图学

数学与地图学相交叉，产生了数学地图学。数学地图学是研究地图数学基础的建立与数学方法的应用的一门科学。地图以有了严密的数学基础而成为科学作品，使它同一般的写景图画有了本质的区别。不少古代的地图学家，以创立地图的某种数学依据而闻名，如墨卡托、托勒密等尤为著名。我国晋代的地图学家裴秀，亦以提出了富有数学涵义的制图六体，使制图技术方法有科学依据而在世界上享有盛誉。随着时代的进步，任何一个学科，都以日益广泛地运用数学方法而获得迅速发展。在地图制图发展到自动化制图的阶段，一个基本问题是解决地图制作过程的数学描述，或者称之为建立地图的数学模式，因此，数学内容显得尤为重要。

二、数学地质学

地质学与数学及信息技术相结合，诞生了数学地质学这一门边缘学科。数学地质学是用数学方法研究和解决地质问题的一门科学，其目标是以地质学中的科学问题为导向，应用数学方法和信息技术对地质体、地质过程和地质方法通过建立数学模型予以定量描述、分析、解释和评价，并解决各种实际地质问题。

数学地质学的研究对象包括地质作用、地质产物和地质工作方法。通过建立数学模型查明地质运动的数量规律性，查明地质体数学特征，建立地质产物的数学模型。

数学在地学的研究中扮演着重要的角色,而地学也为数学提供了丰富的应用场景。

第三节 数 学 与 物 理

数学和物理的关系尤为密切。

物理学家普遍用数学去发现和探索大自然。历史上许多伟大的科学家,既是数学家又是物理学家,比如阿基米德,他发现了杠杆原理和穷竭法;牛顿发现了万有引力定律,发明了微积分;欧拉发现了流体力学的欧拉方程和数学的变分法;高斯发现了电磁场的高斯定律,也奠定了微分几何基础;爱因斯坦,由于他有高深莫测数学理论,导出了质能方程,提出了相对论,其广义相对论不仅是宇宙学的基础,也推进了现代微分几何与微分方程的发展。

物理学中有大量的运算,尤其需要数学。

一、空间与数学

空间是物理学中的七个基本物理量之一,是与时间相对的一种物质客观存在形式,由长度、宽度、高度、大小表现出来。长度单位是指丈量空间距离上的基本单元,要进行长度单位的运算,就必然要用到数学。

国际长度单位换算关系为：米(m)

1 分米(dm) $= 1 \times 10^{-1}$ m

1 厘米(cm) $= 1 \times 10^{-2}$ m

1 毫米(mm) $= 1 \times 10^{-3}$ m

1 丝米(dmm) $= 1 \times 10^{-4}$ m

1 忽米(cmm) $= 1 \times 10^{-5}$ m

1 微米(μm) $= 1 \times 10^{-6}$ m

1 纳米(nm) $= 1 \times 10^{-9}$ m

1 皮米(pm) $= 1 \times 10^{-12}$ m

1 飞米(fm) $= 1 \times 10^{-15}$ m

1 阿米(am) $= 1 \times 10^{-18}$ m

1 仄米(zepto) = 1×10^{-21} m

1 幺米(ym) = 10^{-24} m

普朗克长度,是有意义的最小可测长度。大约为 1.61×10^{-35} m。

这些长度单位如果不用数学,根本就无法准确表示与运算。

二、时间与数学

时间(Time)是标注事件发生瞬间及持续历程的基本物理量,包含时刻和时段两个概念。时间的基本单位是秒,符号为 s。

秒以下的时间单位有:秒(s)、毫秒(ms)、微秒(μs)、纳秒(ns)、皮秒(ps)、飞秒(fs)、阿秒(as)。时间单位换算基本上都是千进制,1 秒(s) = 1 000 毫秒(ms) = 1 000 000 微秒……也可表示为:

1 s = 10^3 ms(毫秒) = 10^6 μs(微秒) = 10^9 ns(纳秒) = 10^{12} ps(皮秒) = 10^{15} fs(飞秒) = 10^{18} as(阿秒) = 10^{21} zm(仄秒) = 10^{43} Planck Constant(普朗克常数)

时间这一基本物理量,如果不借用数学就很难精确地表示出来,也无法进行运算。为了给人更深刻的印象,还可以进行数学换算。

我们来看几个数据:光在 1 秒可以走 3×10^8 m,也就 30 万公里,1 纳秒可以走 0.3 m,1 皮秒可以走 0.3 mm,1 飞秒可以走 300 nm,也就是约为紫外光的一个波长;而在 1 阿秒可以走 0.3 nm,

想想看,1 秒钟可走 30 万公里的光,1 阿秒才仅仅可以走 0.3 纳米,可见 1 阿秒时间之短。

三、质能方程与数学

1905 年,爱因斯坦在《物理学年鉴》上发表了长达 30 页的论文《论动体的电动力学》。这篇文章宣告了狭义相对论的创立。狭义相对论把质量、能量和光速统一在一起,得到了著名的质能公式:

$$E = mc^2$$

其中"m"表示物体的质量,"c"表示光速,"E"表示该物质的能量。这个公式表明,物体的能量跟它的质量之间有简单的正比关系。物体的质量减少了,即放出了能量。只要我们能够在某种过程中使 1 克质量的物质消失,这种过程就可释放出相当于 2 万吨 TNT 炸药爆炸时放出的能量,也相当于 2 500 吨煤燃烧所释放的能量,用这些能量可以发几百万度电!质量和能量可以互相转化,导致了物理学观念上又一个重大变革。而第一颗原子弹的爆炸和原子能的运用,则鲜明地证实了质能相关性原理,证明了质量——能量确实可以按照公式 $E = mc^2$ 互相转化的事实。

爱因斯坦狭义相对论关于质量和能量的互相转化的规律,只有借助数学公式,才能描述得如此准确而简洁。

四、广义相对论与黎曼几何

爱因斯坦于 1916 年提出了广义相对论。广义相对论中,爱因斯坦把引力和时间、空间的性质有机地联系起来。广义相对论认为,有引力场的空间不是平直空间,而是弯曲空间,引力场越强,空间就弯曲得越厉害。物体在引力场中的自然轨迹并不是直线,而是曲线,它既可以看成是引力场的吸引,又可看作是空间弯曲的自然结果。由于宇宙中各处存在着引力场,所以现实的空间是弯曲空间。空间中各点的长度标准不一样,引力场强的地方长度标准短。空间各点的时间标准也不一样,引力场强的地方时间流逝得慢。

当年,让爱因斯坦他苦恼的是,在引力作用下,空间会发生扭曲,而欧几里得几何学却对此毫无办法。后来,幸好他的好友马塞尔·格罗斯曼告诉他,德国数学家黎曼研究出的一套几何学,应该能帮他解决烦恼。果然,爱因斯坦有了黎曼几何这一有力武器后,就顺利地建立了广义相对论。

黎曼几何是德国数学家黎曼创立的。德国数学家波恩哈德·黎曼在 19 世纪发展出了一套特殊的曲率几何概念。欧氏几何是平直空间中的几何,黎曼几何是普通球面上的几何,又叫球面几何。当黎曼创立黎曼几何学时,丝毫没在意过物理学。那时他绝对想不到,在 20 世纪初,黎曼几何正是广义相对论所需要的数学基础。如果没有黎曼几何,爱因斯坦的伟大就要打折扣。

历史上物理和数学有着十分深刻的联系。物理的目的之一是了解新的自然现象,而当物理学家有一个真正的新发现时,就需要引入新的数学语言来描写新的自然现象。这就是数学和物理之间的深刻联系。正因为如此,每一次物理学的重大革命，其标志都是有新的数学被引入到物理学中来。

五、数学和物理学的交叉

数学和物理学的交叉领域，诞生了数学物理这门学科。数学物理是以研究物理问题为目标的数学理论和数学方法。它探讨物理现象的数学模型，即寻求物理现象的数学描述，并对模型已确立的物理问题研究其数学解法，然后根据解答来诠释和预见物理现象，或根据物理事实来修正原有模型。

第四节　数学与生物

生物与数学密不可分。

一、人类的指头与十进制

比如，人类算数最常用的进位制是十进制，人类普遍采用十进制就是因为手指头有十个的缘故。

在远古时代，古人要数清猎物，十指自然地成为了最早的"计算器"，就像今天的孩童一样。而当猎物数量增多后，仅用 10 个手指已数不过来，人们便加了一些辅助工具。比如，10 个手指数完了，便在地上搁块石头，再重新使用手指。经过多次的反复计算和总结经验，人类就发明了十进位制，并广泛应用到社会生活的各个方面。

进位制除了十进制外，还有一些其他进位方法。比如，十六进制是逢十六进一；十二进制是逢十二进一，一年为十二个月，时针转一周为十二个小时，一打为十二个，一英尺等于十二英寸，金衡制中一金衡磅等于十二金衡盎司；七进制是逢七进一，比如星期；二进制就是逢二进一……

进位制林林总总，但日常使用最多的是十进制。亚里士多德称人类普遍使用十进制，只不过是绝大多数人生来就有 10 根手指这样一个解剖学事实的结果。假如说人进化出八个手指，那么人类大概就会优先选择八进制，而不是十进制。

在神奇的自然界中，许多生物也展现出惊人的数学才能。

二、苍蝇的莱维飞行

夏天,有时苍蝇会不请自来。人类仅靠双手很难击中目标,苍蝇的飞行轨迹十分奇特,因为它们应用了一个强大的数学原理——莱维飞行。这个原理让它们的飞行轨迹难以捉摸。

莱维飞行以法国数学家保罗·莱维命名,是一种随机的飞行运动,经常会突然转向,没有规律可言,这种飞行的图形是一种分形几何。分形几何它的特点是,随机选取图形有转折的地方,然后把这块地方放大,无论它放大多少倍,看起来还是跟原来的图形相类似。更重要的是,莱维飞行属于随机游走,也就是说它的轨迹并不能被准确预测,就和苍蝇的步伐一样奇特。所以,即使苍蝇飞在面前,或者停靠在手上,它的行动依然无法预测,这一特点也使它最大限度地避免被击中。

三、蜜蜂的数学天才

工蜂建造的蜂巢十分奇妙,由一个个排列整齐的六棱柱形小蜂房组成,每个小蜂房的底部是三个相同的菱形。18 世纪初,法国学者马拉尔奇曾经专门测量过大量蜂巢的尺寸,这些组成蜂巢底盘的菱形的所有钝角都是109°28′,所有的锐角都是 70°32′。后来,法国数学家克尼格和苏格兰数学家马克洛林运用数学理论计算,要想消耗最少的材料制成最大的菱形容器,其角度正好是上面两个数。蜂巢是最节省材料的结构,且容量大、坚固。人们用各种材料仿其构造制成蜂巢式夹层结构板,具有强度大、重量轻、不易传导声和热的特点,是制造航天飞机、宇宙飞船、人造卫星等的理想材料。

四、蜘蛛结网的对数螺线

蜘蛛称得上是出色的数学家,蜘蛛结的八角形的几何图案既复杂又美丽,这种"八卦网",即使使用直尺和圆规也难以画得如蜘蛛结的网那样匀称。蜘蛛结网时,先拉好八根辐线做骨架,蜘蛛用一根看上去无止尽的螺线从内到外编织蛛网。观察蛛网,可以发现从外圈走向中心的那根螺旋线越接近中心,每周间的距离越密,一圈密似一圈向中心绕去,这个曲线就是几何中大名鼎鼎的对数螺线,对数螺线又叫等角螺线。

　　除了蜘蛛网的构造与对数螺线相似外,对数螺线的现象还有许多:鹦鹉螺的贝壳呈对数螺线;向日葵和其他一些植物的种子在花盘上排列出的曲线也是对数螺线;昆虫以对数螺线的方式接近光源;天文学家观测发现,涡旋状星云的旋臂形状与对数螺线十分相似,银河系的四大旋臂就是倾斜度为12°的对数螺线;热带气旋、温带气旋等的外观呈对数螺线……

　　小小的蜘蛛蕴藏着如此深刻的数学奥秘,生物神奇的数学特征,为我们在生物与数学的学科跨越打开了一扇方便之门。生物学离不开数学。遗传学的奠基人孟德尔,正是因为具有坚实的数学基础,才使他对豌豆的性状遗传进行了有效的统计和分析,从而发现了基因的分离和自由组合规律。

第五节　数学与艺术

　　数学是研究现实世界空间形式与数量关系的一门科学,数学给人的印象是单调、枯燥、冷漠;艺术是通过塑造艺术形象来反映生活、表达情感的,富有形象性、情感性。表面上看,艺术与数学风马牛不相及,其实不然,数学和艺术有着密切的联系。

一、数学与音乐

　　音乐和数学有着不解之缘。

　　毕达哥拉斯是古希腊著名的哲学家和数学家,他认为"万物皆数""数是万物的本质",而整个宇宙是数及其关系的和谐体系。

　　有一天,毕达哥拉斯在散步时,经过一家铁匠铺,意外发现里面传出打铁的声音,要比别的铁匠铺协调、悦耳。他对此产生了兴趣,于是走进铺子,测量了铁锤和铁砧的大小,发现音响的和谐与发声体体积的一定的比例有关。后来,他又在琴弦上做试验,进一步发现了琴弦律的奥秘:当两个音的弦长成为简单整数比时,同时或连续弹奏,所发出的声音是和谐悦耳的。简而言之,只要按比例划分一根振动的弦,就可以产生悦耳的音程,如当两音弦长之比为1:2,则音程为八度;当两音弦长之比为2:3,则音程为五度;当两音弦长之比为3:4,则音程为四度。这就是后来所使用的"五度相生律"。

　　就这样,毕达哥拉斯在世界上第一次发现了音乐和数学的联系。当时毕达哥拉斯学派用比率将数学与音乐联系起来。他们不仅认识到所拨琴弦产生的声音与琴弦的长度有着密切的关系,从而发现了和声与整数之间的关系,而且还发现谐声是由长度成整数比的同样绷紧的弦发出的。于是,毕达哥拉斯音阶和调音理论诞生了,而且在西方音乐界占据了统治地位。

毕达哥拉斯认为:"音乐之所以神圣而崇高,就是因为它反映出作为宇宙本质的数的关系。"数学家西尔维斯特曾说:"难道不可以把音乐描述为感觉的数学,把数学描述为理智的音乐吗? 音乐是听觉的数学,数学是理性发出的音乐,两者皆源于相同的灵魂。"爱因斯坦说:"我们这个世界可以由音乐的音符组成也可以由数学公式组成。"音乐和数学有着不解之缘。

二、美术中蕴含的数学原理

在传统印象中,数学和美术是两种截然不同的存在,代表着两种不同的智慧结晶。两者似乎风马牛不相及。其实,美术中蕴含着无穷的数学知识,美术与数学之间存在千丝万缕的联系。

1. 透视与美术

透视是数学中的一门重要学科,同时也是学习美术的人必学的科目。美术家们想绘制出逼真的环境,必须懂得其中的透视学原理,让作品呈现层次感,立体感,使画面更自然、更深邃。

人们看到的影像是物体通过光线反射进入眼睛形成的。最初研究透视是采取通过一块透明的平面去看景物的方法,将所见景物准确描画在这块平面上,即成该景物的透视图。后来将在平面上根据一定原理,用线条来显示物体的空间位置、轮廓和投影的科学称为透视学。1435 年阿尔伯蒂写作《绘画论》的理论基本是论述绘画的数学基础——透视学,得出"远小近大,远淡近浓,远低近高,远慢近快"的一些定性的结论。

文艺复兴时期的伟大画家莱达·芬奇,能力超群、出类拔萃,在绘画、雕塑、音乐、数学、工程、建筑等各个不同的领域产生了深远的影响。当他 18 岁时,为了透彻理解和掌握绘画艺术,决定开始研究其他与绘画有密切关系的学科,如数学、解剖学等。之后他运用精通的数学、精确的透视和"神圣的比例关系"创造了许多举世名作。他的那幅世界上最著名的画《蒙娜丽莎》,用透视法构成蒙娜丽莎身后的风景,越远的地方,颜色就愈暗淡,轮廓线就越模糊,在她背后的岩石和流水如梦幻般的景致,让我们迷惑神秘。这种透视感营造成的景深,烘托整个画面,让整副画笼罩在奇幻的环境中。透视几何学使得艺术和数学融合到里程碑式的高度。

达·芬奇说:"欣赏我的作品的人,没有一个不是数学家。"

2. 黄金分割与美术

几何上的黄金分割,即把线段 l 分成 x 和 $l-x$ 两段,使其比满足:

$$x : l = (l - x) : x$$

这样解得 $x \approx 0.618$,这种分割称为黄金分割,这是被中世纪学者、艺术家达·芬奇誉为"黄金数"的重要数值。顾名思义,黄金数有着黄金一样的价值。事实上,黄金比值一直统治着中世纪西方建筑艺术,无论是古埃及的金字塔,还是古雅典的帕特农神庙;无论是印度的泰姬陵,还是今日的巴黎埃菲尔铁塔,这些世人瞩目的建筑中都蕴藏着"黄金分割"的美。一些著名的艺术佳作也处处体现了黄金比值。许多名画的主题都是在画面的黄金分割点处,建筑物的窗口,宽与高度的比一般为 0.618;弦乐器的声码放在琴弦的 0.618 处,会使声音更甜美。

多少世纪以来,数学总是有意识或无意识地影响着艺术家,射影几何、黄金分割、比例、视觉幻影、对称、分形几何、图案和花样、极限和无限以及计算机科学等,这些都是数学的内容,然而它们却影响着艺术的众多方面乃至于整个时代的审美趣味。

数学使我们富于理性,让我们理解这个世界真实运行模式;艺术富于感性,用热情感触这个世界的多彩。数学和艺术的融合其实就是艺术数学化,数学的艺术化。

第十七章

新能源科学的交叉

　　能源是一个国家发展的命脉。

　　世界经济的现代化,得益于化石能源,如石油、天然气、煤炭与核裂变能的广泛投入应用,因而它是建筑在化石能源基础之上的一种经济。然而,由于这一经济的资源载体将在 21 世纪上半叶迅速地接近枯竭,化石能源与原料链条的中断,必将导致世界经济危机和冲突的加剧。因此,获得能源已经成为各国压倒一切的首要任务。

　　新能源是指传统能源之外的各种能源形式,一般是指在新技术基础上加以开发利用的可再生能源,如太阳能、地热能、风能、海洋能、生物质能和核聚变能等。大力发展可再生能源,用可再生能源和原料全面取代化石资源,是出于生存的需要,更是为了世界经济获得可持续的发展。

第一节　太　阳　能

　　太阳能是指太阳的热辐射能,是一种可再生能源。

　　太阳是太阳系的中心天体,是太阳系里唯一的一颗恒星,也是离地球最近的一颗恒星,是一颗中等质量的充满活力的壮年星。在太阳内部持续发生着核聚变反应,释放出巨大的能量,并以电磁波的形式向广阔的宇宙空间辐射,这种辐射携带的能量称之为太阳辐射能,简称太阳能。根据对太阳内部氢含量的估计,太阳至少还有 50 亿年的正常寿命。可以认为,太阳对地球是一个永恒的能源。

一、太阳能的优点

　　太阳能既是一次能源,又是可再生能源。它资源丰富,既可免费使用,又无需运输，对环境无任何污染。太阳能有以下四个优点。

1. 普遍

太阳光普照大地，没有地域的限制，处处皆有。

2. 无害

开发利用太阳能不会污染环境，是清洁能源。

3. 巨大

其总量属现今世界上可以开发的最大能源。

4. 长久

太阳至少还有 50 亿年的正常寿命，能量用之不竭。

二、太阳能的主要问题

太阳能取之不尽，用之不竭，但太阳能的能量密度低，而且它因地而异，因时而变，这是开发、利用太阳能面临的主要问题。

1. 分散性

能流密度低，需要面积很大的设备，造价较高。

2. 不稳定性

由于受到昼夜、季节、地理纬度和海拔高度等限制以及晴、阴、云、雨等随机因素的影响，太阳能又极不稳定。

3. 效率低和成本高

太阳能利用装置因为效率偏低，成本较高，总的来说，经济性还不能与常规能源相竞争。

4. 太阳能板污染

现阶段，太阳能板寿命一般 20 年至 30 年左右，而换下来的太阳能板非常难被大自然分解，从而会对地球造成污染。

三、太阳能的利用方式

太阳能的利用有光热转换和光电转换等方式。

1. 光热利用

现代的太阳热能科技将阳光聚合，并运用其能量产生热水、蒸气和电力。目前使用最多的太阳能收集装置，主要有平板型集热器、真空管集热器、陶瓷太阳能集热器和聚焦集热器等四种。目前主要有太阳能热水器、太阳能干燥器、太阳能蒸馏器、太阳能采暖(太阳房)、太阳能温室、太阳能空调制冷系统、太阳灶、太阳能热发电聚光集热装置、高温太阳炉等能源装置。

2. 发电利用

太阳能大规模利用是用来发电。方式有以下两种。

第一,光—热—电转换。一般是用太阳能集热器将所吸收的热能转换为蒸汽,然后由蒸汽驱动气轮机带动发电机发电。

第二,光—电转换。其基本原理是利用光生伏特效应将太阳辐射能直接转换为电能,它的基本装置通常是太阳能电池,太阳能电池是一种由于光生伏特效应而将太阳光能直接转化为电能的器件。光伏板组件可以制成不同形状,而组件又可连接,以产生更多电能。天台及建筑物表面均可使用光伏板组件,甚至被用作窗户、天窗或遮蔽装置的一部分。太阳能路灯不受供电影响,不用开沟埋线,不消耗常规电能,只要阳光充足就可以就地安装。

3. 光化利用

光化转换就是因吸收光辐射导致化学反应而转换为化学能的过程。比如,利用太阳辐射能直接分解水制氢的光－化学转换方式。植物靠叶绿素把光能转化成化学能,实现自身的生长与繁衍,若能揭示光化转换的奥秘,便可实现人造叶绿素发电。目前,太阳能光化转换正在积极探索、研究中。

4. 燃油利用

欧盟从 2011 年 6 月开始,利用太阳光线提供的高温能量,以水和二氧化碳作为原材料,致力于"太阳能"燃油的研制生产。2014 年 6 月,研发团队已在世界上首次成功实现实验室规模的可再生燃油全过程生产,其产品完全符合欧盟的飞机和汽车燃油标准,无需对飞机和汽车发动机进行任何调整改动。

第二节　核　　能

世界上的物质都是由原子构成的,原子又由原子核与绕核运转的电子组成,原子核则由质子和中子组成。原子核中蕴藏着巨大的能量,叫核能。按爱因斯坦的质能公式:

$$E = mc^2$$

E 表示能量，m 代表质量，而 c 表示光速。从中我们知道，任何物质都蕴含着巨大的能量。只要将 1.1 吨的物质转化为能量，就相当于全人类目前一年所消耗的能量。可见核能是无穷无尽的能源。

那么，怎样获得核能呢？

一、原子核能的释放

原子核能的释放，有核聚变和核裂变两种方式。核聚变释放的能量，叫核聚变能；核裂变释放的能量，叫核裂变能。

1. 核裂变

这是一个原子核分裂成几个原子核的变化。比如，铀、钍等发生核裂变。这些原子的原子核在吸收一个中子以后会分裂成两个或更多个质量较小的原子核，同时放出二个到三个中子和很大的能量，中子又能使别的原子核接着发生核裂变……使过程持续进行下去，这种过程称为链式反应。原子核在发生核裂变时，释放出巨大的能量为原子核能，俗称原子能。

2. 核聚变

这是指由质量小的原子，比如氘或氚，在一定条件下（如超高温和高压），发生原子核互相聚合作用，生成新的原子核，并伴随着巨大的能量释放的一种核反应形式。

铀、钍等核裂变与氘或氚核聚变之所以可以释放能量，就在于核子的分裂或者结合都亏损了质量，亏损的质量乘以光速的平方就是释放的能量。

热核反应，或原子核的聚变反应，是当前很有前途的新能源。热核反应是氢弹爆炸的基础，可在瞬间产生大量热能，但尚无法加以利用。如能使热核反应有控制地产生与进行，即可实现受控热核反应，这是正在进行试验研究的重大课题。聚变反应堆一旦成功，则可能向人类提供最清洁且取之不尽的能源。核聚变几乎不会带来放射性污染等环境问题，而且其原料可直接取自海水中的氘，来源几乎取之不尽，是理想的能源方式。

二、可控核聚变反应堆

要实现可控核聚变反应，必须满足三个苛刻的条件：一是温度要足够高，使燃料变成超过 1 亿摄氏度的等离子体；二是密度要足够高，这样两个原子核发生碰撞的概率就大;三是等离子体在有限的空间里被约束足够长时间。为满足这三要素,自 20 世纪 50 年代至今,国际聚变界的科学家们前赴后继、攻坚克难,但仍面临巨大的挑战。

可行性较大的可控核聚变反应装置是托卡马克装置。

托卡马克是一种利用磁约束来实现受控核聚变的环性容器。最初是由位于苏联莫斯科的库尔恰托夫研究所的阿齐莫维齐等人在 20 世纪 50 年代发明的。托卡马克的中央是一个环形的真空室,外面缠绕着线圈。在通电的时候托卡马克的内部会产生巨大的螺旋型磁场,将其中的等离子体加热到很高的温度,以达到核聚变的目的。

核聚变的原材料很容易找——地球上氘的含量并不算少,每升海水中的氘聚变能够放出的能量,相当于燃烧 300 升汽油。地球海洋中氘资源核聚变能,可供人类使用 100 亿年。

"核聚变"可以一劳永逸解决人类能源问题。

第三节　海　洋　能

海洋能是指依附在海水中的可再生能源,包括潮汐能、波浪能、海洋温差能、海洋盐差能和海流能等。

大海蕴藏着巨大的可再生能源。那波涛汹涌的海浪、涨落起伏的潮汐、循环不息的海流、不同深度的水温、河海水交汇处的盐度差等,都具有可以利用的巨大能量。全世界海洋能的总储量,约为全球每年耗能量的几百倍甚至几千倍,这种海洋能是取之不尽、用之不竭的新能源。

一、海洋能的特点

海洋能有以下四个特点。

1. 海洋能总量巨大,单位能量有限

海洋能在海洋总水体中的蕴藏量巨大,而单位体积、单位面积、单位长度所拥有的能量较小。

2. 海洋能具有可再生性

海洋能来源于太阳辐射能与天体间的万有引力,只要太阳、月球等天体

与地球共存，这种能源就取之不尽，用之不竭。

3. 海洋能有较稳定与不稳定能源之分

较稳定的为温度差能、盐度差能和海流能。不稳定能源有潮汐能、潮流能、波浪能。

4. 海洋能属于清洁能源

海洋能本身对环境污染影响很小。

二、潮汐能

海水在日、月引潮力作用下引起的海面周期性的升降、涨落与进退，称海洋潮汐。潮汐能，海水周期性涨落运动中所具有的能量，这种能量是永恒的、无污染的能量。在涨潮的过程中，汹涌而来的海水具有很大的动能，而随着海水水位的升高，就把海水的巨大动能转化为势能；在落潮的过程中，海水奔腾而去，水位逐渐降低，势能又转化为动能。潮汐能是可再生能源，在海水的各种运动中潮汐最具规律性，也最早为人们所认识和利用。

利用潮汐发电是开发利用潮汐的主要方向。潮汐发电必须选择有利的海岸地形，修建潮汐水库，涨潮时蓄水，落潮时利用其势能发电。为提高潮汐的利用率，人们使用巧妙的回路设施或双向水轮机组，在涨潮进水和落潮出水时都能发电，这就是"单库双向发电"。

三、波浪能

海洋中有丰富的波浪能，波浪能是指海洋表面波浪所具有的动能和势能。海浪总是周而复始，昼夜不停地拍打着海岸，其中所蕴藏的波浪能是一种取之不尽的可再生能源。

波浪能的基本元素是指海洋表面波浪所具有的动能和势能。海浪有惊人的力量，5 米高的海浪，每平方米压力就有 10 吨。大浪能把 13 吨重的岩石抛至 20 米高处，能翻转 1 700 吨重的岩石。据估计，地球上海浪中蕴藏的能量相当于 90 万亿千瓦时的电能。

怎样开发波浪能？中国科学家研发出摩擦纳米发电机，可开发波浪能、潮汐能等。利用摩擦起电效应和静电感应效应的耦合把微小的机械能转换为电能，它既用不着磁铁也不用线圈，在制作中用到的是质轻、低密度并且价廉的高分子材料。这种颠覆性的技术有史无前例的输出性能和优点,具有里程碑式意义。

四、温差能

海水温差能是指海洋表层海水和深层海水之间水温差的热能,是海洋能的一种重要形式。低纬度的海面水温较高,与深层冷水存在温度差,而储存着温差热能,其能量与温差的大小和水量成正比。

海洋温差能主要来源是太阳辐射能。世界大洋的面积浩瀚无边,海水的比热大,是一个巨大的吸热体。在热力学上,凡有温度差异,都可用来作功,这就叫温差能。海洋温差能的利用主要是温差发电。目前,海洋温差发电仍是一项高科技项目,它涉及许多耐压、绝热、防腐材料问题,以及热能利用效率问题(效率现仅 2%),且投资巨大,一般国家无力支持。但海洋温差资源丰富,可以在海上就近供电,并可同海水淡化相结合,从长远看是有战略意义的。

五、海流能

海流能是指海水流动的动能,主要是指海底水道和海峡中较为稳定的流动以及由于潮汐导致的有规律的海水流动所产生的能量,是另一种以动能形态出现的海洋能。海流能利用方式主要是发电,其原理和风力发电相似。

近 20 多年来,受化石燃料能源危机和环境变化压力的驱动,作为主要可再生能源之一的海洋能事业取得了很大发展,海洋能应用技术日趋成熟,为人类充分利用海洋能展示了美好的前景。

第四节　风　　能

风能是空气流动所产生的动能,属于可再生能源。

风是地球上的一种自然现象,它是由太阳辐射热引起的,是太阳能的一种转化形式。太阳照射到地球表面,地球表面各处受热不同,产生温差,从而引起大气的对流运动形成风,风的形成乃是空气流动的结果,风能的大小决定于风速和空气的密度。

一、人类利用风能的历史

人类利用风能的历史可以追溯到公元前。古埃及、中国、古巴比伦等是世界上最早利用风能的国家，利用风力提水、灌溉、磨面、舂米，用风帆推动船舶前进。到了宋代更是中国应用风车的全盛时代，当时流行的垂直轴风车，一直沿用至今。明代伟大航海家郑和下西洋的远航船队就是帆船，动力主要靠风帆以及水手划水。

荷兰被称为"风车之国"。荷兰坐落在地球盛行的西风带，一年四季盛吹西风。同时它濒临大西洋，又是典型的海洋性气候国家，海陆风长年不息，这就给缺乏水力、动力资源的荷兰，提供了利用风力的优厚补偿。荷兰人发明风车，用来碾谷物、粗盐、烟叶、榨油，压滚毛呢、毛毡、造纸，以及排除沼泽地的积水。当时，荷兰在世界的商业中，占首要地位，各种原料从各路水道运往风车加工，其中包括：北欧各国和波罗的海沿岸各国的木材，德国的大麻子和亚麻子，印度和东南亚的肉桂和胡椒。风车用于辗磨谷物，加工大麦，把原木锯成桁条和木板，制造纸张，还从各种油料作物如亚麻籽、油菜籽中榨油，还把香料磨碎制成芥末。荷兰人很喜爱他们的风车，人们无论从哪个角度观赏荷兰的风景，总是看到地平线上竖立的风车。如今，因为风车利用自然风力，没有污染、耗尽之虞，所以它不仅被荷兰人民一直沿用，而且也成为新能源的一种，深深地吸引着人们。

二、风的类型

风能作为一种无污染和可再生的新能源有着巨大的发展潜力，特别是对沿海岛屿，交通不便的边远山区，地广人稀的草原牧场，以及远离电网和近期内电网还难以达到的农村、边疆，作为解决生产和生活能源的一种可靠途径，有着十分重要的意义。

大自然的风是地球上的一种空气流动现象，主要有以下三种类型。

1. 信风

在南北纬三十度附近，空气由副热带高压带吹向赤道的风，因受地球自转影响，在北半球变为东北风，在南半球则变为东南风，方向很少改变，它们年年如此，稳定出现，很讲信用，被称为"信风"。西方古代商人们常借助信风吹送,往来于海上进行贸易,信风有时候被译成"贸易风"。

信风的形成与地球环流有关。赤道地区日照时间长,空气受热增温,密度变小;暖空气在赤道地区上升,分别于高空向南北半球移动,移动过程中温度下降,密度增大;一般到达南北纬 20°～35°附近气流开始下沉,然后于低空流回赤道,构成闭合的垂直环流圈,即哈德莱环流。北半球形成东北信风。南半球形成东南信风。

2. 季风

季风是由海陆分布、大气环流、大陆地形等因素造成的,以一年为周期的大范围对流现象。它的形成是由冬季和夏季海洋和陆地温度差异所致。夏季时,海洋的热容量大,加热缓慢,海面较冷,气压高,而大陆由于热容量小,加热快,形成暖低压,夏季风由冷洋面吹向暖大陆;冬季时则正好相反,由冷大陆吹向暖洋面。

亚洲是著名的季风区,冬季盛行西北季风和夏季盛行西南季风。

3. 海陆风

在近海岸地区,白昼时,大陆上的气流受热膨胀上升至高空流向海洋,到海洋上空冷却下沉,在近地层海洋上的气流吹向大陆,补偿大陆的上升气流,低层风白天风从海上吹向大陆上,称为海风;夜间情况相反,低层风从大陆吹向海洋,称为陆风。这种海陆之间昼夜交替、有规律地改变方向的风,称海陆风。

此外,大自然的风还有山谷风、台风、龙卷风等。

三、我国的风能资源分布

我国幅员辽阔,海岸线长,风能资源比较丰富。我国风能资源的分布与天气气候背景有着非常密切的关系,我国风能资源丰富的地区主要分布在两个热能丰富带区域。

1. 三北(东北、华北、西北)地区丰富带

包括东北三省、河北、内蒙古、甘肃、青海、西藏和新疆等省/自治区近200 公里宽的地带,风电场地形平坦,交通方便,没有破坏性风速,是我国连成一片的最大风能资源区,有利于大规模的开发风电场。这一风能丰富带的形成,主要是由于三北地区处于中高纬度的地理位置有关。

2. 沿海及其岛屿地丰富带

如台山、平潭、东山、南鹿、大陈、嵊泗、南澳、马祖、马公、东沙等，这一地区特别是东南沿海，由海岸向内陆是丘陵连绵，所以风能丰富地区仅在海岸50公里之内，再向内陆是风能不能利用的地区。

我国有海岸线18 000多公里，岛屿6 000多个，这里是风能大有开发利用前景的地区。在沿海每年夏、秋季节都可受到热带气旋的影响，每当台风登陆后我国沿海可以产生一次大风过程，一般只要不是在台风正面直接登陆的地区，而风速基本上在风力机切出风速范围之内，是一次满发电的好机会。

3. 内陆风能丰富地区

在两个风能丰富带之外，一些地区由于湖泊和特殊地形的影响，风能也较丰富，如鄱阳湖附近较周围地区风能大，湖南衡山、安徽的黄山、云南太华山等也较平地风能大。

4. 海上风能丰富区

我国海上风能资源丰富，海上风速高，很少静风期，可以有效利用风电机组发电。海水表面粗糙度低，风速随高度的变化小，可以降低塔架高度。风的湍流强度低，没有复杂地形对气流的影响，可减少风电机组疲劳载荷，延长使用寿命。

四、风能的特点

风能可以通过风车来提取。当风吹动风轮时，风力带动风轮绕轴旋转，使得风能转化为机械能。风能为洁净的能量来源，风力发电节能环保，是可再生能源。同时，风能设施日趋进步，大量生产降低成本，在适当地点，风力发电成本已低于其他发电机。

但风能利用存在一些限制及弊端：风速不稳定，产生的能量大小不稳定；风能利用受地理位置限制严重；风能的转换效率低；风能是新型能源，相应的使用设备也不是很成熟；进行风力发电时，风力发电机会发出大的噪音，所以要找一些空旷的地方来兴建；风力发电需要大量土地兴建风力发电场，才可以生产比较多的能源；风力发电在生态上的问题是可能干扰鸟类，如美国堪萨斯州的松鸡在风车出现之后已渐渐消失。

第五节　生物质能

生物质能是自然界中有生命的植物提供的能量,这些植物以生物质作为媒介储存太阳能,属再生能源。生物质能通常包括木材、森林废弃物、农业废弃物、水生植物、油料植物、城市和工业有机废弃物、动物粪便等。人类历史上最早使用的能源是生物质能。生物质能既可直接利用,也可以通过转化成氢气、乙醇、沼气等含能物质间接使用。

一、生物质能特点

1. 可再生性

生物质能属可再生资源,通过植物的光合作用可以再生,资源丰富,可保证能源的永续利用。

2. 低污染性

生物质能源的有害物质含量低,属于清洁能源。

3. 广泛分布性

缺乏煤炭的地域,可充分利用生物质能。

4. 总量十分丰富

生物质能是世界第四大能源,仅次于煤炭、石油和天然气。随着农林业的发展,生物质资源还将越来越多。

5. 广泛应用性

生物质能源可以以沼气、压缩成型固体燃料、气化生产燃气、气化发电、生产燃料酒精、热裂解生产生物柴油等形式存在,应用在国民经济的各个领域。

二、生物质能的分类

依据来源不同,可将生物质分为林业资源、农业资源、生活污水和工业有机废水、城市固体废物及畜禽粪便等五大类。

1. 森林能源

这是指森林生长和林业生产过程提供的生物质能源,包括薪炭林,在森林抚育和间伐作业中的零散木材,残留的树枝、树叶和木屑等;木材采运和加工过程中的枝丫、锯末、木屑、梢头、板皮和截头等；林业副产品的废弃物，如果壳和果核等。

2. 农业资源

农业生物质能资源是指农业作物（包括能源作物），农业生产过程中的废弃物，如农作物收获时残留在农田内的农作物秸秆，农业加工业的废弃物，如农业生产过程中剩余的稻壳等。能源植物泛指各种用以提供能源的植物，通常包括草本能源作物、油料作物、制取碳氢化合物植物和水生植物等。

3. 禽畜粪便

禽畜粪便也是一种重要的生物质能源。除在牧区有少量的直接燃烧外，禽畜粪便主要是作为沼气的发酵原料。在粪便资源中，大中型养殖场的粪便更便于集中开发、规模化利用。

4. 生活污水和工业有机废水

生活污水主要由城镇居民生活、商业和服务业各种排水组成，工业有机废水主要是酿酒、制糖、食品、制药、造纸及屠宰等行业排出的废水，其中都富含有机物。

5. 城市固体废物

主要由城镇居民生活垃圾，商业、服务业垃圾和少量建筑业垃圾等固体废物构成，其组成成分比较复杂。城市固体废物有以下特点：垃圾中有机物含量接近 1/3 甚至更高；食品类废弃物是有机物的主要组成部分；易降解有机物含量高。

三、生物质能的利用途径

生物质能的利用有直接燃烧、热化学转换和生物化学转换等。

1. 生物质气化

生物质气化技术是将固体生物质置于气化炉内加热，同时通入空气、氧气或水蒸气，来产生品位较高的可燃气体。它的特点是气化率可达 70% 以上，热效率也可达 85%。生物质气化生成的可燃气经过处理可用于合成、取暖、发电等不同用途。

2. 液体生物燃料

由生物质制成的液体燃料叫做生物燃料，生物燃料主要包括生物乙醇、生物丁醇、生物柴油、生物甲醇等。

3. 沼气

沼气是由生物质能转换的一种可燃气体。沼气是一种混合物,主要成分是甲烷(CH_4)。沼气是有机物质在厌氧条件下,经过微生物的发酵作用而生成的一种混合气体,由于这种气体最先是在沼泽中发现的,所以称为沼气。人畜粪便、秸秆、污水等各种有机物在密闭的沼气池内,在厌氧(没有氧气)条件下发酵,从而产生沼气。沼气无色无味,可以燃烧,通常可以供农家用来烧饭、照明。沼液用于饲料、生物农药、培养料液的生产,沼渣用于肥料的生产,使农村沼气和农业生态紧密结合,是改善农村环境卫生的有效措施,已成为农村经济新的增长点。

4. 生物质发电

生物质发电技术是将生物质能源转化为电能的一种技术,主要包括农林废物发电、垃圾发电和沼气发电等。生物质发电将废弃的农林剩余物收集、加工整理,形成商品,能防止秸秆在田间焚烧造成的环境污染,又改变了农村的村容村貌,是我国建设生态文明、实现可持续发展的能源战略选择之一。

第六节　地　热　能

地热能是由地壳抽取的天然热能,这种能量来自地球内部的熔岩,并以热力形式存在,是引致火山爆发及地震的能量。

地球是一个庞大的热库,蕴藏着巨大的热能。在地表附近,由于太阳辐射热量的影响,温度会有昼夜变化、季节变化和多年周期的变化,这一表层称为变温层。在其下界面附近,大约是地表往下 20～30 米的深度带,温度常年保持不变,等于或略高于当地年平均气温,称为常温层。从常温带往下至岩石圈的下界,基本是深度每增加 30 米,温度升高 1℃;到近 200 千米深处时,温度能上升到 1 000℃以上,接近岩石的熔点。

地热能是无污染的清洁能源,并且,如果热量提取速度不超过补充的速度,那么热能是可再生的。地热能与煤炭、石油和天然气等传统能源相比,具有洁净、高效、投资少、见效快和可持续利用的优点。相对于太阳能和风能的不稳定性,地热能是较为可靠的可再生能源。地热能蕴藏丰富并且使用过程也不会产生温室气体，能更好地改善人们的生活质量，具有良好的经济效益和社会效益。

一、地热资源的分布

本来，地球上任何一个地方钻到一定深度都有地热，但是开采难易程度不同。目前的技术只能在部分地质适宜的区域，针对集中在地壳浅部的热能予以开发利用，一般在地壳破裂处，即板块构造边缘。世界地热资源主要分布于以下 5 个地热带。

1. 环太平洋地热带

世界最大的太平洋板块与美洲、欧亚、印度板块的碰撞边界，即从美国的阿拉斯加、加利福尼亚到墨西哥、智利，从新西兰、印度尼西亚、菲律宾到中国沿海和日本。世界许多地热田都位于这个地热带，如美国的盖瑟斯、墨西哥的普列托、新西兰的怀腊开和日本的松川、大岳等地热田。

2. 地中海、喜马拉雅地热带

欧亚板块与非洲、印度板块的碰撞边界，从意大利直至中国的滇藏。如意大利的拉德瑞罗地热田和中国西藏的羊八井及云南的腾冲地热田均属这个地热带。

3. 大西洋中脊地热带

大西洋板块的开裂部位，包括冰岛和亚速尔群岛一些地热田。

4. 红海、亚丁湾、东非大裂谷地热带

该地热带包括肯尼亚、乌干达、扎伊尔、埃塞俄比亚、吉布提等国的地热田。

5. 其他地热区

除板块边界形成的地热带外，在板块内部靠近边界的部位，在一定的地质条件下也有高热流区，可以蕴藏一些中低温地热，如中亚、东欧地区的一些地热田和中国的胶东、辽东半岛及华北平原的地热田。

二、地热资源的储存形式

地球内部储藏了巨大的热能，地热资源按温度划分，一般把高于 150℃ 的称为高温地热，主要用于发电，低于此温度的叫中低温地热，通常直接用于采暖、工农业加温、水产养殖及医疗和洗浴等。

地热能有以下五种类型。

1. 蒸汽型

这是储存在地下岩石孔隙中的高温高压蒸汽,可直接用来发电,开发利用方便,但蒸汽型资源仅占地热资源的 0.5%。

2. 热水型

以热水或水汽混合的形式储存在地下,按地下热水的温度又可分为低温型(90℃以下)、中温型(90～150℃)和高温型(150℃以上)。热水型地热资源分布较广,而且开发利用方便。北京著名的小汤山温泉就是热水型地热资源。目前,地下热水被广泛地用于工业、农业、医疗、发电、采暖、旅游业等。地下热水在工业方面用于纺织、印染、缫丝、造纸、酿造、制革、蒸馏、干燥、制盐、木材加工、制冷等工艺流程。地下热水在农业方面用于育秧、农作物良种培育、土壤加温以及培植水生生物等。

3. 岩浆型

这是熔岩和岩浆中的热能,埋藏在距离地面 10 千米以下,温度可达 1 500℃以上,有火山活动的地区则埋藏较浅。岩浆型地热约占地热资源总量的 40%,但目前还没有开发利用的可能。

4. 地压型

这是封存在地下的 2～3 千米处的高压流体矿产,如石油、天然气、盐卤水中储存的热能,约占地热资源总量的 20%,有重要的开发价值。

5. 干热岩型

干热岩是指埋藏在地底 2～10 千米左右的,温度保持在 150～650℃的无水或者是无蒸汽的热岩体。干热岩是一种新兴地热能源,是一种不受季节、气候制约,广泛应用于发电、供暖、强化石油开采等领域的可再生资源,其采热的关键技术是在不渗透的干热岩体内形成热交换系统,利用之后的温水通过回灌井注入干热岩中,从而达到循环利用的目的。

全球干热岩地热资源储量十分可观,远大于蒸汽型、热水型和地压型地热资源,且其热能要远远比煤、石油和天然气的总热能还要大。根据中国地质调查局的数据,我国陆域干热岩资源总量折合标准煤达 856 万亿吨,约占全球干热岩资源量的 1/6。

三、地热能的利用

人类很早就开始利用地热能,例如利用温泉沐浴、医疗,利用地下热水取暖、建造农作物温室、水产养殖及烘干谷物等,但真正认识地热资源并进行较大规模的开发利用却是始于 20 世纪中叶。

1. 地热发电

地热发电和火力发电的原理是一样的,都是利用蒸汽的热能在汽轮机中转变为机械能,然后带动发电机发电。两者不同的是,地热发电不像火力发电那样要装备庞大的锅炉,也不需要消耗燃料,地热发电开发的地热资源主要是蒸汽型和热水型两类。

2. 地热供暖

比如福州,大自然赋于福州以得天独厚的地热资源,具有埋藏浅、水温高、水质好以及使用历史长等特点,福州素有"温泉之都"的美誉,从晋朝开始便已全国闻名。在福州市,往地下钻个井即有热水,供人们使用。地热资源为福州人民带来了健康,快乐和财富。福州对地热的开发利用,也积累了丰富的经验。

3. 地热务农

地热在农业中的应用十分广阔。如利用温度适宜的地热水灌溉农田,可使农作物早熟增产;利用地热水养鱼,在 28℃ 水温下可加速鱼的育肥,提高鱼的出产率;利用地热建造温室,可用于育秧、种菜和养花等功能。

4. 地热行医

地热在医疗领域的应用有诱人的前景。地热水常含有一些特殊的化学元素,使它具有一定的医疗效果。如含碳酸的矿泉水供饮用,可调节胃酸、平衡人体酸碱度;含铁矿泉水饮用后,可治疗缺铁贫血症;氢泉、硫水氢泉洗浴可治疗神经衰弱、关节炎、皮肤病等。我国利用地热治疗疾病的历史悠久,含有各种矿物元素的温泉众多,地热医疗大有可为。

未来随着与地热利用相关的高新技术的发展,将使人们能更精确地查明更多的地热资源,钻更深的钻井将地热从地层深处取出,地热利用在未来也必将进入一个飞速发展的阶段。

第十八章

信息科学的交叉

信息就是事物及现象存在的反映。信息科学是以信息为主要研究对象，以信息的运动规律为主要研究内容，以计算机等技术为主要研究工具，以扩展人类的信息功能为主要目标的新兴综合性学科。

以信息作为研究对象，这是信息科学区别于其他科学的最根本的特点之一。这里所说的"事物及现象的存在"，包括物质存在、精神存在，实体存在、非实体存在，静态存在、动态存在，关系存在，对事物及现象存在的反映就是信息。

信息科学是信息时代的必然产物，是以信息论、控制论、系统论为理论基础，以电子计算机为工具，综合自动化技术、通信技术、多媒体技术、视频技术、遥感技术，以及生物学、物理学、认知科学、符号学、语义学、情报学、新闻传播学、数学、心理学、管理学、经济学等各学科交叉渗透而产生的跨学科科学。

第一节　人类信息交流的传统方法

人具有社会性，人的生存与发展离不开社会，也离不开别的人。交往是人类基本需要中广泛而永恒的需要。人们总是要与周围的人进行信息交往，信息交往是一切社会生活联系的纽带，没有人们之间的信息交往，便没有社会。

一、古代的信息传递方式

自古以来，人类之间有许许多多信息交流的方式。

1. 烽火狼烟

"烽火"是统名，分指烟及火，之所以叫狼烟，是因为唐末突厥、鲜卑这些民族崇拜狼，唐朝统治者也把他们比作狼，狼烟的意思就是狼来了，当然也可以在燃料中加点狼粪。"狼烟"这个词是唐末才在文献里出现。在唐代段成式《西阳杂俎·毛篇》载："狼粪烟直上，烽火用之。"

烽火是古代边防军事通讯的重要手段，古代在边境建造的烽火台，遇有敌情时则燃火以报警，烽火的燃起是表示国家战事的出现。点燃时烟很大，可以从很远处看到，就这样，烽火台一个接一个的点下去，敌人来犯的消息就被很快的传递出去。

2. 飞鸽传书

飞鸽也就是我们所说的信鸽，所谓的飞鸽传书就是古人利用飞鸽识主和恋家的特点，再加上信鸽超长的飞行能力和惊人的记忆力，从而把一些重要的信件或情报绑在鸽子腿上，让信鸽进行传递的一种便捷通讯方式。《开元天宝遗事》载："张九龄少年时，家养群鸽。每与亲知书信往来，只以书系鸽足上，依所教之处飞往投之。"这是飞鸽传书最详尽的描述。

3. 鸿雁传书

"鸿雁传书"典出《汉书·苏武传》，苏武出使匈奴被单于扣押后被安排放羊，一放十九年。昭帝即位后派汉使来匈奴，希望放了苏武。单于说苏武死了。汉使知道苏武没死，便诈说，天子在上林苑射到一只大雁，腿上系封信写着苏武没死。单于一看瞒不过去，只好把苏武放了。

4. 驿马邮递

驿，就是驿站，是古代供传递政府文书的人中途换马或休息、住宿的地方，有专人管理、饲养驿马。驿送是由专门负责的人员，乘坐马匹或其他交通工具，接力将书信送到目的地。

5. 点孔明灯

孔明灯又叫天灯，古代多做军事用途。孔明灯相传是由三国时的诸葛孔明（诸葛亮）发明的。据说当年诸葛亮被司马懿围困在平阳，无法派兵出城求救。他算准风向，制成会飘的纸灯笼，系上求救书信，后来果然顺利脱险，于是后世就称这种灯笼为孔明灯。

在古代，一般老百姓使用最多的是托人捎带信件。"烽火连三月，家书抵万金"的字里行间，流露的是难以言表的亲情。

二、近代的信息交流方式

1. 手旗信号

一种利用手旗或旗帜传递信号的沟通方式,可分单旗和双旗两种,距离较长时,借助望远镜,以延伸目视距离。

2. 灯光信号

灯光信号是指用于显示船舶的尺度、动态、种类和工作性质的桅灯、舷灯、尾灯、环照灯、闪光灯的总称。灯光信号应在日落至日出期间和白天能见度不良时以及在一切其他认为有必要的情况下显示。《国际海上避碰规则》对以上各种不同类型号灯的颜色、显示方式、显示的水平光弧与能见距离以及安装位置和要求都有明确规定。

3. 电报

电报是一种最早用电的方式来传送信息的、可靠的即时远距离通信方式,它是 19 世纪 30 年代在英国和美国发展起来的通信方式。电报信息通过专用的交换线路以电信号的方式发送出去,该信号用编码代替文字和数字,通常使用的编码是摩尔斯电码。摩尔斯的系统中,用不同的点、横线和空白组成符合来代表 26 个英文字母和 10 个阿拉伯数字。按下电报机的电键,便有电流通过。按的时间短促表示"·"(嘀),按的时间长表示"-"(嗒)。这套编码系统,就是鼎鼎大名的莫尔斯电码。随着通讯科技的发展,互联网及移动通讯在社会中得到广泛使用,电报被电子邮件及简讯所取代,一般人已不使用电报通讯。

4. "SOS"求救信号

"SOS"摩尔斯电码即三长三短,不断地循环。此电码将 S 表示为"···",即 3 个短信号;O 表示为"———",即 3 个长信号。长信号时间长度约是短信号的 3 倍。这样,SOS 就可以用"三短、三长、三短"的任何信号来表示。可以利用光线,如开关手电筒、矿灯、应急灯、汽车大灯、室内照明灯甚至遮挡煤油灯等方法发送,也可以利用声音,如哨音、汽笛、汽车鸣号甚至敲击等方法发送。每发送一组 SOS,停顿片刻再发下一组。

现在无论是城市的建筑群中,还是迷失的孤岛上,甚至在茫茫的雪原中……这时,手机没电了,或者根本没有手机信号时,你不妨采用"SOS"国际求救信号。如果不幸陷入险境，努力开动脑筋，用你能想到的任何方式发出求救信号，这将有助于你走出险境。如手电，三短三长三短（开关灯），发出"SOS"求救信号。在积雪覆盖的地区，可以使劲踩踏雪，踩出"SOS"符号之后，将一些可形成对比的材料，如树枝等，放入字母或符号中。在沙地，用砾石、植物、或者海草来组成"SOS"图案……不管在什么地区，都要用有对比的材料布置"SOS"符号，这样才能让飞机上的机组人员及其他救援人员看到。

第二节　电话的历史

世界上的第一部电话，一般认为是贝尔发明的。

1847年3月3日，贝尔出生在苏格兰的爱丁堡，后来他考入爱丁堡大学，毕业后又进了伦敦大学研究声学。之后他又来到美国，入了美国国籍，在波士顿大学任语音学教授。贝尔在实验的时候，发现了一个有趣的现象：当电流接通或截止时，螺旋线圈会发出噪音，就像发送莫尔斯电码的"嘀哒"声音一样。这个现象使长久以来就在思考怎样用电流来传递声音的贝尔茅塞顿开。他想：如果能把说话时的空气振动变成电流的流动，用电流强度的变化来模拟声波的变化，用导线把电波送出去，再把电波还原为声波，那么用电传送语音不就可以实现了吗？这种思想就成了贝尔后来设计电话的理论基础。经过几年努力，电话终于实验成功了。1876年2月14日，贝尔获得了电话机的发明专利。

电话的问世在通讯史上具有举足轻重的地位，从有线到无线，从台式到移动电话，从仅是通话功能到如今的手机上网，它改变了人类的信息沟通方式，对人类的生活和工作产生了巨大的影响。

第三节　信息科学的 5G 时代

5G，即第5代移动通讯技术。我们先看移动通讯发展历程。

1G 为第一代移动通信系统，是语音时代，代表公司是摩托罗拉。世界上第一部手机 Dyna TAC，1973年诞生于纽约曼哈顿的摩托罗拉实验室，俗称大哥大，只能语音通话，信号和传输质量不好。

2G 为第二代移动通信系统,进入文本时代。2G 时代的代表公司是诺基亚。2G 从模拟通信进入了数字通信,数字信号传输距离远,抗干扰能力强,可以使用手机自带的浏览器浏览 WAP 网站的内容,可以传输文字信息。

3G 为第三代移动通信系统,开启图片时代。不仅可以传音,还可以传图像、视频。3G 时代的代表公司是苹果。

4G 为第四代移动通信系统,是视频时代,智能手机的时代,具有速度快、通信灵活、智能性高等特点,因此催生了扫码支付、短视频平台等手机功能和应用。

5G 为第五代移动通信系统,具有高网速、低时延、大容量的特点,下载一个高清电影的时间仅需要几秒钟,让传输画面更加逼真,给视频行业带来颠覆性变革。

5G 的到来,使移动通信技术突破仅仅服务人与人、人与信息的连接,成为一个面向万物的统一连接架构和创新平台。5G 对经济社会发展的拉动作用,它与超高清视频、VR、AR、消费级云计算、智能家居、智慧城市、自动驾驶、智慧交通、智能制造等产生深度融合,为各行各业带来新的增长机遇。5G 到来后,第一个变化是数据的海量和终端的多样化,通道的能力增加,采集的能力增加,从互联网到物联网到万物互联,所有的东西,所有的事物,都可以实时接入网络。

"如今,一部手机加一个支架就是一个小电视台。"

当下,从短视频的流行到包括直播在内的各类网络社交形式的兴起,现在所用的手机是进行万物信息传递、移动支付,并且兼具各种多媒体应用,人们工作和生活中必不可少的万用机。

6G,即第六代移动通信系统。6G 将使用太赫兹(THz)频段,太赫兹频段是指 100 GHz—10 THz,是一个频率比 5G 高出许多的频段。6G 网络将是一个地面无线与卫星通信集成的全连接世界,实现全球无缝覆盖,网络信号能够抵达任何一个偏远的乡村,让深处山区的病人能接受远程医疗,让孩子们能接受远程教育。6G 的数据传输速率可能达到 5G 的 100 倍,几乎能达每秒 1 TB,这意味着下载一部电影可在 1 秒内完成,无人驾驶、无人机的操控都将非常自如,用户甚至感觉不到任何延时。将来 6G 将会被用于空间通信、智能交互、触觉互联网、情感和触觉交流、多感官混合现实、机器间协同、全自动交通等场景。6G 通信技术将实现万物互联这个"终极目标"。

第四节   信息科学与大数据

如今人类跨入了大数据时代。大数据具有海量的数据规模、快速的数据流转、多样的数据类型和价值密度低四大特征。

最早提出大数据时代的是全球知名咨询公司麦肯锡。麦肯锡称："数据，已经渗透到当今每一个行业和业务职能领域，成为重要的生产因素。人们对于海量数据的挖掘和运用，预示着新一波生产率增长和消费者盈余浪潮的到来。"

一、电脑信息基本单位

电脑信息最小的基本单位是 bit，依次递增的单位是：bit、Byte、KB、MB、GB、TB、PB、EB、ZB、YB、BB、NB、DB。

它们按照进率 1 024(2 的十次方)来计算。即：

1 Byte = 8 bit；1 KB = 1 024 Bytes；1 MB = 1 024 KB；

1 GB = 1 024 MB；1 TB = 1 024 GB；1 PB = 1 024 TB；

1 EB = 1 024 PB；1 ZB = 1 024 EB；1 YB = 1 024 ZB；

1 BB = 1 024 YB；1 NB = 1 024 BB；1 DB = 1 024 NB。

大数据到底有多大？曾有人统计过：一天之中，互联网产生的全部内容可以刻满 1.68 亿张 DVD；发出的邮件有 2 940 亿封之多；发出的社区帖子达 200 万个，相当于《时代》杂志 770 年的文字量；一分钟内，微博上新发的数据量超过 10 万；社交网络"脸谱"的浏览量超过 600 万。每一天，全世界会上传超过 5 亿张图片，信息量难以估量。我们现在还处于所谓"物联网"的最初级阶段，随着技术成熟，我们的设备、交通工具和迅速发展的"可穿戴"科技将能互相连接与沟通，产生的数据更是海量。

二、大数据的特征

1. 数据量大
大数据的起始计量单位至少是 P、E 或 Z。

2. 类型繁多
大数据包括日志、音频、视频、图片、地理位置等。

3. 数据价值密度低

大数据信息海量,但价值密度较低。

4. 处理速度快,时效性要求高

大数据研究数据如此之多,以至于我们不再热衷于追求精确度,只要掌握了大体的发展方向即可,这会让我们在宏观层面拥有更好的洞察力。

三、信息社会与大数据

现在的社会是一个高速发展的社会,科技发达,信息流通,人们之间的交流越来越密切,生活也越来越方便,大数据就是这个高科技时代的产物。有公司认为大数据中有接近上帝俯视人间星火的感觉。美国洛杉矶有企业宣称,他们将全球夜景的历史数据建立模型,在过滤掉波动之后,做出了投资房地产和消费的研究报告。

大数据通过技术的创新与发展,以及数据的全面感知、收集、分析、共享,为人们提供了一种全新的看待世界的方法,决策行为将日益基于数据分析做出,而不是像过去一样更多凭借经验和直觉。无处不在的信息感知和采集终端为我们采集了海量的数据,而以云计算为代表的计算技术的不断进步,为我们提供了强大的计算能力,这就能构建起一个与物质世界相平行的数字世界。

第五节　信息科学与区块链

区块链是一个信息技术领域的术语。从本质上讲,它是一个共享数据库,存储其中的数据或信息,具有不可伪造、全程留痕、可以追溯、公开透明、集体维护等特征。区块链技术奠定了坚实的信任基础,创造了可靠的合作机制,具有广阔的运用前景。

一、构造信任的机器

区块是一个、一个的存储单元,记录了一定时间内各个区块节点全部的交流信息。各个区块之间通过随机散列(也称哈希算法)实现链接,后一个区块包含前一个区块的哈希值,随着信息交流的扩大,一个区块与一个区块相继接续,形成的结果就叫区块链。

区块链由一个个记录着各种信息的小区块链接起来组成的一个链条,类似于我们将一块块地砖铺设一个大厅的地面,而且铺设好之后是没办法拆掉的,每块地砖上面还写着各种信息,包括:谁铺的,什么时候铺的,地砖是什么材质等,这些信息你也没办法修改。因而,区块链被称作构造信任的机器。

在计算机上,区块链是一种比较特殊的分布式数据库。分布式数据库就是将数据信息单独放在每台计算机,且存储的信息是一致的,如果有一两台计算机坏掉了,信息也不会丢失,你还可以在其他计算机上查看到。

二、区块链的特性

区块链具有以下五个特性。

1. 去中心化

区块链技术因为是分布式存储的,所以不存在中心点,也可以说各个节点都是中心点,去中心化是最突出的特征。

2. 开放性

区块链的系统数据是公开透明的,除了交易各方的私有信息被加密外,区块链的数据对所有人开放。

3. 自治性

区块链采用基于协商一致的规范和协议,所有的东西都由机器完成,任何人为的干预不起作用。

4. 安全性

信息存储到区块链中就被永久保存,只要不能掌控全部数据节点的51%,就无法肆意操控修改网络数据。至于51%攻击,基本不可能实现。这使区块链本身变得相对安全。

5. 匿名性

区块链上面没有个人的信息,因为这些都是加密的,这样就不会出现个人的信息泄露的现象。

三、区块链的应用

区块链技术可以实现系统中所有数据信息公开透明、不可篡改、不可伪造、可追溯,可以有效地解决信任问题,在数字货币、金融资产的交易结算、数字政务、存证防伪等领域具有广阔的应用前景。

1. 付款和现金交易

区块链通过去中心化为付款和现金交易创建了更直接的付款步骤,以几乎瞬时的速度付款,无需中介。

2. 物联网和物流领域

通过区块链可以降低物流成本,追溯物品的生产和运送过程,并且提高供应链管理的效率。

3. 医疗

医疗数据的区块链存储可完成分散的医疗信息和患者数据管理,从而实现组织之间的数据分享。

4. 慈善机构

慈善部门应用区块链可使一切数据透明,解决慈善捐赠流程中存在的透明度低和问责制不明确的问题。

5. 大数据

区块链的去中心化可以使存储数据以安全、高性能和便宜的方法,分布在很多节点上。

6. 数字版权领域

通过区块链技术,可以对作品进行鉴权,证明文字、视频、音频等作品的存在,保证权属的真实、唯一性。实现数字版权全生命周期管理,也可作为司法取证中的技术性保障。

7. 政府事务

区块链技术可以确保信息的透明性和不可更改性,因此对实施透明的政府管理有非常大的作用。

8. 数字货币

数字货币具有易携带存储、低流通成本、使用便利、易于防伪和管理、打破地域限制,更易整合等特点。

9. 金融资产交易结算

区块链技术天然具有金融属性,能够降低跨行、跨境交易的复杂性和成本。同时,区块链的底层加密技术保证了参与者无法篡改账本,确保交易记录透明安全,监管部门将更方便地追踪链上交易,快速定位高风险资金流向。

四、区块链面临的挑战

区块链技术在商业银行层面的应用,要获得监管部门和市场的认可,也面临不少困难,主要有以下两点。

1. 受到现行观念、制度、法律制约

区块链去中心化、淡化了国家、监管概念,冲击了现行法律。

2. 在技术层面,区块链尚需突破性进展

区块容量问题,由于区块链需要承载复制之前产生的全部信息,下一个区块信息量要大于之前区块信息量,这样传递下去,区块写入信息会无限增大,带来的信息存储、验证、容量问题有待解决。

第六节　信息科学与云计算

云是什么? 云是指因特网,因为过去一直将因特网画成一朵云。

什么是云计算? 云计算是分布式计算技术的一种,其最基本的概念,是透过网络将庞大的计算处理程序自动分拆成无数个较小的子程序,再交由多部服务器所组成的庞大系统经搜寻、计算分析之后将处理结果回传给用户。透过这项技术,网络服务提供者可以在数秒之内,达成处理数以千万计甚至亿计的信息,达到和"超级计算机"同样强大效能的网络服务。

一、云计算的优势

为什么会需要"云"?

随着人们对计算机应用的开发,大量的计算机逐渐被应用到各个领域。随着传统的应用变得越来越复杂,为了支撑这些不断增长的需求,企业不得不去购买服务器,存储,带宽等各类硬件设备和数据库、中间件等软件,另外还需要组建一个完整的运维团队来支持这些设备或软件的正常运作。支持这些应用的开销非常巨大,即使是在那些拥有很出色 IT 部门的大企业中,那些用户仍在不断抱怨他们所使用的系统难以满足他们的需求。而对于那些中小规模的企业,甚至个人创业者来说,运维成本就更加难以承受了。所以,更大、更快、更强的云计算,应运而生。

云计算是一种资源交付和使用模式。有了"云计算",将应用部署到云端后,用户可以不用去关心那些令人头疼的机房建设、机器运行维护、数据库等IT资源建设,它们会由云服务提供商的专业团队去解决。就像我们要用水、用电,从来不必想着去建电厂、水厂,也不关心电厂、水厂在哪里,插上插座你就能使用电,拧开水龙头就能用水一样简单,只需要按照你的需要来支付相应的费用。目前云计算广泛应用在互联网、金融、零售、政务、医疗、教育、文旅、工业、能源等各个行业。

云计算把许多计算资源集合起来,通过软件实现自动化管理,只需要很少的人参与,就能快速对用户提供资源,就像水、电、煤气一样,可以方便地取用,且价格较为低廉。云计算甚至可以让你体验每秒 10 万亿次的运算能力,拥有这么强大的计算能力可以模拟核爆炸、预测气候变化和市场发展趋势。用户通过电脑、笔记本、手机等方式接入数据中心,按自己的需求进行运算。

云计算是继互联网、计算机后,在信息时代又一种新的革新,云计算是信息时代的一个大飞跃,未来的时代可能是云计算的时代。

二、云计算的特点

云计算具有如下八个特点。

1. 大规模、分布式

"云"一般具有相当的规模,一些知名的云供应商如 Google 云计算、Amazon、IBM、微软、阿里等也都拥有上百万级的服务器规模,而依靠这些分布式的服务器所构建起来的"云"能够为使用者提供前所未有的计算能力。

比如,云计算服务就曾成功扛住了全球最大规模流量"洪峰"。

2019 年"双 11"购物节,一过零点,各大电商平台即迎来交易高峰。零点刚过 1 分 36 秒,天猫平台上成交总额突破 100 亿元,订单创建峰值更是创下新的世界纪录——1 秒钟内有 54.4 万笔订单同时下单,是 2009 年第一次"双11"的 1 360 倍。成功扛住全球最大规模流量"洪峰",支撑各大电商平台"双11"购物盛况的,正是背后的阿里云、腾讯云等各大云计算服务平台。

2. 虚拟化技术

云计算都会采用虚拟化技术,虚拟化突破了时间、空间的界限,是云计算最为显著的特点。

3. 动态可扩展

云计算具有高效的运算能力,在原有服务器基础上增加云计算功能能够使计算速度迅速提高,最终实现动态扩展虚拟化的层次,达到对应用进行扩展的目的。

4. 按需部署

用户可以根据自己的需要来购买服务,甚至可以按使用量来进行精确计费。

5. 灵活性高

云计算的兼容性非常强,不仅可以兼容低配置机器、不同厂商的硬件产品,还能够外设获得更高性能计算。

6. 可靠性高

倘若服务器故障,也不会影响计算与应用的正常运行。因为单点服务器出现故障可以通过虚拟化技术将分布在不同物理服务器上面的应用进行恢复,或利用动态扩展功能部署新的服务器进行计算。

7. 性价比高

用户不再需要昂贵、存储空间大的主机,可以减少费用,计算性能不逊于大型主机。

8. 可扩展性

用户可以利用应用软件的快速部署条件,简单、快捷地将自身所需的已有业务以及新业务进行扩展。

三、云计算的应用领域

云计算已被广泛应用到各个领域,并发挥了巨大作用。

1. 网络搜索引擎和网络邮箱

云计算技术最为常见的就是网络搜索引擎和网络邮箱。在任何时刻,只要用移动终端就可以在搜索引擎上搜索任何自己想要的资源,云端共享了数据资源。只要在网络环境下,就可以实现实时的邮件的寄发。

2. 存储云

云存储是一个以数据存储和管理为核心的云计算系统。用户可以将本地的资源上传至云端上,可以在任何地方连入互联网来获取云上的资源,大大方便了使用者对资源的管理。

3. 医疗云

创建医疗健康服务云平台,实现医疗资源的共享和医疗范围的扩大。像现在医院的预约挂号、电子病历、医保等都是云计算与医疗领域结合的产物。

4. 金融云

因为金融与云计算的结合,现在只需要在手机上进行简单操作,就可以完成银行存款、购买保险和基金买卖。

5. 教育云

教育云可以将所需要的任何教育硬件资源虚拟化,然后将其传入互联网中,以向教育机构和学生、老师提供一个方便、快捷的平台。

四、云计算的安全威胁与完善措施

云计算面临的安全威胁主要有以下四种。

1. 云计算安全中隐私被窃取

人们运用网络进行交易或购物,不法分子可以通过云计算对网络用户的信息进行窃取,同时还可以在用户与商家进行网络交易时,窃取用户和商家的信息。

2. 云计算中资源被冒用

云计算中的数据会出现滥用的现象,影响用户的信息安全,同时造成一些不法分子利用被盗用的信息进行欺骗用户的亲朋好友的行为,同时还会有一些不法分子利用这些在云计算中盗用的信息进行违法的交易。

3. 云计算中容易出现黑客的攻击

黑客入侵到云计算后,使云计算的操作带来未知性,造成的损失无法预测,所以黑客入侵给云计算带来的危害大于病毒给云计算带来的危害。

4. 云计算中容易出现病毒

云计算,大量的用户将数据存储其中,可能会出现一些病毒,导致出现以云计算为载体的计算机无法正常工作的现象。同时,因为互联网的传播速度快,云计算或计算机一旦出现病毒,就会很快传播,产生很大的攻击力。

应对云计算面临的安全威胁,可采取以下措施。

第一,合理设置访问权限,保障用户信息安全。

第二,建立健全法律法规,提高用户安全意识。建立完善的法律法规,是为了更好地规范市场发展,强化对供应商、用户等行为的规范及管理,为计算机网络云计算技术的发展提供良好条件。

云计算被视为计算机网络领域的一次革命,如今越来越多的应用正在迁移到"云"上,并直接通过移动设备,为我们提供各种各样的服务。

第七节　信息科学与人工智能

人工智能(Artificial Intelligence),英文缩写为 AI。它是研究、开发用于模拟、延伸和扩展人的智能的理论、方法、技术及应用系统的一门新的技术科学。人工智能是计算机科学的一个分支,它企图了解智能的实质,并生产出一种新的能以人类智能相似的方式做出反应的智能机器,该领域的研究包括机器人、语言识别、图像识别、自然语言处理和专家系统等。

一、人工智能与学科交叉

人工智能是一门边沿学科,属于自然科学、社会科学、技术科学三向交叉的前沿学科。除了涉及计算机科学以外,还涉及哲学、信息论、控制论、自动化、仿生学、生物学、心理学、认知科学、神经科学、数理逻辑、语言学、数学、医学等多门学科。人工智能研究的主要内容包括知识获取、知识处理系统,自然语言理解、计算机视觉、机器学习、人工生命、神经网络、智能机器人、自动程序设计等方面。人工智能可广泛应用于机器视觉、指纹识别、人脸识别、视网膜识别、虹膜识别、掌纹识别、智能搜索、自动程序设计、智能控制、语言和图像理解、仿真系统、机器人科学、遗传编程等。人工智能几乎涉及自然科学和社会科学的所有学科,是一门交叉广泛的边缘科学。

二、人工智能的原理

要让机器能够像人一样有智能,人工智能离不开以下三个重要技术。

1. 神经网络

神经网络模仿人脑的结构,用一些节点和线,形成一个复杂的网络,可以接收和传递信息,控制信息的流动。

2. 深度学习

深度学习让机器神经网络够像人一样具有分析学习能力，能够识别文字、图像和声音等数据。

3. 生成式对抗网络(GAN)

生成式对抗网络包含一个生成模型和一个判别模型，生成模型的任务是创造出看起来真实的作品，比如图片、音乐等；判别模型的任务是判断这些作品是不是真的，让两个神经网络不断地互相挑战，最后，生成模型可以创造出非常逼真的作品，让人分辨不出真假。

三、人工智能的应用

人工智能不是人的智能，但能像人那样思考、也可能超过人的智能。随着经济的迅速发展以及科学技术水平的不断提高，人工智能方法逐渐被引入到信息处理之中。人工智能的应用领域有以下六个方面。

1. 专用人工智能

面向特定任务的专用人工智能系统，在局部智能水平的单项测试中可以超越人类智能。例如，阿尔法狗(AlphaGo)在围棋比赛中战胜人类冠军。人工智能程序在大规模图像识别和人脸识别中达到了超越人类的水平，人工智能系统诊断皮肤癌达到专业医生水平。

2. 逻辑推理

逻辑推理是人工智能研究中深耕的领域之一。

3. 智能信息检索技术

信息检索技术已成为当代计算机科学与技术研究中迫切需要研究的课题，将人工智能技术应用于这一领域的研究，是人工智能走向更为广泛的实际应用的契机与突破口。

4. 自然语言处理

经过多年艰苦努力，这一领域已获得了大量令人瞩目的成果。目前该领域的主要课题是：计算机系统如何以主题和对话情境为基础，生成和理解自然语言。这是一个极其复杂的编码和解码问题。

5. 专家系统

专家系统是目前人工智能中最活跃、最有成效的一个研究领域，它是一种具有特定领域内大量知识与经验的程序系统。如在矿物勘测、化学分析、规划和医学诊断方面，专家系统已经达到了人类专家的水平。

6. 生成式人工智能 AIGC

生成式人工智能是利用人工智能算法生成具有一定创意和质量的内容。随着深度学习技术的发展和大数据的积累，AIGC 可以根据输入的条件或指导，生成与之相匹配的文章、图像、音频等。现阶段 AIGC 主要有以下四类。

（1）文本生成（AI Text Generation）。这是指使用人工智能算法和模型来生成模仿人类书写内容的文本。比如由美国人工智能研究实验室 OpenAI 开发，于 2022 年 11 月 30 日发布的 ChatGPT，是人工智能技术驱动的自然语言处理工具，它能够通过学习和理解人类的语言来进行对话，还能根据聊天的上下文进行互动，并协助人类完成一系列任务，比如撰写邮件、论文、脚本，制定商业提案，创作诗歌、故事，甚至敲代码、检查程序错误等。它有着清晰、直观且迅速的表达方式，反应过程令人拍案叫绝。上线仅仅两个月，ChatGPT 的活跃用户就突破一亿。不过，人工智能 AI 偶尔也会出错，另外，如论文主要内容使用生成式 AI 完成，可能按照学术不端行为被处理。

（2）图像生成（AI Image Generation）。图像生成用于生成非人类艺术家作品的图像，可以是现实的或抽象的，也可以传达特定的主题或信息。

（3）语音生成（AI Audio Generation）。语音生成可以是文本到语音合成，需要输入文本并输出特定说话者的语音，主要用于机器人和语音播报任务，也可以给定的目标语音作为输入，然后将输入语音或文本转换为目标说话人的语音。

（4）视频生成（AI Video Generation）。比如由美国人工智能研究公司 OpenAI 于 2024 年 2 月 15 日正式对外发布发布的 Sora，可以根据用户的文本提示创造出逼真视频，其强大的图像视频生成能力达到了以假乱真的程度。这不仅改变了人们"眼见为实"的传统观念，也可能带来某些社会问题，如视频证据真实性和有效性的验证难题。

AIGC 技术的前景非常广阔，可以帮助创作者更快地生成高质量的内容，可以提供个性化的服务，提高用户体验。但与此同时，关于 AIGC 产品的伦理和版权风险也不断扩大。

人工智能是一门极富挑战性的科学，作为新一轮科技革命和产业变革的核心力量,正在推动传统产业升级换代,驱动"无人经济"快速发展,在智能交通、智能家居、智能医疗等民生领域产生积极的影响。

第八节 信息科学与物联网

物联网是把所有物品通过信息传感设备,按约定的协议与互联网连接起来,进行信息交换,即物物相联,以实现智能化识别、定位、跟踪、监管等功能。

物联网技术起源于一把名为"特洛伊"的咖啡壶。

事情发生在 1991 年的英国剑桥大学,当时特洛伊计算机实验室的科学家在三楼办公,要经常下到一楼看看咖啡煮好了没有,然而却经常空手而归。于是这些科学家们编写了一套程序,并在咖啡壶旁边安装一个便携式摄像机,镜头对准咖啡壶,利用计算机图像捕捉技术,将图像传递到实验室的计算机上,这样便可随时查看咖啡是否煮好,从而省去了上下楼梯的麻烦。1993年,"咖啡煮好了没有"观测系统上传到互联网。有趣的是,全世界因特网用户蜂拥而至,近 240 万人点击过这个名噪一时的"咖啡壶"网站。这个最富盛名的"特洛伊咖啡壶",便是大家公认的物联网技术的源头。

物联网即"物物相连的互联网""万物相连的互联网",是信息科技产业的第三次革命。物联网通过各种信息传感器、射频识别技术、全球定位系统、红外感应器、激光扫描器等各种装置与技术,实时采集任何需要监控、连接、互动的物体或过程,采集其声、光、热、电、力学、化学、生物、位置等各种需要的信息,通过各类可能的网络接入,实现物与物、物与人的泛在连接,实现对物品和过程的智能化感知、识别和管理。物联网是一个基于互联网、传统电信网等的信息承载体,让普通物理对象形成的一个覆盖世界上万事万物的网络。在各种数学分析模型的帮助下,不断挖掘这些数据所代表的事物之间普遍存在的复杂联系,从而实现人类对周边世界认知能力的革命性飞跃。

一、物联网的特征

1. 获取信息

物联网可以利用射频识别、二维码、智能传感器等感知设备感知、获取物体的各类信息。

2. 传送信息

物联网通过对互联网、无线网络的融合，将物体的信息实时、准确地传送，以便信息交流、分享。

3. 处理信息

这是物联网信息的加工过程，使用各种智能技术，对感知和传送到的数据、信息进行分析处理，实现监测与控制的智能化。

4. 施效信息

这是指信息最终发挥效用的过程，表现形式很多，比较重要的是通过调节对象事物的状态及其变换方式，始终使对象处于预先设计的状态。

二、物联网的应用

物联网的应用领域涉及到方方面面，在工业、农业、环境、交通、物流、安保等基础设施领域的应用，推动了诸多领域的智能化发展，从而提高了行业效率和效益。物联网在家居、医疗健康、教育、金融与服务业、旅游业等与生活息息相关的领域的应用，使各领域从服务范围、服务方式到服务质量等方面都有了极大的改进，大大的提高了人们的生活质量。在涉及国防军事领域方面，大到卫星、导弹、飞机、潜艇等装备系统，小到单兵作战装备，物联网技术的嵌入有效提升了军事智能化、信息化、精准化，能极大提升军事战斗力，是未来军事变革的关键。

就像蒸汽时代的煤矿、电气时代的电力、科技时代的计算机技术，每个时代都有推动它前进的引擎。今天，天罗地网般覆盖的物联网为"云计算＋AI"的深度融合提供了土壤，5G技术的加入让数字经济的动力引擎更强劲有力。

物联网究竟能做什么呢？

1. 智慧物流

物流的各个环节已经可以进行系统感知、全面分析处理等功能，可以监测仓储或快递的温度、湿度，运输车辆的位置、状态、油耗、速度等，目前已经应用在智能分拣设备、智能快递柜、无人配送车等领域。

2. 智慧交通

物联网技术在道路交通方面的应用比较成熟，具体应用在智能公交车、共享单车、车联网、充电桩监测、智能红绿灯、智慧停车等方面。智慧交通包括：自动检测并报告公路、桥梁的"健康状况"，避免过载的车辆经过桥梁；根据光线强度对路灯进行自动开关控制；对道路交通状况实时监控并将信息及时传递给驾驶人，让驾驶人及时进行出行调整；高速路口设置道路自动收费系统（简称 ETC），提升车辆的通行效率；公交车上安装定位系统，及时显示公交车行驶路线及到站时间，乘客可以根据搭乘路线确定出行，免去不必要的时间浪费。

3. 智慧安防

智能安防系统主要包括门禁、报警、监控，其中，视频监控用的比较多。安装在小区里、道路上的智能摄像头是智慧安防的一部分，还有智慧门禁、智能门锁、智慧猫眼、智能门铃等设备。智慧安防通过硬件设备联网，智能分析访客，保护家庭和社区安全。

4. 智慧医疗

在医疗领域，智慧医疗体现在可穿戴设备方面，可以将数据形成电子文件，方便查询。可穿戴设备通过传感器可以监测人的心跳频率、体力消耗、血压高低。利用 RFID 技术可以监控医疗设备、医疗用品，实现医院的可视化、数字化。

5. 智慧建筑

建筑与物联网的结合，具体是用电照明、消防监测、智慧电梯、楼宇监测以及运用于古建筑领域的白蚁监测。

6. 智慧家居

智慧家居是物联网在家庭中的基础应用。通过物联网技术将家中的音视频设备、照明系统、窗帘控制、空调控制、网络家电等设备连接到一起，提供家电控制、防盗报警、环境监测、暖通控制、红外转发以及可编程定时控制等多种功能和手段。智能摄像头、窗户传感器、智能门铃、烟雾探测器、智能报警器等都是家庭中的安全监控设备，出门在外，你可以在任意时间、地方查看家中任何一角的实时状况，消除安全隐患，看似繁琐的种种家居生活因为物联网变得更加轻松、美好。

7. 智慧制造

制造业与物联网的结合，主要是数字化、智能化的工厂，设备厂商们能够远程升级维护设备，了解使用状况，收集其他关于产品的信息，有利于以后的产品设计和售后。

8. 智慧零售

智慧零售通过运用互联网、物联网技术，感知消费者的消费习惯，预测消费趋势，引导生产制造，为消费者提供多样化、个性化的产品和服务。智能零售将零售领域的售货机、便利店做数字化处理，形成无人零售的模式，从而可以节省人力成本，提高经营效率。

9. 智慧电网

智慧电网是在传统电网的基础上构建起来的集传感、通信、计算、决策与控制为一体的综合数物复合系统。智慧电网通过获取电网各层节点资源和设备的运行状态，进行分层次的控制管理和电力调配，实现能量流、信息流和业务流的高度一体化，提高电力系统运行稳定性，以达到最大限度地提高设备有效利用率，提高安全可靠性，提高用户供电质量，提高可再生能源的利用效率。

10. 能源环保

能源环保与物联网的结合包括水能、电能、燃气以及路灯、井盖、垃圾桶这类环保装置。智慧井盖可以监测水位，智能水电表可以远程获取读数。将水、电、光能设备联网，可以提高利用率，减少不必要的损耗。

11. 智慧农业

智慧农业指的是利用物联网、人工智能、大数据等现代信息技术与农业进行深度融合，实现农业生产全过程的信息感知、精准管理和智能控制的一种全新的农业生产方式，可实现农业可视化诊断、远程控制以及灾害预警等功能。

12. 智慧城市

智慧城市就是运用信息和通信技术手段感测、分析、整合城市运行核心系统的各项关键信息，从而对包括民生、环保、公共安全、城市服务、工商业活动在内的各种需求做出智能响应。其实质是利用先进的信息技术，实现城市智慧式管理和运行，进而为城市中的人创造更美好生活，促进城市的和谐、可持续成长。

万物互联离不开跨学科行动，万物互联需要综合计算机、互联网、物联网、大数据、区域链、云计算、人工智能等技术领域，这一切又离不开数学、物理学、化学等基础学科的支撑，同时还需要涉及相关的工业制造、农业生产、城市管理、交通运输、公共安全、医疗健康、休闲旅游、清洁能源、教育教学等无数行业的知识……这一切，都离不开学科的跨越，也就是说，正是学科的跨越才使万物互联成为现实。

附录　跨学科的历史发展

　　历史是指一切事物以往运动、变化、发展的过程。在一定意义上说，没有科学的历史研究，就不会产生真正的科学。任何一门科学要成为真正的科学，就必须认识它的过去，研究现在和预测未来。

　　中文"跨学科"一词是从英文 interdisciplinarity 翻译引进的。"跨学科"一词最早出现于 20 世纪 20 年代，当时，美国为促进被日益专业化而孤立的学科之间的综合，成立了"社会科学研究理事会"（The Social Science Research Council），"跨学科"一词就出现在其会议记录中。

　　虽然跨学科一词只有几十年历史，但跨学科的活动自古就有。

第一节　我国跨学科的历史发展

　　我国自先秦起，对自然、社会、人类的研究，就既有分科研究，又有学科之间的跨越，是分科与跨学科的辩证统一。

一、我国古代的学科交叉

1. 天人合一哲学与学科跨越

　　我国向来主张天人合一，天人合一就是天文学与人类学的学科跨越。

　　我国自古重视天文学的研究。古人认为天文与农业密切相关，于是制定历法，确定二十四节气，满足农业播种、收获的需要，这体现了我国自古就存在的天文与农业的学科跨越。

　　我国医学是为人看病、治病的，是关注人体健康的学问。我国医学也与天文密切相关，《黄帝内经》说："天覆地载，万物悉备，莫贵于人。人以天地之气生,四时之法成。"人和大自然有着密切的联系,自然环境,特别是气候因素,影响和制约着人体的健康和生理、病理状况。人体要很好地生活在自然环境中,就得掌握自然界的四时阴阳变化的规律特点,以一定的养生方法来维护和加强机体的阴阳平衡,使之能够与四时变化相适应。四时之中,春温、夏热、秋凉、冬寒的气候变迁,是自然变化的一个明显规律,人当应之、顺之,才能保证人体正常的生命机能活动。反之,如人与自然不相适应,气血阴阳即可发生病理改变,进而导致病情加重,针药无治。这就是强调人类健康与天文、自然之间的密切关系,是天文与医学的学科跨越。

2. 社会生活中的学科跨越

人类要解决某个具体问题,仅凭某个门类的知识方法有时难以奏效,这就需要综合多个门类的知识。

比如,孔子在夹谷之会中的斗智斗勇。据《左传·定公十年》载,定公十年(公元前500),52岁的孔子担任鲁国大司寇期间,弱小的鲁国和强大的齐国之间曾发生了一场惊心动魄的外交谈判:"夹谷会盟"。孔子担任辅相,陪同前往。孔子说,一个国家在外交场合必须以军事作为后盾,进行军事活动时,也必须在外交上占优势。由于孔子斗智斗勇,又有鲁军严阵以侍,经过多方较量,齐国没捞到一点好处,让鲁国在这次会盟上保持了一个弱国很难保持的尊严和体面。这次外交实践的成功,很重要的原因是孔子"有文事者必有武备,有武事者必有文备",是外交与军事手段的综合运用。

3. 古代教育中的学科跨越

中国古代贵族教育体系,教育的科目是六艺:礼、乐、射、御、书、数,即"君子六艺"。礼,指礼仪,规范思想道德,对君子要求的首要;乐,指音乐,对艺术修养的要求,君子要雅;射,即射箭,对武艺的要求,要体魄强健;御,指驾车,骑马驾车的技术要好;书,指识字,要有满腹经纶,文采好;数,指计算,要通术算,逻辑思维强,这六种能力都要具备才能称之为君子。孔子是伟大的教育家,孔子教学生,自然要教给学生六艺,孔子精通六艺,自然是跨学科人才。

在我国,不管是天文、地理、农业、工商、政治、外交、教育、文化,既有分科研究,又有学科交叉,是分科与综合的辩证统一。

二、现代跨学科研究

世界自近代以来，自然科学得到了飞速的发展。自然科学的发展表现为科学的分化，形成门类众多的学科，但是，学科的精细分化使人们着眼于局部的研究，获得的是事物对象局部的、片面的、支离破碎的认识。为了获得关于客观对象的整体的、全面的认识，就必须由学科的分化上升到学科的综合，这就需要跨学科研究。

我国现代的跨学科研究，可以追溯到 20 世纪 30 年代初。

1. 孕育阶段

20 世纪 30 年代初，在上海成立了"中国社会科学家联盟"，其纲领规定的任务之一，乃是"贯通社会科学与自然科学思想"。40 年代初，在延安成立的"自然科学研究会"，其宣言也明确提出，"促进自然科学与社会科学的统一"。这表明，当时我国初创的学术团体，认为必须跨越两大科学门类之间的藩篱，推进自然科学与社会科学相互结合和统一。

2. 起步阶段

20 世纪 50 年代，新中国诞生伊始，国家的经济建设迫切需要科学技术的发展，我国的跨学科活动进入起步阶段。

中国科学院在竺可桢副院长的倡议和领导下，对自然条件和自然资源开展了大规模的跨学科的综合考察和研究，考察的地域十分广阔，考察的对象多种多样，如沙漠、冰川、冻土、湖泊、盐湖、草原、沼泽、海洋等。这种科学考察涉及多门学科：生物、土壤、地质、地理、环境、气象等自然科学，历史、经济、社会、文化等人文社会科学。通过这类跨学科综合科学考察，中国科学院充分掌握了各个地区自然条件的特点和变化规律、自然资源的分布情况，以及社会经济演变历史，为经济建设、地区发展提供了必需的科学信息和依据。

我国第一个科学技术发展远景规划（1956—1967），简称"12 年科技规划"，提出了一系列跨学科研究项目：自然科学的特点和发展规律，自然科学与生产、技术的关系，自然科学与哲学的关系，自然科学与社会科学的关系，自然科学与政治的关系，自然科学与宗教及其他上层建筑的关系，自然科学在社会主义和共产主义建设中的作用，党对科学工作的领导等。这些研究项目的实施,使我国的跨学科研究有了一个良好的开端。

20 世纪 50 年代,我国科学界大力推动新兴的交叉学科的研究和开发。著名科学家钱学森关于工程控制论的卓越研究成果,大大拓宽了交叉学科控制论的研究领域。著名数学家华罗庚创立的统筹法、优选法,在大庆油田、黑龙江林业部门和太原钢铁厂等推广应用,取得了很大的成功。

3. 第一次交叉学科活动高潮

20 世纪 70 年代后期以来,我国开始了社会主义现代化建设的新时期。跨越自然科学与人文社会科学的研究活动蓬勃发展,跨学科研究进入了全面发展的崭新阶段。"交叉学科""边缘学科""横断学科""综合学科"等名词开始流行,从西方引进的一些新学科"三论"(系统论、控制论、信息论)成为当时的热门,"新三论"(耗散结构论、协同论、突变论)更是初露头角。

1985 年 4 月,我国首届交叉科学学术讨论会于在北京召开,会上,著名科学家钱学森、钱三强、钱伟长等人与 150 多位中青年学者欢聚一堂。钱学森认为交叉科学是一个非常有前途、非常广阔又重要的科学领域。钱三强预测 20 世纪末到下一个世纪将是一个交叉科学时代。在这次学术讨论会上,与会的各交叉学科学会的专家学者,研讨了涉及科学史、科学学、系统工程学、技术经济学、情报科学、环境科学、城市科学、劳动保护科学、体育科学、未来学、人才学、思维科学等多门学科的内容。

同时,跨学科研究的出版活动也十分活跃。

1987 年,中国管理科学研究院组织的科学学专家赵红州和蒋国华主持编辑的"交叉科学文库"第一辑 8 本书出版,其中有:《科学·哲学·社会》《论领导科学》《科学学与系统科学》《现代综合进化论》《管理·管理·管理》《论战略研究》《科学教育与科技进步》《科学学与我的工作》。翌年,"交叉科学文库"第二辑 8 本书又相继出版,这就是:《论智力开发》《系统思维与现代组织管理》《物理学的哲学思考》《信息的科学》《论科技政策》《科学经济学探索》《数学·科学·哲学》等。这些论著涉及系统科学、信息科学、管理科学、科学学以及科学哲学等,涉及的交叉学科众多且广泛。1987 年,出版了青年学者李光和任定成主编的《交叉科学导论》,以及于 1990 年出版了青年学者刘仲林主编的《跨学科学导论》。这两本著作是跨学科研究之研究,它们的面世,标志着我国的交叉科学研究开始走向一个新阶段。随后出版的较有影响的跨学科研究著作,还有徐飞著《科学交叉论》、刘仲林著《跨学科教育论》、解恩泽等主编《交叉科学概论》、解恩泽主编《跨学科研究思想方法》、金吾伦主编《跨学科研究引论》、刘仲林主编《现代交叉科学》、王德胜等主编《当代交叉学科实用大全》、王续琨著《交叉科学结构论》等。

1992 年,中国科学技术协会举办的首届青年学术年会,收到交叉科学的论文 700 余篇,论文集收入论文 64 篇,其内容涵盖交叉科学的许多领域:系统科学、管理科学、技术经济、数量经济、科学学和技术论、医学伦理学以及科学哲学等。

20 世纪 80、90 年代可以看成是我国的第一次交叉学科高潮。

4. 交叉学科发展的新高潮

当前,我国跨学科教育在各级、各类学校蓬勃开展,已经开始经历第二次交叉学科发展的高潮期。

当下的时代,世界充满了不确定因素,大量难以解决的复杂问题不断出现,迫切要求建立大量新的交叉学科。

国务院学位委员会、教育部在 2020 年底印发通知,新设置"交叉学科"门类,成为我国第 14 个学科门类,"集成电路科学与工程"和"国家安全学"作为下设一级学科。交叉学科门类的出现,是一场科研和教学发展范式的深层变革,打破了不同学科割据的传统,促进不同学科的大交叉、大融合,推动了跨学科学的大发展。截至 2022 年 6 月,国内 208 所高校根据学科发展需要和社会经济发展需求,自主设置了 729 个交叉学科,统一按照二级学科进行管理,有力推动了新兴交叉学科发展,强化了复合型人才的培养。

教育部于 2020 年 5 月 11 日颁发的《普通高中课程方案》(2017 年版 2020 年修订)中,要求开展以跨学科研究为主的研究性学习(占 6 学分)。教育部于 2022 年 3 月 25 日颁发的《义务教育课程方案和课程标准(2022 年版)》中,也一再强调,要统筹各门课程跨学科主题学习,原则上各门课程设计跨学科主题学习不少于 10% 的课时,以加强学科间相互关联,强化跨学科实践。

这些都旨在通过相关学科的综合,促进学生认识的整体性发展,并形成把握和解决问题的全面的视野与方法。

跨学科活动迎来了新的春天。

第二节　国外跨学科的历史发展

在西方科学文化领域,跨学科活动同样有着悠久的历史。

一、西方古代的跨学科研究

科学的发展,从来就是有分析又有综合的辩证的统一。

比如,古希腊的亚里士多德是古希腊伟大的思想家、哲学家和百科全书式的学者。他一生勤奋治学,写下了大量的著作,他的研究涉及伦理学、形而上学、心理学、经济学、神学、政治学、修辞学、自然科学、教育学、美学以及雅典法律。马克思曾称亚里士多德是古希腊哲学家中最博学的人物,恩格斯称他是"古代的黑格尔"。

又比如达·芬奇。列奥纳多·达·芬奇,意大利文艺复兴画家、科学家、发明家,被称为"文艺复兴时期最完美的代表"。达·芬奇思想深邃,学识渊博,擅长绘画、雕刻、发明、建筑,通晓数学、生物学、物理学、天文学、地质学等学科,是人类历史上绝无仅有的跨学科全才。

随着科学研究的发展,交叉学科也开始出现。

1637 年,法国著名的数学家、物理学家和哲学家笛卡尔发表《方法论》,宣告交叉学科解析几何诞生,这种跨学科的研究方法,也为后来的科学家们提供了示范。

1791 年,意大利医生和动物学家伽伐尼发表了潜心十年研究的成果《论在肌肉运动中的电力》,这是电学与生物学之间的交叉研究。

从 1853 年开始,德国化学家本生利用光谱研究推动了天体物理、宇宙化学的学科产生。

1887 年,德国科学家奥斯特瓦尔德和荷兰科学家范霍夫创办了《物理化学杂志》,物理化学这一交叉学科是物理学和化学的交叉。

1897 年生物化学学科诞生,这是生物学和化学的交叉的产物。

达尔文《物种起源》发表后,达尔文的表弟弗朗西斯·高尔顿将生物进化论用到社会学研究,他提出,要警惕低能人大量繁殖和有天赋的人相对减少,进而引起种族退化。1883 年,高尔顿发表《人类才能及其发展的研究》,创立

"优生学"这个新词，高尔顿被称为"优生学之父"。优生学是生物进化论与社会学理论交叉的产物。

到中世纪近代科学产生的前期，欧洲的牛津大学、巴黎大学等古老的学府就已设有文学、法学、神学、医学等当时具有时代高度的多种知识领域的课程，用以传授综合的文化知识。综合大学的设置本身在一定意义上就包含有跨学科综合教育，目的在于既关注学生知识的学习和技能的培养，又关注学生创新精神和实践能力的培养。

西方文艺复兴运动冲破了封建神学的精神束缚，兴起了理性的科学之风。从 17 世纪开始，自然科学得到了飞速的发展，蓬勃发展的科学领域激烈分化，学科林立，研究领域往往产生碰撞，促成相当数量的崭新学科或研究领域的出现。这些研究在一定意义上打破了原有学科的界限，跨越了传统的藩篱，具有跨学科的特质。

不过，西方独立的、自成体系的、有组织管理规划的跨学科研究是在 20 世纪中叶兴起的。

二、西方现代的跨学科研究

第二次世界大战期间，战争迫切需要迅速动员科技力量研制新武器与技术。众所周知，英国新式雷达系统的研制计划以及著名的制造原子弹的"曼哈顿工程"的顺利完成都有赖于多种学科、多种行业的科技人员的共同协作。战后冷战时期，空间技术的竞赛，尤其是科学尖端领域，更有力地推动了跨学科研究的开展。

1. 跨学科研究与教育

跨学科研究孕育于大学综合教育的摇篮，其确立也始于教育体制的变革。1945 年，哈佛大学出版的红皮书《自由社会的普通教育》对学校课程定下了新的标准，要求在基础课程之外增加自然科学和社会科学的选修课程，以扩大知识面，克服传统教育专业集中、视野狭隘的缺陷。1972 年，国际经济合作与发展组织（OECD）与法国教育部联合在巴黎出版重要文献《跨学科——大学的教学和科研问题》文集三卷。1979 年，宾夕法尼亚大学出版该校"人文科学研究生计划"项目专题文集《高等教育中的跨学科》。上述文献对跨学科教育以及基本理论等做了全面论述，确定了跨学科综合教育的模式。

　　美国洛克菲勒大学仅招收博士生，未设置任何院系，由75个独立的实验室构成，通过围绕问题而不是学科开展研究，博士项目分为生物科学博士项目、化学生物项目、计算生物项目以及医学哲学博士项目等，同时还关注其他领域的研究，包括行为与社会科学、人文科学、管理、法律和物理科学与工程等领域。校内下设3个跨学科研究中心，并开展广泛的国家交流与合作。截至2021年，洛克菲勒大学在生理学或医学、化学领域拥有38位诺贝尔奖获得者（校友及教职工），是世界上人均诺贝尔奖获得者数最多的研究机构。

　　在美国，STEM有广泛的影响力。STEM旨在培养学生的科学探究能力、技术操作能力、工程设计和数学应用能力，是一种强调跨学科的教育理念和方法。2015年，经美国总统奥巴马签署，STEM教育法案正式生效。美国以国家的力量推广的STEM教育，强调打破学科界限，融合科学、技术、工程、数学的知识，打造科技创新的新时代，提高国家未来的竞争力和创新能力。

　　2. 跨学科研究的学术讨论会

　　1968年，第一次国际跨学科研讨会召开，学者科斯特编著了会议论文集《超越还原论：阿尔巴赫问题论丛》，成为世界上第一本研究跨学科的书籍，同时标志着学科交叉研究的开始。1970年9月7日，一个以"跨学科"为主题的国际学术讨论会在法国尼斯大学召开，该会议由国际经济合作与发展组织（OECD）和法国教育部联合召开，21个国家的代表和跨学科专家共57人参会。该会对跨学科研究、跨学科教育问题进行了系统、全面的探讨，会后出版了文集《跨学科学——大学中的教学和研究问题》。1976年，英国创建了《交叉科学评论》期刊，标志着学科交叉研究进入了一个新的研究阶段。1980年，国际跨学科协会成立，该学会先后召开各类世界性跨学科学术研究会议。1990年，美国跨学科专家朱莉·克莱因出版了第一部由个人执笔的完整的跨学科学专著《跨学科学——历史、理论和实践》，标志着跨学科学进入了一个系统、全面发展的新时期。

　　三、跨学科研究的相关机构

　　较早期成立的、作为跨学科研究兴起标志的机构有：美国兰德公司（The Rand Corporation），1948年成立，出版物为《兰德公司研究评论》；法国跨学科研究中心（CETSAP），1960年成立，出版物为《交流》；日本野村综合研究所

（野村总研），1965 年成立，出版物为《野村周报》；德国跨学科研究中心（ZIF），1968 年成立，出版物为《年度报告》。相关学术刊物的发行对于跨学科研究的确立起到一定的推动作用。

1970 年同时创办了两本以发表跨学科研究成果为宗旨的杂志：《跨学科综合杂志》（Journat of Interdisciplinary Cycle Research），以英、德、法文刊出；《跨学科历史杂志》（Journal of Interdisciplinary History）；1974 年出版《国际跨学科研究年鉴》；同年，美国纽约城市大学创办《跨学科研究杂志》（Journal of intrdlsciplinary Studies）；1976 年英国创办《跨学科科学评论》（InterdiscipIinary Science Review）。这些标志着跨学科研究基本成熟，为广大学术界所承认。

美国圣塔菲研究所，世界知名的复杂性科学研究中心，位于新墨西哥州圣塔菲市，成立于 1984 年，致力于跨学科研究，主要研究方向是复杂系统科学。来自世界各地各领域的一流学者，通过网络跨越国界、部门和学科，进行灵感的碰撞，开展更为复杂、有趣且具有挑战的探索性研究，成员由物理学家、生物学家、免疫学家、心理学家、数学家和经济学家组成。许多成员是诺贝尔奖获得者，该研究所注重不同学科间的交叉和相互借鉴，比如物理学家研究金融，数学家研究音乐等。

20 世纪后半叶，特别是新世纪以来，由于技术、市场与交往的普遍化需求所带来的全球化运动以及一些重大社会工程的出现，导致社会问题巨型化，使治理难度大大增加，向人类理智提出了前所未有的挑战。几乎可以说，现实中的一切重大课题不通过跨学科研究都是不可能完成的。譬如，对艾滋病的有效防治，人类基因组测序、航天探索等，这都不是任何一门学科或技术，甚至一地、一国所能承担的，而这些问题之间有时又相互联系着，从而必须综合多学科、多方面的社会力量开展集成性的跨学科研究。

参 考 文 献

［1］程倩春，崔伟奇.二十世纪大发明［M］.北京：北京出版社,1998.

［2］高之栋.自然科学史讲话［M］.西安：陕西科学技术出版社,1986.

［3］解恩泽,赵树智等.交叉科学概论［M］.济南：山东教育出版社,1991.

［4］解恩泽.跨学科研究思想方法［M］.济南：山东教育出版社,1994.

［5］金吾伦.跨学科研究引论［M］.北京：中央编译出版社,1997.

［6］刘昌明.赵传栋.创新学教程［M］.上海：复旦大学出版社,2006.

［7］刘仲林.跨学科教育论［M］.开封：河南教育出版社,1991.

［8］刘仲林.中国创造学概论［M］.天津：天津人民出版社,2001.

［9］苏宜.天文学新概论［M］.北京：科学出版社,2009.

[10]孙锦龙,李德范.大学天文学［M］.开封：河南大学出版社,2005.

[11]天津人民广播电台科技组.科学创造的艺术［M］.北京：中国广播电视出
版社,1987.

[12]王德胜.当代交叉学科实用大全［M］.北京：华夏出版社,1992.

[13]王国元.科技五千年［M］.上海：上海科学普及出版社,1992.

[14]王极盛.科学创造心理学［M］.北京：科学出版社,1986.

[15]温元凯等.创造学原理［M］.重庆：重庆出版社,1988.

[16]赵传栋.跨学科教育原理［M］.上海：上海远东出版社,2022.

[17]赵传栋.跨学科学习［M］.上海：上海远东出版社,2020.

[18]赵传栋.通向科学家之路——科技创新例话［M］.上海：复旦大学出版
社,2000.